校企合作计算机类技能实战系列丛书
互联网+创新型“十四五”精品教材

3ds Max 三维室内效果图设计

（微课版）

主　编　雷　晨　吴卉玲　邹金波
副主编　杨子坤　李桃桃　李海风
　　　　宋　玮　彭礼婵　于川东

哈尔滨工程大学出版社
Harbin Engineering University Press

内 容 简 介

本书是一本 3ds Max 三维室内效果图设计的入门学习教程，全面而深入地介绍了 3ds Max 2024 在室内设计中的应用。本书共 10 章，包括 3ds Max 2024 基础入门、软件视图与三维对象编辑、几何体与样条线室内建模、复合对象与修改器室内建模、室内建模对象的编辑与创建、室内材质和贴图的应用、室内灯光和摄影机的应用、环境效果与渲染输出设置、室内家具与配饰案例实战、三维卧室效果图案例实战。

本书内容讲解精辟，实例丰富多样，既可作为应用型本科、职业院校、技工类院校的教材，也可作为广大室内设计爱好者、室内设计师的参考用书。

图书在版编目（CIP）数据

3ds Max 三维室内效果图设计 ： 微课版 / 雷晨，吴卉玲，邹金波主编. -- 哈尔滨 ： 哈尔滨工程大学出版社，2025. 8. -- ISBN 978-7-5661-4843-8

Ⅰ. TU238.2-39

中国国家版本馆 CIP 数据核字第 202553XM29 号

3ds Max 三维室内效果图设计（微课版）
3ds Max SANWEI SHINEI XIAOGUOTU SHEJI（WEIKE BAN）

选题策划 张林峰
责任编辑 张林峰

出版发行 哈尔滨工程大学出版社
社　　址 哈尔滨市南岗区南通大街 145 号
邮政编码 150001
电　　话 0451-82519989
经　　销 新华书店
印　　刷 三河市中晟雅豪印务有限公司
开　　本 787 mm×1 092 mm　1/16
印　　张 15
字　　数 384 千字
版　　次 2025 年 8 月第 1 版
印　　次 2025 年 8 月第 1 次印刷
书　　号 ISBN 978-7-5661-4843-8
定　　价 69.80 元
http://www.hrbeupress.com
E-mail:heupress@hrbeu.edu.cn

前 言

党的二十大报告指出，“坚持尊重劳动、尊重知识、尊重人才、尊重创造，实施更加积极、更加开放、更加有效的人才政策”“着力形成人才国际竞争的比较优势。加快建设国家战略人才力量”“深化人才发展体制机制改革……把各方面优秀人才集聚到党和人民事业中来”。

➢ 写作驱动

在当今这个数字化与视觉化并重的时代，室内设计行业正以前所未有的速度蓬勃发展。设计师们不仅需要拥有扎实的理论基础和丰富的创意灵感，更需要熟练掌握各类设计软件，以便将他们的设计理念和创意构想转化为令人惊艳的三维效果图。然而，在追求高效与完美的设计过程中，许多设计师常常面临以下痛点。

（1）如何快速掌握一款功能强大的三维设计软件？

（2）如何运用软件功能精准地表达出设计构思？

（3）如何在实际项目中灵活应用所学知识，打造出高品质的室内效果图？

正是基于这些切实需求和痛点，我们精心策划并编写了《3ds Max 三维室内效果图设计（微课版）》一书，旨在通过全面、系统、深入的内容，为初学者提供一条清晰的学习路径，同时帮助有一定基础的设计师进一步提升技能、突破瓶颈。

➢ 本书特色

在编写本书的过程中，我们深入研究了 3ds Max 的各项功能，并结合室内设计的实际需求，精心挑选了最常用、最实用的操作技巧和案例。我们希望本书能帮助读者快速学会 3ds Max，掌握其核心功能，并能够独立制作出高质量的三维室内效果图。本书特色如下。

（1）系统性强：本书从 3ds Max 的基础入门到高级应用，再到实战案例，内容层层递进，环环相扣，形成了一个完整的知识体系。

（2）实战性强：本书不仅包含了大量的实战案例，而且每个案例都附有详细的操作步骤和技巧提示，让读者能够在实践中快速掌握软件技能。

（3）图文并茂：为了更直观地展示软件操作和案例效果，本书采用了大量的图片和截图，让读者能够一目了然地了解每个步骤的操作要点和注意事项。

（4）课后实训：每章节后都附有课后实训，旨在让读者通过实际操作巩固所学知识，提升技能水平。同时，这些实训案例既是对章节内容的补充和延伸，也是读者自我检测和提升的重要途径。

（5）视频辅助：为更好地服务读者，本书配备了很多视频教程资源，让读者通过观看视频更加深入地学习和掌握 3ds Max 的操作技巧和实战应用。

➢ 作者团队

本书由雷晨（河北经济管理学校）、吴卉玲（重庆移通学院）、邹金波（罗定市中等职业技术学校）担任主编；由杨子坤（山东电子职业技术学院），李桃桃（四川工程职业技术大学），李海风、宋玮（河南新乡工商职业学院），彭礼婵（广东省恩平市中等职业技术学校），于川东（烟台职业学院）担任副主编。本书的相关资料和售后服务可扫封底微信二维码或登录 www.bjzzwh.com 下载获得。

➢ 温馨提示

本书在编写时，是基于 3ds Max 2024 版本的界面截取的实际操作图片，但本书从编辑到出版需要一段时间，3ds Max 的版本、功能和界面可能会有变动，请在阅读时，根据书中的思路，举一反三进行学习。

由于编者水平有限，书中难免存在疏漏和不当之处，敬请广大读者批评指正。

编　者

目　录

第 1 章　3ds Max 2024 基础入门

第 2 章　软件视图与三维对象编辑

第 3 章　几何体与样条线室内建模

第 4 章 复合对象与修改器室内建模

第 5 章 室内建模对象的编辑与创建

第 6 章 室内材质和贴图的应用

第 7 章 室内灯光和摄影机的应用

第 8 章 环境效果与渲染输出设置

第 9 章 室内家具与配饰案例实战

第 10 章　三维卧室效果图案例实战

第 1 章
3ds Max 2024 基础入门

1

3ds Max 2024 是由 Autodesk 公司推出的一款三维建模、动画及渲染软件，广泛应用于建筑和动画设计等领域。本章主要介绍三维室内效果图设计的基本知识和 3ds Max 2024 的一些入门操作，包括 3ds Max 2024 的安装与启动、界面构成及文件的基本操作等。

本章重点

- 了解三维室内效果图设计基础知识
- 了解 3ds Max 2024 的基本知识

素质目标

- 培养读者积极主动的学习态度和良好的学习习惯，使其能够在后续学习和工作中不断自我提升
- 可培养读者的团队协作精神，使其学会与他人合作

1.1 三维室内效果图设计基础知识

要学会三维室内效果图设计，首先需要掌握室内设计理论基础知识、室内和家具的基本尺寸、家具布置的相关知识、室内灯具的相关知识及室内效果表现的基本美学知识等多方面的内容。这些知识的综合运用，将帮助设计师创造出既实用又美观的室内空间。

1.1.1 室内设计理论基础知识

室内设计理论基础知识

室内设计是建筑的延伸，需要根据建筑物的使用性质、所处环境和相应标准，运用物质技术手段和建筑美学原理，创造出功能合理、舒适优美、满足人们物质和精神生活需要的室内环境，相关示例如图 1-1 所示。这种空间环境既要具有使用价值，满足相应的功能要求；同时也要反映其历史文脉、建筑风格、环境气氛等因素。

图 1-1 室内环境示例

室内设计的基本原则如下。

（1）功能为本：室内设计的目的是通过创造室内空间环境为人服务，涵盖室内空间的安全、舒适、方便、卫生等使用上的因素。设计时首先要考虑的是不同房间的使用功能，包括各房间之间关系的布置、家具的布置、可通行区域、照明设计、环境尺度、通风设计、采光设计、设备安装、绿化布局等。

（2）动态和可持续的发展观：室内设计需要充分重视并积极运用当代科学技术的成果，包括新型材料的应用、结构构造和施工工艺，以及为创造良好声、光、热环境的设施设备。

（3）艺术化的创造：室内设计艺术化的创造可以融入历史元素、风格特色、地域环境及个人的品位，并通过空间界面设计、色彩搭配、材质材料与装饰陈设去体现。

室内设计的内容主要包括以下几个方面。

（1）空间形象的设计：对原建筑提供的内部空间进行改造、处理，按照人们对这个空间形状、大小、形象的要求，进一步调整空间的尺度和比例，解决各空间之间的衔接、对比、统一等问题。

（2）室内空间围护体的装修：按照空间处理的要求对室内的墙面、地面及顶棚进行处理，包括对分割空间的实体、半实体的处理。

（3）室内陈设艺术设计：设计、选择配套的家具及设施，以及对观赏艺术品、装饰织物、灯饰照明、色彩及室内绿化等进行综合艺术处理。

（4）室内物理环境的设计处理：主要是指处理室内气候、采暖通风、温湿度调节、视听音像效果等物理因素给人的感受。

室内和家具的基本尺寸

1.1.2　室内和家具的基本尺寸

了解室内和家具的基本尺寸是设计的基础，设计师需要掌握不同家具的尺寸标准，如沙发、餐桌、床、衣柜等，以确保家具在室内空间中的合理布局和舒适使用。另外，还需要考虑空间尺寸的限制，避免家具过大或过小导致的不适感。

下面是一些常见的室内区域和家具基本尺寸概述。

（1）客厅：通常，客厅的长度不小于 3 米，宽度不小于 4.5 米，面积至少为 13.5 平方米，以确保基本的活动空间和家具摆放。

（2）卧室：双人卧室的面积建议不小于 10 平方米，单人卧室不小于 6 平方米。

（3）厨房：厨房的净宽不小于 1.5 米，净长不小于 2.4 米，面积至少为 3.6 平方米，以满足烹饪和储物的基本需求。

（4）卫生间：卫生间的面积建议不小于 3 平方米，以确保基本的洗漱、淋浴和如厕功能。

（5）沙发：常见的沙发长度在 2 米至 3 米之间，深度为 0.8 米至 1 米，坐垫高度为 0.4 米至 0.5 米，靠背高度通常在 0.55 米以上，相关示例如图 1-2 所示。

图 1-2　沙发尺寸示例

（6）餐桌：四人餐桌的长度通常在 1.2 米至 1.5 米之间，宽度为 0.8 米至 1 米。

（7）书柜：书柜的深度一般为 0.3 米至 0.4 米，高度可达 2 米至 2.4 米，宽度则根据空间大小灵活调整。

（8）床：床的长度通常为 2 米，宽度有 1.2 米、1.5 米和 1.8 米等多种选择。除了上述提到的床的宽度和长度外，床头的高度通常为 0.9 米至 1.2 米，以方便倚靠和阅读。

了解这些基本尺寸有助于设计师在规划室内空间时做出更合理的布局，确保家具的摆放既实用又美观。同时，这些尺寸也为业主购买家具提供了重要的参考依据。

1.1.3 家具布置的相关知识

家具布置的相关知识

家具布置是室内设计的重要环节，设计师需要根据空间的功能需求和风格特点，合理选择和布置家具，包括家具的款式、颜色、材质及摆放位置等。合理的家具布置可以提升空间的实用性和美观度，营造出舒适宜人的居住环境。

在实际操作中，设计师可以遵循一些家具布置的基本原则，如对称性、平衡性、韵律感等。同时，还需要考虑家具与空间的比例关系，避免家具过大或过小导致的不协调感。下面是一些家具布置的相关知识。

（1）考虑空间大小与功能需求：不同的空间大小适合不同尺寸的家具，同时家具的摆放也要满足居住者的日常活动需求。例如，在狭小的空间中，应选择尺寸适中、造型简洁的家具，并通过合理的布局来营造宽敞感。

（2）注重动线与隐私性：动线是指人在室内空间中移动的路径，在布置家具时，要确保动线畅通无阻，避免家具之间的拥挤和碰撞。同时，卧室等私密空间中的家具摆放要注重隐私性，如床头不宜对着门，床应放置在相对安静、私密的位置。

（3）营造统一与和谐的氛围：家具的款式、色调和材质应与室内整体风格相协调，营造出统一和谐的氛围，相关示例如图 1-3 所示。设计师可以通过选择相同或相近色系、材质和风格的家具来增强空间的整体感。

图 1-3　风格协调的家具布置示例

（4）考虑人体工程学原理：家具的布置还要确保家具的高度、宽度和深度等尺寸符合人体舒适度的要求。例如，书桌和座椅的高度应适中，方便人们长时间学习和工作；沙发的靠背和座垫应柔软舒适，以减轻身体疲劳。

1.1.4 室内灯具的相关知识

室内灯具的相关知识

灯具是室内设计中不可或缺的元素，不仅提供照明功能，还能为室内空间增添装饰效果，并营造不同的空间氛围。设计师需要了解不同类型的灯具及其特点，如吊灯、壁灯、台灯、地灯等，并根据空间的需求和风格选择合适的灯具。

室内灯具按安装方式可分为嵌入灯、吸顶灯、吊灯、壁灯、可移式灯和轨道灯等，相关示例如图 1-4 所示。嵌入灯通常嵌装在天花板里，只发出向下光线；吸顶灯装在天花板表面，露出全部外形；吊灯悬吊在室内显眼处，具有装饰功能；壁灯安装在墙壁等立面上；可移式灯包括落地灯和台灯，可移动安放位置；轨道灯装在嵌有带电导线的轨道上，可根据需要移动和调节照明方向。

图 1-4　室内灯具示例

在选择灯具时，应考虑房间大小、装修风格、照明需求及光源特性等因素。灯具尺寸应与房间大小相匹配，避免过大或过小影响整体美观。同时，灯具的款式和材质应与装修风格相协调，以达到统一和谐的视觉效果。此外，还需根据照明需求选择合适的灯具类型和光源特性，如色温、显色指数等。

1.1.5　室内效果表现的基本美学知识

室内效果表现的基本美学知识

设计师需要掌握基本的美学知识，需要了解色彩搭配、构图原理、材质表现等方面的技巧，以呈现出美观、协调的室内效果表现。

在色彩搭配上，设计师需要掌握色彩的基本属性和搭配原则，如色相、明度、纯度及对比色、邻近色等搭配方式。在构图原理上，设计师需要了解如何运用线条、形状、空间等元素来构建出具有层次感和立体感的室内效果，相关示例如图 1-5 所示。在材质表现上，设计师需要掌握不同材质的特点和表现方式，如木材、石材、金属、玻璃等材质的纹理、光泽和质感等。

室内效果表现的基本美学知识是室内设计不可或缺的一部分，关乎空间的整体美感与居住者的视觉体验。下面是一些关键的美学知识。

（1）比例与尺度：比例是室内设计中至关重要的美学原则，黄金分割比例（1∶0.618）是经典的美学法则，可用于规划家具尺寸、空间布局等，使整体看起来和谐统一。在布置家具时，避免将物品放置在空间的正中央，适当偏移可以增加视觉的活跃感。

（2）稳定与轻巧：稳定与轻巧是人类内在的追求，在室内设计中体现为整体结构的稳固性与局部装饰的轻盈感。通过合理的色彩搭配和线条设计，可以营造出既稳定又轻巧的室内氛围。

（3）对比与调和：对比是创造视觉层次感的有效手段，如光线明暗、色彩冷暖、材质质地的对比等；而调和则是将对比双方进行缓冲与融合，使整体看起来更加和谐统一。

图 1-5　具有层次感和立体感的室内效果示例

（4）节奏与韵律：节奏与韵律是室内设计中不可或缺的美学元素，通过虚实空间的交替、构件排列的密度变化等手法，可以营造出富有节奏感和韵律感的家居空间。

1.1.6　常见的室内设计风格

常见的室内设计风格

室内设计风格多种多样，每一种都承载着不同的文化、历史和审美观念。下面是几种常见的室内设计风格，它们各具特色，深受不同人群的喜爱。

（1）现代简约风格：这种风格强调简洁、实用和功能性，通常运用简单的线条、几何形状和少量的装饰元素，营造出宽敞、明亮且舒适的居住空间，相关示例如图 1-6 所示。现代简约风格通常选择中性色调和自然材料，如白色、灰色、木材和玻璃，使室内环境显得干净利落。

图 1-6　现代简约风格的室内效果示例

（2）北欧风格：北欧风格以其清新、自然和温馨的特点而著称，非常注重舒适性和实用性，喜欢使用天然材料，如木材、棉麻织物等。

（3）中式风格：中式风格以中国传统文化为底蕴，强调对称、和谐和意境美。中式风格通过运用传统的装饰元素，如屏风、挂画、瓷器等，以及具有中国特色的家具和装饰品，营造出一种古朴、典雅的室内环境。中式风格还注重色彩搭配和光影效果，使室内空间更加富有层次感和立体感。

（4）地中海风格：地中海风格以其明亮、鲜艳和浪漫的特点而受到欢迎，通常会运用大量的蓝色、白色和黄色等鲜艳色彩，以及手工艺品和海洋元素，营造出一种轻松、愉悦的氛围。地中海风格的家具和装饰品通常具有浓郁的民族特色，让人仿佛置身于美丽的海滨城市。

（5）法式风格：典雅的代名词，以米白色、浅蓝色和深木色为主，整体氛围偏向古典，散发出复古的浪漫感。

（6）中古风格（中世纪古典风格）：通常采用棕色、米色调和复古家具的组合，散发出独特的古典魅力，相关示例如图 1-7 所示。

图 1-7　中古风格的室内效果示例

（7）原木风格：温暖的木质色调和简约的设计，让人感受到温馨与自然的氛围。

（8）意式轻奢风格：注重质感和舒适度，家具和装饰简约而不失奢华感，适合追求品质生活的人群。

（9）奶油风格：以粉色、米色等柔和色调为主，给人一种甜美可爱的感觉，适合喜欢浪漫和小清新风格的人群。

（10）美式风格：以自然、舒适和实用为主，家具和装饰都展现出经典的美式风格，给人一种随性自由的感觉。

（11）欧式古典风格：具有欧洲传统艺术和文化的特征，大量使用白色、乳白色与金色、银色的搭配，形成奢华浓郁的风格。

（12）田园风格：不同地域有不同的特点，如美式田园的阳光、青草、露水气息，中式田园的金色丰收基调，法式田园的大胆明亮配色等。

（13）多巴胺风格：通过使用明亮、鲜艳的颜色和具有光泽感的材料，营造出一个充满活力、明亮和愉悦的居住环境。

1.2　3ds Max 2024 基本知识

3ds Max 2024 是一款功能强大的三维建模、动画和渲染软件，广泛应用于建筑、影视、广告、游戏等多个领域。安装 3ds Max 2024 是开始使用这款软件的第一步，通过正确的安装步骤，可以确保软件顺利运行。本节将介绍 3ds Max 2024 的新增功能、安装过程、如何启动软件及其功能界面。

3ds Max 2024 的新增功能

1.2.1　3ds Max 2024 的新增功能

在现代社会中，各方面都存在优胜劣汰的现象，所以 Autodesk 公司也在不断地改进 3ds Max 软件。下面介绍 3ds Max 2024 的一些新增功能。

1. 布尔修改器

3ds Max 2024 改进了多个布尔修改器，包括新的缓存方法、对法线的支持及各种错误修复，相关应用示例如图 1-8 所示。布尔修改器中添加了一种新的缓存方法，布尔结果网格与场景文件一起保存，这使得布尔场景的后续加载速度提高达 7 倍。

图 1-8　布尔修改器的应用示例

布尔修改器完全支持平滑组、指定法线和可存在于输入布尔运算对象上的显式法线。当在布尔运算中使用这些类型的运算对象时，运算对象中包含的平滑和法线数据会被处理并包含在由修改器创建的布尔结果网格中。

2. 阵列修改器

在 3ds Max 2024 中，阵列修改器得到了显著增强，新增了渐进式变换方法，该方法适用于“径向”“样条线”和“叶序”分布方式。在“变换”卷展栏中，用户可以选择“渐进式”作为“局部旋转”或“缩放”的一个选项。

当选择“渐进式”时，变换数据将呈现一种平滑的递增变化。以“缩放”为例，如果“缩放 X”的值设置为 200%，那么阵列中的第一个克隆对象将保持原始缩放比例不变，而最后一个克隆对象的缩放比例将达到 200%。位于这两个克隆对象之间的每一个克隆对象，其缩放比例都将在 0%～200%之间以递增的方式变化。

该新增功能为用户提供了更多的灵活性和控制力，使得创建复杂且富有动态感的阵列效果变得更加容易。无论是制作旋转的螺旋阵列、逐渐缩放的样条线阵列，还是模拟自然生长的叶序阵列，渐进式变换方法都能为用户带来前所未有的创作体验，相关示例如图 1-9 所示。

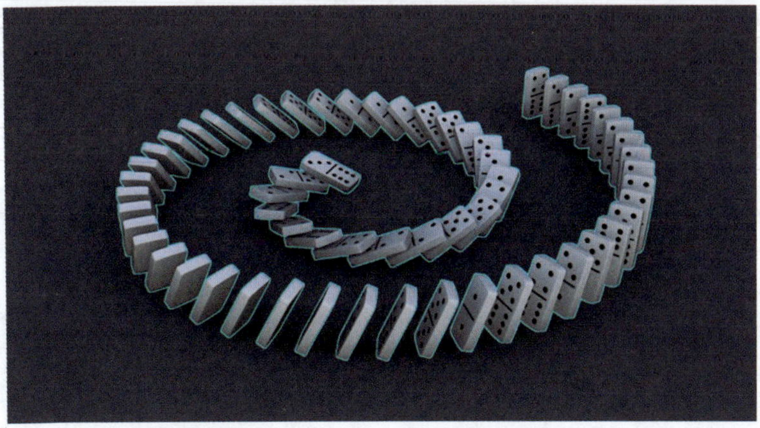

图 1-9 阵列修改器的应用示例

3．颜色管理

3ds Max 2024 引入了基于 OpenColorIO（OCIO）的颜色管理功能，旨在利用现代色彩工作流的优势，确保颜色在不同应用程序间的准确复制和高度兼容性。OpenColorIO 是一款开源且符合行业标准的颜色管理解决方案，已被广泛应用于内容创建、编辑及后期制作等多个应用程序中。通过配置文件，OCIO 能够定义输入、渲染、显示及输出等各个环节的颜色空间，并自动执行这些空间之间的颜色变换。

在 3ds Max 2024 中，默认配置基于学院色彩编码系统（academy color encoding system，ACES），但用户同样可以选择使用自定义配置。用户可以在“首选项设置”对话框的“颜色管理”选项卡中配置颜色管理功能，如图 1-10 所示。

▶ 专家指点

注意，旧版的“Gamma 工作流”颜色管理模式仍将继续作为新场景的默认设置（除非用户更改系统设置），而现有场景则能够保持原有工作模式，不受影响。

4．运动路径

3ds Max 2024 版本对运动路径的可视化和编辑功能进行了重要更新，使得这些功能能够支持更多类型的控制器。此次更新不仅提升了用户体验，还扩大了运动路径的适用范围。

运动路径的显示和编辑功能不再局限于特定类型的控制器，而可以应用于所有控制器类型。这意味着用户无论使用何种控制器，都可以轻松查看和编辑其运动路径。另外，更新后的运动路径功能还支持与列表控制器一起使用。用户可以在列表控制器中查看关键点和切线，这使得在复杂动画场景中管理和编辑运动路径变得更加直观和高效。

▶ 专家指点

注意，虽然这些更新为大多数控制器类型带来了显著改进，但它们并不适用于角色动画工具包（character animation toolkit，CAT）或动画层。在这些情况下，运动路径仍然可以显示关键点控制，但切线控制或 Biped（具有自己的轨迹解决方案）则不受此次更新的影响。

5．搜索过滤器

3ds Max 2024 版本对修改器列表进行了重要更新，新增了搜索过滤器功能，这一改进使得用户在浏览和选择修改器时能够更加高效和便捷。

用户可以在修改器列表中直接输入想要应用的修改器名称的前几个字母，系统将自动筛选出符合条件的修改器并高亮显示，相关示例如图 1-11 所示。该功能极大地缩短了用户在修改器列表中寻找特定修改器所需的时间，提高了工作效率。

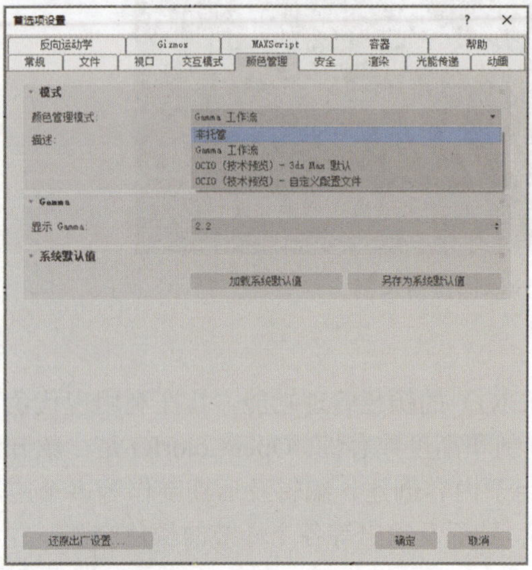

图 1-10　“颜色管理”选项卡

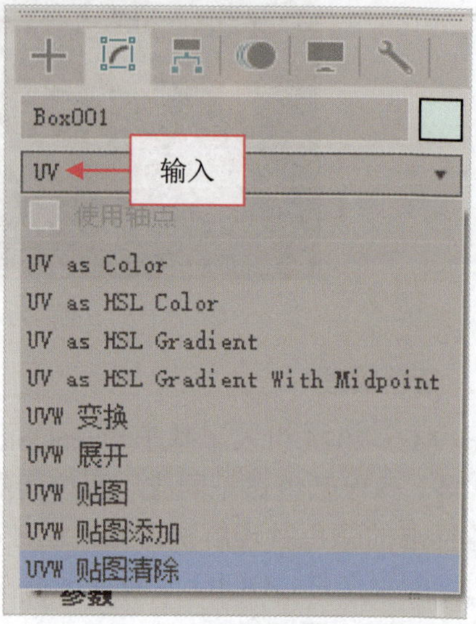

图 1-11　搜索过滤器示例

6．变换列表控制器

3ds Max 2024 带来了一个强大的新工具——变换列表控制器，该新增功能极大地丰富了动画创作的可能性和灵活性。通过新的变换列表控制器，用户可以将多个变换控制器作为层添加到一个对象中，并为每一层添加唯一的动画数据。该功能允许用户以交互方式组合不同的动画，从而创建出更加复杂和生动的动画序列。同时，用户还可以控制这些层如何混合在一起，以实现所需的动画效果。

变换列表控制器的其他相关更新内容如下。

（1）混合变换：在以前的 3ds Max 版本中，每个节点只能有一个变换控制器；而在 3ds Max 2024 中，用户可以直接混合节点变换，无须编写额外的脚本或执行复杂的操作，这一改进使得动画创作过程更加直观和高效。

（2）隔离层索引：变换列表控制器还提供了隔离层索引功能，使用户能够对选项进行迭代，并允许单独编辑列表条目，有助于用户在复杂的动画场景中更好地管理和组织动画数据。

（3）列表控制器用户界面（user interface，UI）更新：列表控制器受益于更新的用户界面，这使得基于变换列表控制器的工作更加流畅和直观。用户可以更容易地选择和编辑变换列表控制器，从而提高工作效率。

（4）运动路径更新：运动路径功能也得到了更新，可以与列表控制器一起使用。用户可以使用活动子控制位置来显示关键点和切线，这一功能甚至适用于 transform_lists 内的 position_lists。另外，所有类型的控制器（除 Biped 和 CAT 外）都支持显示运动路径，这一更新使得用户在可视化和编辑运动路径时拥有更多的灵活性和控制力。

▶ 专家指点

transform_lists 是 3ds Max 中一个用于存储和管理变换数据的列表结构，这些变换数据可能包括位置、旋转、缩放等属性。position_lists 是 transform_lists 的一种特定类型，专门用于存储位置变换数据。

Biped 是 3ds Max 中的一个角色动画工具，用于创建和编辑两足角色的骨骼和动画。CAT 是 3ds Max 中的一个高级角色动画工具包，用于创建和编辑复杂角色的动画效果。

7．Slate 材质编辑器

在 3ds Max 2024 中，Slate 材质编辑器（slate material editor，SME）得到了显著的改进和优化，为材质编辑工作流带来了更加高效和直观的体验，相关更新如下。

（1）停靠功能：用户可以将 Slate 材质编辑器直接停靠到 3ds Max 的主界面中，使得用户在编辑材质时能够更加方便地访问和操作 SME，无须频繁地切换窗口或浮动菜单。用户只需将 SME 拖放到所需位置，即可实现停靠，如图 1-12 所示。

（2）自定义颜色和连接线：Slate 材质编辑器支持将连接线放置在节点后面，更好地自定义材质树的布局和组织。用户可以选择新的“在线框后绘制节点”选项，使得图形中的所有连接线都隐藏在节点后面，从而提供更加清晰的视图。另外，用户还可以在 Slate 材质编辑器的首选项菜单中自定义节点和图形的颜色，以更好地与 3ds Max 的总体颜色方案集成。

（3）颜色方案自定义：用户可以通过 3ds Max 主工具栏中的“自定义”功能区，进入“自定义用户界面”对话框的“颜色”选项卡，然后在“元素”下拉列表框中选择 SME 来自定义 Slate 材质编辑器的颜色方案。该功能为用户提供了更多的个性化选择，使得 Slate 材质编辑器的外观更加符合用户的个人喜好和工作习惯。

（4）材质切换器：Slate 材质编辑器新增了材质切换器节点，该节点允许用户组织和存储数千种材质，以便在视口中轻松交换指定的明暗器。材质切换器为用户提供了更加便捷的方式来管理和切换材质，从而提高了材质编辑的效率和灵活性。

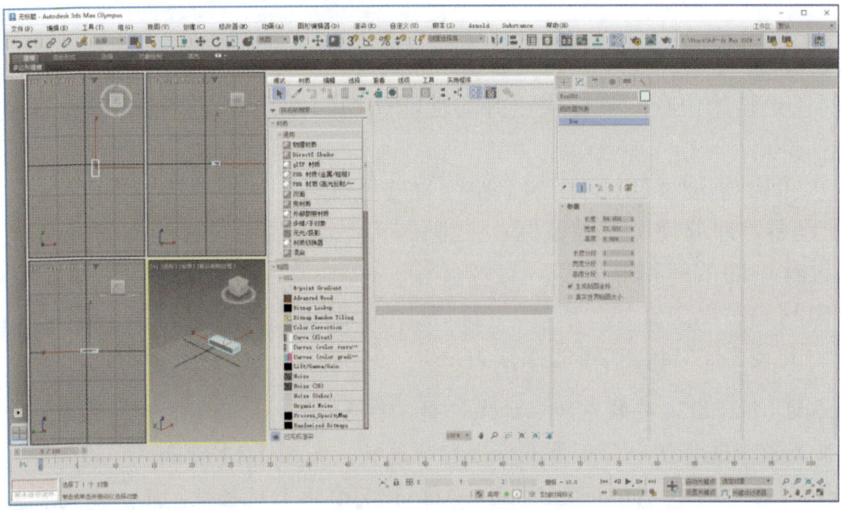

图 1-12　停靠 SME

（5）复合节点：这是另一种新增的节点类型，包含由其他节点组成的子图。复合节点可以用于组织和简化大型图表，以提高可读性。通过使用复合节点，用户可以更加清晰地组织和展示材质网络，使得材质编辑过程更加直观和易于理解。

1.2.2　安装 3ds Max 2024

安装 3ds Max 2024

为了确保 3ds Max 2024 能够顺畅运行，Autodesk 对软件和硬件的要求进行了明确规定，具体如下。

（1）操作系统：3ds Max 2024 仅支持 64 位的 Windows 操作系统，如 64 位的 Microsoft Windows 11 和 Windows 10。用户需要确保自己的操作系统版本与软件要求相匹配，并参考 Autodesk 的产品支持生命周期以获取最新的支持信息。

（2）浏览器：为了访问联机补充内容，Autodesk 建议使用最新版本的 Microsoft Edge、Google Chrome、Microsoft Internet Explorer 或 Mozilla Firefox 等 Web 浏览器。这些浏览器能够提供更好的用户体验和兼容性，确保用户能够顺利访问 Autodesk 提供的在线资源。

（3）CPU：要求使用支持 SSE4.2 指令集的 64 位 Intel 或 AMD 多核处理器。多核处理器能够提供更好的性能和效率，满足复杂三维建模和渲染的需求。

> **专家指点**
>
> SSE4.2 指令集是英特尔（Intel）推出的一组中央处理器（central processing unit，CPU）指令集扩展，全称为 Streaming SIMD Extensions 4.2（数据流单指令多数据扩展指令集 4.2）。SSE4.2 是 SSE 指令集系列中的一个版本，旨在通过单个指令执行多个数据操作来加快处理速度，特别适用于像信号处理、科学计算或 3D 图形计算等应用。

（4）显卡硬件：关于系统和显卡的详细建议列表，用户需要参考 3ds Max 认证硬件。Autodesk 会定期更新认证硬件列表，以确保用户能够选择到最适合 3ds Max 运行的显卡。3ds Max 2024 的显卡硬件要求较高，推荐使用高级别的 NVIDIA Quadro、AMD FirePro 系列显卡，或者 NVIDIA GeForce GTX 10 系列及以上的显卡。这些显卡能够支持硬件加速渲染，提供更流畅、更高效的三维建模和渲染体验。

（5）随机存取存储器（random access memory，RAM）：至少使用 4 GB RAM，但建议使用 8 GB 或更大的。更多的内存能够提供更好的性能和稳定性，特别是在处理大型 3D 模型和复杂场景时。

（6）磁盘空间：需要 9 GB 可用磁盘空间来安装软件。

（7）指针设备：建议使用三键鼠标。三键鼠标能够提供更丰富的操作方式，提高用户在三维建模和渲染过程中的效率和舒适度。

当用户的电脑满足以上安装要求后，可以从 Autodesk 官网下载最新安装包，跟随向导完成安装。下面介绍安装 3ds Max 2024 的操作方法。

Step 01　进入 3ds Max 2024 安装包所在的文件夹，在 Setup.exe 程序图标上单击鼠标右键，在弹出的快捷菜单中选择“以管理员身份运行”选项，如图 1-13 所示。

Step 02　执行操作后，弹出 Autodesk Install（Autodesk 安装）对话框，显示安装准备的进度，如图 1-14 所示。

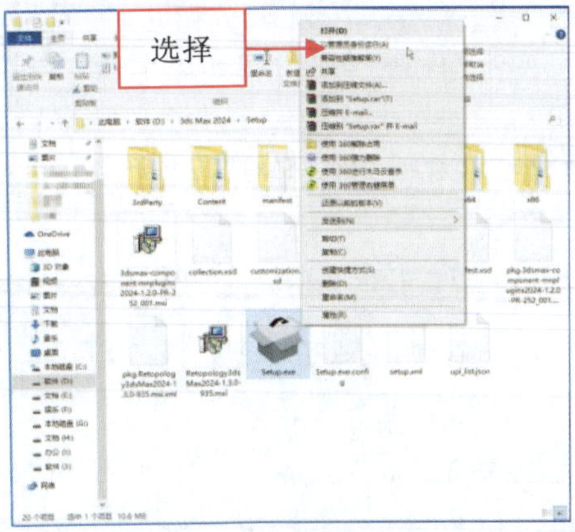

图 1-13　选择“以管理员身份运行”选项

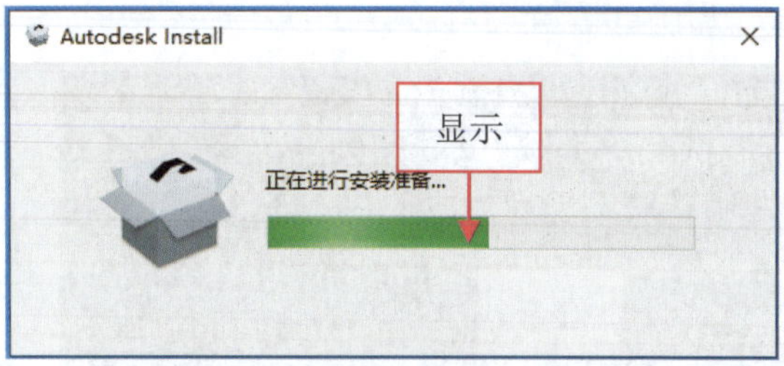

图 1-14　显示安装准备的进度

Step03 稍等片刻，弹出 3ds Max 2024 对话框，并进入“法律协议”界面，选中“我同意使用条款”复选框，如图 1-15 所示，单击“下一步”按钮。

Step04 执行操作后，进入“选择安装位置”界面，设置相应的安装路径，如图 1-16 所示，单击“下一步”按钮。

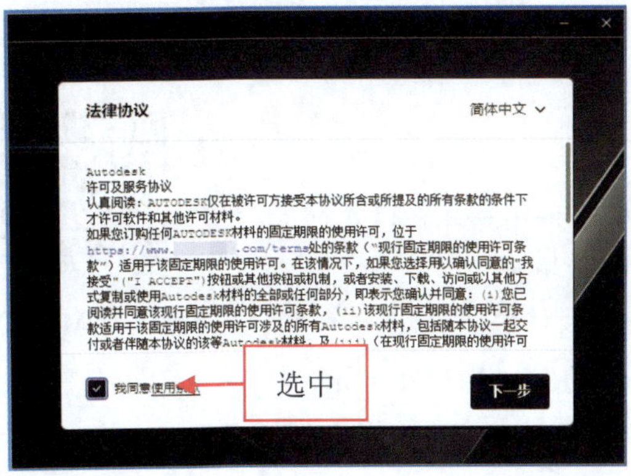

图 1-15　选中“我同意使用条款”复选框

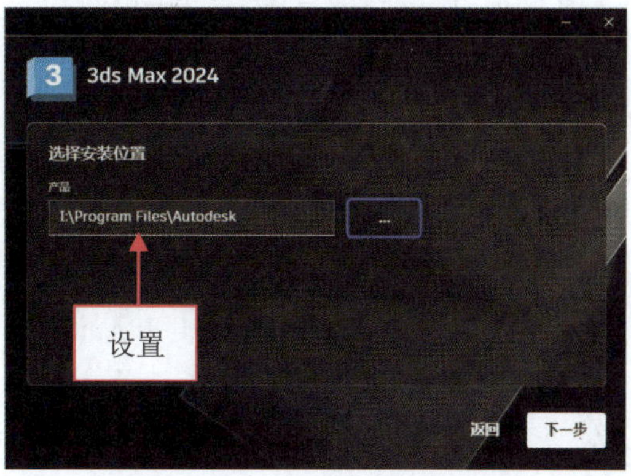

图 1-16　设置相应的安装路径

Step05 执行操作后，进入“选择其他组件”界面，选中要安装组件前面的复选框，如图 1-17 所示，单击“安装”按钮。

Step06 执行操作后，进入“正在安装 3ds Max 2024”界面，显示软件的安装进度，如图 1-18 所示。

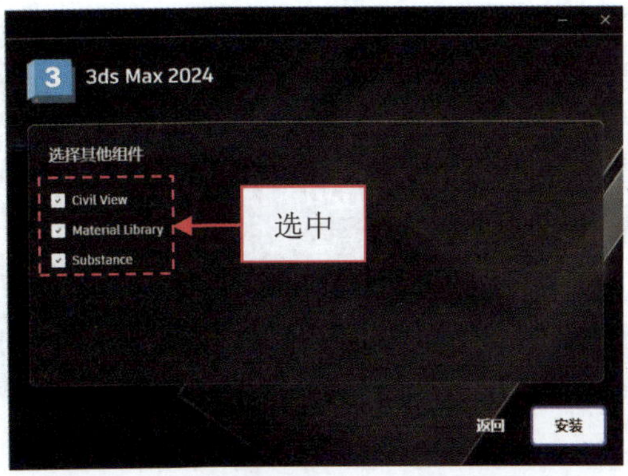

图 1-17　选中要安装组件前面的复选框

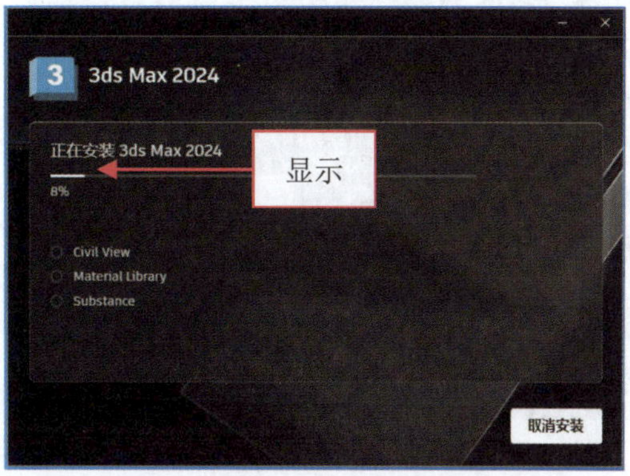

图 1-18　显示软件的安装进度

Step 07 稍等片刻，即可完成 3ds Max 2024 的安装，并显示“安装完成”的提示信息，如图 1-19 所示。

Step 08 关闭 3ds Max 2024 的安装对话框，在电脑桌面中可以看到 3ds Max 2024 的启动图标，如图 1-20 所示。

图 1-19 显示“安装完成”的提示信息

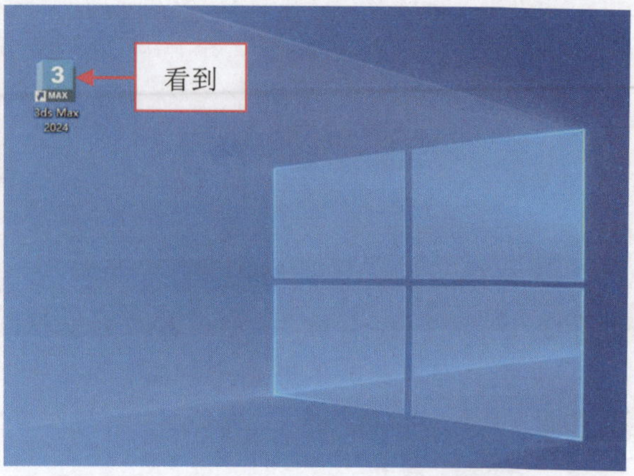

图 1-20 3ds Max 2024 的启动图标

1.2.3 启动 3ds Max 2024

用户安装好 3ds Max 2024 后，要使用软件创建和编辑模型，首先需要启动软件。下面介绍启动 3ds Max 2024 软件的操作步骤。

启动 3ds Max 2024

Step 01 在“开始”菜单中，❶展开 Autodesk 选项区；❷在其中选择 3ds Max 2024-Simplified Chinese（简体中文）选项，如图 1-21 所示。

Step 02 弹出 3ds Max 2024 程序启动界面，显示程序启动信息，如图 1-22 所示。

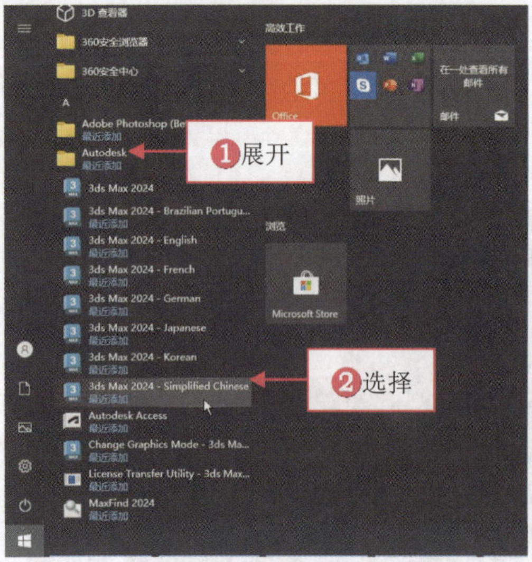

图 1-21 选择相应选项

图 1-22 显示程序启动信息

Step 03 程序启动后，将弹出 3ds Max 2024 的欢迎屏幕，如图 1-23 所示。

Step 04 单击“关闭”按钮✕，即可启动 3ds Max 2024 应用程序，如图 1-24 所示。

图 1-23 3ds Max 2024 的欢迎屏幕

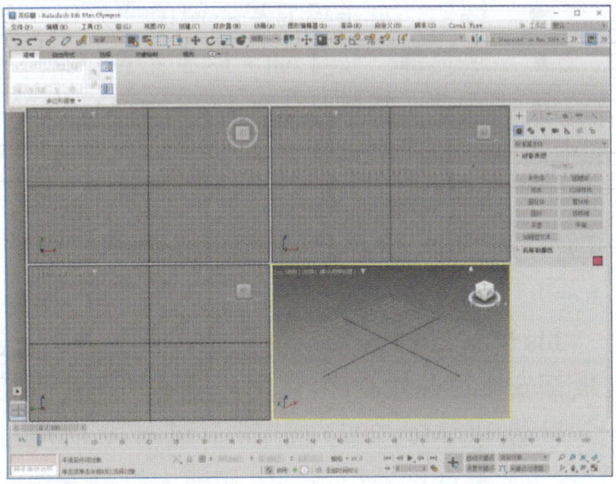

图 1-24 启动 3ds Max 2024 应用程序

1.2.4 退出 3ds Max 2024

退出 3ds Max 2024

当用户完成三维建模后，不再需要使用 3ds Max 2024，则可以退出该程序。单击界面左上角的“文件”命令，在弹出的子菜单中，单击“退出”命令，如图 1-25 所示。执行操作后，即可退出 3ds Max 2024 应用程序。

若在工作界面中进行了部分操作，之前也未保存，在退出该软件时，将弹出“Autodesk 3ds Max 2024 即将退出”对话框，如图 1-26 所示。单击“另存为”按钮，将保存文件；单击“退出且不保存”按钮，将不保存文件并退出。

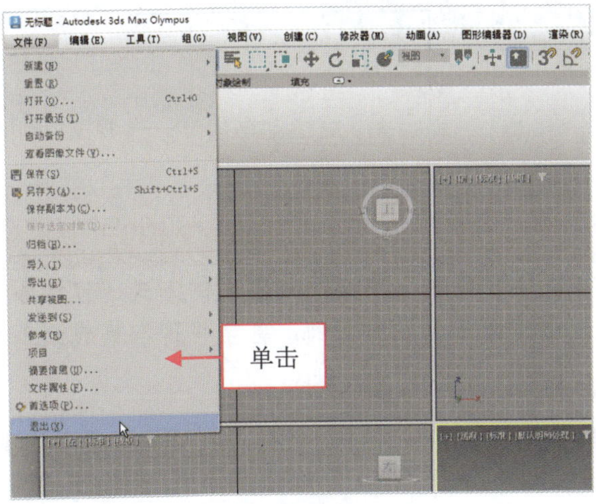

图 1-25 单击“退出”命令

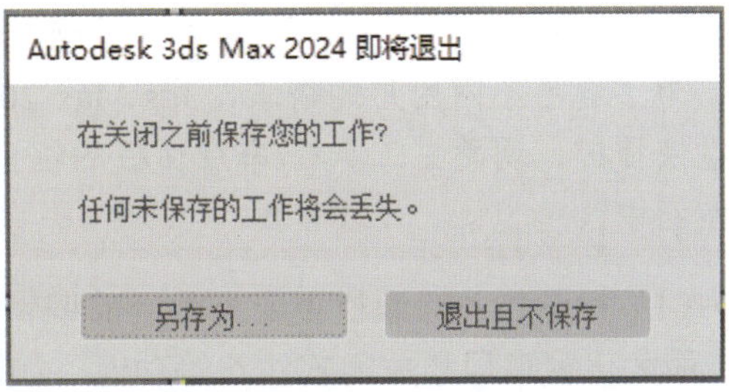

图 1-26 “Autodesk 3ds Max 2024 即将退出”对话框

> ▶ 专家指点
>
> 除了运用上述方法可以退出 3ds Max 2024 外，还有以下 3 种方法。
>
> - 按钮：单击标题栏右侧的“关闭”按钮×。
> - 快捷键：按【Alt + F4】组合键。
> - 选项：将鼠标指针置于 3ds Max 2024 的标题栏上，单击鼠标右键，在弹出的快捷菜单中选择“关闭”选项。

1.2.5 3ds Max 2024 的工作界面

3ds Max 2024 的工作界面

3ds Max 2024 虽然功能复杂，操作命令繁多，但是每一个命令、按钮和面板都安排得井然有序，使用户能够快速找到相应功能的命令、面板和按钮。

启动 3ds Max 2024 程序后，进入其工作界面，如图 1-27 所示。3ds Max 2024 工作界面的各组成部分功能大致分为标题栏、菜单栏、主工具栏、资源管理器、工作视图区、命令面板区、视图控制区、动画控制区、状态栏等，相关介绍如下。

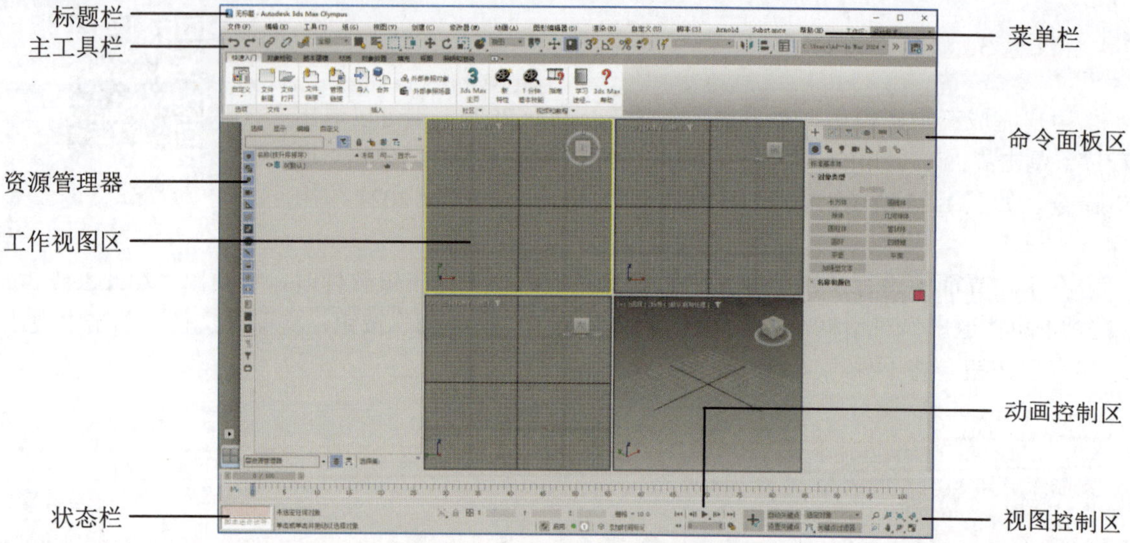

图 1-27 3ds Max 2024 的工作界面

> ▶ 专家指点
>
> 为了满足不同用户的需求，3ds Max 2024 提供了多种自定义用户界面的方式，包括添加键盘快捷键、调整主工具栏/命令面板的位置、创建新工具栏和按钮，甚至将脚本集成到工具栏按钮中。

（1）标题栏：标题栏主要显示当前编辑的文件名称和软件标题名称，以及具有最小化窗口一、最大化窗口口和关闭软件×等功能，如图 1-28 所示。

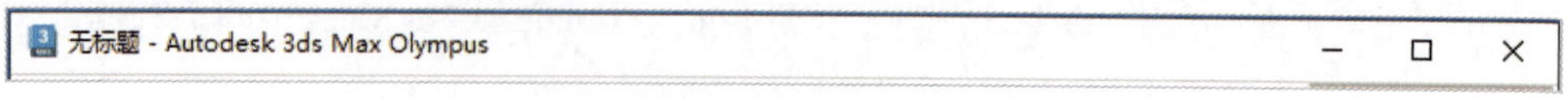

图 1-28 标题栏

（2）菜单栏：菜单栏位于标题栏的下方，包括“文件”“编辑”“工具”“组”和“视图”等菜单，如图 1-29 所示。单击任意一个菜单项都会弹出相应命令，3ds Max 2024 中的绝大部分功能都可以通过菜单栏中的命令来实现。

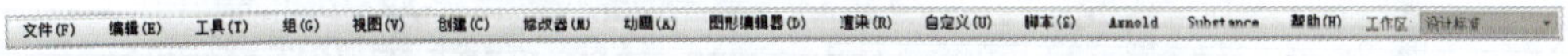

图 1-29　菜单栏

（3）主工具栏：主工具栏位于菜单栏的下方，可以快速访问 3ds Max 2024 中很多常见任务工具，如图 1-30 所示。将光标放在工具栏上，会自动出现此工具按钮的功能提示文字。在分辨率较小的屏幕上，工具栏不能完全显示，可以将光标从按钮上移开，当光标变为手形时，按住鼠标左键向左侧或右侧拖曳，就可以看到隐藏的工具按钮，此操作也可用于显示其他不能完全显示的命令面板。

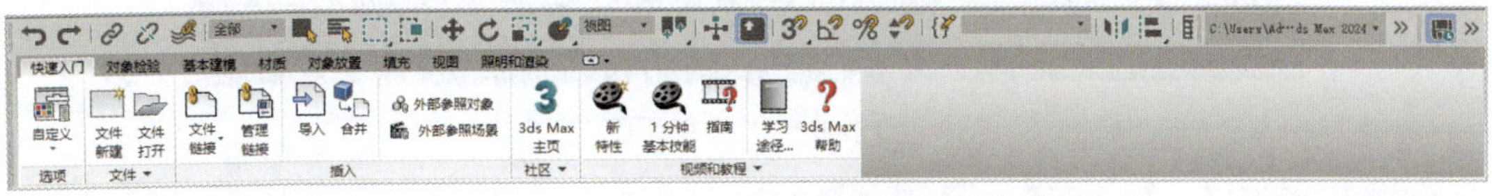

图 1-30　主工具栏

▶ 专家指点

在主工具栏中，还有一些常用工具没有出现，如轴约束和附加等工具。此时，可以在主工具栏的空白处单击鼠标右键，在弹出的快捷菜单中选择“轴约束”选项或“附加”选项，即可显示相应工具栏。

（4）资源管理器：资源管理器是一个强大的工具，用于管理和组织软件中的各种资源，允许用户创建文件夹、导入和导出资源、复制和粘贴等，从而更高效地管理 3D 模型、材质、贴图等资源。通过资源管理器，用户可以快速找到所需的资源，并将其应用到场景中，大大提高工作效率。另外，资源管理器还支持对资源的筛选、排序和搜索，使用户能够轻松管理大量的资源文件，如图 1-31 所示。

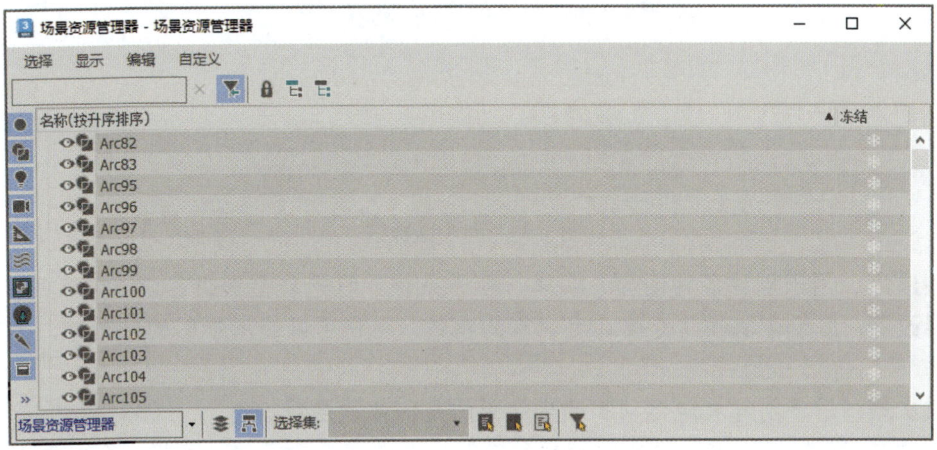

图 1-31　资源管理器

（5）工作视图区：工作视图区位于 3ds Max 2024 界面中央部分，占据了屏幕的大部分空间，用户可以从不同的角度、以不同的显示方式来观察场景。默认的设置是透视视图，可以从任意角度显示场景，如图 1-32 所示。其余的视图是当前设置的正投影视图，分别是顶视图、前视图和左视图。

图 1-32　工作视图区

（6）命令面板区：命令面板区位于界面右侧，可以访问 3ds Max 2024 的大多数建模功能和一些动画功能，以及显示和选择其他工具，如图 1-33 所示。命令面板区由 6 个面板组成，其中包括“创建”面板、“修改”面板、“层次”面板、“运动”面板、“显示”面板及“实用程序”面板，用户可以通过单击相应图标在不同的命令面板之间进行切换，当切换到一个命令面板后，在其下方就会显示该命令对应的参数，相关介绍如下。

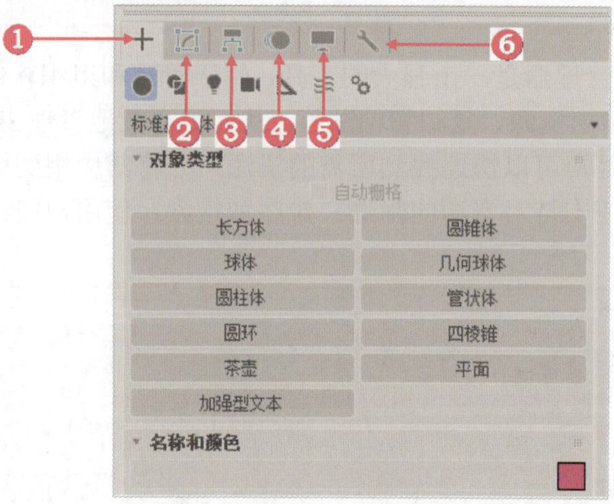

图 1-33　命令面板区

❶ **创建**：用于创建各种图形、实体、粒子系统、灯光和摄影机等。

❷ **修改**：用于存取和改变被选定对象的参数。用户可以使用不同的修改器，也可访问修改器堆栈。

❸ **层次**：用于创建反向运动和产生动画的几何体的层级。

❹ **运动**：可以将一些参数或轨迹运动控制器赋予一个对象，也可将一个对象的运动路径变为样条曲线或将样条曲线变为一个路径。

❺ **显示**：用于控制 3ds Max 2024 中的任意物体的显示，包括隐藏、消除隐藏及优化显示等。

❻ **实用程序**：用于访问实用程序，如透视匹配、运动捕捉等。

（7）视图控制区：视图控制区位于工作界面的右下角，其中的工具按钮用于对各个视图进行显示控制，如图 1-34 所示，使用这些工具可以改变场景的观察效果，但不可以改变场景中的对象。

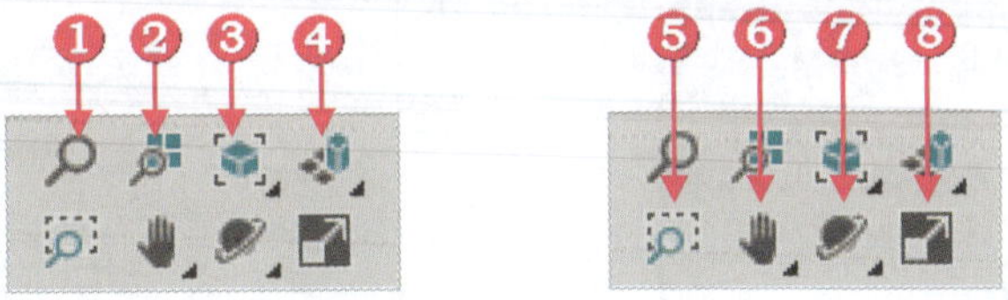

图 1-34　视图控制区

❶ **缩放**：该工具用于缩放当前视图。

❷ **缩放所有视图**：该工具用于缩放所有视图区的视图。

❸ **最大化显示选定对象**：该工具用于将当前视图缩放至场景范围之内。

❹ **所有视图最大化显示选定对象**：该工具用于全视图缩放，类似于“最大化显示”按钮，只是应用于所有视图中。

❺ **缩放区域**：在正交视图内，由鼠标光标拖动指定区域后，并缩放该区域。

❻ **平移视图**：使用该工具可以控制视图平移。

❼ **环绕**：以当前视图为中心，在三维方向旋转视图。

❽ **最大化视口切换**：用于实现当前视口最大化和恢复原貌之间的切换。

（8）动画控制区：动画控制区位于状态栏和视图控制区之间，用于在视图中控制动画的播放，如图 1-35 所示。在制作动画时需要制作关键帧，因此需要确定整个视图目前处于哪一帧。这些控制按钮可以用来查看动画，并在当前激活时间段中设置帧数。

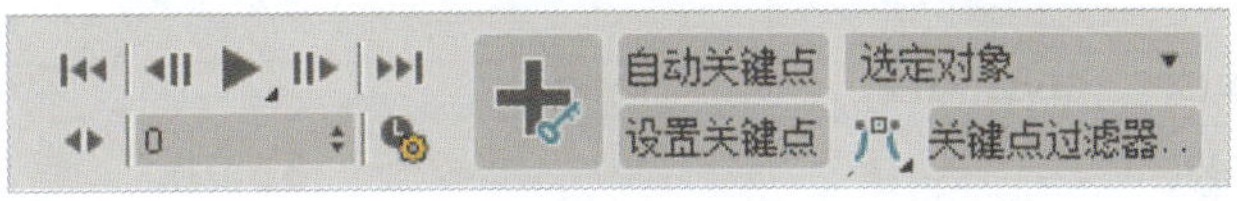

图 1-35　动画控制区

（9）状态栏：状态栏位于界面的左下角，显示了有关场景和活动命令的提示与状态信息，该区域也是坐标显示区域，用户可以在此输入数值，从而调整坐标值，如图 1-36 所示。

图 1-36　状态栏

1.2.6　设置 3ds Max 2024 首选项

在三维建模和室内设计领域，3ds Max 是一款不可或缺的专业软件。随着 3ds Max 2024 版本的推出，用户可以在全新的界面中体验到更加高效和便捷的操作。然而，为了更好地适应个人工作习惯和项目需求，对 3ds Max 2024 进行首选项设置显得尤为重要，这不仅能帮助用户优化软件性能，还能提高工作效率，确保作品质量。

设置 3ds Max 2024 首选项

下面介绍设置 3ds Max 2024 首选项的操作方法。

Step 01 在菜单栏中，单击“自定义”|“单位设置”命令，如图 1-37 所示。

Step 02 执行操作后，弹出“单位设置”对话框，在“公制”列表框中选择“厘米”选项，如图 1-38 所示，单击“确定”按钮即可设置单位。

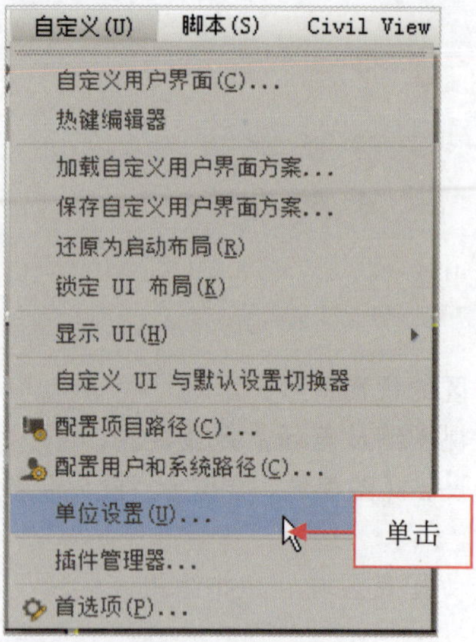

图 1-37 单击“单位设置”命令

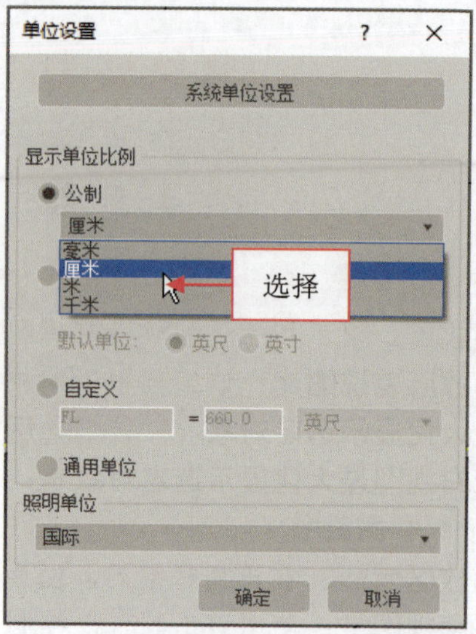

图 1-38 选择“厘米”选项

Step 03 在菜单栏中，单击“自定义”|“首选项”命令，如图 1-39 所示。

Step 04 执行操作后，弹出“首选项设置”对话框，❶切换至“文件”选项卡；❷在“自动备份文件名”文本框中输入 AutoBackup（自动备份），如图 1-40 所示，即可设置自动备份文件名，以方便用户在以后查找文件时，能够更加快捷地找到文件。

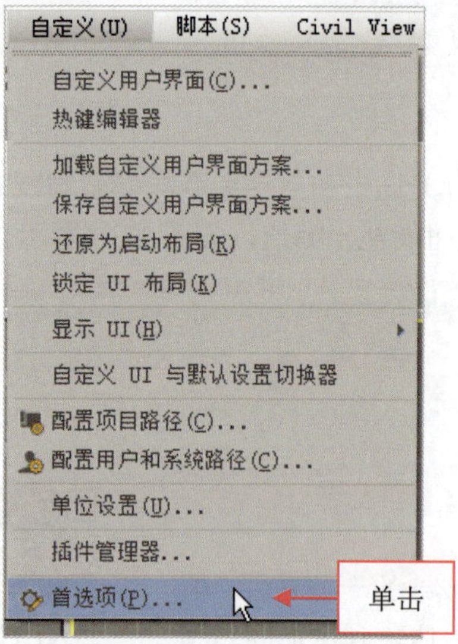

图 1-39 单击“首选项”命令

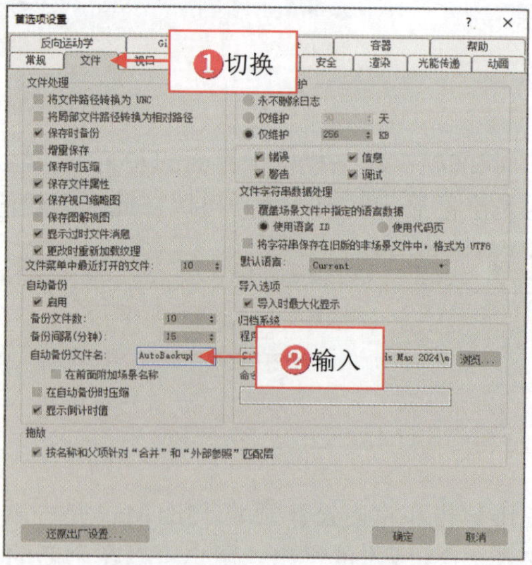

图 1-40 输入自动备份文件名

Step 05 在“文件”选项卡的“文件菜单中最近打开的文件”数值框中输入 5，如图 1-41 所示，即可设置最近打开的文件数量为 5。

Step 06 ❶切换至“渲染”选项卡；❷单击“默认环境灯光颜色”色块，如图 1-42 所示。

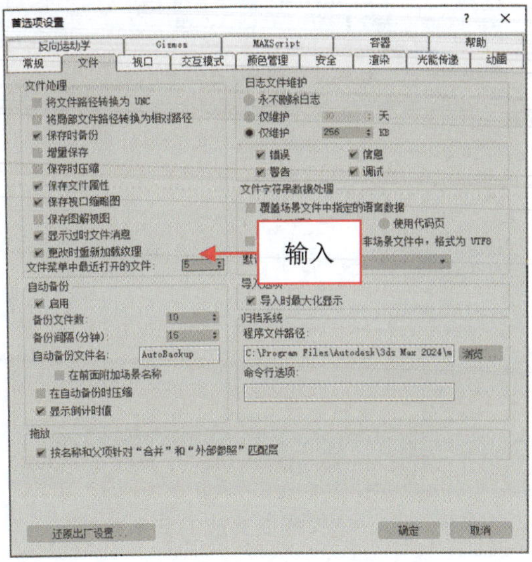

图 1-41　输入“文件菜单中最近打开的文件”数值

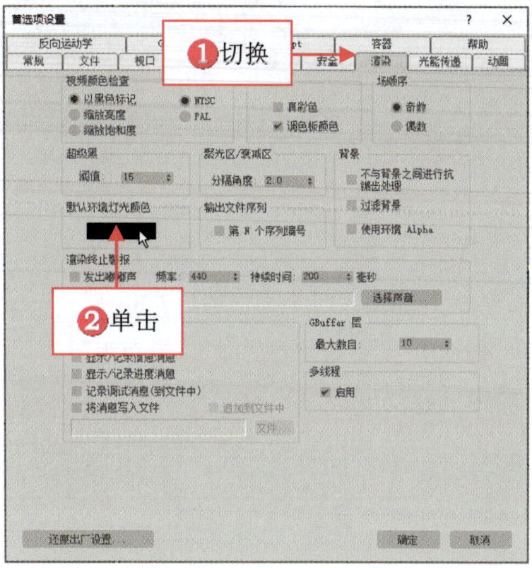

图 1-42　单击“默认环境灯光颜色”色块

Step 07 执行操作后，弹出“颜色选择器：默认环境光颜色”对话框，设置相应的参数（RGB 参数分别为 255、0、175），如图 1-43 所示，调整环境灯光颜色。

Step 08 单击“确定”按钮，返回“首选项设置”对话框，即可更改默认环境灯光颜色，从而更好地完成渲染效果，如图 1-44 所示。

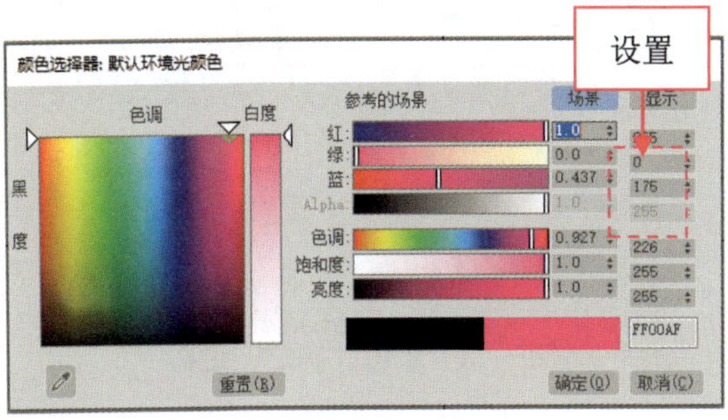

图 1-43　设置各参数

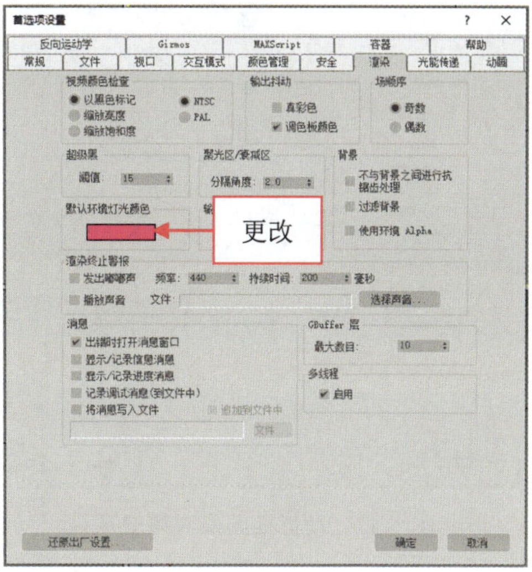

图 1-44　更改默认环境灯光颜色

Step 09 在“渲染”选项卡中，❶选中“播放声音”复选框；❷单击“选择声音”按钮，如图 1-45 所示。

Step 10 执行操作后，弹出“打开声音”对话框，选择需要播放的音乐文件（资源\素材\第 1 章\音乐.mp3），如图 1-46 所示。

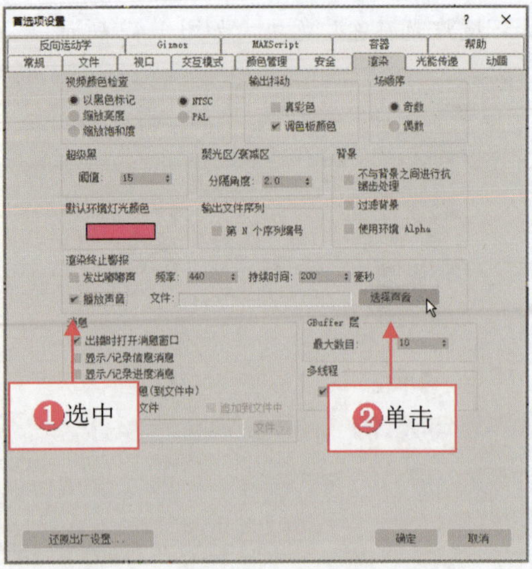

图 1-45　单击“选择声音”按钮

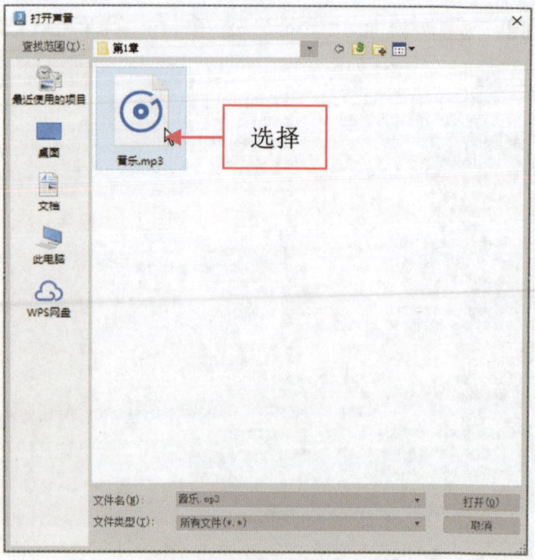

图 1-46　选择需要播放的音乐文件

Step 11 单击“打开”按钮，返回“首选项设置”对话框，即可设置在渲染时播放声音，如图 1-47 所示。

Step 12 单击“确定”按钮，如图 1-48 所示，即可完成 3ds Max 2024 首选项的设置。

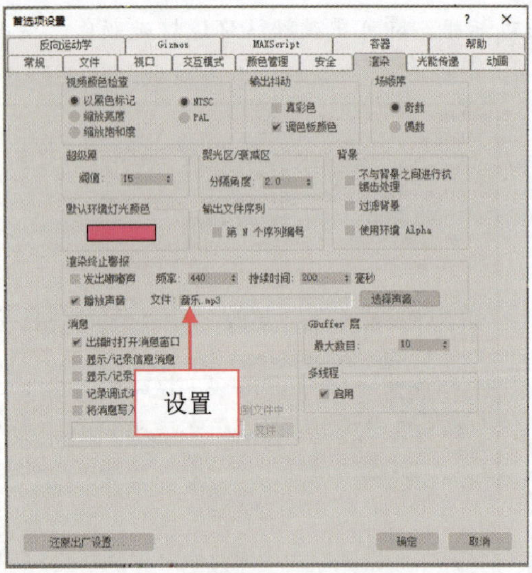

图 1-47　设置在渲染时播放声音

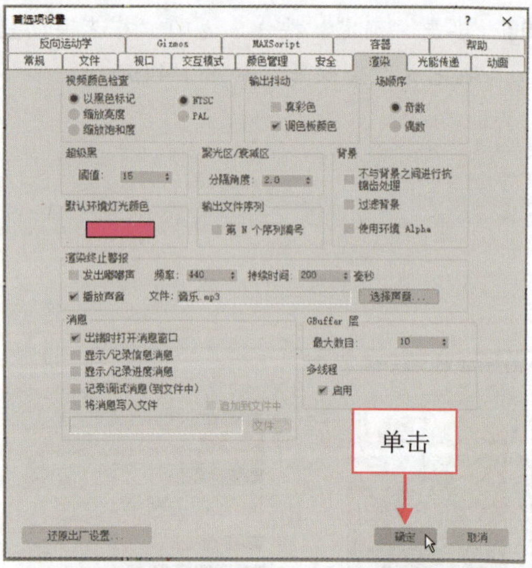

图 1-48　单击“确定”按钮

1.2.7　新建与保存文件

启动 3ds Max 2024 后，系统会自动新建一个 3ds Max 文件，如果已经打开了文件或正在编辑对象，需要一个新的场景，此时可以重新创建一个新的文件。下面介绍新建与保存文件的操作方法。

新建与保存文件

Step 01 在菜单栏中，单击“文件”|“新建”|“新建全部”命令，如图 1-49 所示。

Step 02 执行操作后，即可清除当前场景中的内容，并新建一个空白场景，如图 1-50 所示。

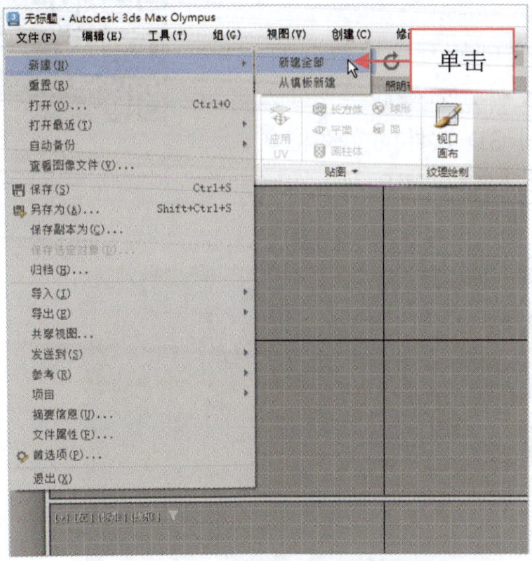

图 1-49　单击“新建全部”命令

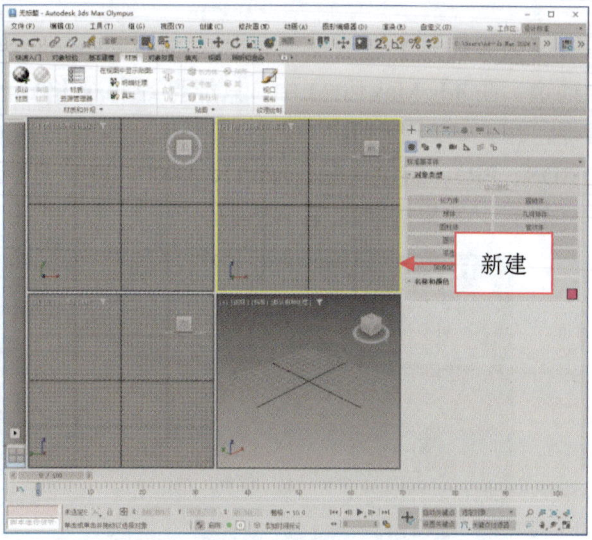

图 1-50　新建一个空白场景

Step 03 默认情况下，3ds Max 2024 是以 max 格式保存文件的。在实际建模中，用户可根据需要选择其他的格式对文件进行保存。在菜单栏中，单击“文件”|“保存”命令，如图 1-51 所示。

Step 04 执行操作后，弹出“文件另存为”对话框，❶设置文件名和保存路径；❷单击“保存”按钮，如图 1-52 所示，即可保存文件。

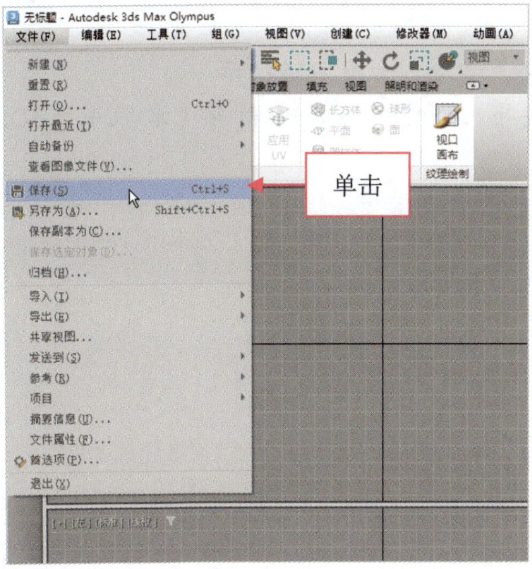

图 1-51　单击“保存”命令

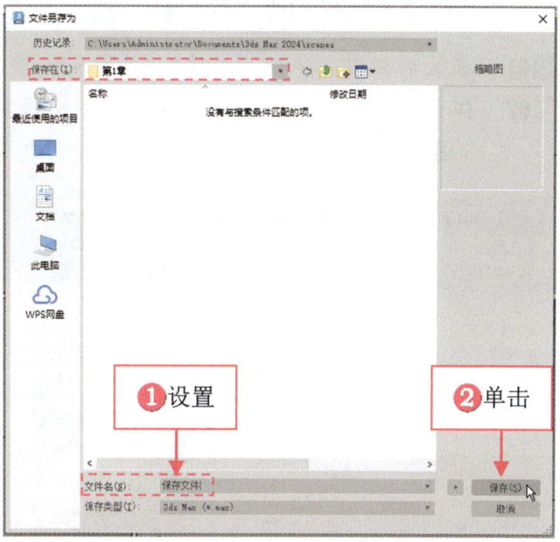

图 1-52　单击“保存”按钮

> **▶ 专家指点**
>
> 除了运用上述方法可以保存文件外，还有以下快捷键可以快速打开和保存文件。
>
> - **打开文件的快捷键**：按【Ctrl + O】组合键。
> - **保存文件的快捷键**：按【Ctrl + S】组合键。

1.2.8 导入与导出文件

导入与导出文件

【效果展示】导入文件是 3ds Max 与其他软件之间相互转换数据的一种通道。在 3ds Max 2024 中，只能打开 max 格式的文件，但是通过“导入”命令，用户可以在 3ds Max 2024 中打开很多的其他非 3D 软件的文件格式，如 3DS、PRJ、SHP、AI、DWG、DXF、IPT、IAM、FBX、HIR 及 SYL 等文件格式。效果展示如图 1-53 所示。

图 1-53 效果展示

下面介绍导入与导出文件的操作方法。

Step 01 在菜单栏中，单击“文件”|“导入”|“导入”命令，如图 1-54 所示。

Step 02 弹出“选择要导入的文件”对话框，选择需要导入的文件（资源\素材\第 1 章\扶手椅.3DS），如图 1-55 所示。

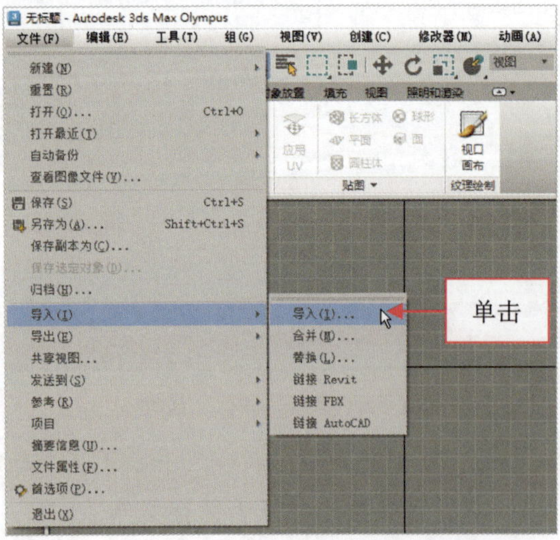

图 1-54 单击“导入”命令

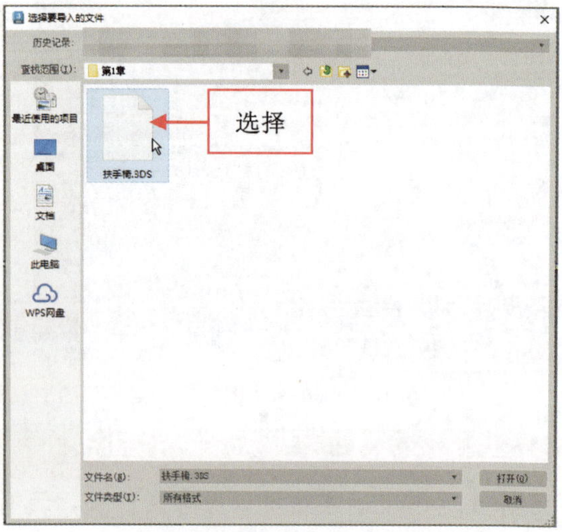

图 1-55 选择要导入的文件

Step 03 单击“打开”按钮，弹出“3DS 导入”对话框，单击“确定”按钮，如图 1-56 所示。

Step 04　执行操作后，即可导入文件，如图 1-57 所示。

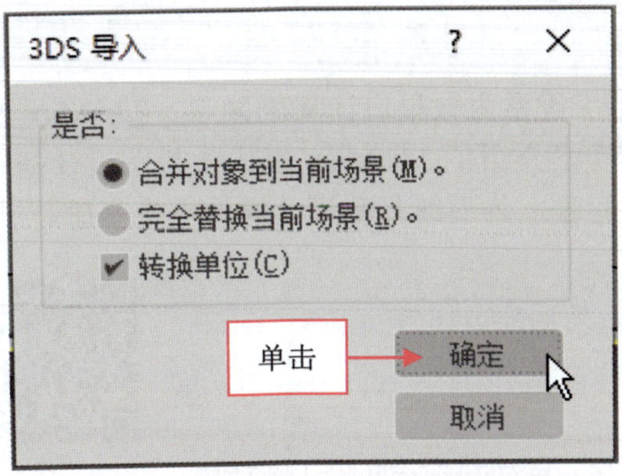

图 1-56　单击“确定”按钮

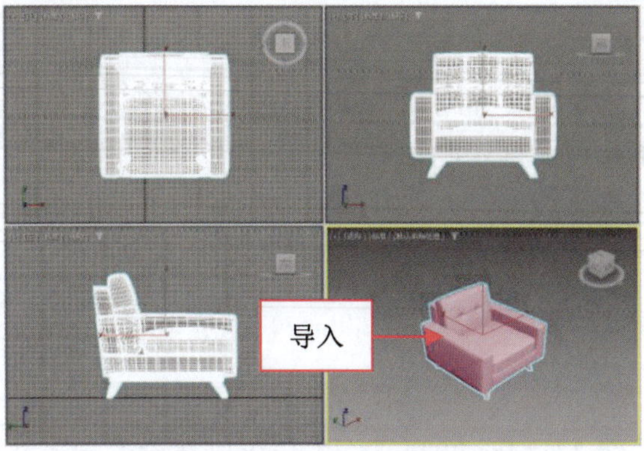

图 1-57　导入文件效果

▶ 专家指点

在“3DS 导入”对话框中，各主要选项的含义如下。

- **合并对象到当前场景：**该单选按钮可以将导入的数据与当前场景合并。
- **完全替换当前场景：**该单选按钮可以用导入的数据完全替换当前场景。
- **转换单位：**由于 3DS 文件可能包含不同的单位（如毫米、厘米、英寸等），选中该复选框后，允许用户在导入过程中将文件的单位转换为当前场景的单位，确保导入的对象与当前场景的单位保持一致，从而避免出现尺寸和比例方面的问题。

Step 05　在菜单栏中，单击“文件”|“导出”|“导出”命令，弹出“选择要导出的文件”对话框，在“文件名”文本框中输入“扶手椅”，如图 1-58 所示，设置导出路径和保存类型。

Step 06　单击“保存”按钮，弹出“FBX（一种通用的 3D 模型格式）导出”对话框，单击“确定”按钮，如图 1-59 所示，即可导出文件。

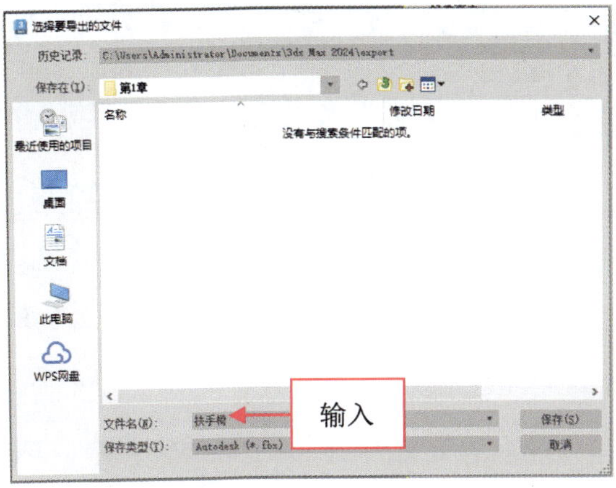

图 1-58　输入文件名

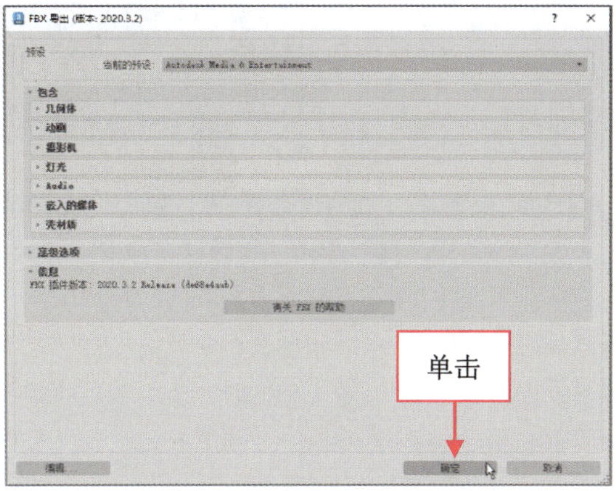

图 1-59　单击“确定”按钮

本 章 小 结

本章主要介绍了 3ds Max 2024 基础入门，包括三维室内效果设计基础知识、3ds Max 2024 基本知识。首先，介绍了软件定位与应用场景；其次，介绍了 3ds Max 室内效果图设计基础。通过本章的学习，读者能够使用界面工具进行文件管理，为后续复杂设计操作奠定基础。

课 后 实 训

课后实训

在 3ds Max 2024 中，用户可以在设置导入文件后，自动将所有的视口缩放为场景大小。设置导入文件时最大化显示的操作方法如下。

Step 01 在菜单栏中，单击“文件”|“首选项”命令，如图 1-60 所示。

Step 02 执行操作后，弹出“首选项设置”对话框，❶切换至“文件”选项卡；❷在“导入选项”选项区中选中“导入时最大化显示”复选框，如图 1-61 所示，单击“确定”按钮即可。

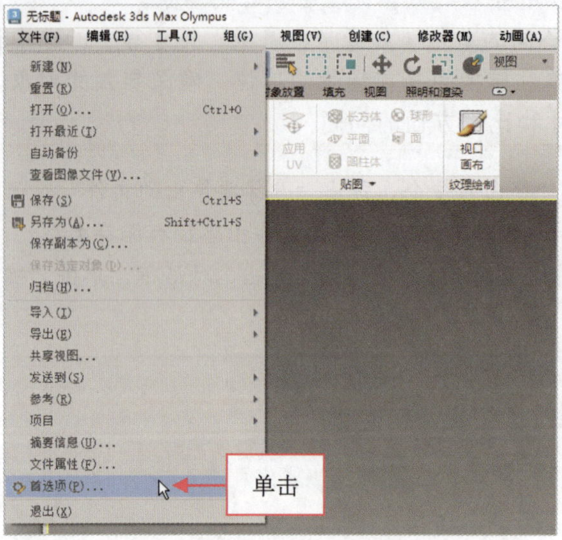

图 1-60 单击“首选项”命令

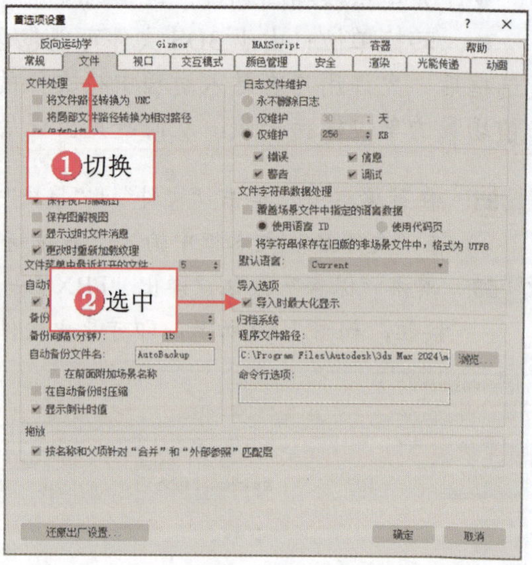

图 1-61 选中“导入时最大化显示”复选框

第 2 章

软件视图与三维对象编辑

3ds Max 2024 是一个功能复杂且强大的三维动画设计和制作软件，若想使它高效地完成室内设计的三维建模工作，首先需要学习和理解 3ds Max 2024 的工作方式，并掌握三维对象的基本编辑技巧。本章将介绍 3ds Max 2024 软件视图与三维对象的一些常用操作。

本章重点

- 掌握 3ds Max 2024 的视图设置方法
- 掌握选择与编辑三维对象的方法

素质目标

- 培养读者理解三维建模如何服务于实际设计需求，提升跨领域知识应用能力
- 培养读者形成可持续的技术学习能力

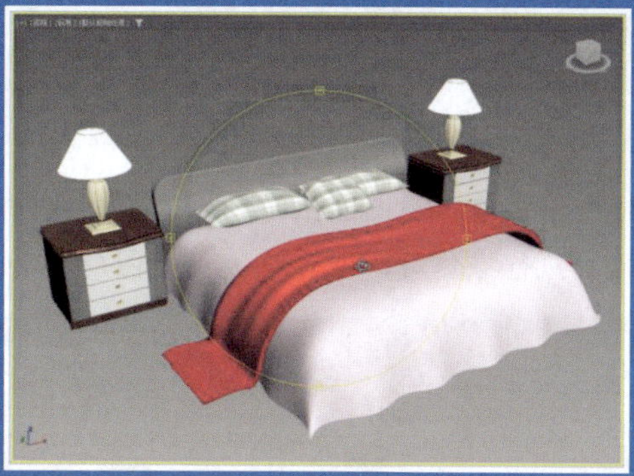

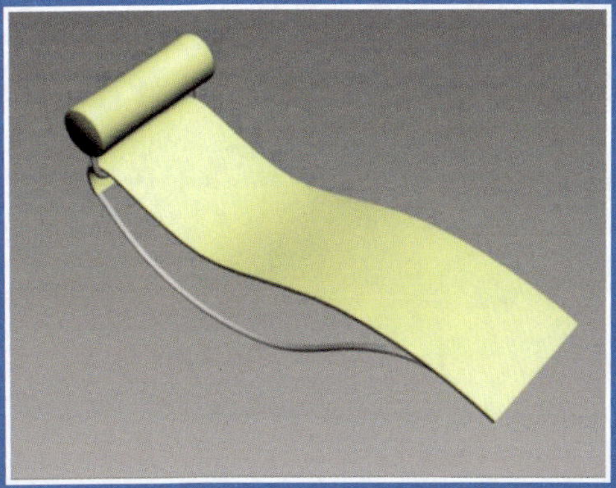

2.1　3ds Max 2024 的视图设置

在 3ds Max 2024 中，视图不仅是观察三维室内效果图的重要窗口，更是创作过程中不可或缺的工具。通过灵活设置和调整视图，可以更高效地安排对象位置、观察细节。本节将详细介绍 3ds Max 2024 的视图设置技巧，帮助用户更好地利用这一功能。

2.1.1　激活与变换视图

激活与变换视图

激活视图就是选择视图，将其确认为当前视图。注意，当前视图只能有一个。在 3ds Max 2024 的工作视图中，不同的视图具有不同的显示效果，用户可以根据显示的需要变换视图。下面介绍激活与变换视图的操作方法。

Step 01 按【Ctrl + O】组合键，打开一个素材模型（资源\素材\第 2 章\矮桌.max），如图 2-1 所示。

Step 02 移动鼠标指针至需要激活的视图中，单击鼠标左键或右键即可激活该视图，当视图被一个黄色边框包围时，说明此视图被激活，如图 2-2 所示。

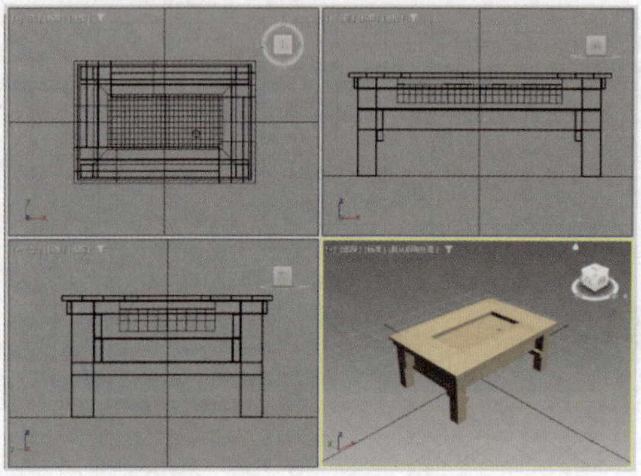

图 2-1　打开素材模型

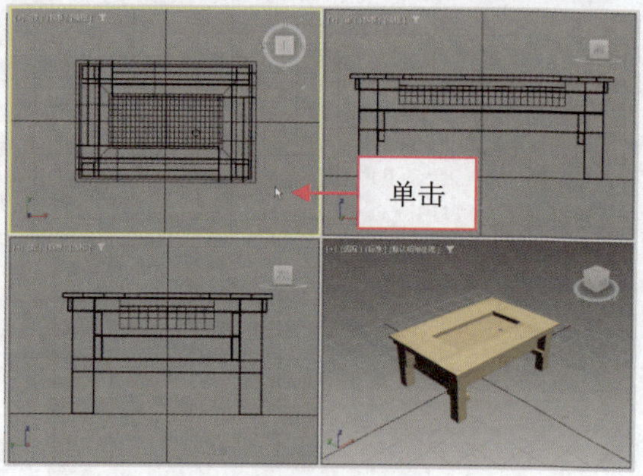

图 2-2　激活相应视图

Step 03 单击透视视图左上角的“透视”按钮，在弹出的列表框中选择“后”选项，如图 2-3 所示。

Step 04 执行操作后，即可将透视视图转换为后视图，如图 2-4 所示。

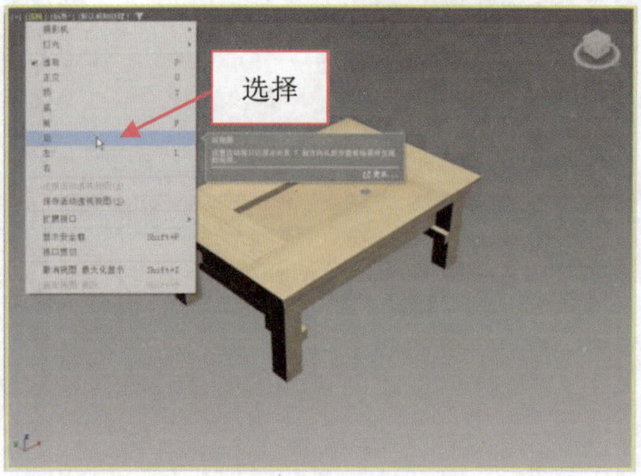

图 2-3　选择“后”选项

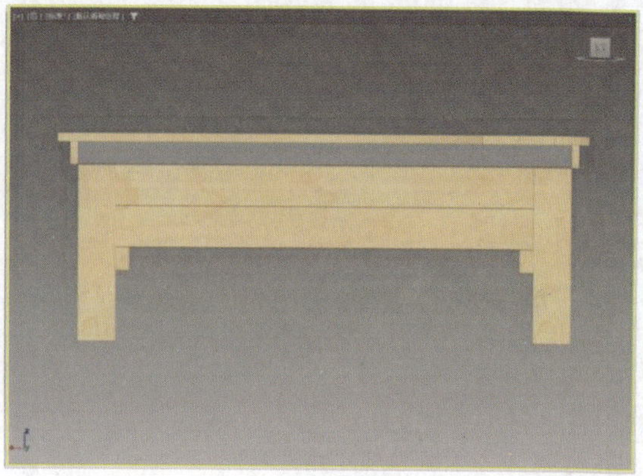

图 2-4　转换为后视图

▶ 专家指点

分别按键盘上的【T】键、【F】键、【L】键、【P】键、【B】键或【C】键，可以相应地切换至顶视图、前视图、左视图、透视图、底视图或摄影机视图。在默认设置中，后视图和右视图没有键盘快捷键。

2.1.2　缩放和旋转视图

缩放和旋转视图

在 3ds Max 2024 的工作视图中，用户可以缩放视图来仔细观察场景，使用缩放类工具即可调整当前视图的放大值或缩小值。另外，还可以从多个角度来观察物体，不同的角度具有不同的效果，使用旋转类工具即可使视图围绕其中心自由旋转。

下面介绍缩放和旋转视图的操作方法。

Step 01　按【Ctrl＋O】组合键，打开一个素材模型（资源\素材\第 2 章\床.max），如图 2-5 所示。

Step 02　在视图控制区中，单击“缩放”按钮，移动鼠标指针至透视视图中，按住鼠标左键并拖曳对象，即可缩放显示视图，如图 2-6 所示。

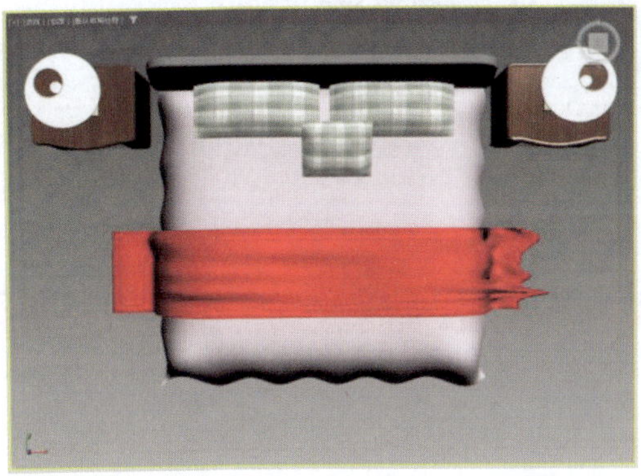

图 2-5　打开素材模型

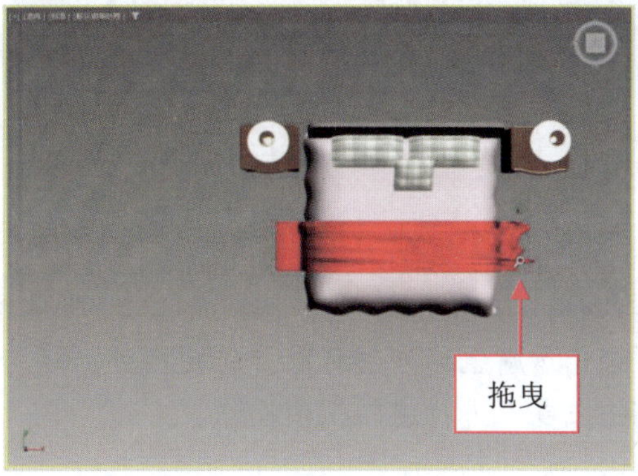

图 2-6　缩放显示视图

Step 03　在视图控制区中，单击“缩放区域”按钮，移动鼠标指针至透视视图中，框选要缩放的区域，如图 2-7 所示。

Step 04　释放鼠标，即可缩放选定的区域，效果如图 2-8 所示。

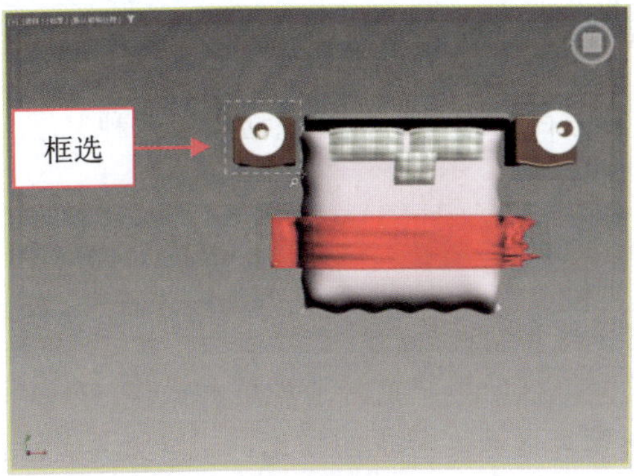

图 2-7　框选缩放区域

图 2-8　缩放选定区域效果

▶ 专家指点

除了运用上述方法缩放视图外，还有以下两种常用的方法。

- 在按住【Alt + Z】组合键的同时，按住鼠标左键并拖曳，即可缩放视图。
- 在缩放视图过程中，可以滚动鼠标中键，进行视图的缩放操作。

缩放区域与缩放视图一样，都是控制场景的放大与缩小。有所不同的是，缩放区域可以只选择场景中的某一块区域进行缩放。另外，也可以按住【Alt + W】组合键的同时，按住鼠标左键并拖曳，对视图进行区域缩放操作。

Step 05 在视图控制区中，单击“环绕”按钮，在需要旋转的视图上，按住鼠标左键并拖曳，即可旋转显示视图，如图 2-9 所示。

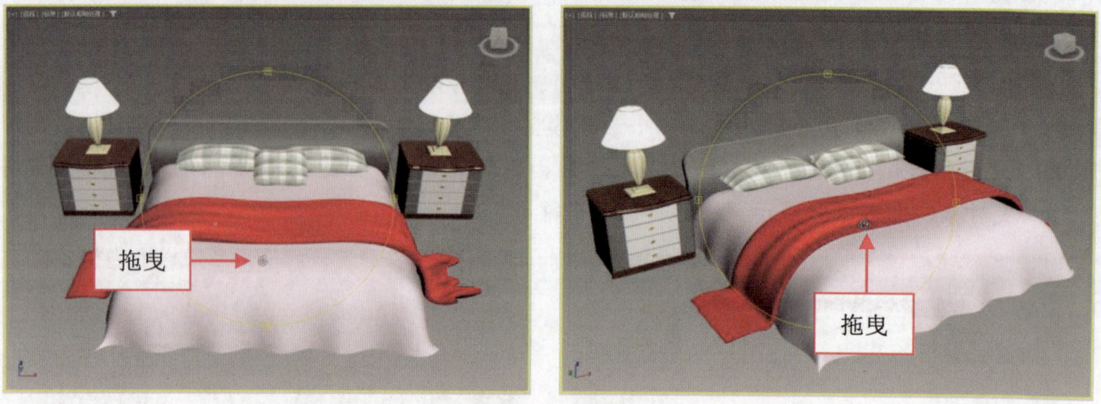

图 2-9　旋转视图

▶ 专家指点

除了运用上述方法可以旋转视图外，还可以在按住【Ctrl + R】组合键的同时，按住鼠标左键并拖曳，进行旋转视图操作。

2.1.3　更改视口布局

在 3ds Max 2024 中，视口是进行三维建模和动画设计时的主要操作区域。视口可以看作视图的一个子菜单，允许用户在一个屏幕上同时查看多个角度或视图。下面介绍更改视口布局的操作方法。

更改视口布局

▶ 专家指点

视图是指在 3D 场景中观察模型的不同角度和方向。常见的视图包括以下几种。

- **顶视图**：从顶部观察模型。
- **前视图**：从正面观察模型。
- **左视图**：从左侧观察模型。
- **透视视图**：模拟人眼视角，显示模型的深度和空间感。

这些视图提供了不同的视角来观察和调整模型，帮助用户更好地理解和操作 3D 对象。视口是指在 3D 软件界面中用于显示模型的不同窗口区域。与视图相比，视口更具灵活性，用户可以根据需要自定义视口的布局和数量。

Step 01 按【Ctrl + O】组合键，打开一个素材模型（资源\素材\第 2 章\椅子.max），视口的大小可以调整，通过鼠标的拖曳可以自行更改，以满足用户在使用 3ds Max 2024 时的观察需要，将鼠标指针移至视口边缘上，如图 2-10 所示。

Step 02 当鼠标指针呈双向箭头形状时，按住鼠标左键并向上拖曳，即可手动更改视口大小，效果如图 2-11 所示。

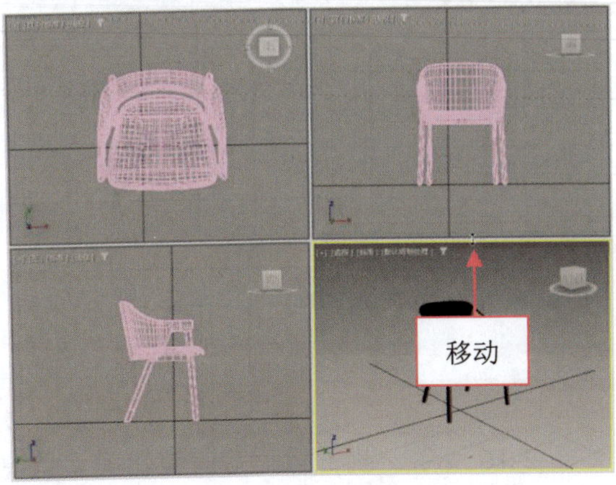

图 2-10　移动鼠标指针

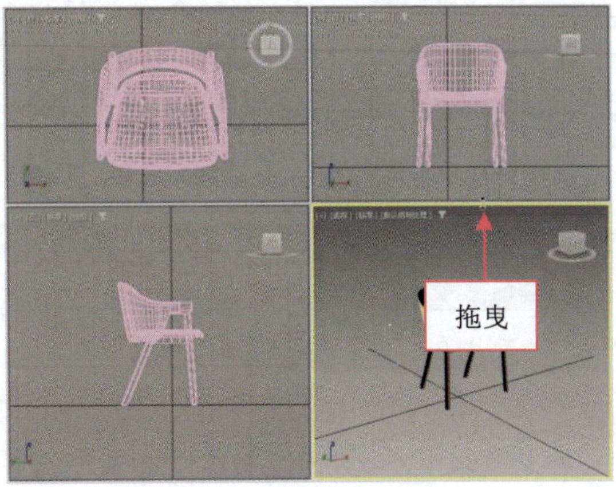

图 2-11　手动更改视口大小

▶ 专家指点

将鼠标指针放置在视口与视口的交界处，当鼠标指针呈左右双向箭头形状时，拖曳鼠标左键，即可向左或向右调整视口的大小；当鼠标指针呈十字箭头形状时，拖曳鼠标左键，即可向上下左右同时调整视口大小。

Step 03 在菜单栏中，单击"视图"|"视口配置"命令，如图 2-12 所示。

Step 04 执行操作后，弹出"视口配置"对话框，❶切换至"布局"选项卡；❷选择需要重置视口布局的类型，如图 2-13 所示。

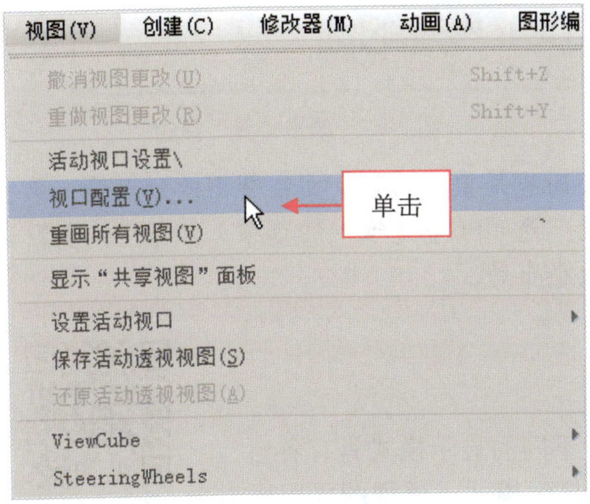

图 2-12　单击"视口配置"命令

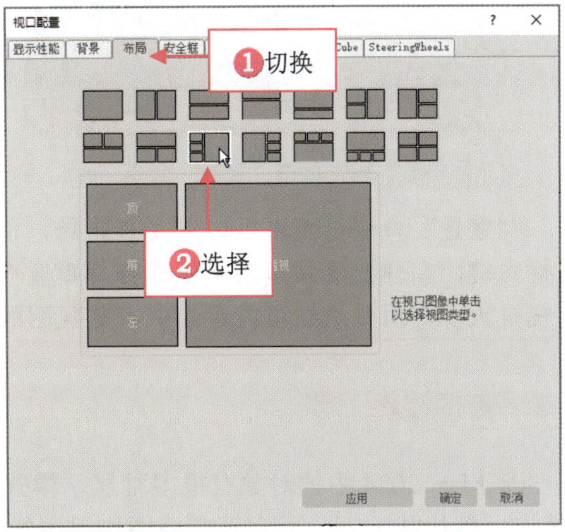

图 2-13　选择重置视口布局的类型

Step 05 单击"确定"按钮，即可配置视口布局，如图 2-14 所示。

Step 06 在工作视图区的左下角单击“创建新的视口布局选项卡”按钮▸，在弹出的“标准视口布局”面板中选择相应的视口布局类型，也可以更改视口布局，如图 2-15 所示。

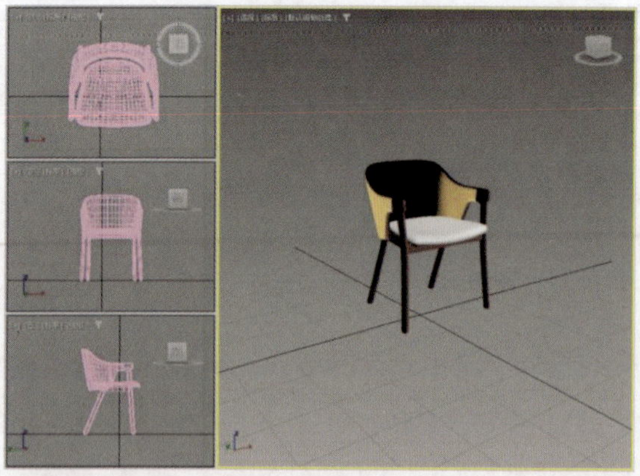

图 2-14　配置视口布局

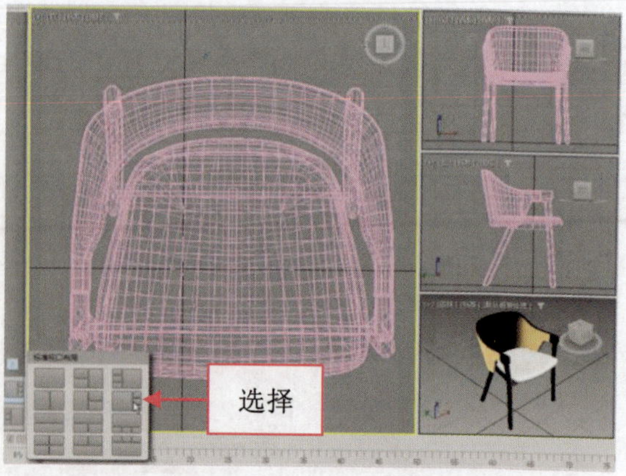

图 2-15　更改视口布局

▶ 专家指点

在菜单栏中，单击“文件”|“重置”命令，如图 2-16 所示。执行操作后，弹出提示信息框，单击“是”按钮，如图 2-17 所示，即可将视图恢复到默认的视口布局状态。使用“重置”命令与重新启动软件的效果相同。

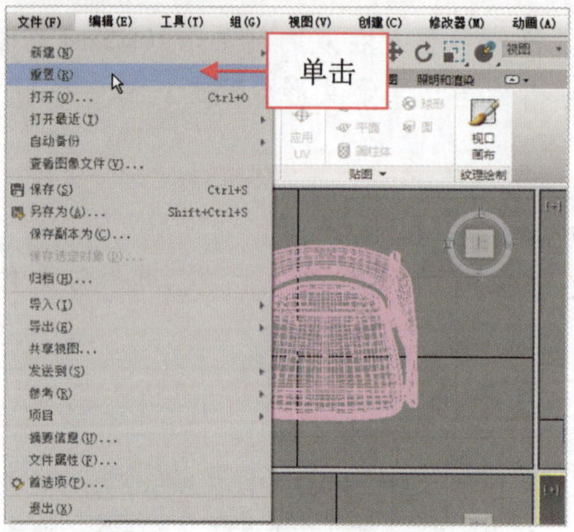

图 2-16　单击“重置”命令

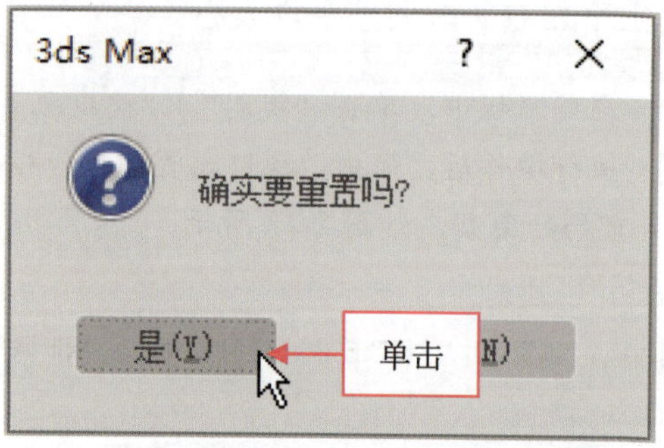

图 2-17　单击“是”按钮

“重置”命令虽然可以恢复视口布局，但同时也是重置场景，而在视图的分隔线上单击鼠标右键，在弹出的快捷菜单中选择“重置布局”选项（也是唯一的选项），即可恢复默认的视口大小，而且是在当前场景中恢复视图的大小布局。

2.1.4　管理视图显示

管理视图显示

3ds Max 2024 中的对象有很多种显示模式，不同的显示模式具有各自的特点。默认状态下，所有正交视图均采用线框显示模式，透视图采用平滑加高光的显示模式。

例如，线框模式仅显示物体的线框，有利于观察模型的结构和片段数，是网格对象编辑时必不可少的显示模式。使用线框模式显示模型，可以加快计算机的显示速度。下面介绍管理视图显示的操作方法。

Step 01 按【Ctrl + O】组合键，打开素材模型（资源\素材\第 2 章\沙发.max），如图 2-18 所示。

Step 02 移动鼠标指针至透视视图的左上方处，单击"默认明暗处理"按钮，在弹出的列表框中选择"线框覆盖"选项，如图 2-19 所示。

图 2-18　打开素材模型

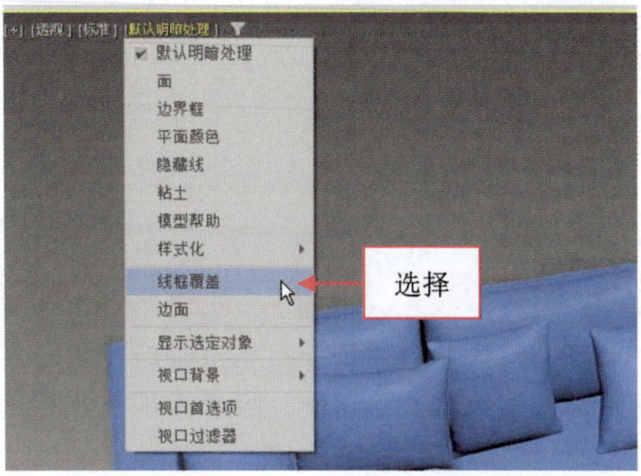

图 2-19　选择"线框覆盖"选项

Step 03 执行操作后，即可以线框模式显示模型，效果如图 2-20 所示。

Step 04 在视图窗口左上角的 + 图标上，单击鼠标左键，在弹出的列表框中选择"显示栅格"选项，如图 2-21 所示。

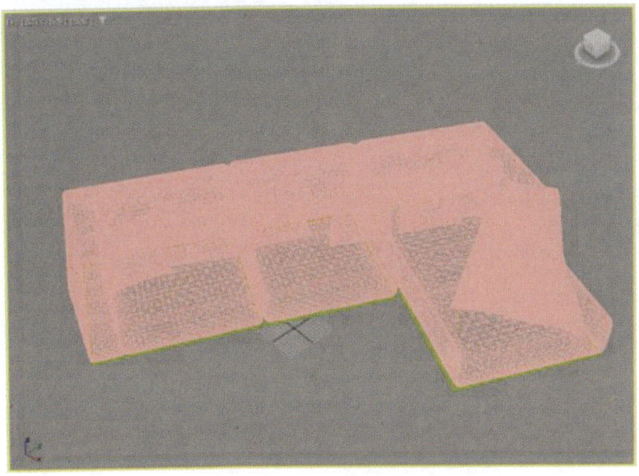

图 2-20　以线框模式显示模型

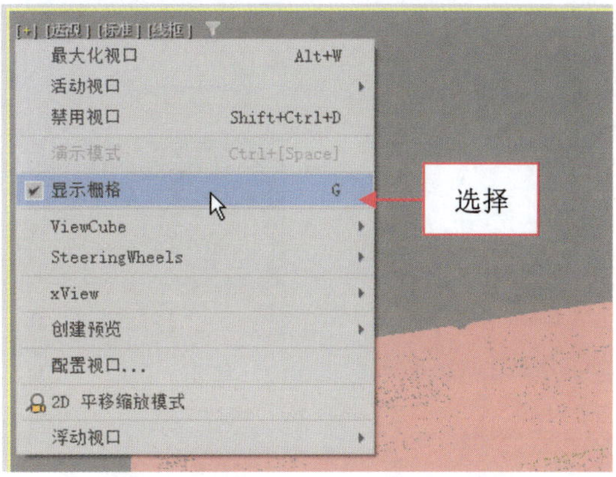

图 2-21　选择"显示栅格"选项

> **▶ 专家指点**
>
> 默认状态下，3ds Max 2024 中的视口会显示栅格，以作为参考，有时为了便于观察场景，可以隐藏栅格。除了运用上述方法可以隐藏或显示栅格外，用户还可以按【G】键快速隐藏或显示栅格。

Step 05 执行操作后，即可隐藏栅格，如图 2-22 所示。

Step 06 在视图左上角的名称（如"透视"）上单击鼠标左键，在弹出的列表框中选择"显示安全框"选项，执行操作后，即可显示安全框，如图 2-23 所示。

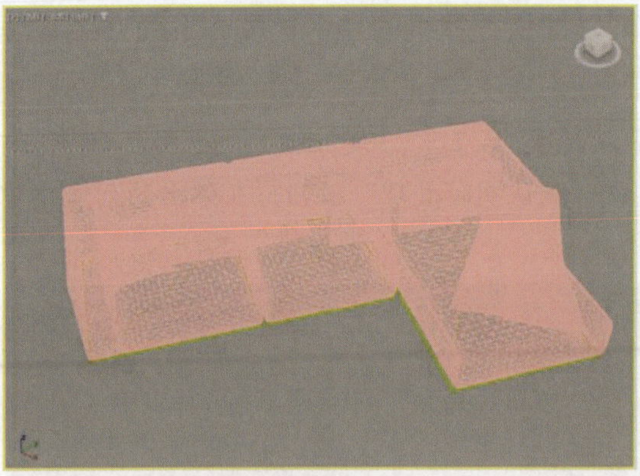

图 2-22　隐藏栅格

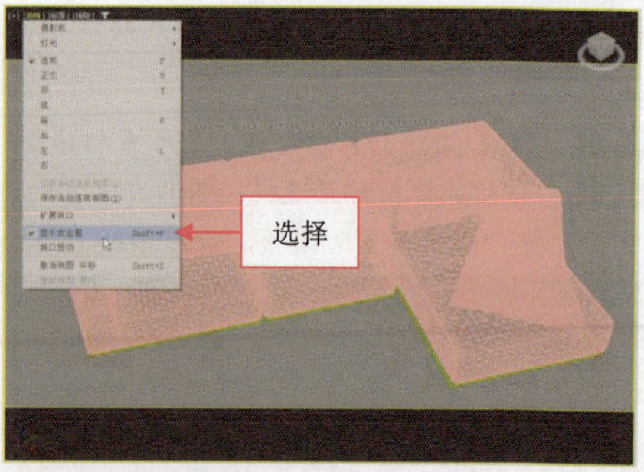

图 2-23　显示安全框

> **▶ 专家指点**
>
> 安全框内显示的场景是在渲染时视口可见的部分，因此在渲染之前可以显示安全框，以便用户准确地渲染出场景。除了运用上述方法可以显示安全框外，用户还可以按【Shift + F】组合键，快速显示安全框。

Step 07　单击菜单栏中的“视图”|“视口背景”|“配置视口背景”命令，如图 2-24 所示。

Step 08　弹出“视口配置”对话框，切换至“背景”选项卡，如图 2-25 所示，选中相应的单选按钮，可以设置相应的背景颜色。

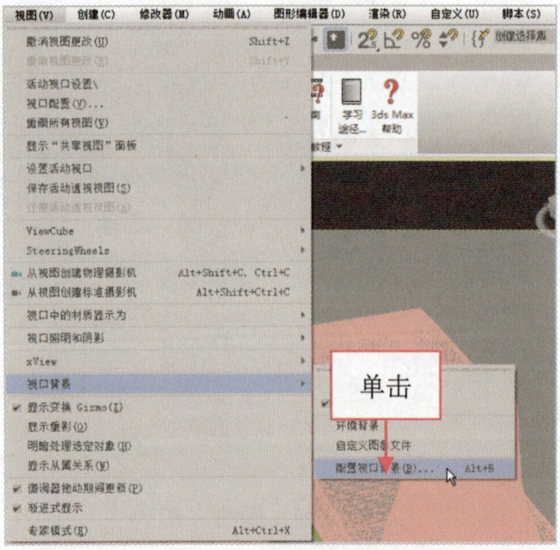

图 2-24　单击“配置视口背景”命令

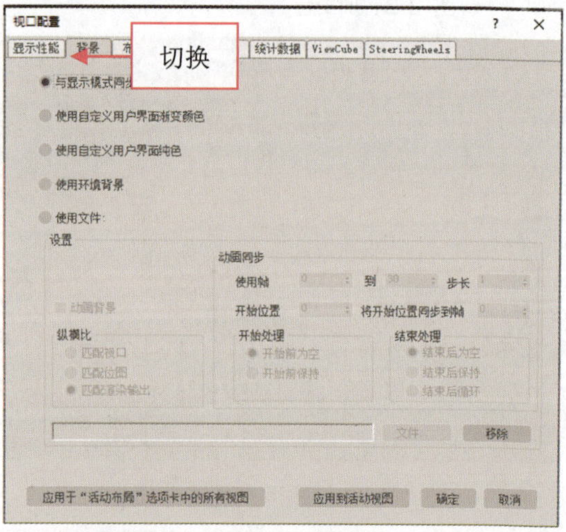

图 2-25　切换至“背景”选项卡

> **▶ 专家指点**
>
> 在“背景”选项卡中，各主要选项的含义如下。
>
> - **与显示模式同步**：如果环境为黑色，则将背景显示为渐变色，否则使用环境背景。
> - **使用自定义用户界面渐变颜色**：选中该单选按钮后，可以将背景显示为渐变颜色。
> - **使用自定义用户界面纯色**：选中该单选按钮后，可以将背景显示为纯色。
> - **使用环境背景**：选中该单选按钮后，可以显示“环境”面板上指定的背景。
> - **使用文件**：选中该单选按钮后，可以仅显示用于视口的图像。

- **动画背景**：选中该复选框后，启用已使用设置了动画的背景。
- **纵横比**：该选项区可以控制视口背景的比例，方法是将其与位图、渲染输出或者视口本身进行匹配。
- **动画同步**：该选项区可以控制图像序列如何与视口同步，以便进行对位。
- **开始处理**：该选项区可以确定在开始帧之前视口背景中发生的内容。
- **结束处理**：该选项区可以确定在最后输入帧之后视口背景中发生的内容。
- **文件**：单击该按钮，可以弹出“选择背景图像”对话框，从而为背景选择一个文件或文件序列。
- **移除**：单击该按钮，可以移除当前选中的背景图像。

2.1.5　编辑层资源管理器

编辑层资源管理器

层资源管理器是 3ds Max 2024 中一个强大的工具，主要用于组织和管理复杂场景中的对象。通过层资源管理器，用户可以轻松创建和嵌套层，然后在这些层之间移动对象。对于 3ds Max 用户来说，掌握层资源管理器的使用技巧，将大大提高工作效率和场景管理能力。下面介绍编辑层资源管理器的操作方法。

Step 01　在主工具栏中单击“切换层资源管理器”按钮，打开“场景资源管理器-层资源管理器”窗口，如图 2-26 所示。

Step 02　单击“新建层”按钮，即可在默认的层下方创建一个新层，如图 2-27 所示。

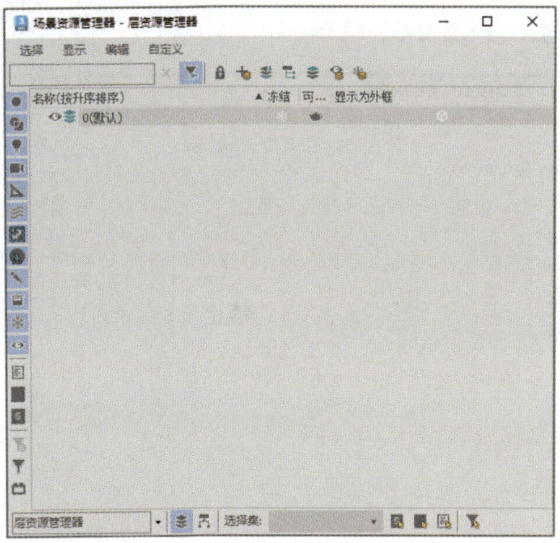

图 2-26　“场景资源管理器-层资源管理器”窗口

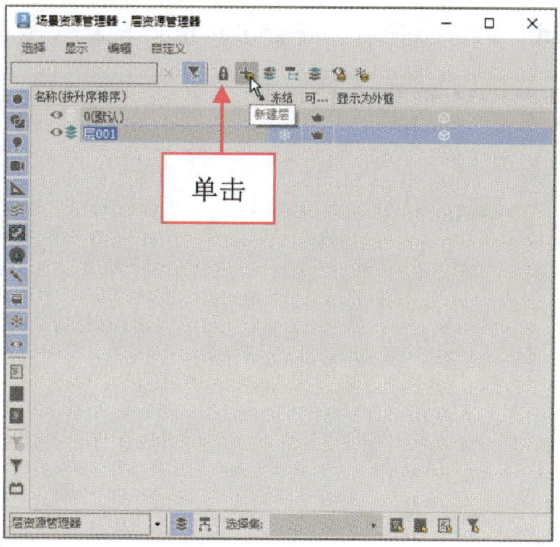

图 2-27　创建新图层

▶ 专家指点

在创建层时，默认情况下，3ds Max 会按顺序命名，如层 001、层 002 及层 003 等。3ds Max 会随机指定颜色给所有新层，用户可以接受默认设置，也可以指定其他颜色。

Step 03　在层 001 的“冻结”列中，单击“冻结”按钮，如图 2-28 所示。

Step 04　执行操作后，可以对高亮层启用冻结，此时会出现图标，即该层中的所有对象都被冻结，如图 2-29 所示。

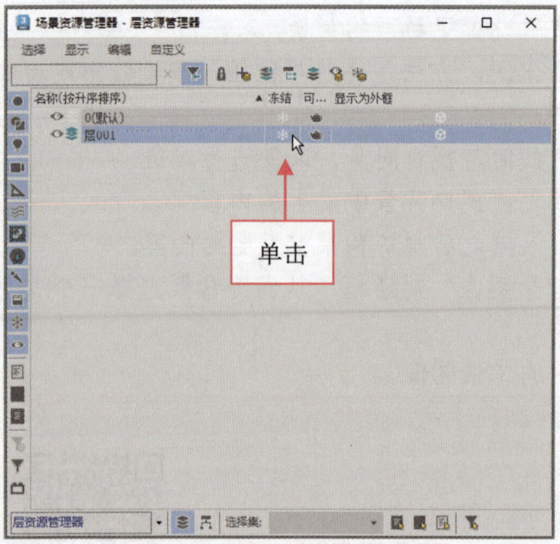

图 2-28　单击“冻结”按钮

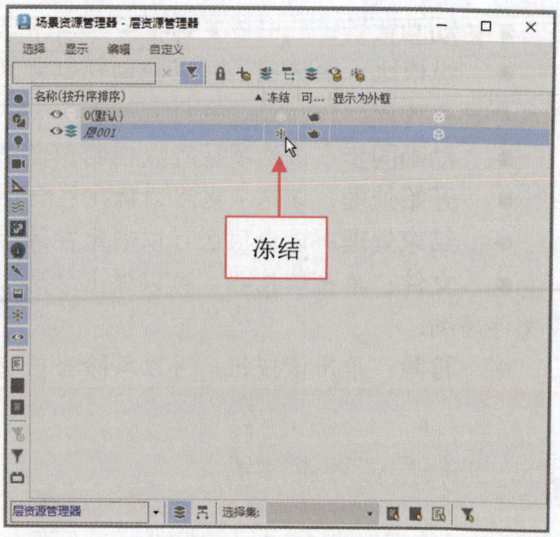

图 2-29　冻结层效果

▶ 专家指点

在编辑和特定层相关联的对象时，如果还要查看其他层上的对象而不进行编辑，那么冻结层就非常有用。在冻结层上不能编辑或选择对象，但是如果层处于打开状态，该对象仍然可见，可以使冻结层成为当前层，也可以向冻结层添加新对象。

Step 05　在层 001 的“可渲染”列中，单击“禁止渲染”按钮，如图 2-30 所示。

Step 06　执行操作后，将会禁止渲染该层的所有对象，如图 2-31 所示。

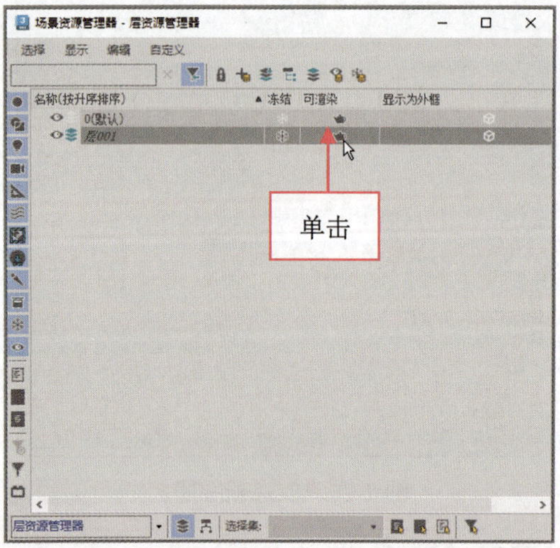

图 2-30　单击“禁止渲染”按钮

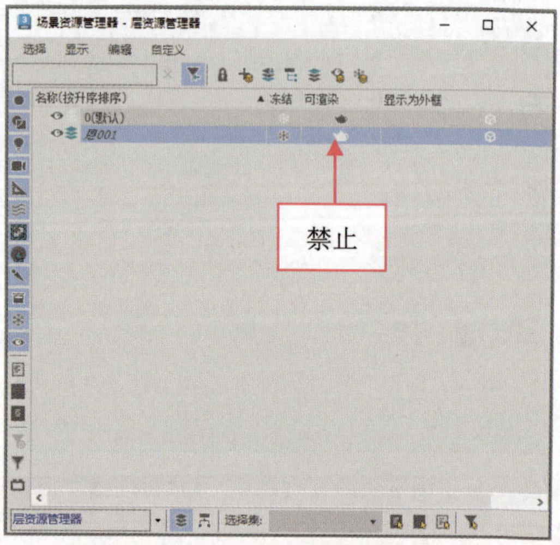

图 2-31　禁止渲染层

▶ 专家指点

启用渲染层后，对象会出现在渲染场景中。不可渲染的对象不会投射阴影，也不会影响渲染场景中的可见组件。

Step 07　选中相应的层后，单击“隐藏”按钮，如图 2-32 所示。

Step 08　执行操作后，可以对高亮层启用隐藏状态，此时会出现图标，即该层中的所有对象都被隐藏，如图 2-33 所示。层隐藏起来是不可见的，用户可以隐藏包含构造或参考信息的层。

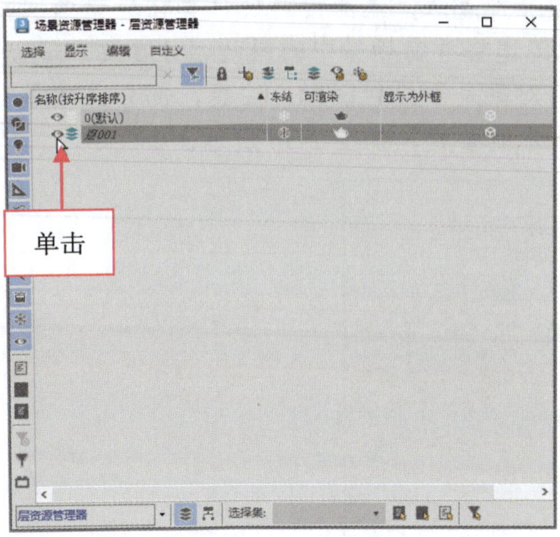

图 2-32　单击“隐藏”按钮

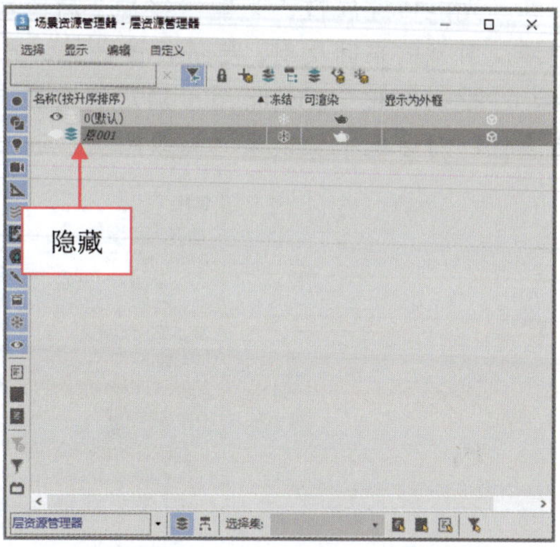

图 2-33　隐藏层

Step 09　在层名称上单击鼠标右键，在弹出的快捷菜单中选择“属性”选项，如图 2-34 所示。

Step 10　执行操作后，即可弹出“层属性”对话框，如图 2-35 所示，在此可以更改层属性。

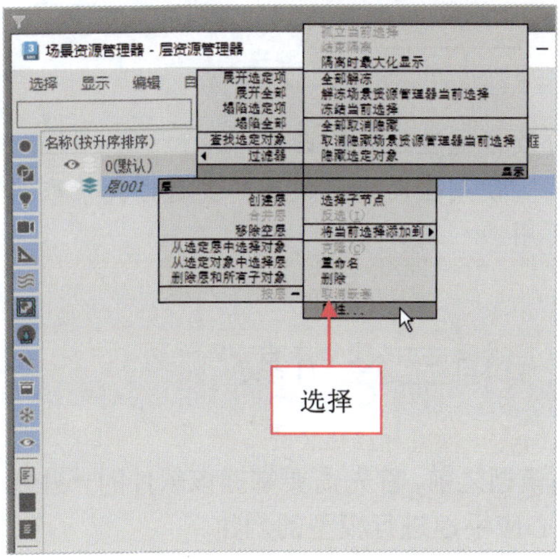

图 2-34　选择“属性”选项

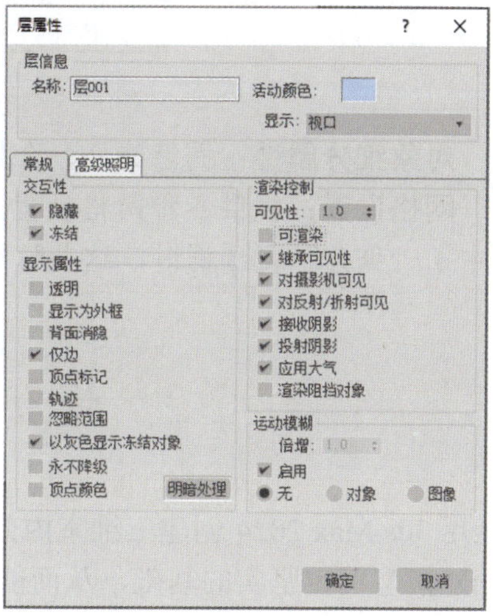

图 2-35　“层属性”对话框

▶ 专家指点

“层属性”对话框可以更改渲染、运动模糊及显示选定层的设置，也可以更改高级照明设置、隐藏和冻结一个（或多个）选定层。

在“层属性”对话框中，各主要选项的含义如下。

- **交互性：**包含了隐藏与冻结层的命令。
- **显示属性：**提供了各种控制功能，用于改变选定层中设置为“按层”的对象的显示属性。

- **渲染控制**：提供了各种控制功能，用于对选定层中设置为“按层”的对象进行渲染。
- **运动模糊**：控制选定层中设置为“按层”的对象的运动模糊属性。
- **光能传递属性**：光能传递是全局照明的一种方法，光能传递会计算在场景中所有表面间漫反射光的来回反射，要进行该计算，光能传递将考虑场景中的照明、材质及环境设置。例如，“投射阴影”复选框用于确定选定层上的对象是否投射阴影。注意，部分选项需要在“层属性”对话框中切换至“高级照明”选项卡才能看到，如图 2-36 所示。

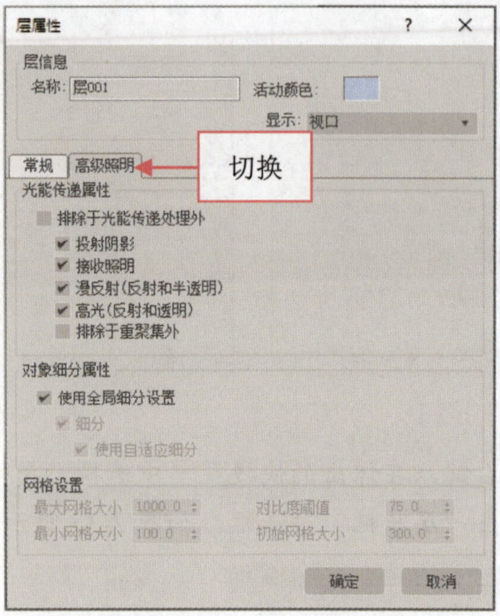

图 2-36　切换至“高级照明”选项卡

- **对象细分属性**：提供细分、全局细分及自适应细分的设置。
- **网格设置**：提供各种网格设置，仅当“使用全局细分设置”复选框处于取消选中状态并选中了“细分”复选框时，这些设置才可用。

2.2　选择与编辑三维对象

在运用 3ds Max 2024 创建三维室内效果图模型之前，首先需要掌握该软件的一些基本操作，为后面创建模型奠定坚实的基础，从而能够得心应手地进行模型的创建。

在 3ds Max 2024 中，大多数的操作都需要通过编辑对象才能实现，因此可以通过 3ds Max 2024 提供的多种编辑对象的命令和工具进行三维对象的编辑操作。本节将介绍选择与编辑三维对象的操作方法。

2.2.1　选择三维对象

选择三维对象

在任何三维室内效果图模型的制作中，最常用到的功能就是选择功能。几乎任何操作都会用到它，因为每一步操作都需要确定操作对象，因此选择操作也成为 3ds Max 2024 中非常重要的一个环节。下面介绍选择三维对象的操作方法。

Step 01 按【Ctrl + O】组合键，打开素材模型（资源\素材\第 2 章\茶杯.max），如图 2-37 所示。

Step 02 在主工具栏上，单击“选择对象”按钮，如图 2-38 所示。

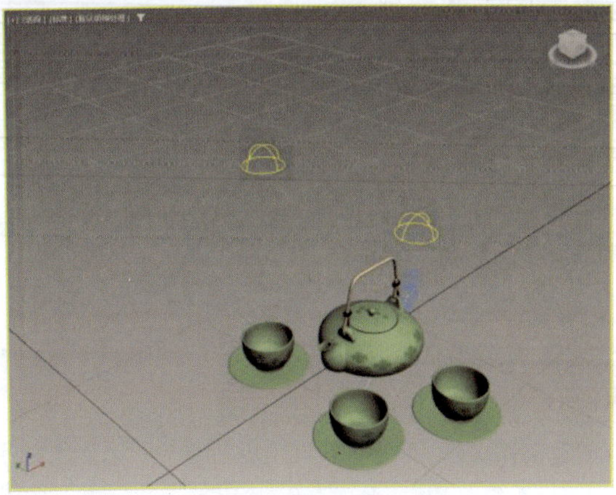

图 2-37　打开素材模型

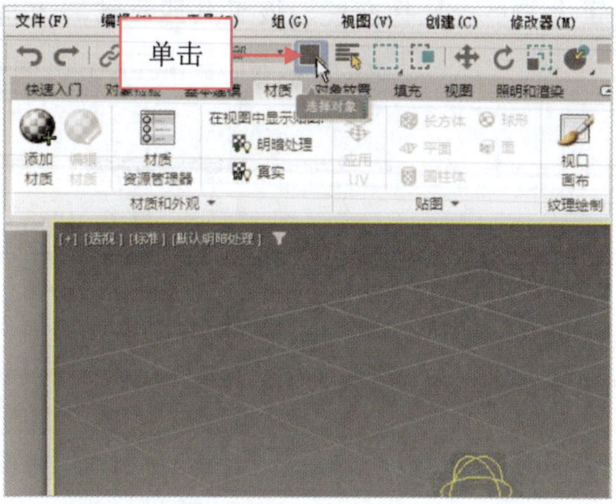

图 2-38　单击“选择对象”按钮

Step 03 将鼠标指针移至需要选择的对象上，单击鼠标左键，即可选择对象，此时对象呈白色线框显示，如图 2-39 所示。

Step 04 单击主工具栏中的“按名称选择”按钮，如图 2-40 所示。

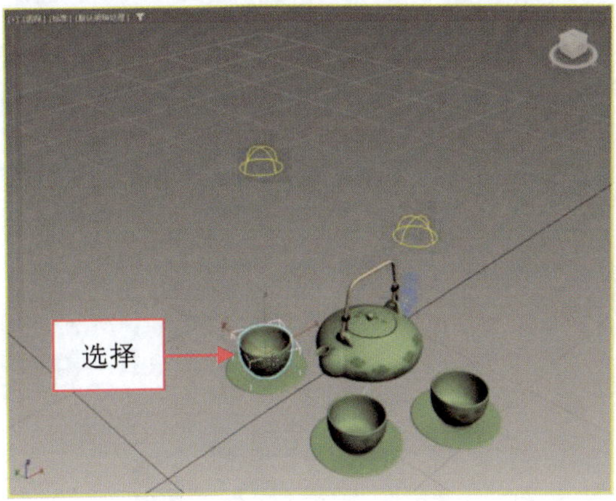

图 2-39　选择相应的对象

图 2-40　单击“按名称选择”按钮

▶ 专家指点

在 3ds Max 2024 中，用户可以通过选择对象工具来快速选择对象。如果要选择多个对象，可以在按住【Ctrl】键的同时，依次单击需要选择的对象；如果要取消已选择的对象，可以在按住【Alt】键的同时，单击需要取消选择的对象；如果直接单击其他的对象，则原来对象的选中状态随即消失，同时新单击的对象呈现被选中状态。

另外，一个选取多个对象的方式是运用区域选择类工具进行选择，可以将鼠标指针移至视图中单击并拖出一个区域，然后根据设置决定是选取完全包含在该区域内的对象还是选取该区域接触到的所有对象。在选取对象时，区域选择类工具比使用【Ctrl】键要快得多，即使选取单一的对象，也是非常方便的。

主工具栏中的“选择区域”按钮是一个复合工具按钮，单击工具按钮中的小三角形按钮，即可弹出5个被隐藏的复合工具按钮，如图2-41所示。将鼠标指针移至所需选择的工具按钮上并单击鼠标左键，该工具即可被置为当前选择的工具按钮。

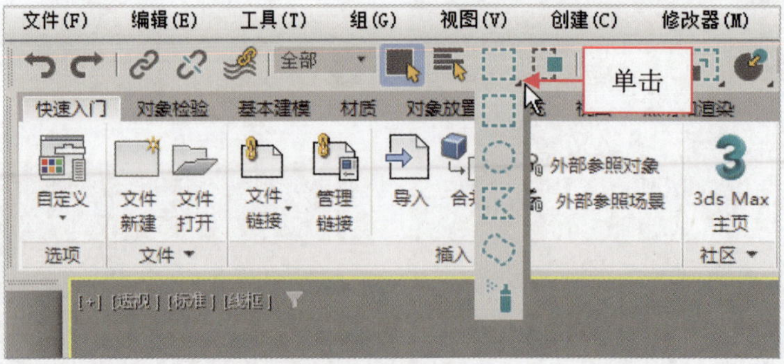

图 2-41　复合工具按钮

下面将对5个复合工具按钮的相关知识进行介绍。

● **矩形选择区域**：用于选择的区域是一个矩形，如图2-42所示，所有该矩形区域中的对象都将被选中。

● **圆形选择区域**：用于选择的区域是一个圆形，如图2-43所示，所有该圆形区域中的对象都将被选中。圆形区域的建立是先选择圆心，然后按住鼠标左键并拖曳，以确定所选区域的半径。

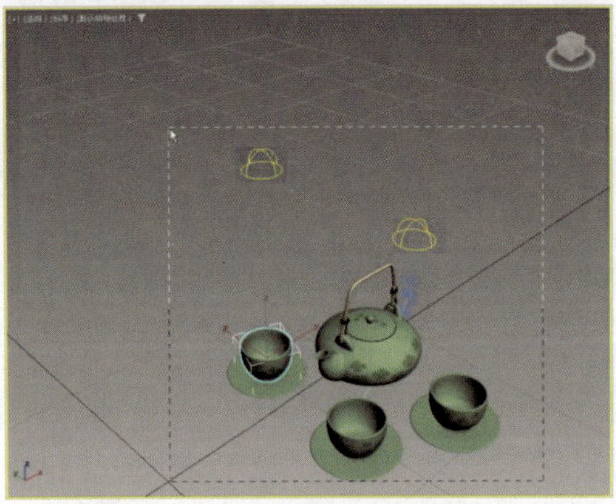

图 2-42　矩形选择区域

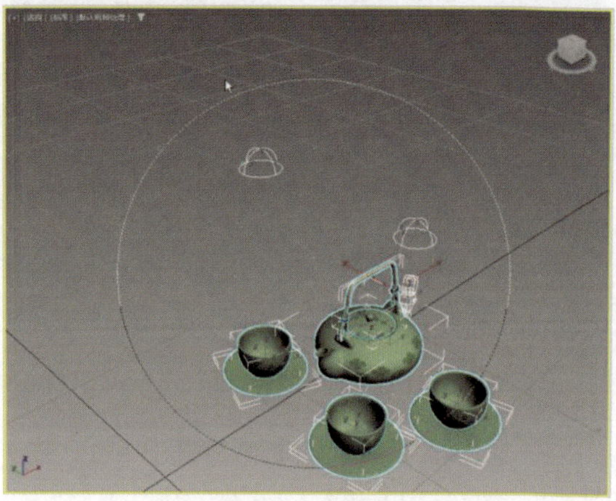

图 2-43　圆形选择区域

● **围栏选择区域**：通过鼠标指针绘制方式确定的一个规则多边形区域用于选择对象，所有位于该多边形框内的对象都会被选中。

● **套索选择区域**：选择区域呈现为套索形状。使用此功能时，先选择套索的起点，然后按住鼠标左键并拖曳，绘制出所需的选择区域，所有在套索内的对象都将被选中。

● **绘制选择区域**：将鼠标放在多个对象或子对象之上可以选择它们。在指定选择区域时，如果按下【Ctrl】键，则受影响的对象将被添加到当前选择中；反之，如果按下【Alt】键，则受影响的对象将从当前选择中移除。

Step 05 执行操作后，弹出“从场景选择”对话框，在“名称”列表框中选择相应选项，如图 2-44 所示。

Step 06 单击“确定”按钮，即可按名称选择对象，如图 2-45 所示。

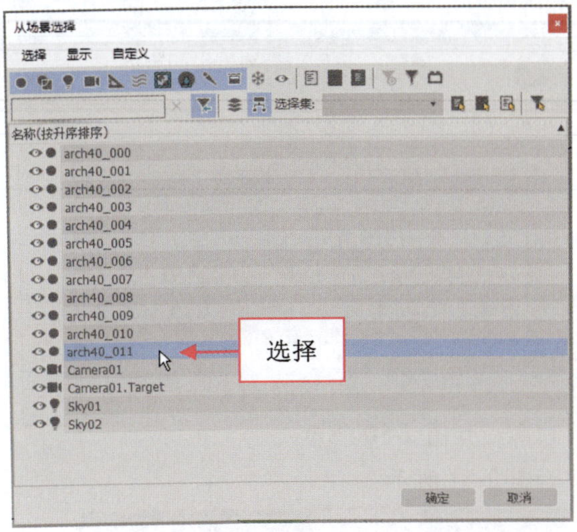

图 2-44　选择相应选项

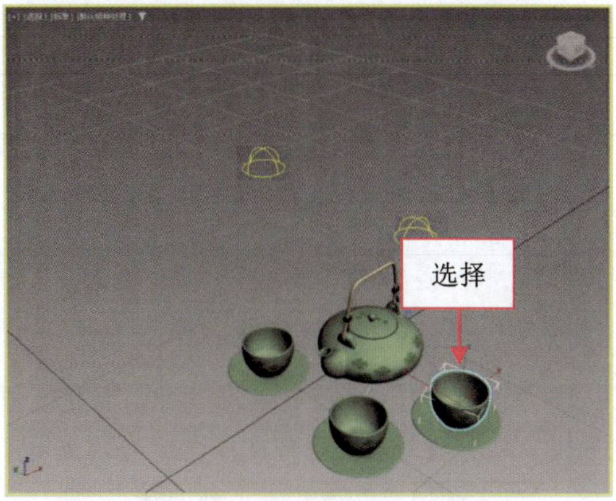

图 2-45　按名称选择对象

▶ 专家指点

当创建一个包含许多对象的复杂场景时，根据对象名称可以快速、准确地选择所需的对象。除了运用上述方法可以弹出“从场景选择”对话框外，还有以下两种方法。

- **快捷键：**按【H】键。
- **命令：**单击菜单栏中的“编辑”|“选择方式”|“名称”命令。

Step 07 在菜单栏中，单击“编辑”|“选择方式”|“颜色”命令，如图 2-46 所示。

Step 08 移动鼠标指针至透视视图中的茶杯对象处，此时鼠标指针呈形状，如图 2-47 所示。

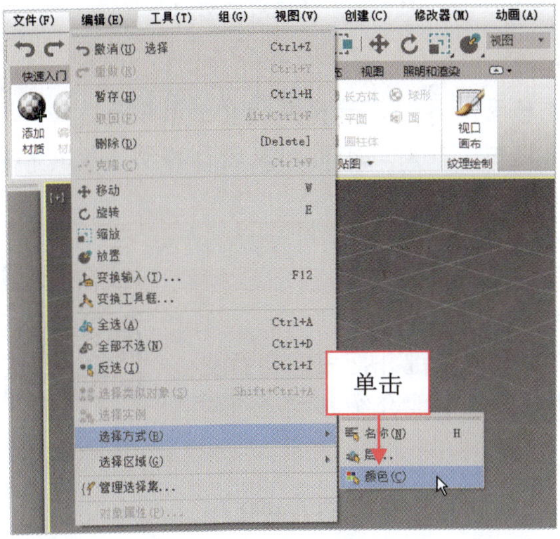

图 2-46　单击“颜色”命令

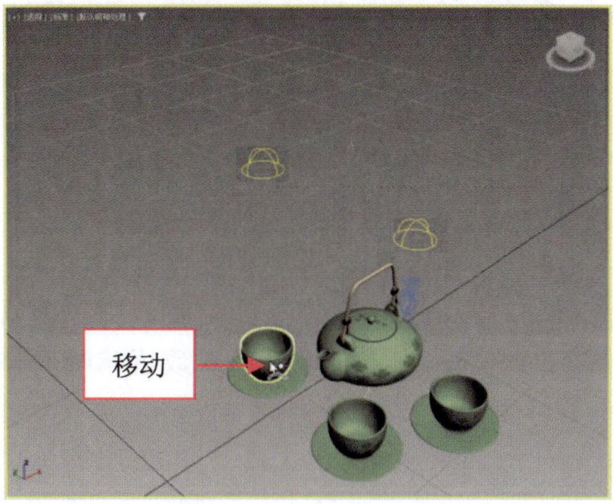

图 2-47　移动鼠标指针

Step 09 单击鼠标左键，即可选择相同颜色的对象，且选中对象出现一个白色线框，如图 2-48 所示。

Step 10　单击主工具栏中的“选择过滤器”右侧的下拉按钮，在弹出的列表框中选择“L-灯光”选项，如图 2-49 所示。

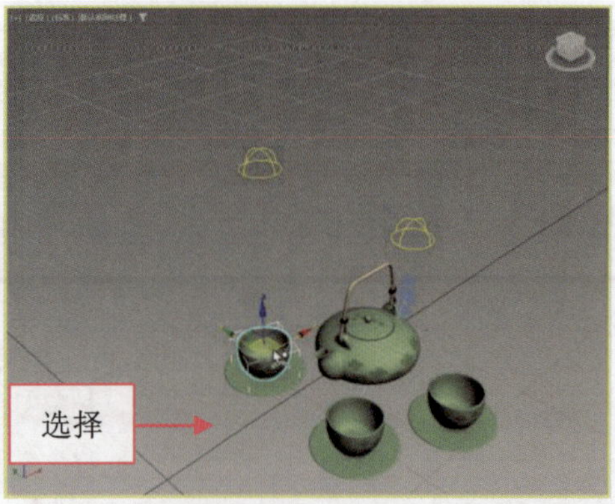

图 2-48　按颜色选择对象

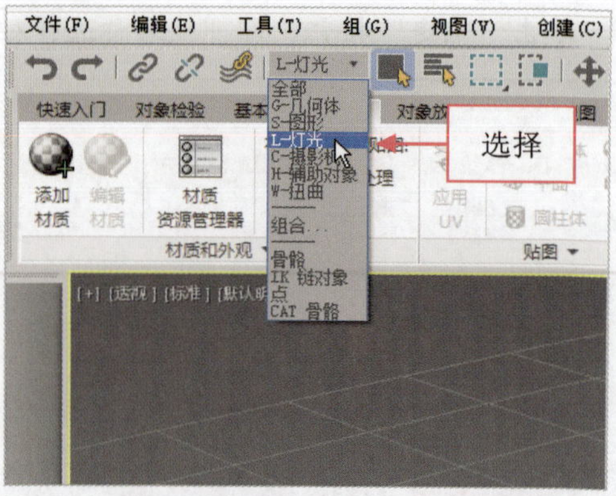

图 2-49　选择“L-灯光”选项

Step 11　移动鼠标指针至透视视图中，框选所有的对象，如图 2-50 所示。

Step 12　执行操作后，即可选择其中的灯光对象，如图 2-51 所示。

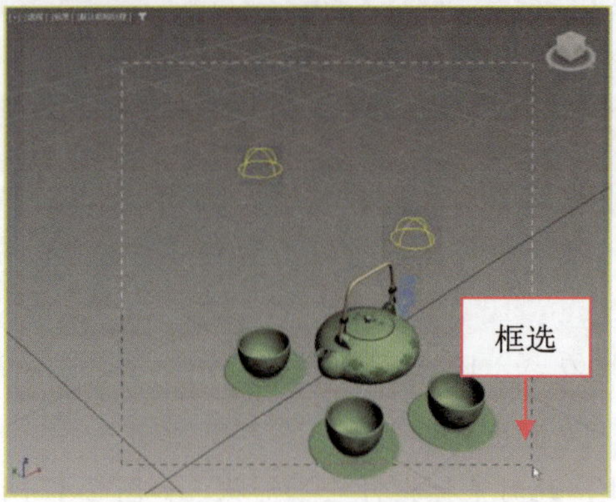

图 2-50　框选所有的对象

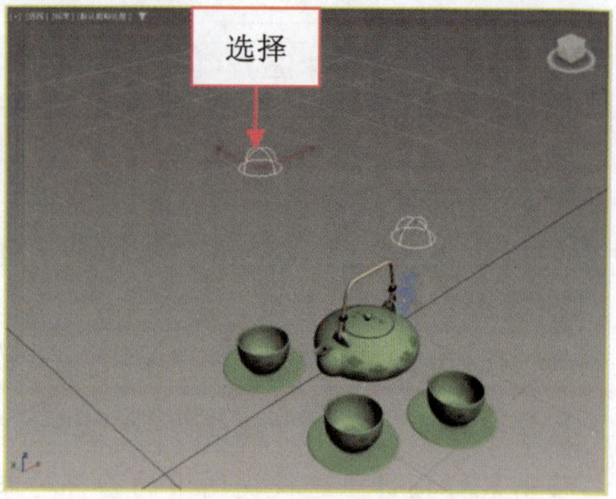

图 2-51　选择灯光对象

▶ 专家指点

一些变换类工具也具有选择功能，如选择并移动工具、选择并旋转工具及选择并放置工具。使用这些工具单击对象，即可将对象选中，并对选中的对象进行移动、旋转和放置等操作。

2.2.2　移动三维对象

移动对象是指改变模型的位置。用户可以按住鼠标左键并拖曳，自行更改对象的位置；也可以通过输入数值精确地移动对象。下面介绍移动三维对象的操作方法。

移动三维对象

Step 01　按【Ctrl + O】组合键，打开素材模型（资源\素材\第 2 章\电饭煲.max），如图 2-52 所示。

Step 02　在主工具栏上，单击“选择并移动”按钮，如图 2-53 所示。

Step 03　在透视视图中，选中相应的对象，并将鼠标指针移至坐标移动控制器的 y 轴上，此时 y 轴会变成黄色，如图 2-54 所示。

图 2-52　打开素材模型

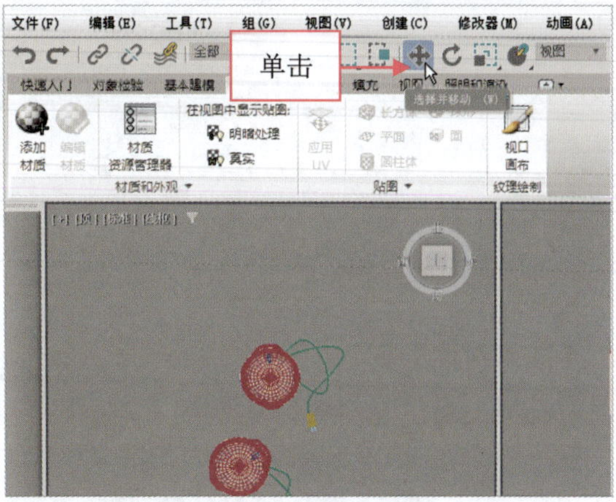

图 2-53　单击“选择并移动”按钮

Step 04　按住鼠标左键并拖曳，即可沿着 y 轴移动对象，如图 2-55 所示。

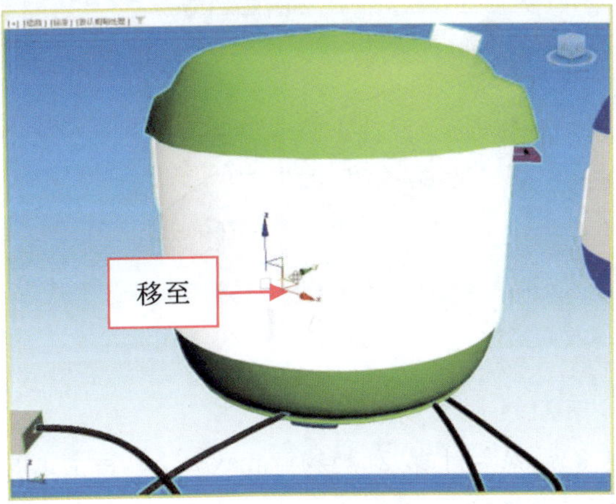

图 2-54　将鼠标指针移至 y 轴上

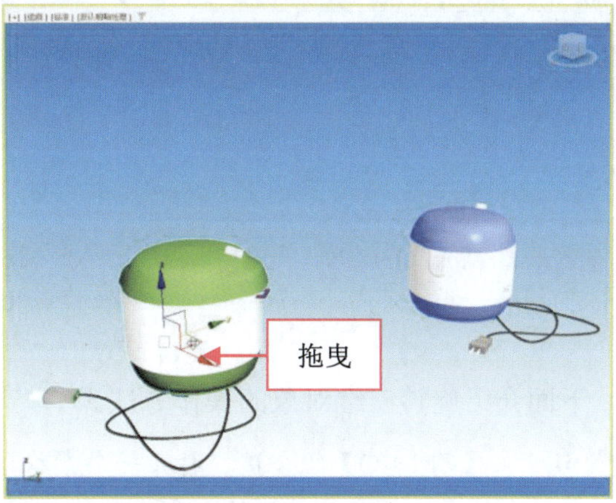

图 2-55　沿着 y 轴移动对象

▶ 专家指点

使用选择并移动工具可以将选中的对象移动到任何位置，当使用此工具选择对象时，在视图中会显示出坐标移动控制器。在默认的 4 个视图中只有透视视图显示的是 3 个轴向（x、y、z），其中红色代表 x 轴、绿色代表 y 轴、蓝色代表 z 轴，而其他 3 个视图中则只显示其中的某两个轴向。若用户想要在某一个或几个轴向上移动对象，则只需要将鼠标放置到该轴上，当轴向变成黄色时即可沿着该轴移动对象。

若需要将对象精确移动一定的距离，则在“选择并移动”按钮上单击鼠标右键，弹出“移动变换输入”对话框，如图 2-56 所示。在“移动变换输入”对话框中输入“绝对”和“偏移”数值，即可精确移动对象。

在“移动变换输入”对话框中，各选项的含义如下。

- **“绝对:世界”选项区**：用于指定对象目前所在的世界坐标位置。
- **“偏移:屏幕”选项区**：用于指定对象以屏幕为参考对象所偏移的距离。

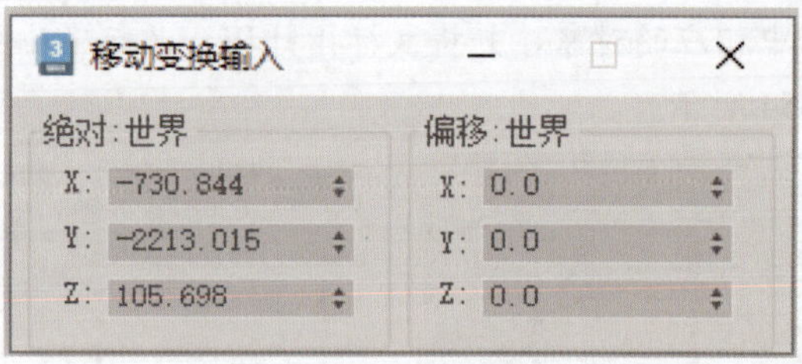

图 2-56　“移动变换输入”对话框

2.2.3　旋转三维对象

旋转三维对象

【效果对比】在 3ds Max 2024 中，通过旋转对象操作可以调整对象在场景中的方向。素材与效果对比如图 2-57 所示。

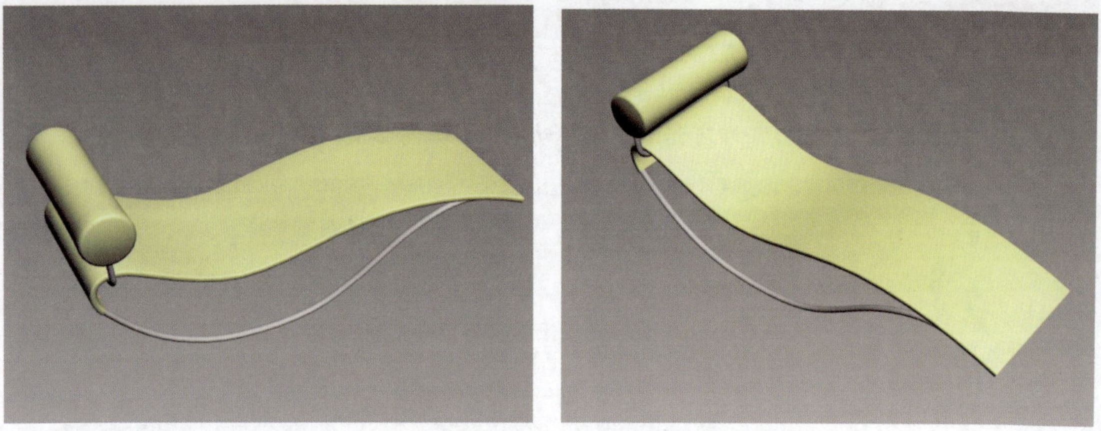

图 2-57　素材与效果对比

下面介绍旋转三维对象的操作方法。

Step 01　按【Ctrl + O】组合键，打开一个素材模型（资源\素材\第 2 章\躺椅.max），单击主工具栏中的“选择并旋转”按钮，如图 2-58 所示。

Step 02　选择躺椅对象并沿黄色的轴线进行旋转，效果如图 2-59 所示。

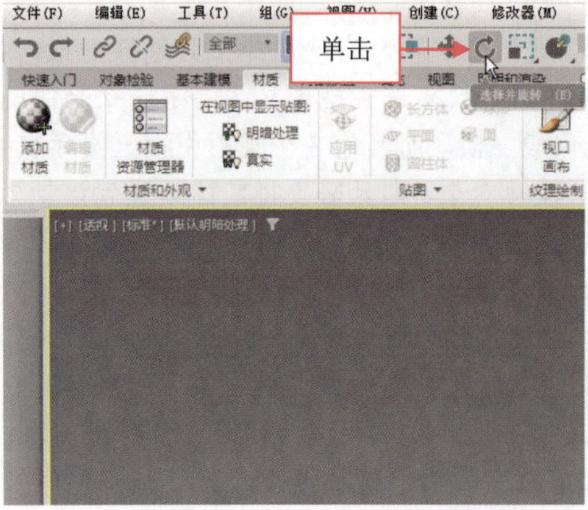

图 2-58　单击“选择并旋转”按钮

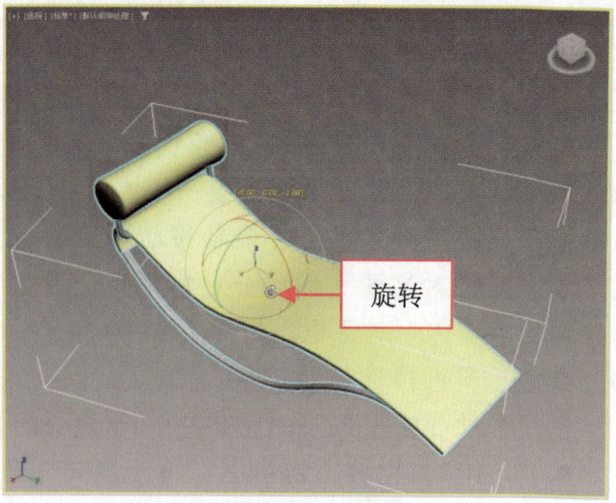

图 2-59　旋转对象效果

▶ 专家指点

除了运用上述方法可以旋转对象外，还有以下两种方法。

- **快捷键：** 按【E】键。
- **快捷菜单：** 在视图中单击鼠标右键，在弹出的快捷菜单中选择“旋转”选项。

2.2.4　缩放三维对象

缩放三维对象

【效果对比】 在 3ds Max 2024 中，使用选择并均匀缩放工具可以对三维对象的大小尺寸进行更改。素材与效果对比如图 2-60 所示。

图 2-60　素材与效果对比

下面将介绍缩放三维对象的操作方法。

Step 01 按【Ctrl + O】组合键，打开一个素材模型（资源\素材\第 2 章\木椅.max），单击主工具栏中的“选择并均匀缩放”按钮，如图 2-61 所示。

Step 02 在透视视图中选择右侧的木椅对象，此时视图中会显示缩放变换控制器，按住鼠标左键并拖曳至合适位置，即可缩放对象，如图 2-62 所示。

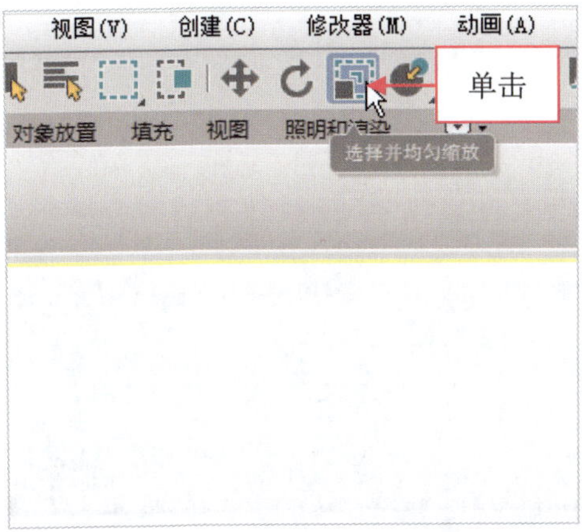

图 2-61　单击“选择并均匀缩放”按钮

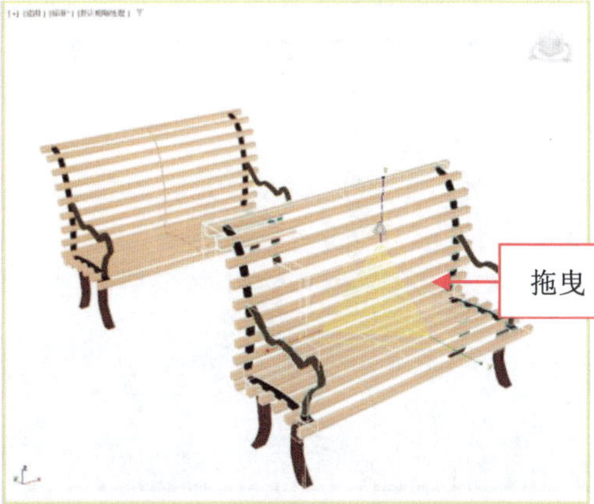

图 2-62　按住鼠标左键并拖曳

▶ 专家指点

除了运用上述方法可以缩放对象外，还有以下 4 种方法。

- **快捷键**：按【R】键。
- **命令**：单击菜单栏中的“编辑”|“缩放”命令。
- **状态栏**：在状态栏中的 *X*、*Y*、*Z* 数值框中输入相应的数值。
- **快捷菜单**：在视图中单击鼠标右键，在弹出的快捷菜单中选择“缩放”选项。

2.2.5 隐藏三维对象

隐藏三维对象

隐藏对象是使对象暂时不在视口中显示，但仍然存在。在命令面板区的“显示”面板中，包含了“按类别隐藏”和“隐藏”两个卷展栏，如图 2-63 所示，相关介绍如下。

图 2-63　“按类别隐藏”卷展栏和“隐藏”卷展栏

1. “按类别隐藏”卷展栏

在“按类别隐藏”卷展栏中，可以按对象的基本类型隐藏对象，如不需要在视图中看到几何体对象，可选中“几何体”复选框，使图形不可见，如图 2-64 所示。隐藏图形后，视图仍然如正常状态一样继续工作。

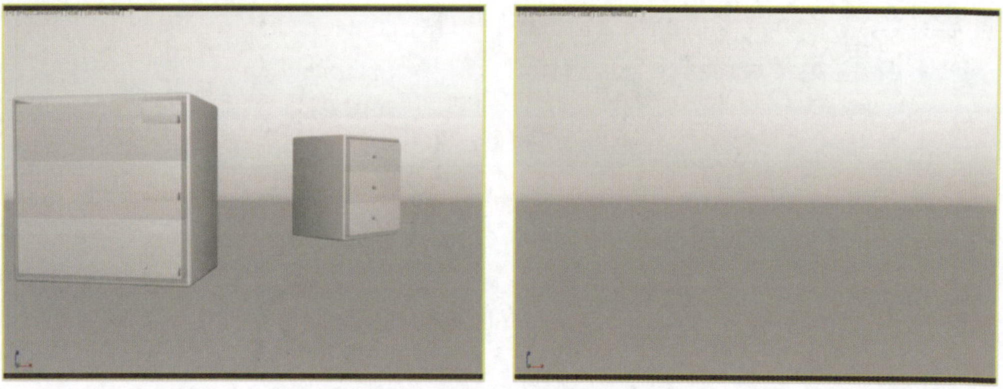

图 2-64　隐藏几何体的对比效果

> ▶ 专家指点
> 隐藏的对象虽然不显示在任何一个视图中，但仍继续作为场景中几何体的一部分，只是在视图中无法对其进行选择而已。

2．“隐藏”卷展栏

在“隐藏”卷展栏中可以对场景中的对象进行选择性地隐藏，用户可以隐藏一个或多个选定对象，也可以隐藏所有未选定的对象或取消隐藏。选择对象后，单击“隐藏选定对象”按钮，即可隐藏对象，如图 2-65 所示。

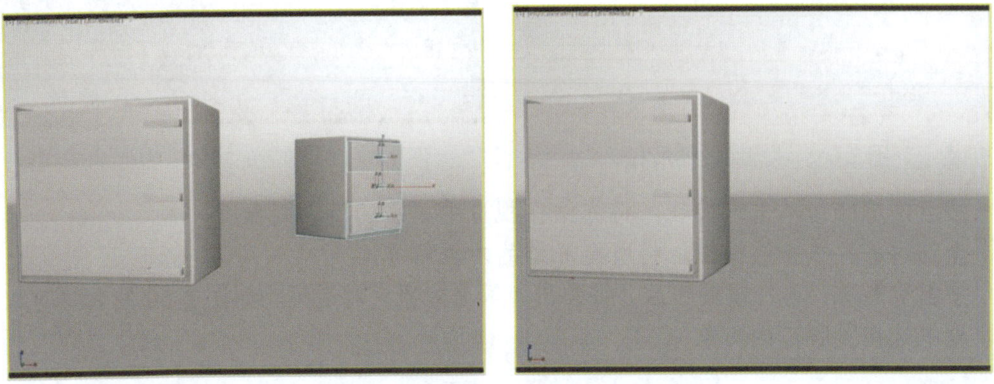

图 2-65　隐藏选定对象的对比效果

在“隐藏”卷展栏中，各选项的含义如下。

- **隐藏选定对象：** 单击该按钮，选定的对象将被隐藏。
- **隐藏未选定对象：** 单击该按钮，选定对象之外的其他所有可见对象将被隐藏。
- **按名称隐藏：** 单击该按钮，弹出“隐藏对象”对话框，可选择要隐藏的对象。
- **按点击隐藏：** 单击该按钮，在视图中点击的所有对象将被隐藏。
- **全部取消隐藏：** 单击该按钮，将显示所有隐藏的对象。
- **按名称取消隐藏：** 单击该按钮，弹出“取消隐藏对象”对话框，在对话框的列表框中可选择要显示的对象。
- **隐藏冻结对象：** 选中该复选框，将隐藏所有冻结的对象。

2.2.6　冻结三维对象

冻结三维对象

如果用户需要将一个对象作为参考物体放在视口中，可将对象冻结。在命令面板区的“显示”面板中，展开“冻结”卷展栏，如图 2-66 所示。冻结对象的使用方法与隐藏对象相同，冻结后的对象将不能进行操作，但仍在视口中以灰色显示，如图 2-67 所示。

在“冻结”卷展栏中，各选项的含义如下。

- **冻结选定对象：** 单击该按钮，选定的对象将被冻结。
- **冻结未选定对象：** 单击该按钮，冻结除选定对象外的其他所有可见对象。使用此方法可以快速冻结除正在处理的对象以外的其他所有对象。
- **按名称冻结：** 单击该按钮后，将弹出“冻结对象”对话框，如图 2-68 所示，可以从“名称”列表框中选择要冻结的对象。

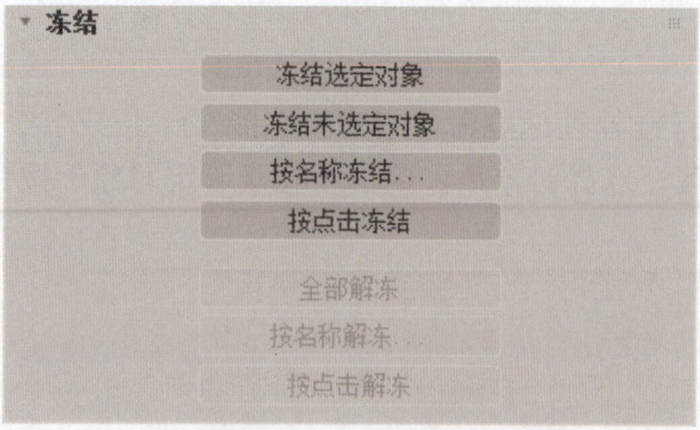

图 2-66 “冻结”卷展栏

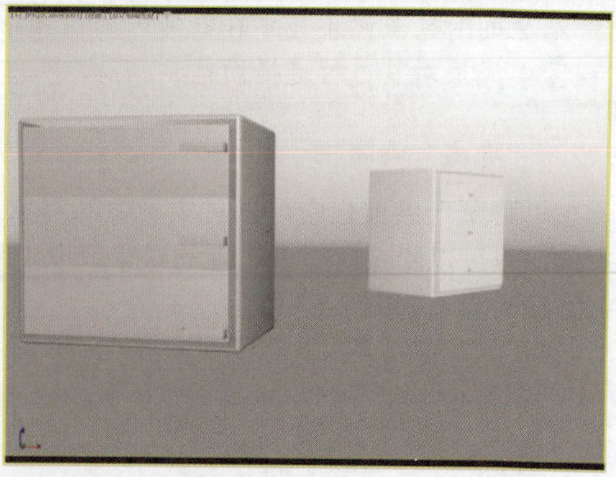

图 2-67 冻结后的对象（右侧的床头柜）

- **按点击冻结：**单击该按钮，将冻结在视口中单击的所有对象。
- **全部解冻：**单击该按钮，将所有冻结的对象解冻。
- **按名称解冻：**单击该按钮后，将弹出“解冻对象”对话框，如图 2-69 所示，可以从“名称”列表框中选择要解冻的对象。

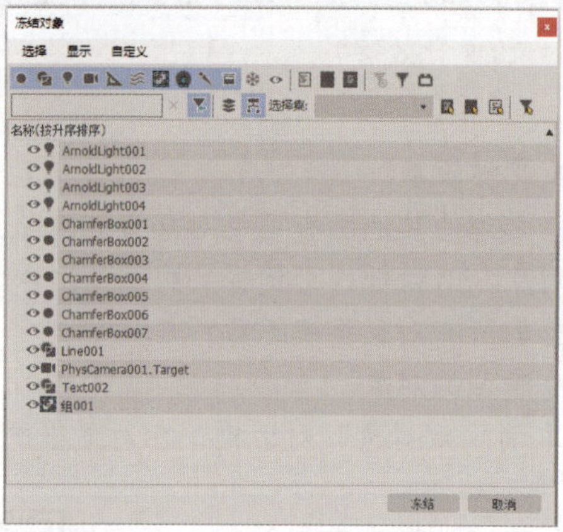

图 2-68 “冻结对象”对话框

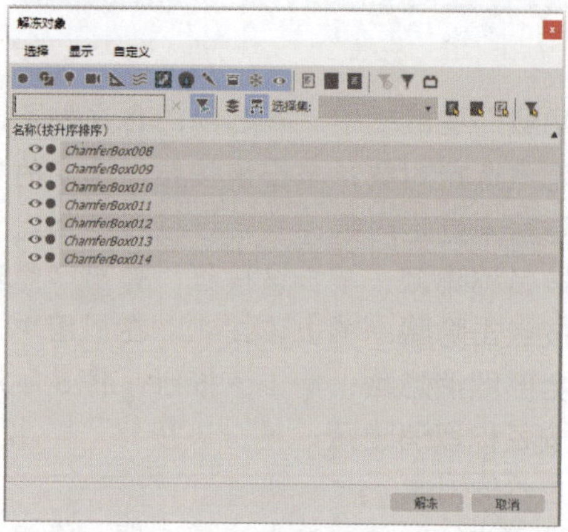

图 2-69 “解冻对象”对话框

- **按点击解冻：**单击该按钮，将解冻在视口中单击的所有对象。

> ▶ 专家指点
>
> 除了运用上述方法可以冻结对象外，用户还可以选择对象，在视图中单击鼠标右键，在弹出的快捷菜单中选择需要冻结对象的类型即可。

2.2.7 对齐三维对象

对齐三维对象

【效果对比】对齐操作常用于精确定位某一个对象的位置，当场景中各个对象的几何位置有一定关联时，可采用对齐工具进行定位。素材与效果对比如图 2-70 所示。

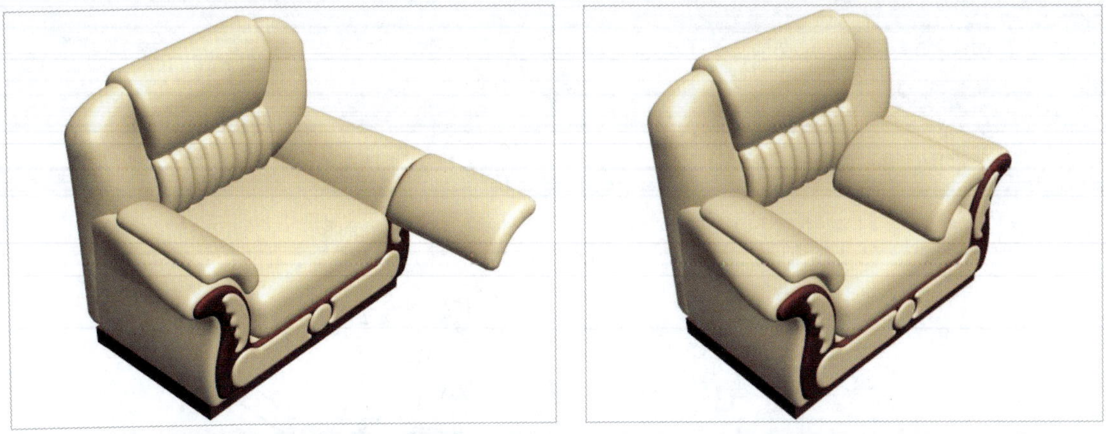

图 2-70　素材与效果对比

下面将介绍对齐三维对象的操作方法。

Step 01　按【Ctrl + O】组合键，打开一个素材模型（资源\素材\第 2 章\单人沙发.max），在视图中选择右侧的沙发扶手，如图 2-71 所示。

Step 02　单击主工具栏中的“对齐”按钮，如图 2-72 所示。

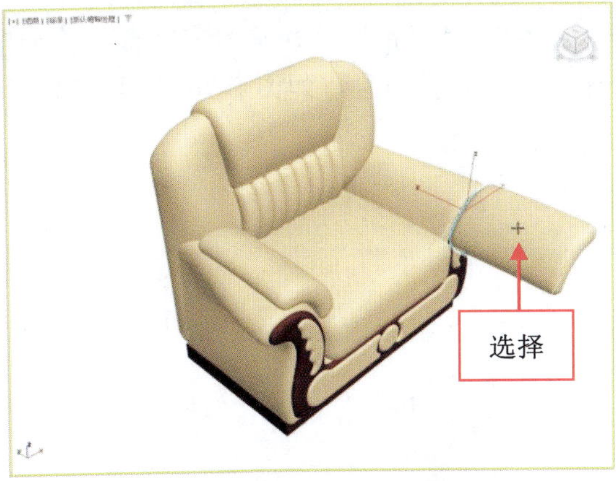

图 2-71　选择右侧的沙发扶手

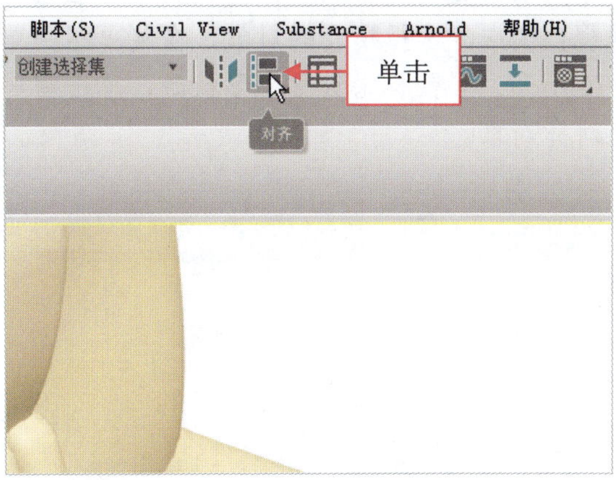

图 2-72　单击“对齐”按钮

Step 03　当鼠标指针呈形状时，单击需要对齐的目标对象，弹出“对齐当前选择”对话框，保持默认设置，单击“应用”按钮，如图 2-73 所示。

Step 04　单击“确定”按钮，即可精确对齐模型对象，效果如图 2-74 所示。

专家指点

除了运用上述方法可以执行“对齐”命令外，用户还可以单击菜单栏中的“工具”|“对齐”|“对齐”命令。在“对齐当前选择”对话框中，各选项的含义如下。

- **对齐位置（世界）**：根据当前所用坐标系来决定对齐的坐标轴。
- **当前对象**：指当前选择的对象需要对齐的轴位置。
- **目标对象**：指用来对齐的参考对象的轴位置。
- **对齐方向（局部）**：确定方向对齐所依据的坐标轴向。
- **匹配比例**：将目标对象的缩放比例沿指定的坐标轴施加到当前对象上。

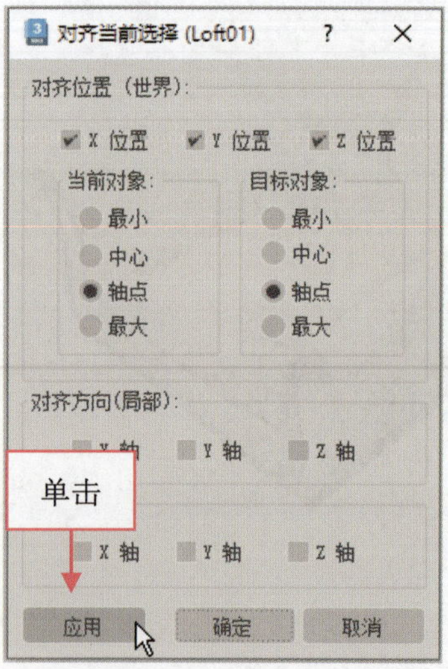

图 2-73　单击“应用”按钮

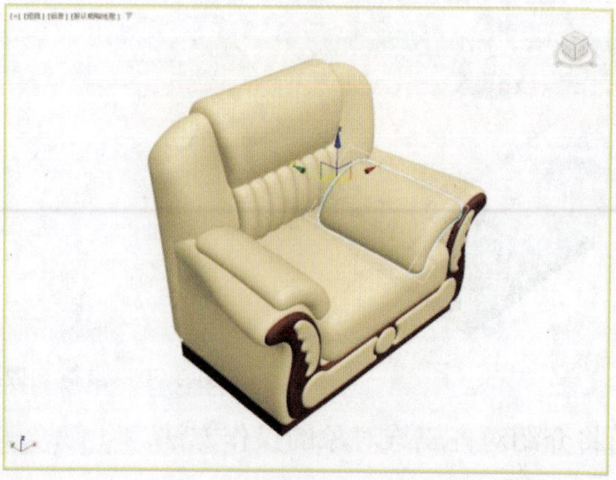

图 2-74　精确对齐模型对象

> ▶ 专家指点
>
> 使用快速对齐工具，可以立即将当前选择对象的位置与目标对象的位置进行对齐。在透视视图中，选择相应的对象，在菜单栏中单击“工具”|“对齐”|“快速对齐”命令，如图 2-75 所示。当鼠标指针呈形状时，单击需要快速对齐的目标对象，如图 2-76 所示，即可快速对齐对象。
>
> 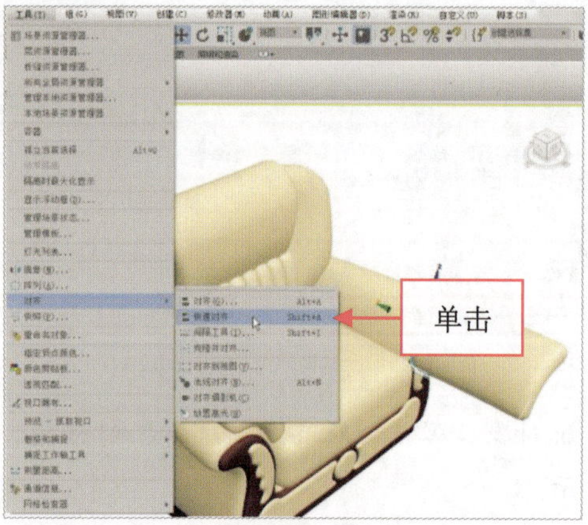
>
>
> 图 2-75　单击“快速对齐”命令
>
> 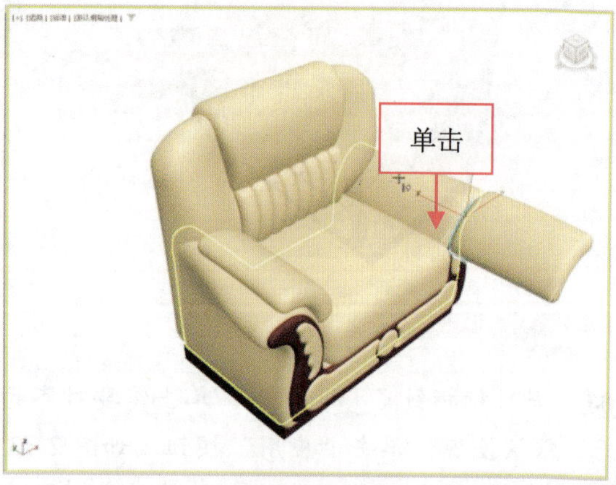
>
>
> 图 2-76　单击需要快速对齐的目标对象

2.2.8　捕捉三维对象

捕捉三维对象

捕捉类工具可以精确捕捉对象的位置，可以在创建、移动、旋转和缩放对象时为用户提供附加控制，为建模提供了有利条件。捕捉类工具包括 2D 捕捉、2.5D 捕捉及 3D 捕捉 3 种，如图 2-77 所示。下面将介绍捕捉类工具中各按钮的主要含义。

- **2D 捕捉**：主要用于捕捉活动的栅格。

- **2.5D 捕捉**：主要用于捕捉结构或根据网格得到的几何体。
- **3D 捕捉**：可以捕捉 3D 空间中的任何位置。

在“捕捉开关”按钮上单击鼠标右键，弹出“栅格和捕捉设置”对话框，在对话框中可以设置捕捉类型和捕捉的相关参数，如图 2-78 所示。

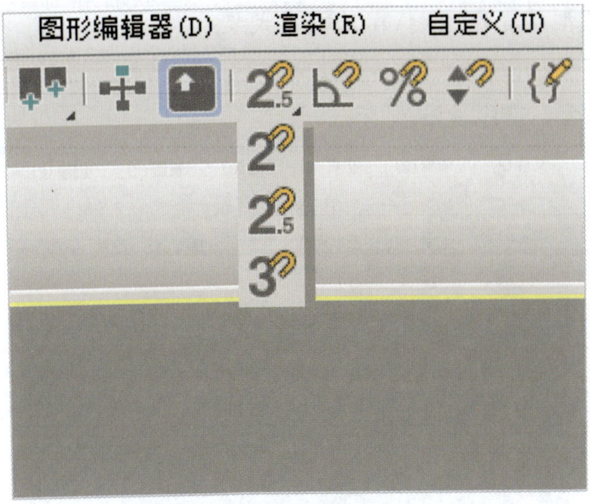

图 2-77　捕捉开关工具

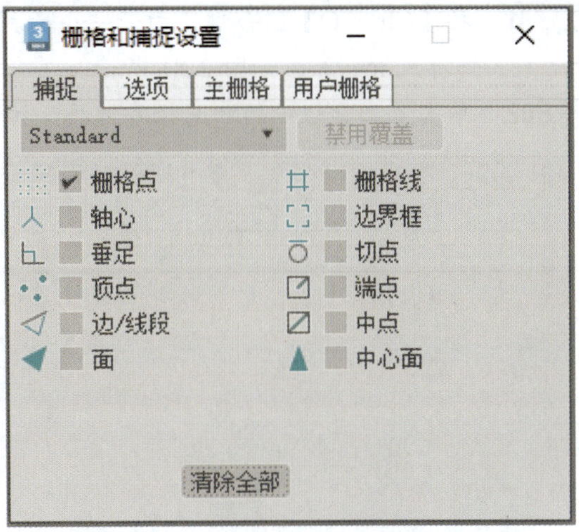

图 2-78　“栅格和捕捉设置”对话框

除了运用上述方法可以弹出“栅格和捕捉设置”对话框之外，用户还可以在按住【Shift】键的同时，在视图中单击鼠标右键，在弹出的快捷菜单中选择“栅格和捕捉设置”选项，也可以弹出“栅格和捕捉设置”对话框。

在主工具栏中的“微调器捕捉切换”按钮上，单击鼠标右键，如图 2-79 所示，弹出“首选项设置”对话框。在“精度”数值框中输入合适参数，即可设置捕捉精度，如图 2-80 所示。

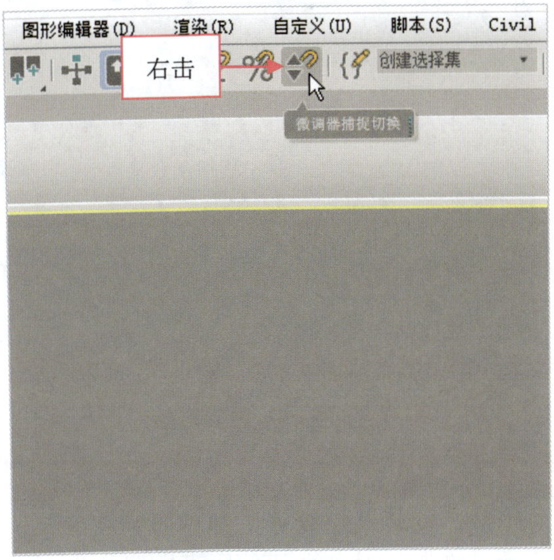

图 2-79　单击鼠标右键

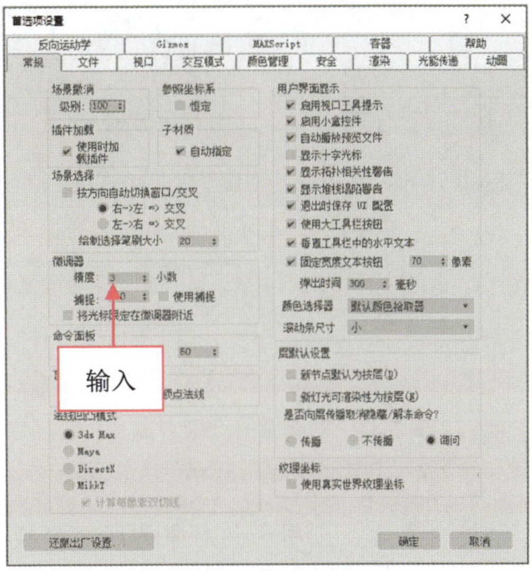

图 2-80　输入合适的参数

2.2.9 链接三维对象

链接三维对象

链接对象可以将两个对象绑定在一起，使它们建立父体与子体的关系。下面介绍链接三维对象的操作方法。

Step 01 按【Ctrl + O】组合键，打开一个素材模型（资源\素材\第 2 章\中式装饰屏风.max），如图 2-81 所示。

Step 02 单击主工具栏中的“选择并链接”按钮，如图 2-82 所示。

图 2-81 打开素材模型

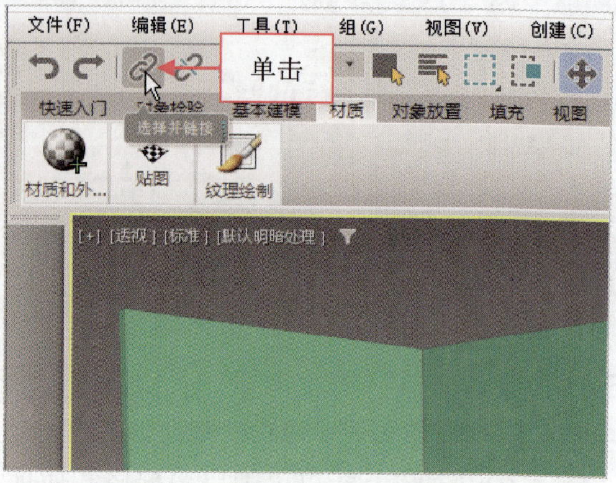

图 2-82 单击“选择并链接”按钮

Step 03 在视图区中单击一个对象，并按住鼠标左键拖曳至另一个对象上，如图 2-83 所示。

Step 04 释放鼠标左键，即可链接对象，如图 2-84 所示。

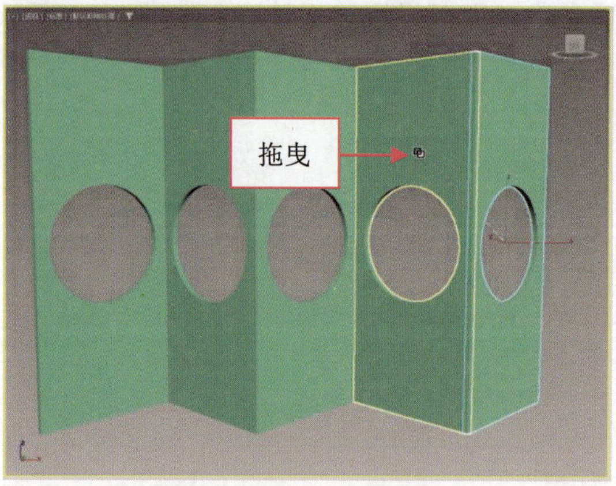

图 2-83 拖曳至另一个对象上

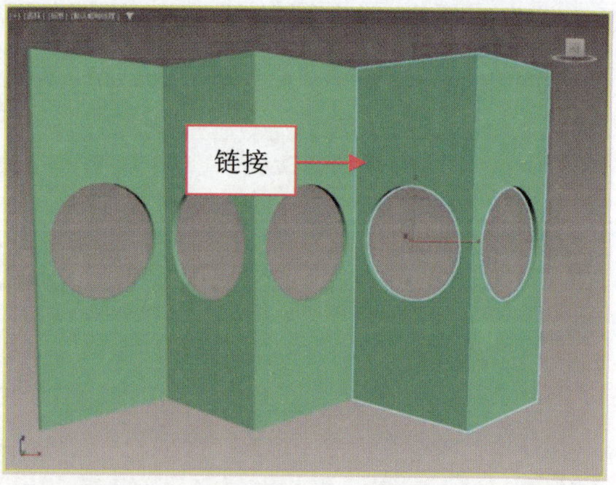

图 2-84 链接对象

▶ 专家指点

链接对象后，应用于父对象的所有变换，如移动、旋转及缩放等，都将同样应用于子对象。例如，如果将父对象缩放到 150%，则子对象及子对象和父对象之间的距离也缩放为 150%。单击“取消链接选择”按钮，可以移除从选定对象到父对象的链接，但不影响选定对象的任何子对象。通过使用鼠标左键双击父对象，选择该对象及全部子对象，单击“取消链接选择”按钮，即可迅速取消所链接的整个层次。

2.2.10　成组三维对象

成组三维对象

组是由一个或几个独立的几何对象组成的，可以合成与分离的集合。构成组的几何对象仍然具有各自的一些特性，当多个对象组合为一个组后，组中的所有对象便成为一个整体。下面介绍成组三维对象的操作方法。

Step 01　按【Ctrl + O】组合键，打开素材模型（资源\素材\第 2 章\圆凳.max），如图 2-85 所示。

Step 02　选择所有对象，单击菜单栏中的“组”|“组”命令，如图 2-86 所示。

图 2-85　打开素材模型

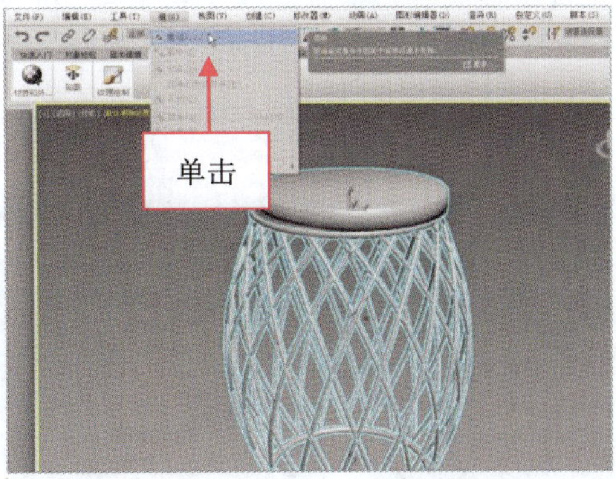

图 2-86　单击“组”命令

Step 03　弹出“组”对话框，在“组名”文本框中输入“圆凳”，如图 2-87 所示。

Step 04　单击“确定”按钮，即可将所有的对象合成为一个组，如图 2-88 所示。

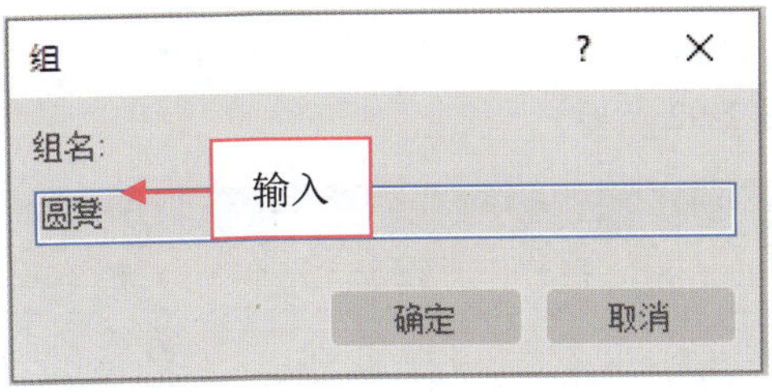

图 2-87　输入组名

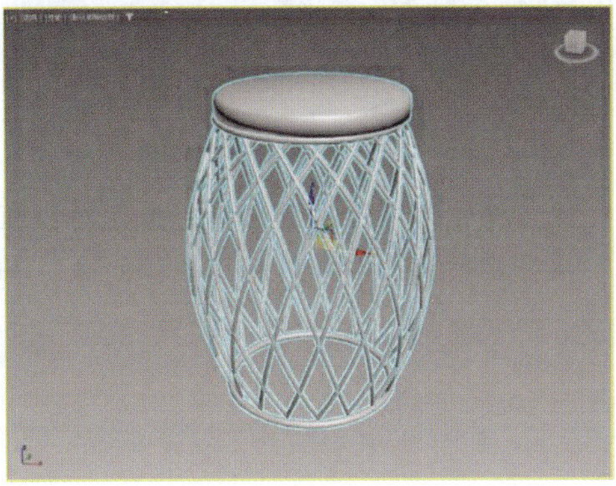

图 2-88　成组对象效果

本 章 小 结

本章主要介绍了软件视图与三维对象编辑，包括 3ds Max 2024 的视图设置、选择与编辑三维对象。首先，介绍了 3ds Max 2024 在三维室内效果图创作中的核心基础操作；其次，介绍了视图缩放、平移、旋转等导航操作。通过本章的学习，读者能够使用界面工具进行文件管理，为后续复杂设计操作奠定基础。

课 后 实 训

课后实训

在 3ds Max 2024 中，当场景中包含同样材质的多个对象时，可以通过材质来选取具有相同材质的对象。按材质选择对象的操作方法如下。

Step 01 按【Ctrl + O】组合键，打开素材模型（资源\素材\第 2 章\双人床.max），如图 2-89 所示。

Step 02 单击主工具栏中的“材质编辑器”按钮，打开“材质编辑器”窗口，❶选择相应的材质球；❷单击“按材质选择”按钮，如图 2-90 所示。

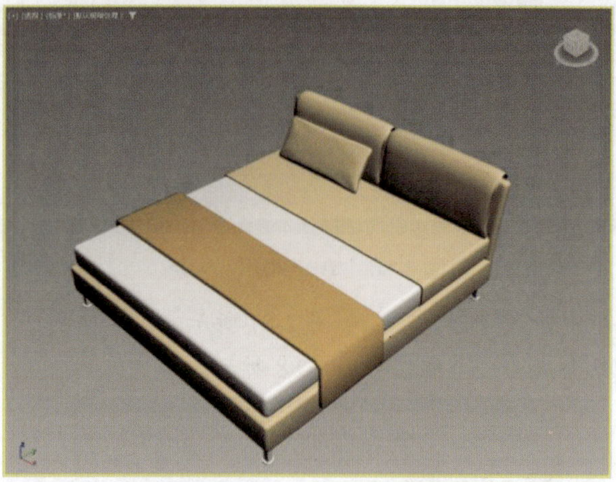

图 2-89　打开素材模型

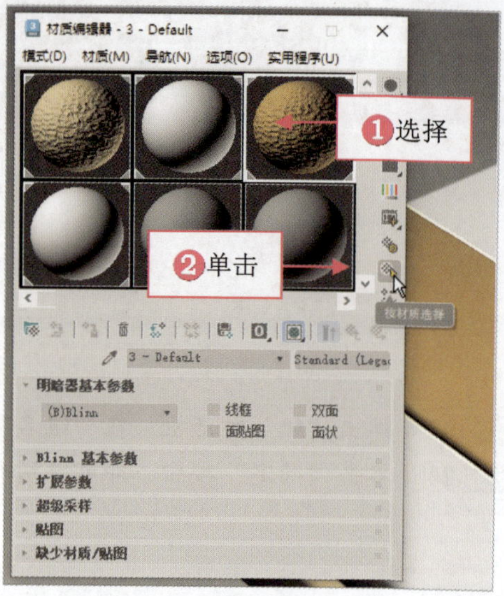

图 2-90　单击“按材质选择”按钮

Step 03 执行操作后，弹出“选择对象”对话框，单击“选择”按钮，如图 2-91 所示。

Step 04 执行操作后，即可按材质选择对象，如图 2-92 所示。

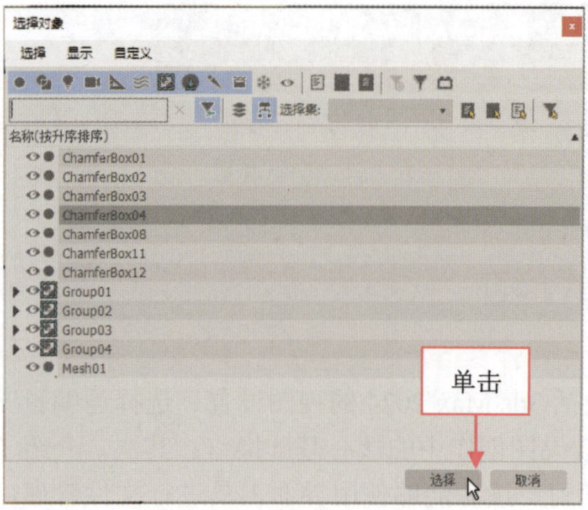

图 2-91　单击“选择”按钮

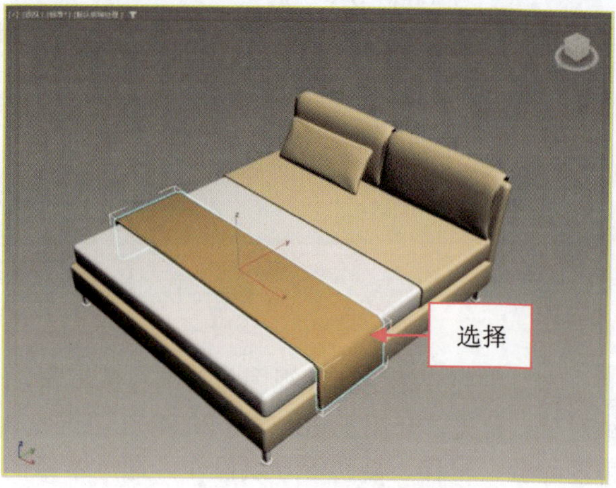

图 2-92　按材质选择对象

第 3 章

几何体与样条线室内建模

3

在室内设计领域，建模是一项至关重要的技能，通过精确、高效的建模，设计师能够清晰地表达其创意和构想。本章将介绍几何体与样条线在室内建模中的应用，这两种工具是构建复杂室内场景的基础。

本章重点

- 了解建模
- 掌握几何体三维室内设计建模的方法
- 掌握样条线三维室内设计建模的方法

素质目标

- 培养读者“工具适配设计”的建模流程规划思维，提升建模效率
- 培养读者对复杂空间的解构思维

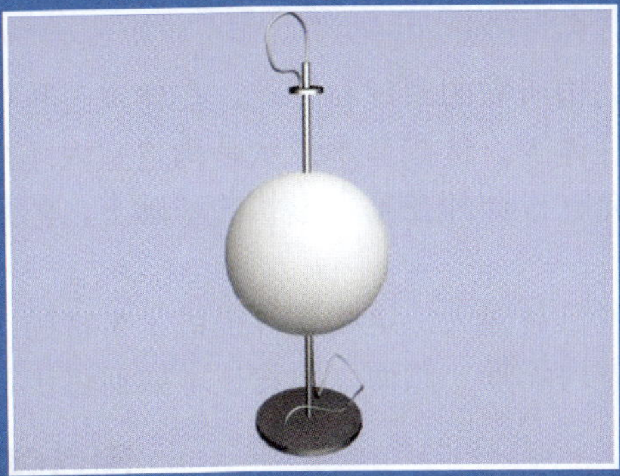

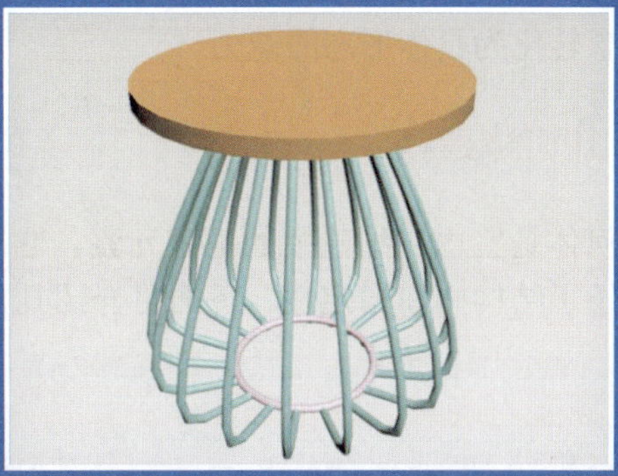

3.1 几何体室内三维建模

3.1.1 建模

建模

建模作为设计领域的一项核心技术，是将抽象概念转化为具体、可视化形态的过程，被广泛应用于建筑设计、室内设计、产品设计、动画制作、游戏开发等多个领域，是连接创意与现实世界的桥梁。

在室内设计领域，建模技术更是不可或缺，它使设计师能够以前所未有的精度和细节，展现其设计理念。通过建模，设计师可以模拟室内空间的各种元素，如家具、墙面、天花板、地板等，从而更直观地评估设计的可行性和美观性，相关示例如图 3-1 所示。

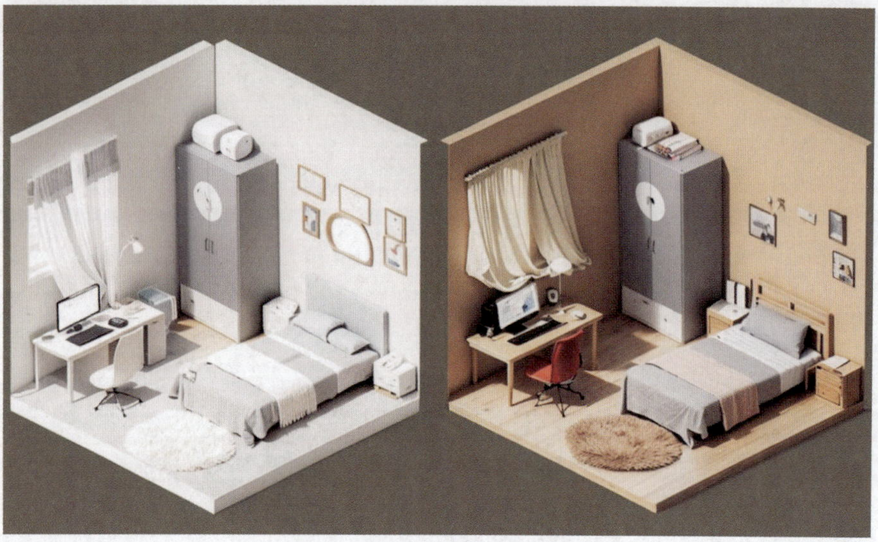

图 3-1　三维室内建模效果示例

建模的基础是几何学，提供了构建复杂形状和结构所需的原理和工具。在建模过程中，设计师需要掌握几何体的运用，如立方体、球体、圆柱体等，这些基本形状是构建室内场景的基础。同时，样条线的运用也是建模中的重要一环，允许设计师在基本形状的基础上，添加更多的细节。

随着计算机技术的飞速发展，建模软件的功能也日益强大，这些软件提供了丰富的工具和特效，使设计师能够更轻松地创建出逼真、生动的室内场景。然而，无论技术如何进步，设计师的创意和审美仍然是建模过程中最宝贵的资源。

因此，了解建模不仅是掌握一项技术，更是培养一种思维方式，一种将抽象概念转化为具体形态的能力。

3.1.2 几何体建模

几何体建模

几何体是室内三维建模的基础元素。它们以简洁而明确的形态，为室内空间赋予了结构感和稳定性。下面将介绍几何体在室内设计中的应用，包括如何利用圆柱体、长方体、球体等基本形状来构建室内模型。通过巧妙组合和变换这些几何体，可以创造出既符合功能需求又富有艺术美感的室内空间。无论是现代简约风格还是古典奢华风格，几何体都是实现室内设计愿景的关键工具。

在三维室内设计建模中，几何体不仅是构建空间的基础，更是展现设计创意的重要元素。3ds Max 2024 提供了丰富的几何体类型，如长方体、球体、圆柱体等，这些几何体可以通过调整参数来适应不同的设计需求。例如，长方体可以用来模拟墙壁、地板和天花板等；球体则可以用来制作壁灯、台灯等球形装饰物；而圆柱体则常用于模拟柱子、花瓶等圆柱形物体。

【效果展示】圆柱体作为几何体中的经典代表，其优雅的形态和流畅的线条，为室内设计增添了独特的韵味。效果展示如图 3-2 所示。

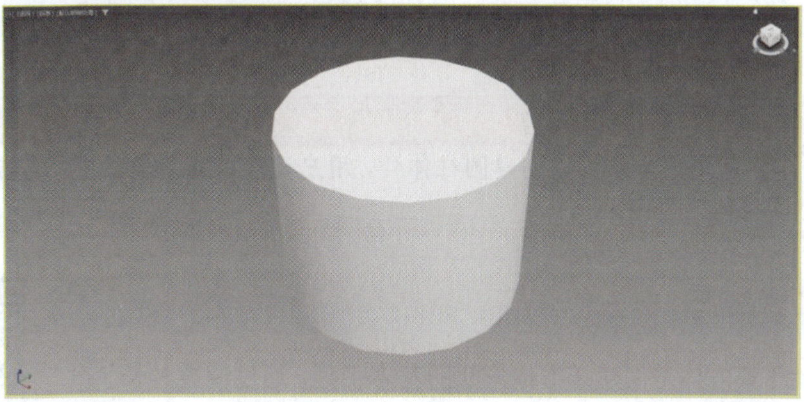

图 3-2　效果展示

下面介绍创建一个圆柱体的操作方法。

Step 01　在命令面板区的“创建”面板中，单击“几何体”按钮●，如图 3-3 所示。

Step 02　执行操作后，在“几何体”列表框中选择“标准基本体”选项，如图 3-4 所示。

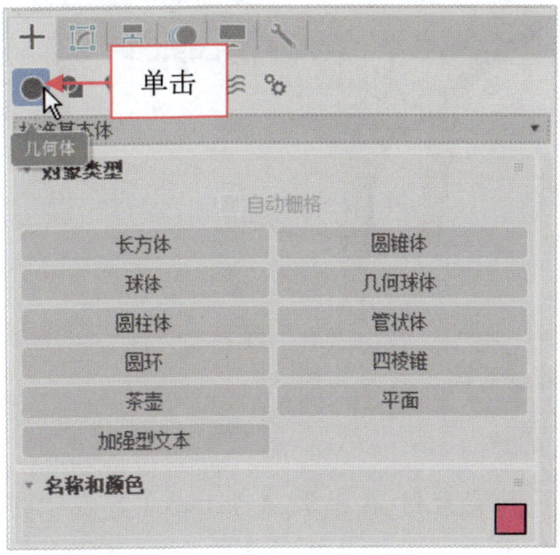

图 3-3　单击“几何体”按钮

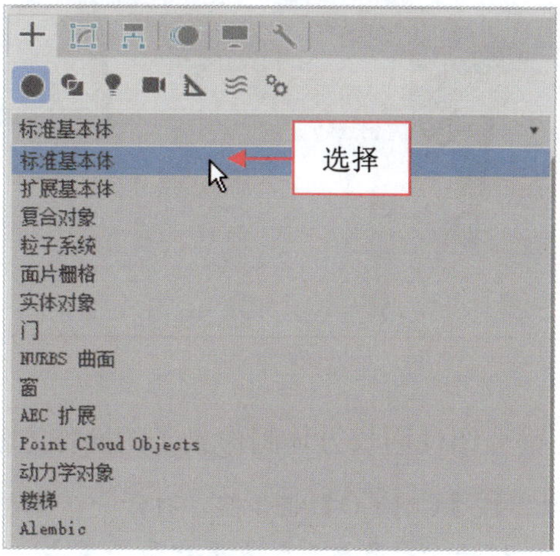

图 3-4　选择“标准基本体”选项

Step 03　在“对象类型”卷展栏中，单击“圆柱体”按钮，如图 3-5 所示。

Step 04　移动鼠标指针至透视视图中，按住鼠标左键并拖曳至合适位置，释放鼠标，即可创建一个圆柱体，如图 3-6 所示。

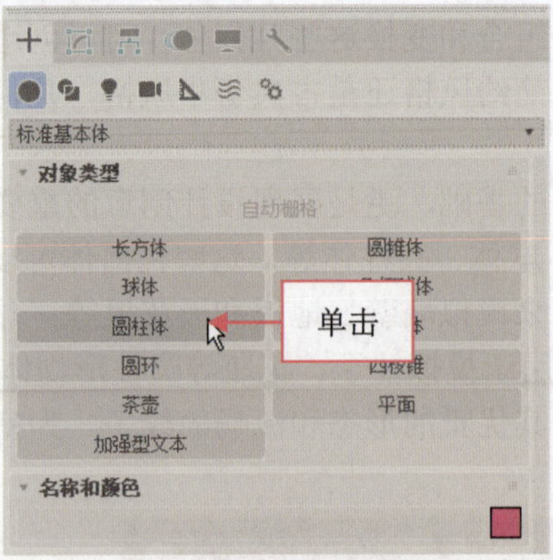

图 3-5　单击“圆柱体”按钮

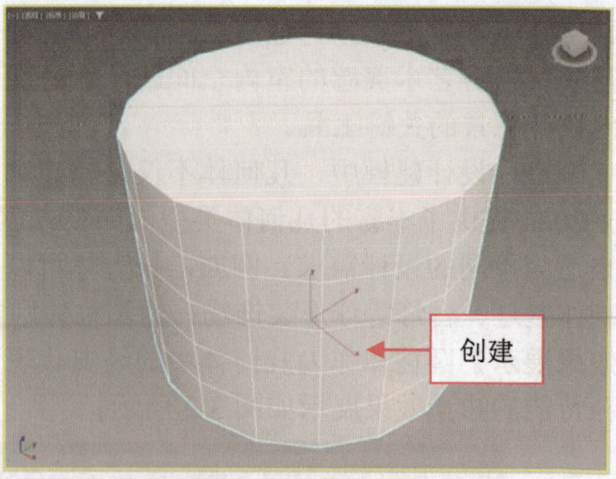

图 3-6　创建一个圆柱体

▶ 专家指点

除了运用本实例中的方法可以创建圆柱体外，用户还可以在菜单栏中，单击“创建”|“标准基准体”|“圆柱体”命令。

3.1.3　使用长方体制作桌子

使用长方体制作桌子

【效果对比】长方体是创建长方体形状的基本工具，通过调整其长度、宽度、高度及分段数等参数，可以创建出各种尺寸和形状的长方体。素材与效果对比如图 3-7 所示。

图 3-7　素材与效果对比

下面介绍使用长方体制作桌子的操作方法。

Step 01　按【Ctrl + O】组合键，打开一个素材模型（资源\素材\第 3 章\桌子.max），在“创建”面板的“对象类型”卷展栏中，单击“长方体”按钮，如图 3-8 所示。

Step 02　移动鼠标指针至顶视图中，按住鼠标左键并拖曳至合适位置，释放鼠标，创建一个长方体，如图 3-9 所示。

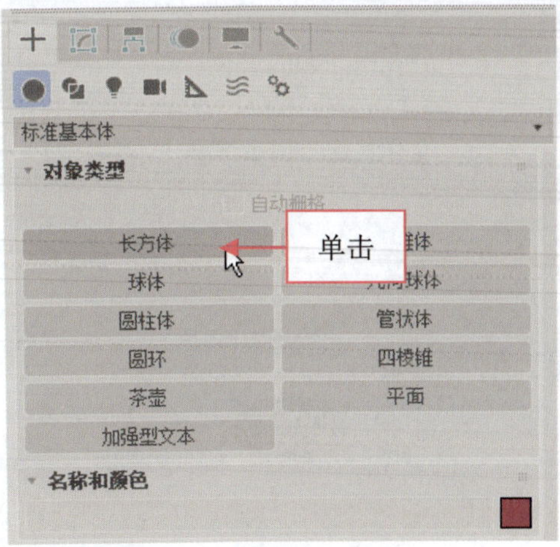

图 3-8　单击“长方体”按钮

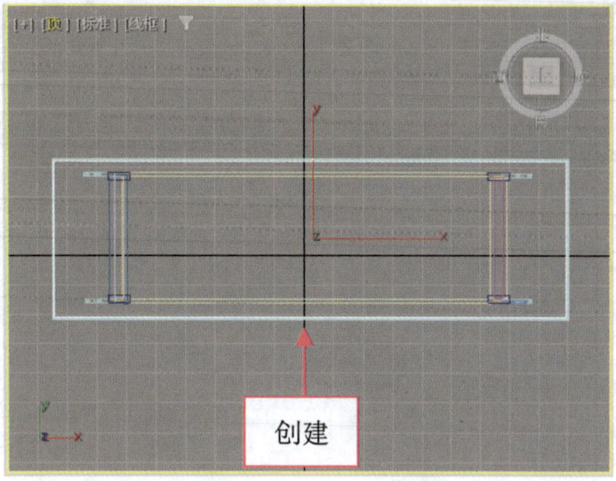

图 3-9　创建一个长方体

Step 03 在“参数”卷展栏中，设置“长度”为 530、“宽度”为 1 740、“高度”为 50，如图 3-10 所示，调整长方体的大小。

Step 04 在视图中，移动长方体对象至合适的位置，如图 3-11 所示。为对象赋予合适的材质，按【F9】键进行快速渲染。

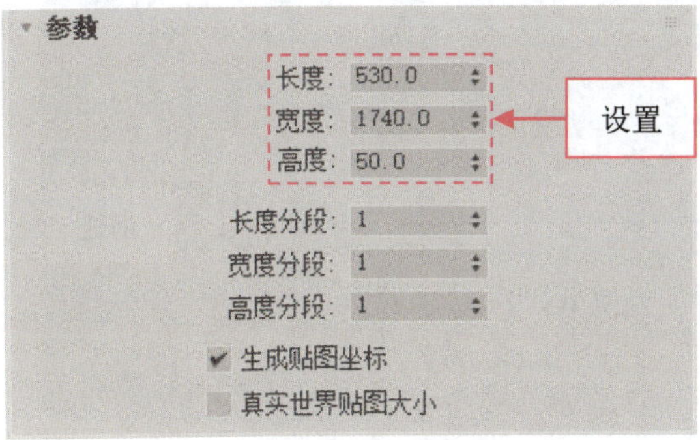

图 3-10　设置参数值

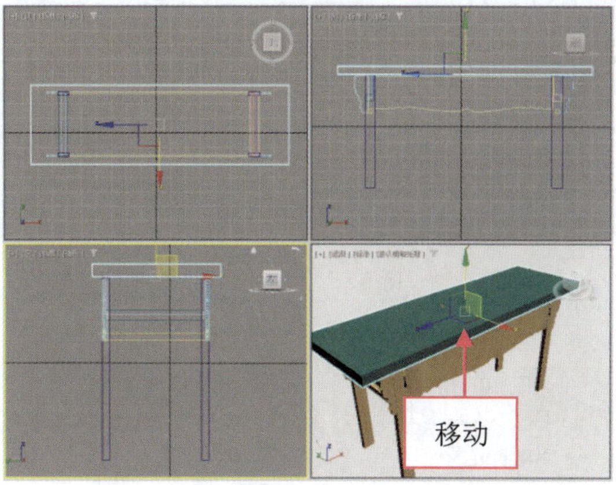

图 3-11　移动长方体对象至合适的位置

▶ 专家指点

除了运用上述方法可以创建长方体外，用户还可以在菜单栏中，单击“创建”|“标准基本体”|“长方体”命令。

3.1.4　使用球体制作台灯

使用球体制作台灯

【效果对比】球体是创建球形物体的基础，如地球仪、球体装饰品等。通过调整球体的参数，如半径、分段数等，用户可以创建出不同大小和精细度的球体。球体可以作为室内装饰元素，如台灯、装饰品等，为室内空间增添独特的美感和氛围。素材与效果对比如图 3-12 所示。

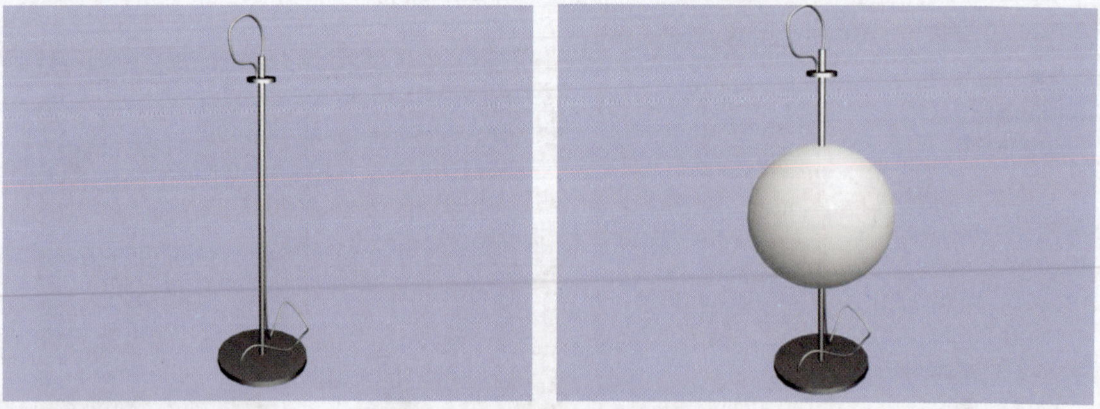

图 3-12　素材与效果对比

下面介绍使用球体制作台灯的操作方法。

Step 01 按【Ctrl + O】组合键，打开一个素材模型（资源\素材\第 3 章\台灯.max），在“对象类型”卷展栏中，单击“球体”按钮，如图 3-13 所示。

Step 02 移动鼠标指针至顶视图中，按住鼠标左键并拖曳至合适位置，释放鼠标，创建一个球体，如图 3-14 所示。

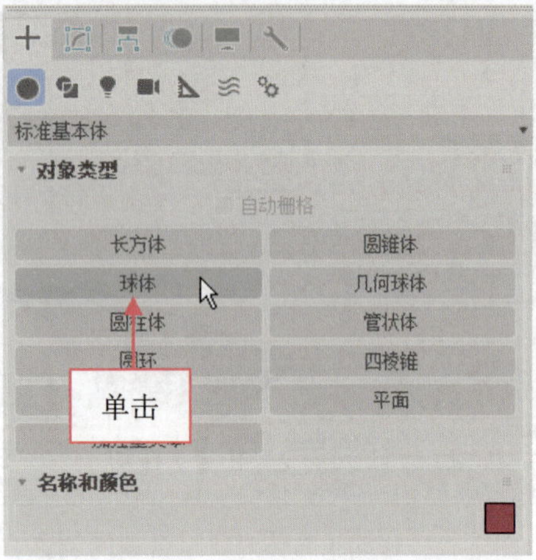

图 3-13　单击“球体”按钮

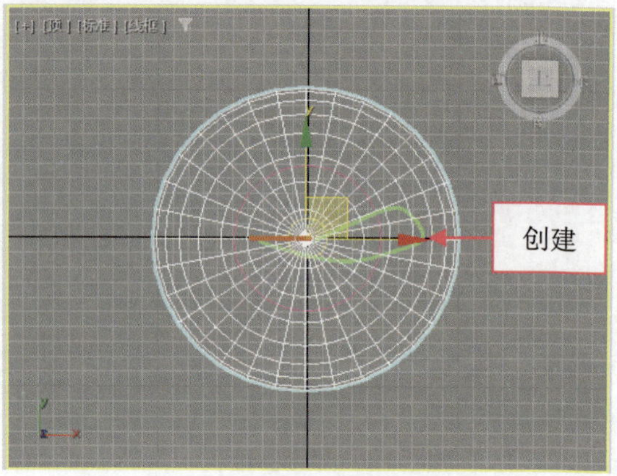

图 3-14　创建球体

Step 03 在“参数”卷展栏中，设置“半径”为 69，如图 3-15 所示，调整球体的大小。

Step 04 在视图中调整球体至合适位置，如图 3-16 所示，为其赋予合适的材质，按【F9】键进行快速渲染。

▶ 专家指点

在“参数”卷展栏中，各主要选项的含义如下。

- **半径**：用于设置球体的半径。
- **分段**：用于设置球体模型的段数，段数越多，球体表面就越光滑，同时也会在一定程度上影响计算机的速度。
- **半球**：调整参数，可将球体修改为半球体。

- **切除：**在完整的球体模型情况下不起作用，主要用于调整半球模型，选中该单选按钮，原来的网格划分格数将被切除。
- **挤压：**选中该单选按钮，原来的网格划分格数被保留并挤入剩余的半球体。
- **启用切片：**用于设置是否对当前的球体模型进行切割处理，可制作不完整的模型。
- **轴心在底部：**选中该复选框，则以球体底部与某个水平平面相切的点为基准点创建球体；若取消选中该复选框，则以球心为基准点创建球体。
- **生成贴图坐标：**选中该复选框后，则球体表面可以进行贴图处理。

除了运用上述方法可以创建球体外，用户还可以在菜单栏中，单击“创建”|“标准基本体”|“球体”命令。

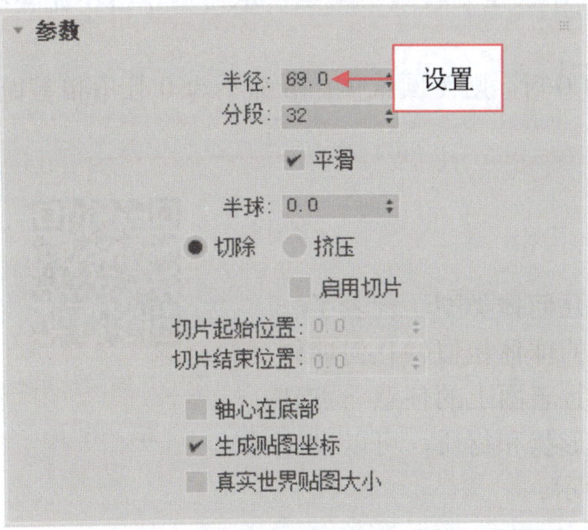

图 3-15　设置“半径”参数

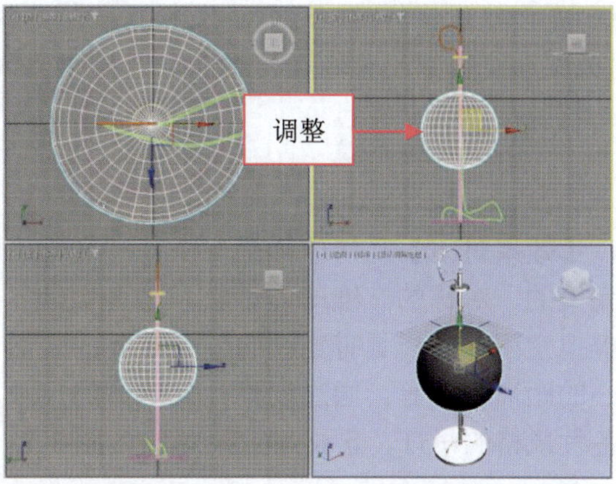

图 3-16　调整球体的位置

▶ 专家指点

除了球体外，圆锥体也是三维室内建模中常用的基础几何体之一。使用圆锥体可以创建直立或倒立的圆锥、圆台、棱柱及棱台对象。创建圆锥体后，在“创建”面板下方展开“参数”卷展栏，如图 3-17 所示。

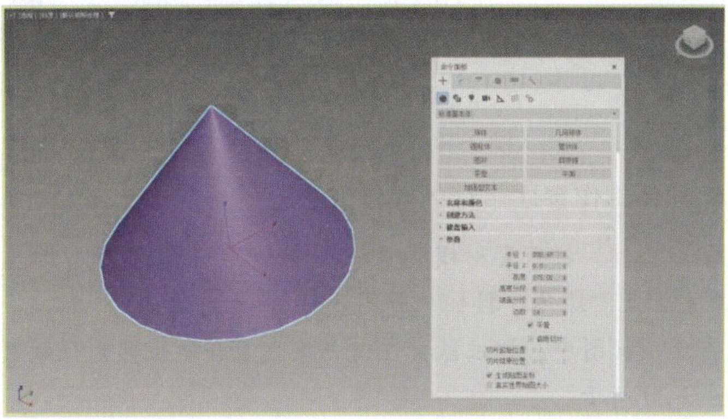

图 3-17　“参数”卷展栏

在“参数”卷展栏中，各主要选项的含义如下。

- **半径 1**：用于设置圆锥体的底面半径。
- **半径 2**：用于设置圆锥体的顶面半径。
- **高度**：用于设置圆锥体的高度。
- **高度分段**：用于设置圆锥体高度方向上的分段，决定模型表面的光滑度，数值越高，表面就越光滑。
- **端面分段**：用于设置圆锥体底面和顶面方向上的分段。
- **边数**：用于设置圆锥体底面圆形边缘的分段数，控制底面圆形边缘处的光滑程度。
- **平滑**：用于设置是否对模型的表面进行光滑处理。默认情况下，“平滑”复选框为选中状态，对象以光滑表面显示。
- **启用切片**：用于设置是否对当前的圆锥体模型进行切割处理，从而制作出不完整的模型。

在创建圆锥体时，两个面的半径若有一个为 0 时，则为圆锥体；若都不为 0 且不相等时，则为圆台；若都不为 0 且相等时，则为圆柱体。

3.1.5 使用几何球体制作餐厅吊灯

使用几何球体制作餐厅吊灯

【效果对比】几何球体是一个基础且常用的几何体类型，代表了一个完美的、对称的三维球形对象。与真实世界中的球体相似，几何球体在虚拟空间中同样具有连续的、无边界的表面，且表面上的任意一点到球心的距离都相等。通过调整几何球体的尺寸、形状和材质，可以设计出各种风格的吊灯。素材与效果对比如图 3-18 所示。

图 3-18 素材与效果对比

下面介绍使用几何球体制作餐厅吊灯的操作方法。

Step 01 按【Ctrl + O】组合键，打开素材模型（资源\素材\第 3 章\餐厅吊灯.max），在“对象类型”卷展栏中，单击“几何球体”按钮，如图 3-19 所示。

Step 02 移动鼠标指针至顶视图中，按住鼠标左键并拖曳至合适位置，释放鼠标，即可创建一个几何球体，如图 3-20 所示。

Step 03 在“参数”卷展栏中，设置“半径”为 80，如图 3-21 所示，调整几何球体的大小。

Step 04 在顶视图中，选择几何球体对象，按住【Shift】键沿着 y 轴向上拖曳至合适位置，如图 3-22 所示。

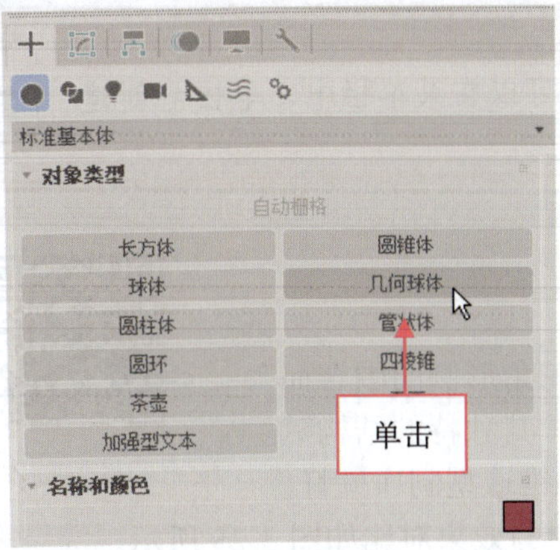

图 3-19　单击“几何球体”按钮

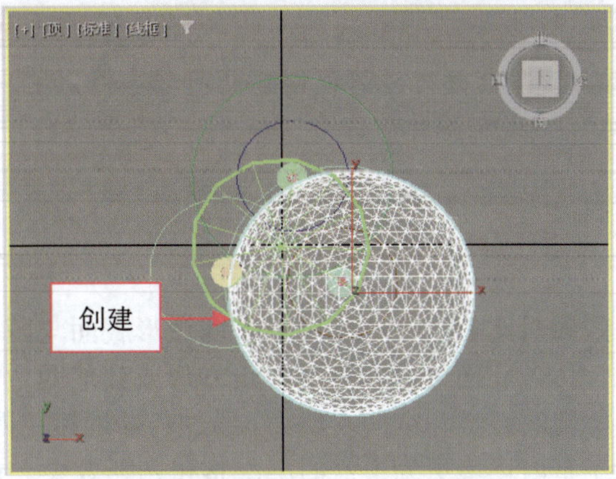

图 3-20　创建几何球体

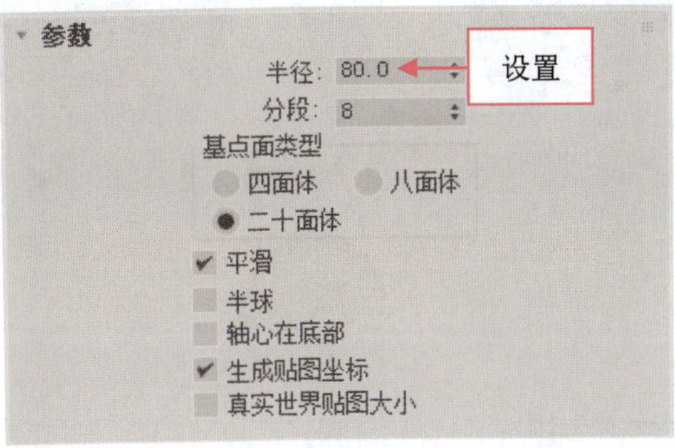

图 3-21　设置“半径”参数

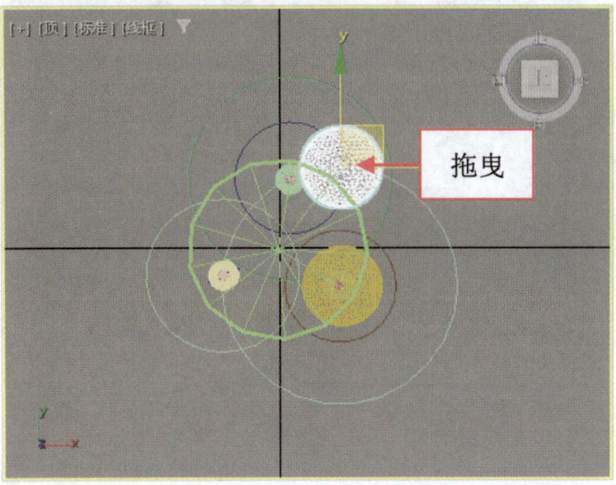

图 3-22　拖曳几何球体

Step 05　释放鼠标左键后，弹出“克隆选项”对话框，在“副本数”数值框中输入 2，如图 3-23 所示，表示将几何球体对象复制两份。

Step 06　单击“确定”按钮，在视图中将几何球体对象调整至合适位置，如图 3-24 所示，为其赋予合适的材质，按【F9】键进行快速渲染。

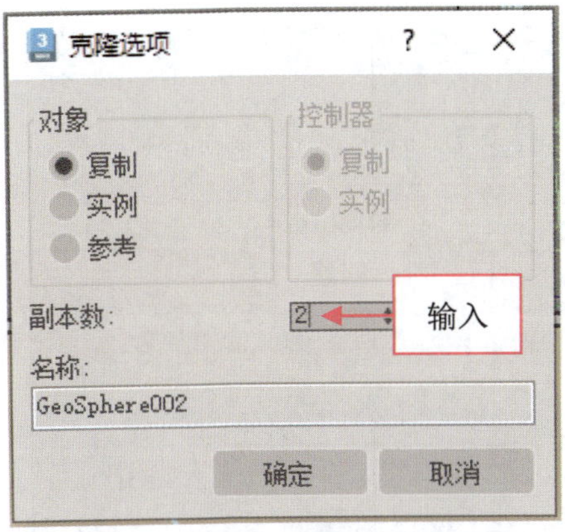

图 3-23　输入“副本数”参数值

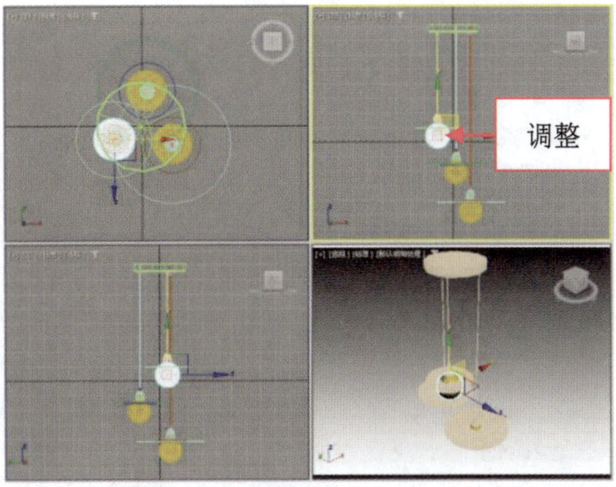

图 3-24　调整几何球体的位置

▶ 专家指点

除了运用上述方法可以创建几何球体外，用户还可以在菜单栏中，单击“创建”|“标准基准体”|“几何球体”命令。

3.1.6 使用四棱锥制作壁灯

使用四棱锥制作壁灯

【效果对比】四棱锥是由一个四边形底面与四个三角形侧面围合而成的几何体，底面可以是矩形、正方形或其他四边形，其独特的结构赋予了它丰富的视觉与空间表现力。通过巧妙地运用四棱锥造型制作壁灯，可以赋予室内环境更为丰富的层次感和光影效果。素材与效果对比如图 3-25 所示。

图 3-25 素材与效果对比

下面介绍使用四棱锥制作壁灯的操作方法。

Step 01 按【Ctrl + O】组合键，打开素材模型（资源\素材\第 3 章\壁灯.max），在“对象类型”卷展栏中，单击“四棱锥”按钮，如图 3-26 所示。

Step 02 移动鼠标指针至顶视图中，按住鼠标左键并拖曳至合适位置，释放鼠标，创建一个四棱锥，如图 3-27 所示。

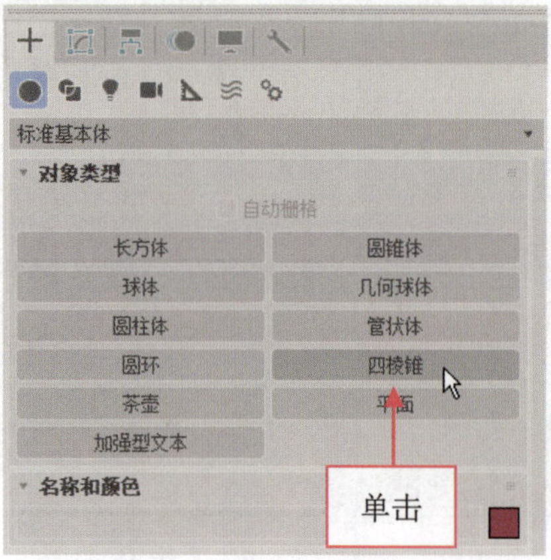

图 3-26 单击“四棱锥”按钮

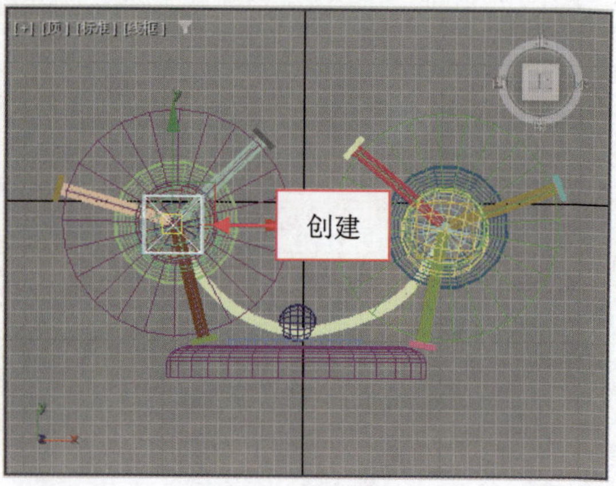

图 3-27 创建四棱锥

Step03 在“参数”卷展栏中，设置“宽度”为 40、“深度”为 40、“高度”为 65，如图 3-28 所示，调整四棱锥的形状。

Step04 在顶视图中，选择四棱锥对象，按住【Shift】键沿着 x 轴向右拖曳至合适位置，如图 3-29 所示。

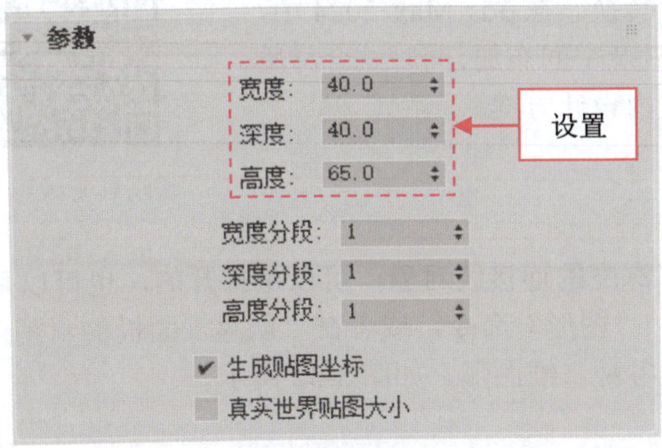

图 3-28　设置参数值

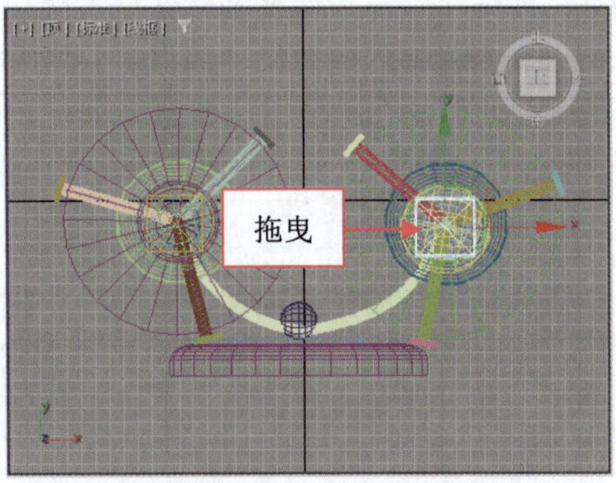

图 3-29　拖曳四棱锥对象

▶ 专家指点

在“参数”卷展栏中，各主要选项的含义如下。

- **宽度**：用于设置四棱锥底面矩形的宽度。
- **深度**：用于设置四棱锥底面矩形的深度。
- **高度**：用于设置四棱锥的高度。
- **宽度分段**：用于设置四棱锥底面矩形宽度方向的分段数。
- **深度分段**：用于设置四棱锥深度方向的分段数。
- **高度分段**：用于设置四棱锥高度方向的分段数。

Step05 释放鼠标左键后，弹出“克隆选项”对话框，保持默认设置，单击“确定”按钮，如图 3-30 所示，即可复制四棱锥对象。

Step06 在视图中将四棱锥对象调整至合适位置，如图 3-31 所示，为其赋予合适的材质，按【F9】键进行快速渲染。

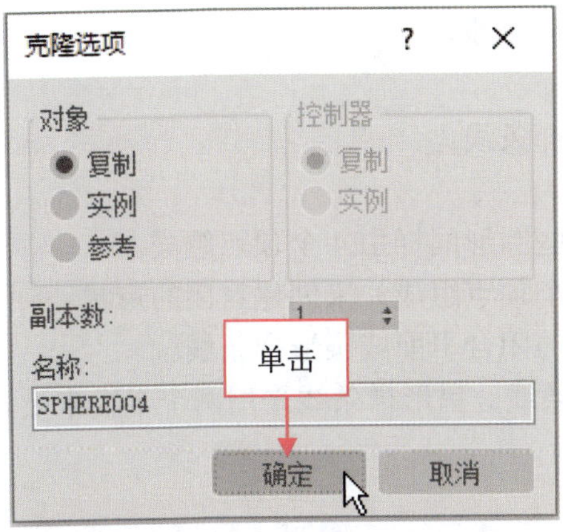

图 3-30　单击“确定”按钮

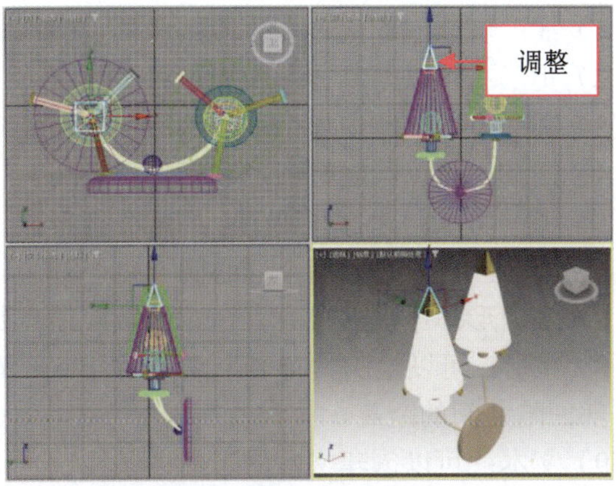

图 3-31　调整四棱锥的位置

3.2 样条线室内三维建模

样条线不仅能够精确勾勒出室内空间的轮廓与结构，还通过灵活的编辑功能，实现了从简单线条到复杂形态的快速转换。在 3ds Max 2024 中，用户可以利用样条线创建精细的家具、装饰元素及空间布局，同时结合材质、光影等效果，打造出逼真且富有创意的三维室内设计方案。

使用样条线建模

3.2.1 使用样条线建模

样条线是默认的图形类型，它是一个没有深度的连接线对象，可以是打开的，也可以是封闭的。在 3ds Max 2024 中，通过单击“创建”|“图形”命令，或者在“创建”面板的“图形”选项卡中选择“样条线”选项，可以轻松创建各种二维图形，如图 3-32 所示。

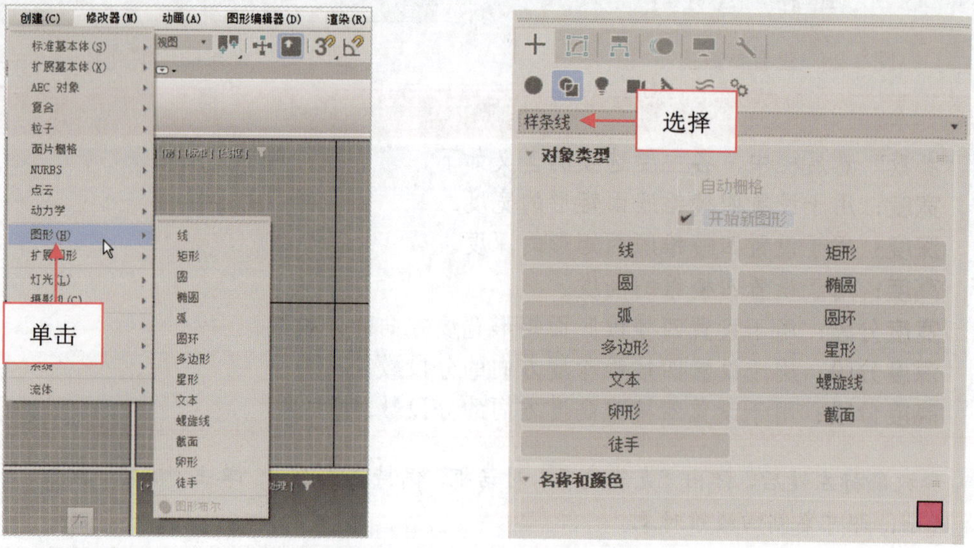

图 3-32　单击“图形”命令和选择“样条线”选项

下面是 3ds Max 2024 中的常见样条线建模类型。

（1）线：可以创建由多个分段组成的自由形式样条线。

（2）矩形：可以绘制方形和矩形样条线。

（3）圆：可以创建由 4 个顶点构成的闭合圆形样条线。

（4）椭圆：可以绘制椭圆形和圆形样条线。

（5）弧：可以创建打开或闭合的部分圆形，这些圆形同样由 4 个顶点组成。

（6）圆环：可以通过两个同心圆（每个圆由 4 个顶点组成）来创建封闭的形状。

（7）多边形：可以创建具有任意面数或顶点数的闭合平面或圆形样条线。

（8）星形：可以绘制具有多个点的闭合星形样条线。星形样条线采用两个半径来设定外部点和内部凹陷之间的距离。

（9）文本：可以创建文本图形的样条线。

（10）螺旋线：可以生成开口平面或 3D 螺旋线。

（11）卵形：可以绘制卵形图形。

（12）截面：截面是一种特殊的样条线类型，根据几何体对象的横截面切片来生成图形。

（13）徒手：可以直接在视口中创建手绘样条线。

3.2.2　使用样条线制作栏杆

使用样条线制作栏杆

【效果展示】在三维建模与设计中，栏杆作为一种常见的装饰和功能性元素，广泛应用于建筑、景观及室内设计等领域。巧妙地运用样条线的曲折、交错与排列，可以创造出既美观又实用的栏杆效果，如图 3-33 所示。

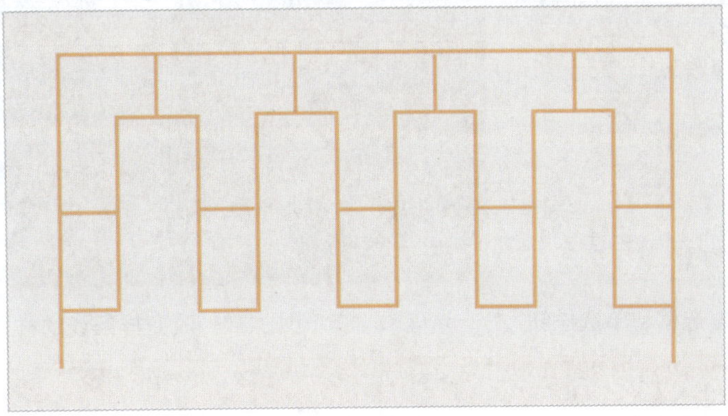

图 3-33　效果展示

下面介绍使用样条线制作栏杆的操作方法。

Step 01 重置场景文件，在“创建”面板的“图形”选项卡的“样条线”选项区中，❶单击“对象类型”卷展栏中的“线”按钮；❷取消选中“开始新图形”复选框，如图 3-34 所示，将样条线添加到当前图形上。

Step 02 移动鼠标指针至前视图中，单击鼠标左键并拖曳，绘制样条线，如图 3-35 所示。

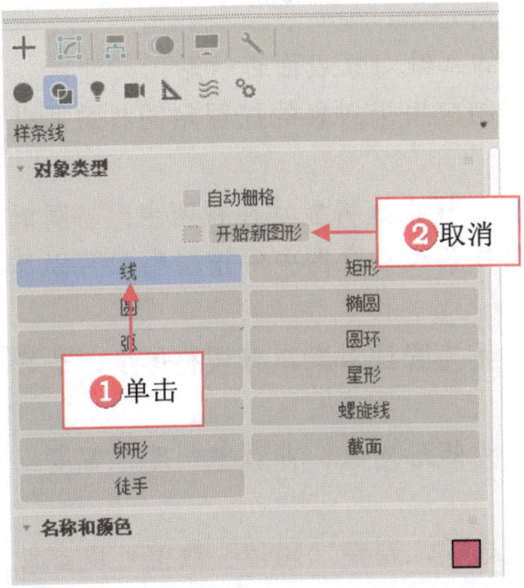

图 3-34　取消选中“开始新图形”复选框

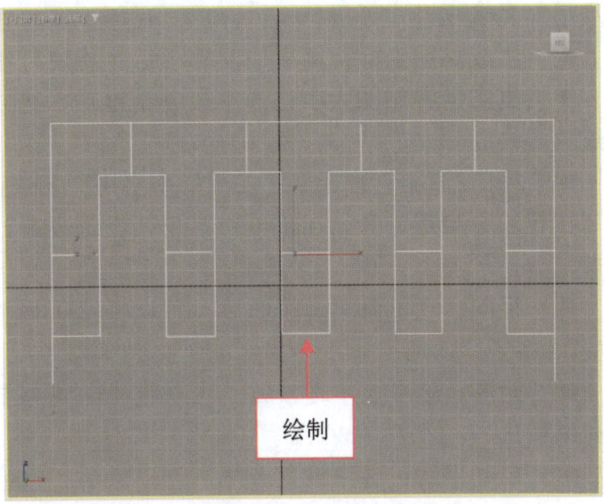

图 3-35　绘制样条线

Step 03 在“修改”面板的“渲染”卷展栏中，❶选中“在渲染中启用”和“在视口中启用”复选框；❷选中“矩形”单选按钮，如图 3-36 所示。

Step 04 执行操作后，即可改变样条线的样式，效果如图 3-37 所示。

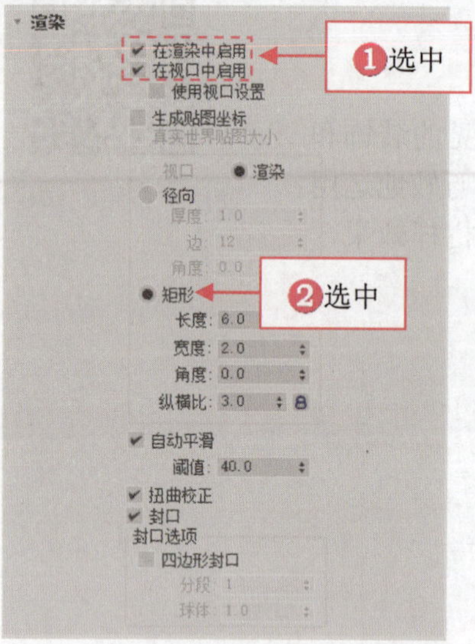

图 3-36　选中相应复选框和单选按钮

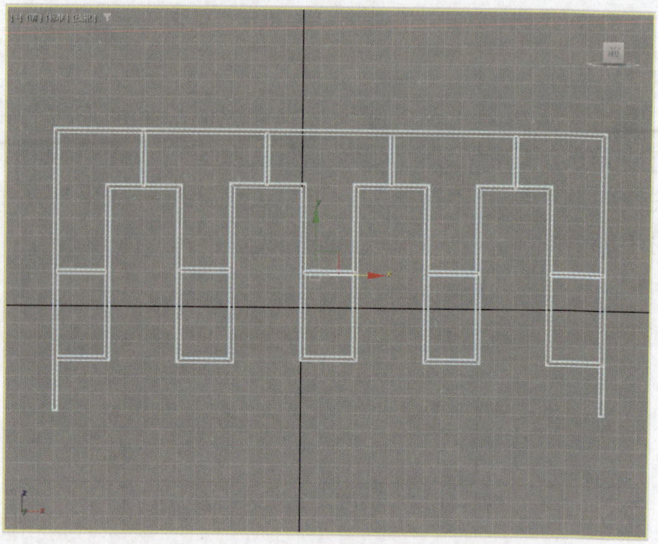

图 3-37　改变样条线的样式效果

▶ 专家指点

二维对象的渲染是比较特殊的，因为二维对象只有形状，没有体积，在默认情况下是不能被渲染着色的。若要对二维对象进行渲染着色，首先要在“渲染”卷展栏中选中“在视口中启用”或“在渲染中启用”复选框，然后设置厚度值（厚度值是用来定义二维对象的线的宽度）。在“渲染”卷展栏中，各主要选项的含义如下。

- **在渲染中启用：** 选中该复选框后，才能渲染出样条线；否则，无法渲染出样条线。
- **在视口中启用：** 选中该复选框，透视图中会自动显示二维对象的渲染效果。
- **使用视口设置：** 该复选框用于设置不同的渲染参数，该复选框只有在选中“在视口中启用”复选框时才可用。
- **生成贴图坐标：** 选中该复选框后，将使可渲染的二维对象表面进行贴图处理。
- **真实世界贴图大小：** 选中该复选框后，可以控制应用于对象的纹理贴图材质所使用的缩放方法。
- **视口/渲染：** 当选中“在视口中启用”复选框时，样条线将显示在视图中；当同时选中“在视图中启用”和“在渲染中启用”复选框时，则样条线在视图中和渲染中都可以显示出来。
- **径向：** 选中该单选按钮后，可以将 3D 网格显示为圆柱对象，并调整厚度、边数和角度。
- **矩形：** 选中该单选按钮，可以将 3D 网格显示为矩形对象，并调整长度、宽度、角度和纵横比。
- **自动平滑：** 选中该复选框，可以激活“阈值”选项，调整“阈值”数值可以自动平滑样条线。

3.2.3　使用样条线制作小餐桌

使用样条线制作小餐桌

【效果展示】样条线作为设计工具，能够灵活勾勒出餐桌的线条与轮廓，确保每一寸都符合美学与实用性的双重标准。小餐桌作为家居生活的重要元素，其设计不仅要美观大方，还需与整体室内风格相协调。通过使用样条线来制作餐桌，设计师能够精准把控餐桌的比例与细节，使其更好地融入室内空间，为居住者带来更加舒适与和谐的用餐体验。模型与渲染效果如图 3-38 所示。

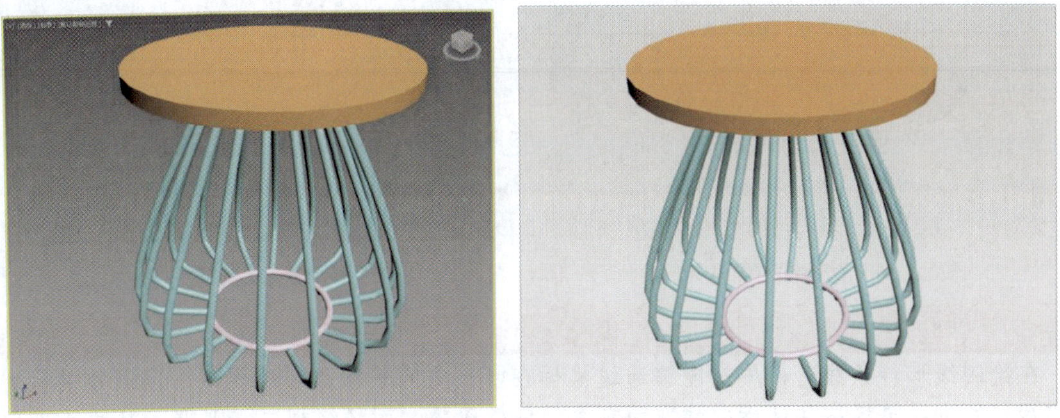

图 3-38　模型与渲染效果

下面介绍使用矩形制作相框的操作方法。

Step 01　重置场景文件，在“创建”面板的“图形”选项卡的“样条线”选项区中，单击“对象类型”卷展栏中的“圆”按钮，如图 3-39 所示。

Step 02　在顶视图中，按住鼠标左键并拖曳，至合适位置后，释放鼠标，即可创建一个“半径”为 280 的圆，如图 3-40 所示。

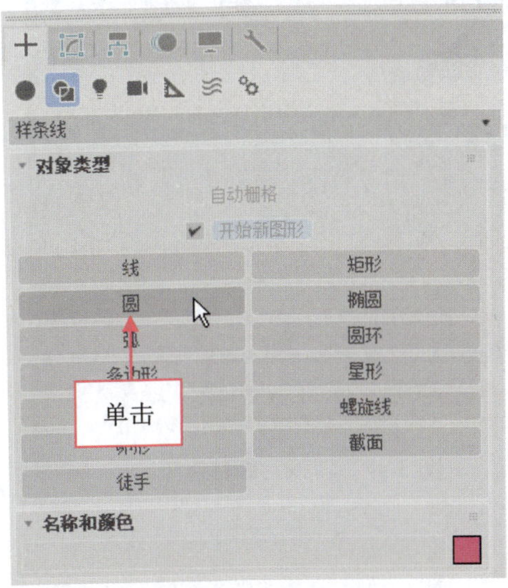

图 3-39　单击“圆”按钮

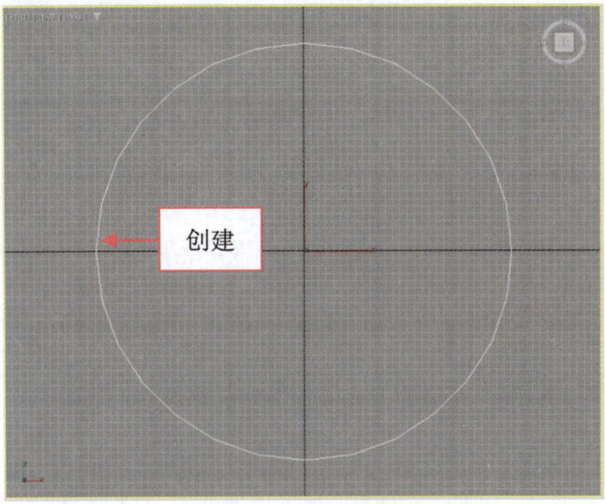

图 3-40　创建圆

Step 03 在菜单栏中，单击“修改器”|“网格编辑”|“挤出”命令，在“参数”卷展栏中，设置“数量”为 31，调整挤出的深度，效果如图 3-41 所示。

Step 04 在“创建”面板的“图形”选项卡的“样条线”选项区中，单击“对象类型”卷展栏中的“线”按钮，在前视图中绘制线，如图 3-42 所示。

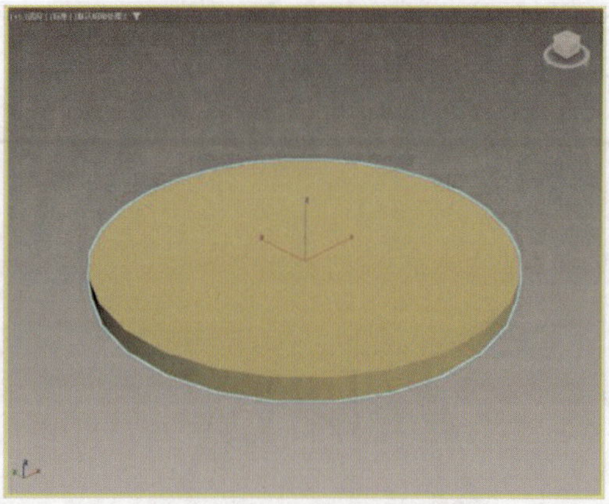

图 3-41　挤出圆对象效果

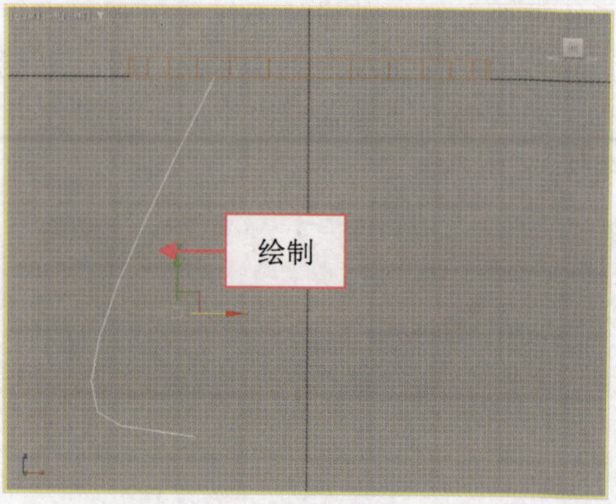

图 3-42　绘制线

▶ 专家指点

在绘制线形样条线时，用户能够通过鼠标在步长之间平移及环绕视口，以调整其位置。平移视口的方法包括按住鼠标中键拖动或滚动鼠标滚轮；而环绕视口，则需同时按住【Alt】键和鼠标中键拖动或滚动鼠标滚轮。

Step 05 在“修改”面板的“渲染”卷展栏中，❶选中“在渲染中启用”和“在视口中启用”复选框；❷设置“厚度”为 16，如图 3-43 所示。

Step 06 执行操作后，即可将线转换为圆柱对象，效果如图 3-44 所示。

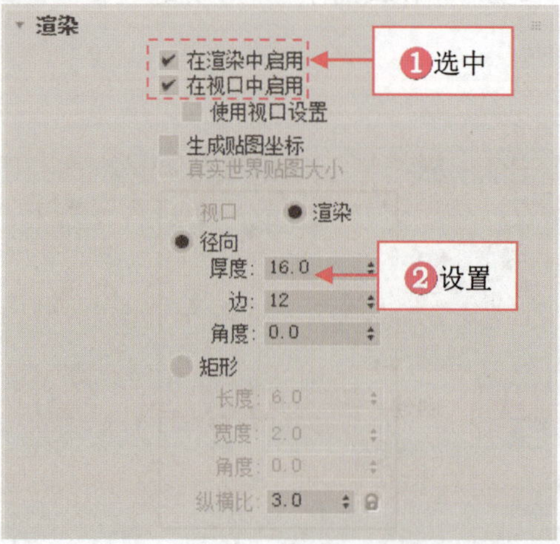

图 3-43　设置“厚度”参数

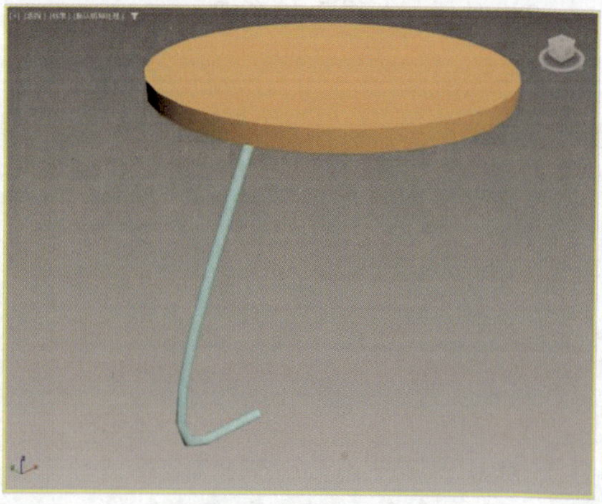

图 3-44　转换为圆柱对象

Step07 在各个视图中，将样条线移动至合适位置，如图 3-45 所示。

Step08 在顶视图中选择刚才绘制的样条线，在“层次”面板中单击“仅影响轴”按钮，将轴心移动到中心位置，如图 3-46 所示。

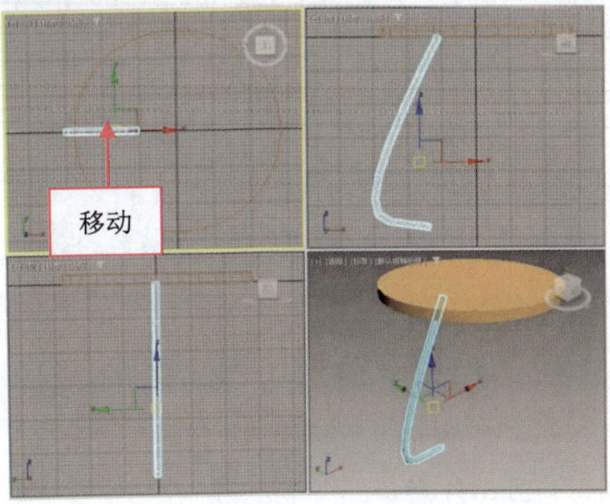

图 3-45 移动样条线至合适位置

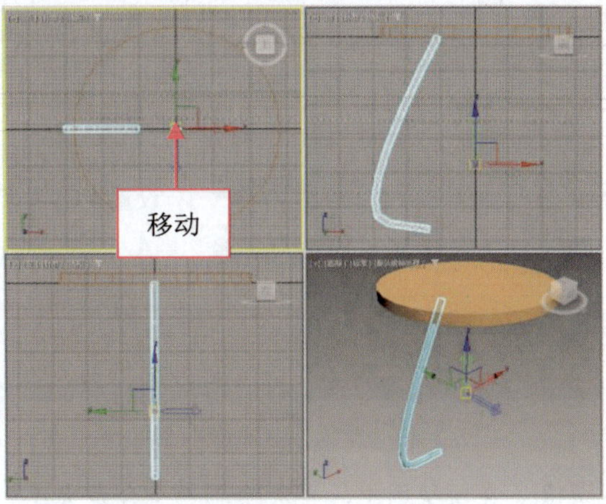

图 3-46 移动轴心位置

Step09 执行操作后，再次单击“仅影响轴”按钮，如图 3-47 所示，完成对轴心的操作。

Step10 单击主工具栏中的“选择并旋转”按钮和“角度捕捉切换”按钮，按住【Shift】键的同时，将样条线沿着 z 轴旋转-20 度，如图 3-48 所示。

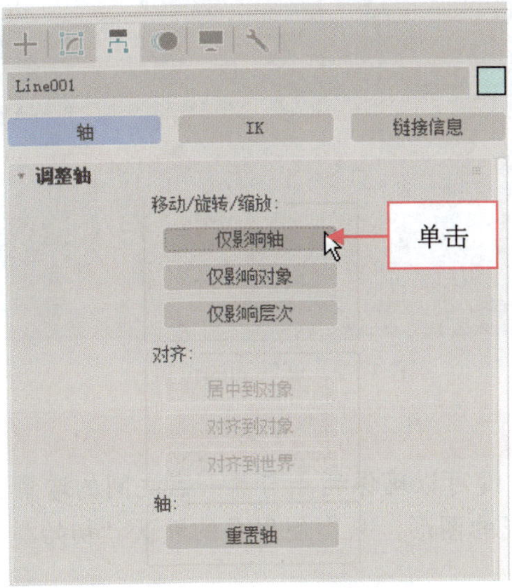

图 3-47 单击“仅影响轴”按钮

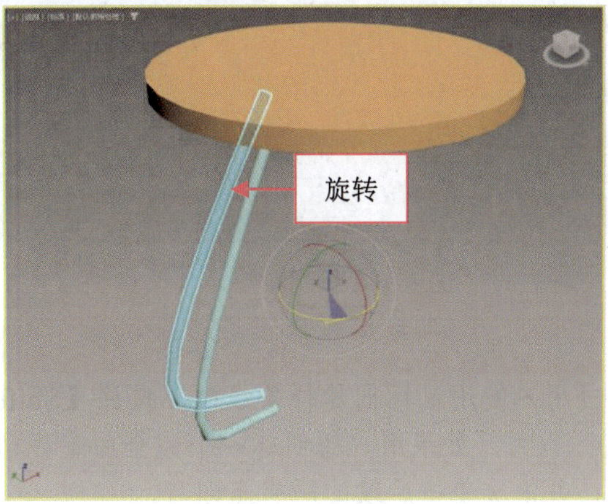

图 3-48 旋转样条线

Step11 执行操作后，弹出“克隆选项”对话框，设置“副本数”为 17，如图 3-49 所示。

Step12 单击“确定”按钮，即可将样条线复制 17 份，并围绕轴心旋转，效果如图 3-50 所示。

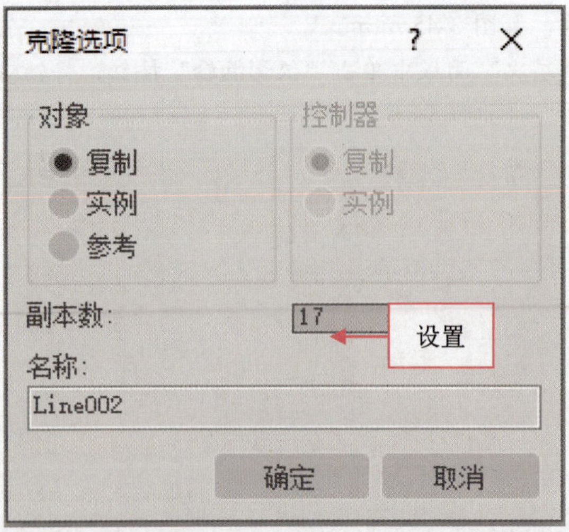

图 3-49　设置“副本数”参数

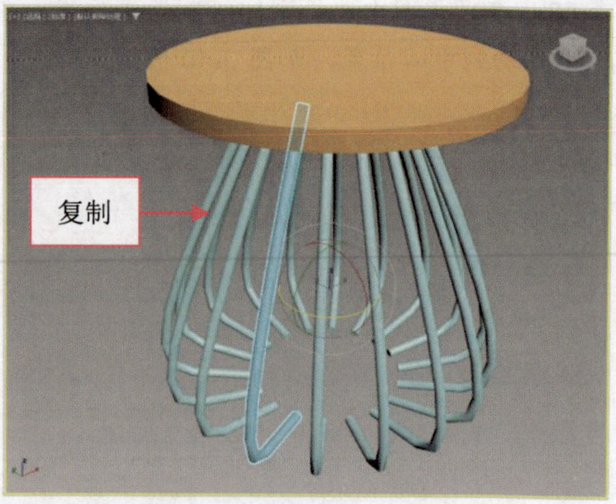

图 3-50　旋转并复制样条线

Step 13　在顶视图中，再次绘制一个合适大小的圆，如图 3-51 所示。

Step 14　在各个视图中适当调整圆的位置，如图 3-52 所示。

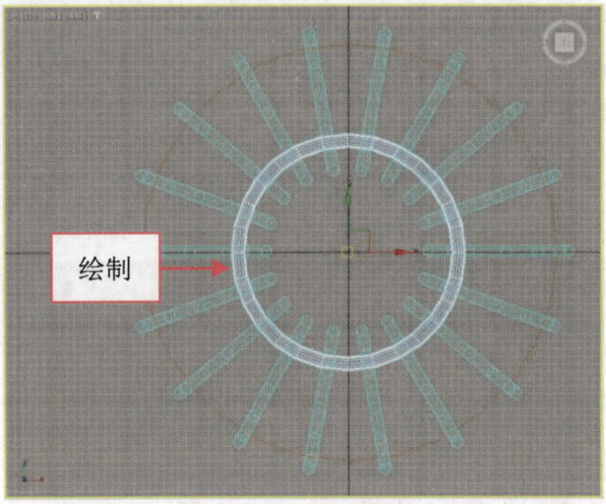

图 3-51　绘制圆

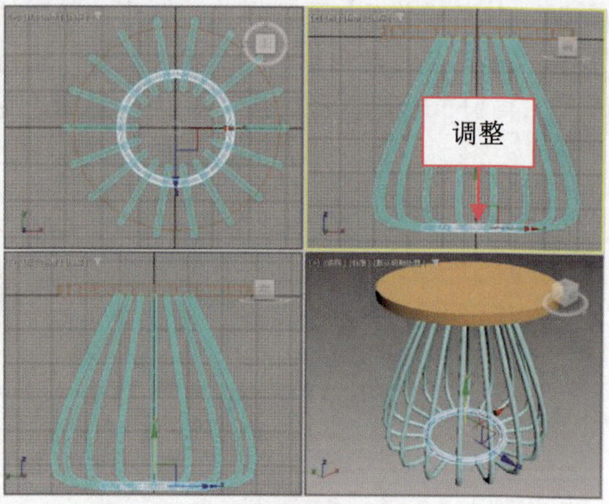

图 3-52　调整圆的位置

▶ 专家指点

当用户使用鼠标创建样条线时，按住【Shift】键可以确保新点与前一点之间的增量保持在 90° 以内。如果用户想创建一个完全由直线构成的图形，只需使用角的默认“初始类型”设置，并依次单击后续的所有点即可。

本 章 小 结

本章主要介绍了几何体与样条线室内建模，包括几何体室内三维建模、样条线室内三维建模。首先，介绍了通过标准几何体（长方体、球体等）与扩展几何体（切角长方体、异面体）的参数调整，快速构建门窗、家具等规则形体；其次，介绍了几何体用于基础结构搭建，样条线侧重细节塑造，二者结合可完成从空间框架到装饰构件的全流程建模。通过本章的学习，读者能够熟练运用参数化几何体快速布局空间，通过样条线编辑实现复杂造型，平衡模型细节与面数，提升建模效率与渲染性能。

课 后 实 训

课后实训

【效果对比】多边形挂钟以其独特的形状和简约的风格，能够增添空间的现代感和时尚度。通过巧妙地运用多边形工具进行设计和制作，可以创造出既实用又具有艺术感的挂钟，为家居空间增添一抹独特的艺术气息和个性化元素。素材与效果对比如图 3-53 所示。

图 3-53　素材与效果对比

使用多边形制作挂钟的操作方法如下。

Step 01　按【Ctrl + O】组合键，打开素材模型（资源\素材\第 3 章\挂钟.max），如图 3-54 所示。

Step 02　在“创建”面板的“图形”选项卡的“样条线”选项区中，单击“对象类型”卷展栏中的“多边形”按钮，如图 3-55 所示。

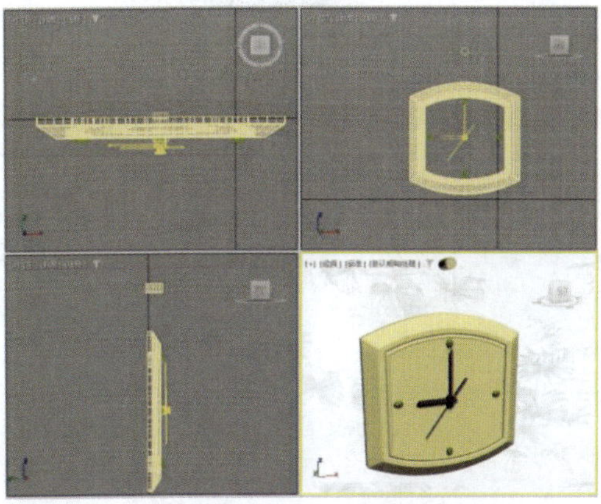

图 3-54　打开素材模型

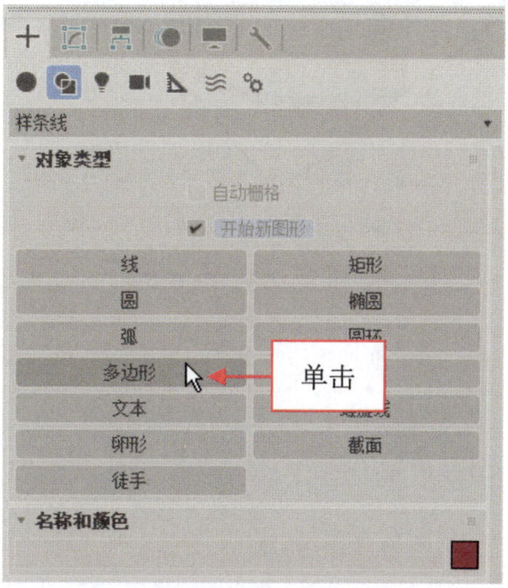

图 3-55　单击“多边形”按钮

Step 03 在前视图中，创建一个多边形，如图 3-56 所示。

Step 04 在“参数”卷展栏中，设置“半径”为 60、“边数”为 4、“角半径”为 8，如图 3-57 所示，调整多边形的形状。

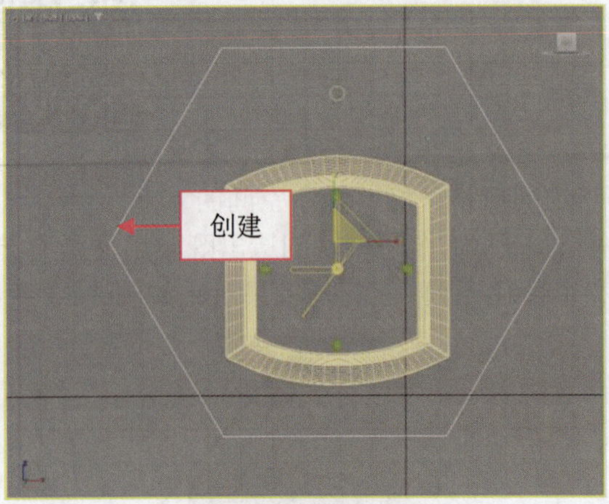

图 3-56 创建多边形

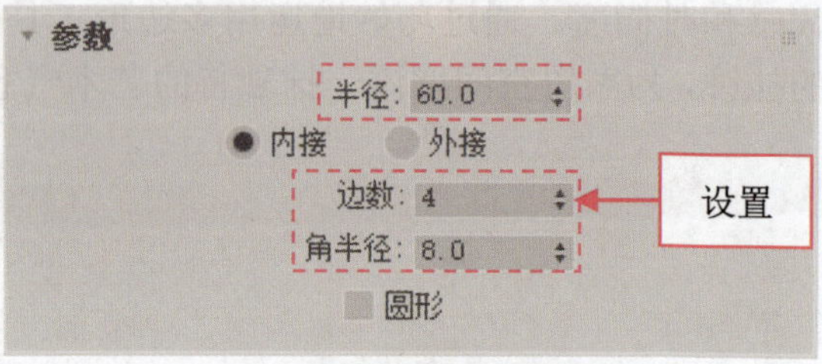

图 3-57 设置参数值

Step 05 在“渲染”卷展栏中，分别选中“在渲染中启用”和“在视口中启用”复选框，在透视视图中预览模型效果，如图 3-58 所示。

Step 06 移动对象位置并赋予材质，按【F9】键进行快速渲染，效果如图 3-59 所示。

图 3-58 预览模型效果

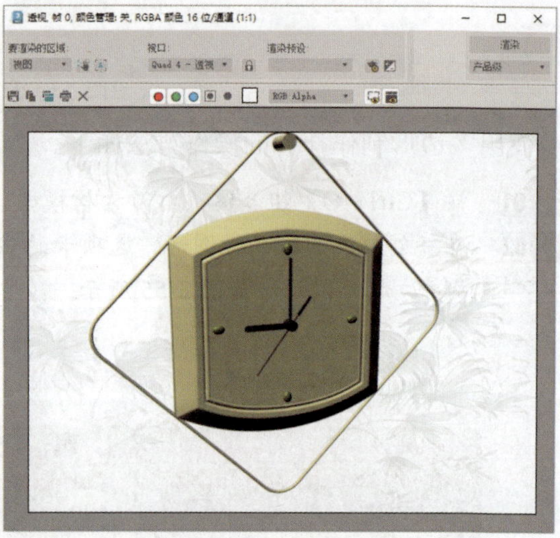

图 3-59 渲染模型效果

第 4 章
复合对象与修改器室内建模

4

本章将介绍如何利用 3ds Max 2024 的强大功能，将简单的几何体转化为复杂而精细的室内元素。复合对象通过布尔、放样等技巧，实现模型的融合与创新；而修改器则如同魔法师的法杖，为模型赋予形态、质感与生命的变换。

本章重点

- 掌握复合对象室内三维建模的方法
- 掌握修改器室内三维建模的方法

素质目标

- 培养读者对 3ds Max 核心建模工具的系统性操作能力
- 培养读者从三维空间全局出发思考模型结构的习惯

4.1 复合对象室内三维建模

在前面的章节中，介绍了创建三维图形和样条线的基本工具，虽然这些工具可以创建许多模型，但在现实生活中还有多个对象构成的复合高级模型，这就需要使用一些特殊的方法来创建，如变形建模、散布建模及布尔建模等。本节主要介绍复合模型的基本知识和创建方法，帮助读者创建出更加复杂的室内模型效果。

复合对象

4.1.1 复合对象

复合对象是一种将两个或多个现有对象组合成单个对象的技术。在 3ds Max 2024 中，可以通过以下路径找到复合对象：在“创建”面板的“几何体”选项卡中选择“复合对象”选项，或者在菜单栏中单击“创建”|“复合”命令，如图 4-1 所示。

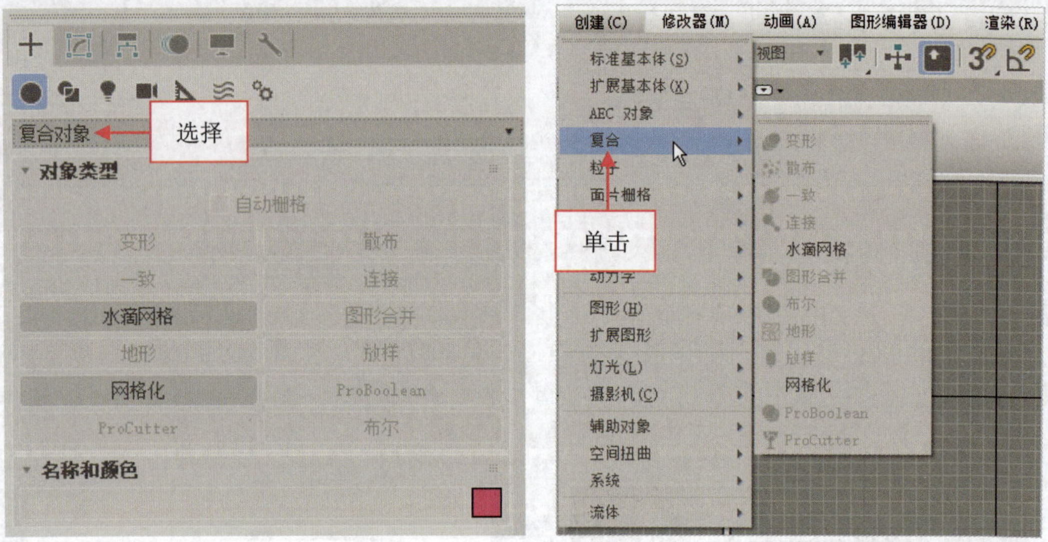

图 4-1　复合对象的创建路径

3ds Max 2024 中的主要复合对象类型如下。

（1）变形：利用类似 2D 动画中间帧的技术，通过插补第一个对象的顶点位置使其与另一个对象的顶点位置相符，从而合并两个或多个对象。如果持续执行插补操作，还可以生成变形动画。

（2）散布：将所选的源对象散布成阵列，或散布到另一个分布对象的表面上。

（3）一致：通过将某个对象（称为“包裹器”）的顶点投影到另一个对象（称为“包裹对象”）的表面上来创建。另外，还有一个空间扭曲版本，称为一致空间扭曲。

（4）连接：允许通过对象表面的洞连接两个或多个对象。为此，需要删除每个对象的面以创建洞，并确保洞的位置面对面，然后应用连接功能。

（5）水滴网格：可以创建一组球体，这些球体由几何体或粒子生成，并且可以相互连接，就像由柔软的液态物质构成一样。当球体在一定范围内移动时，它们会连接在一起；当相互移开时，则会重新呈现球体的形状。

（6）图形合并：使用网格对象和一个（或多个）图形来创建复合对象，这些图形可以嵌入网格中（改变边和面的模式），或从网格中消失。

（7）地形：利用等高线数据来创建行星曲面。

（8）放样：是沿着第三个轴挤出的二维图形，由两个或多个现有样条线对象创建而成。其中，一个样条线作为路径，其余的样条线作为放样对象的横截面或图形。当图形沿着路径排列时，3ds Max 会在图形之间生成曲面。

（9）网格化：将程序对象在每帧时转化为网格对象，以便应用修改器（如弯曲或 UVW 贴图）。网格化适用于任何类型的对象，但主要为粒子系统设计。对于具有复杂修改器堆栈的低空实例化对象，网格化同样有用。

（10）布尔：通过对两个或更多对象执行布尔操作，将它们合并成一个网格。

（11）ProBoolean 和 ProCutter：提供了将 2D 和 3D 形状组合在一起的建模工具，这是其他工具难以或无法实现的。

使用变形复合对象制作灯罩

4.1.2　使用变形复合对象制作灯罩

【效果展示】变形复合对象能够模拟真实世界中材料的柔韧性和形态的多样性，使得灯罩的设计更加生动逼真，满足不同的室内装饰需求。例如，本实例通过创建变形复合对象，可以很直观地观看灯罩的变形动画效果。效果展示如图 4-2 所示。

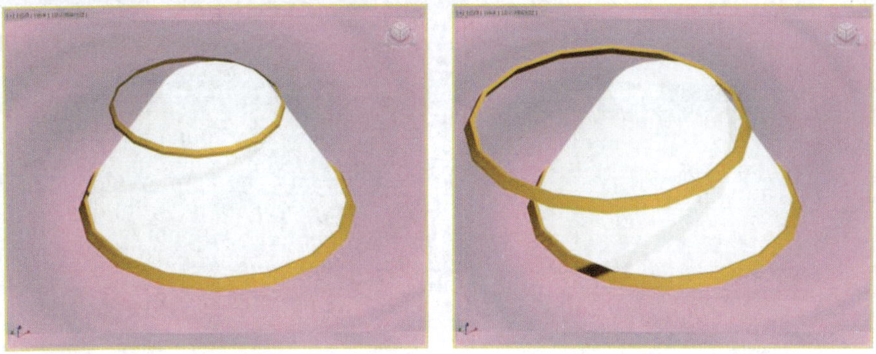

（a）　　　　（b）

图 4-2　效果展示

> **▶ 专家指点**
>
> 在上面的实例效果中，单击动画控制区中的“播放动画”按钮▶，时间线播放至第 10 帧位置时，效果如图 4-2（a）所示；时间线播放至第 30 帧位置时，即可看到原始对象逐渐形成目标对象的变形动画，效果如图 4-2（b）所示。

下面介绍使用变形复合对象制作灯罩的操作步骤。

Step 01　按【Ctrl + O】组合键，打开一个素材模型（资源\素材\第 4 章\灯罩.max），在视图中选择 Line06 对象，如图 4-3 所示。

Step 02　在“创建”面板的“几何体”选项卡中，❶选择“复合对象”选项；❷单击“对象类型”卷展栏中的“变形”按钮，如图 4-4 所示。

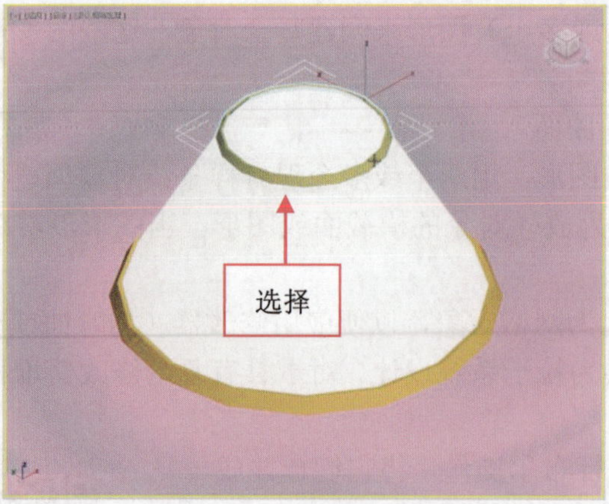

图 4-3　选择 Line06 对象

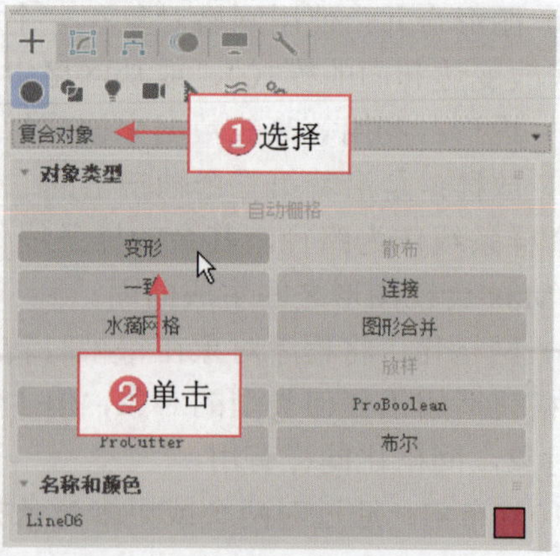

图 4-4　单击“变形”按钮

Step 03 在“拾取目标”卷展栏中，❶单击“拾取目标”按钮；❷在“变形目标”列表框中选择 M_Line06 对象；❸单击“创建变形关键点”按钮，如图 4-5 所示。

Step 04 将时间线拖曳至第 30 帧的位置，在前视图中选择 Line05 对象，如图 4-6 所示，即可产生变形效果。

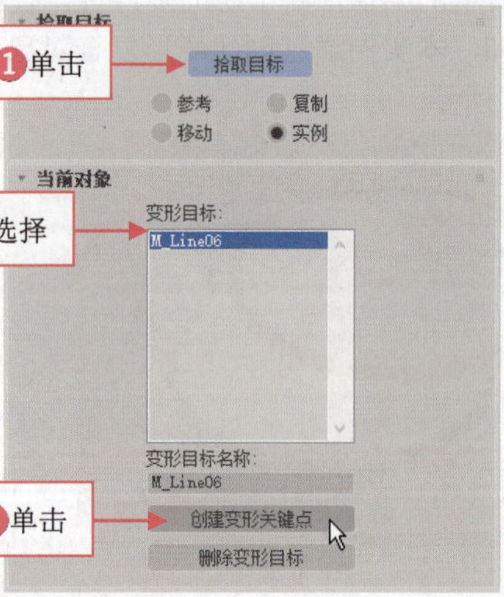

图 4-5　单击“创建变形关键点”按钮

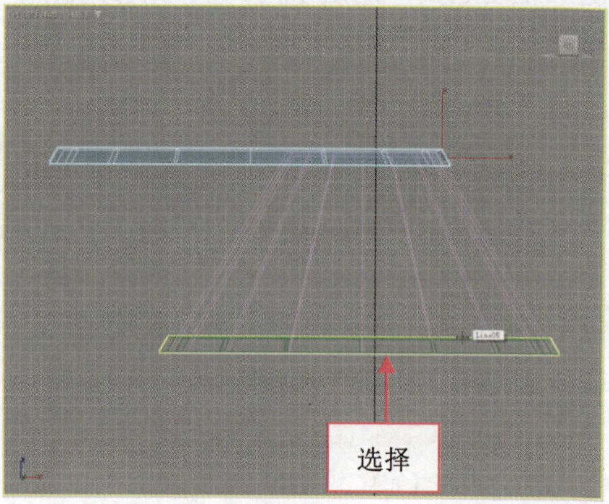

图 4-6　选择 Line05 对象

▶ 专家指点

原始对象称作种子或基础对象，种子对象变形成的对象称作目标对象。用户可以对一个种子执行变形操作，使其成为多个目标对象。

4.1.3　使用一致复合对象制作单人沙发

使用一致复合对象制作单人沙发

【效果对比】一致对象是一种通过特定方式创建的复合对象。利用此工具，无论对象的顶点数量多少，都能轻松实现任意两个对象之间的变形。一致复合对象技术允许用户将沙发的形状和纹理精确投影到另一个对象上，从而创建出高度逼真和个性化的沙发模型。素材与效果对比如图 4-7 所示。

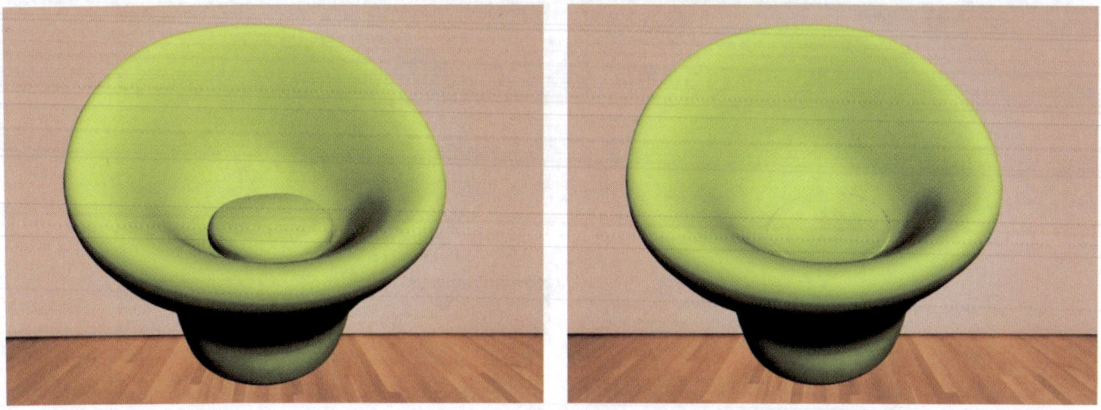

图 4-7　素材与效果对比

下面介绍使用一致复合对象制作单人沙发的操作方法。

Step 01 按【Ctrl + O】组合键，打开一个素材模型（资源\素材\第 4 章\单人沙发.max），在视图中选择“坐垫”对象，如图 4-8 所示。

Step 02 在“创建”面板的“几何体”选项卡的“复合对象”选项区中，单击“对象类型”卷展栏中的“一致”按钮，如图 4-9 所示。

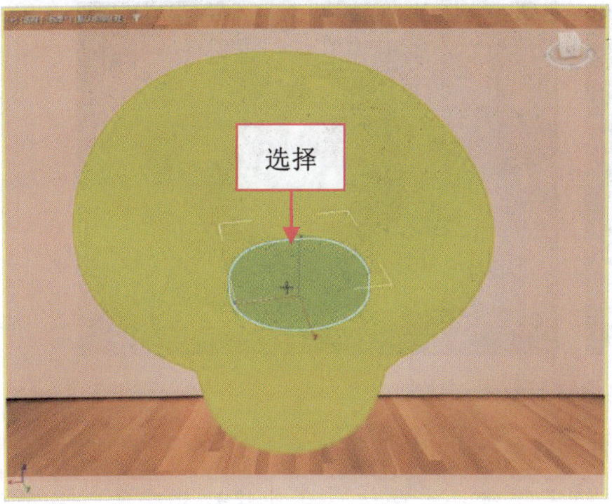

图 4-8　选择“坐垫”对象

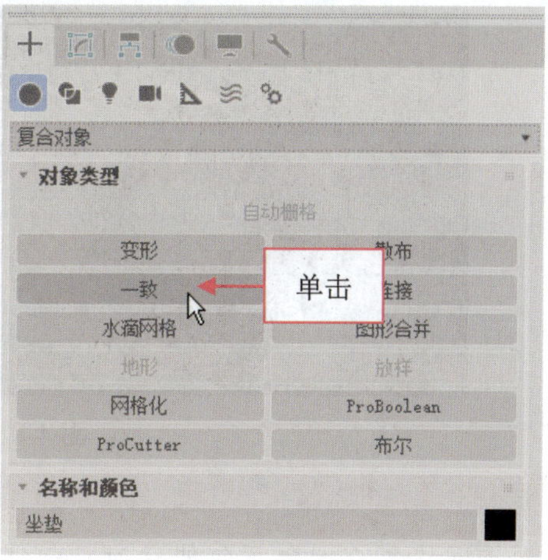

图 4-9　单击“一致”按钮

Step 03 在“拾取包裹到对象”卷展栏中，单击“拾取包裹对象”按钮，如图 4-10 所示。

Step 04 移动鼠标指针至视图中，选择“沙发”对象，即可包裹“坐垫”对象，效果如图 4-11 所示，按【F9】键进行快速渲染。

> **▶ 专家指点**
>
> 在“拾取包裹对象”卷展栏中，各主要选项的含义如下。
>
> - **对象：** 显示选定包裹对象的名称。
> - **拾取包裹对象：** 单击该按钮，然后选择希望被当前对象包裹的对象。
> - **参考/复制/移动/实例：** 该选项用于指定将包裹对象转换为一致对象的方式，它可以作为参考、副本或实例进行传输，也可以进行移动。对于后面这种情况，不会留下原始图形。

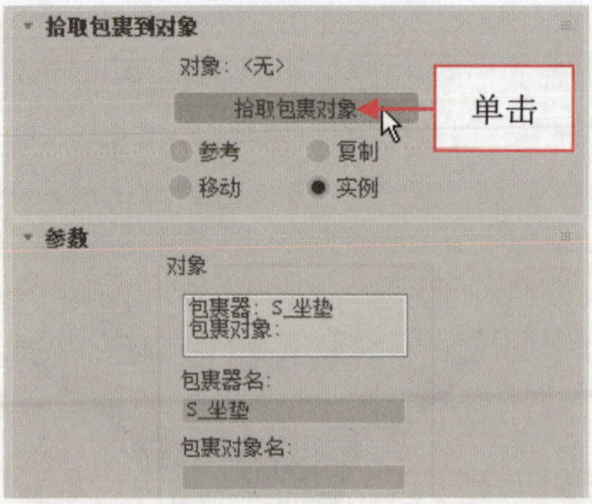

图 4-10　单击“拾取包裹对象”按钮

图 4-11　包裹“坐垫”对象效果

4.1.4　使用水滴网格复合对象制作洗手盆

使用水滴网格复合对象制作洗手盆

【效果对比】水滴网格复合对象能够根据场景中的指定对象生成变形球，这些变形球组合起来形成一种网格效果，称之为水滴网格。使用水滴网格复合对象能够模拟真实水滴的形态和动态，为洗手盆等卫浴设施增添生动逼真的细节。素材与效果对比如图 4-12 所示。

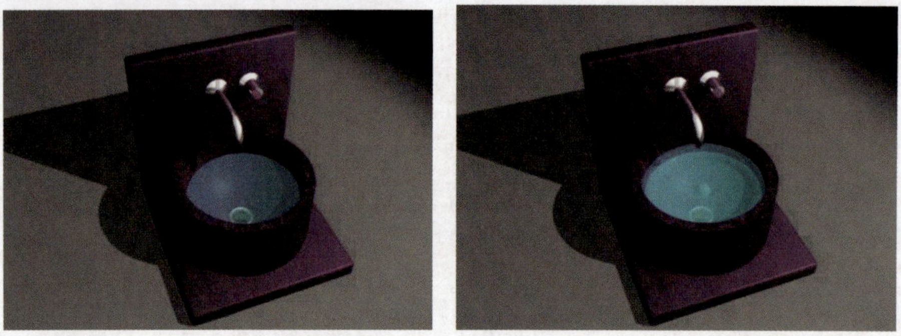

图 4-12　素材与效果对比

▶ 专家指点

水滴网格复合对象不仅能通过几何体或粒子创建一组球体，还能将这些球体以一种仿佛由柔软液态物质构成的方式连接起来。当球体移动到彼此的一定范围内时，它们会相互连接；若彼此移开，则会重新恢复为独立的球体形状。在 3D 行业中，以这种方式操作的球体通常被称为变形球。水滴网格复合对象正是基于场景中的指定对象来生成这些变形球的，它们随后形成水滴网格效果。在动画设置中，若要模拟移动和流动的厚重液体或柔软物质，水滴网格复合对象是一个理想的选择。

下面介绍使用水滴网格复合对象制作洗手盆的操作方法。

Step 01　按【Ctrl + O】组合键，打开一个素材模型（资源\素材\第 4 章\洗手盆.max），在“创建”面板的“几何体”选项卡的“复合对象”选项区中，单击“对象类型”卷展栏中的“水滴网格”按钮，如图 4-13 所示。

Step 02　移动鼠标指针至前视图中，单击鼠标左键，创建水滴网格，如图 4-14 所示。

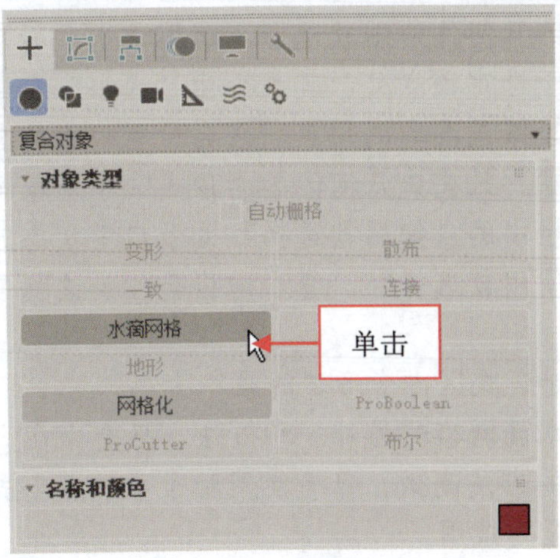

图 4-13　单击“水滴网格”按钮

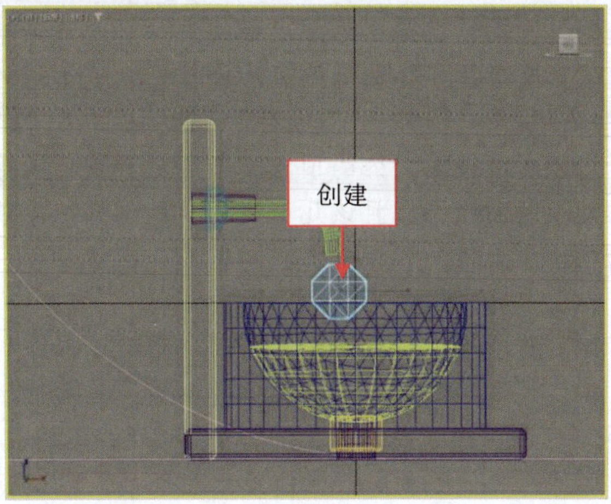

图 4-14　创建水滴网格

Step 03　在“参数”卷展栏中，设置“大小”为 250 mm，如图 4-15 所示，调整水滴网格的大小。

Step 04　选择水滴网格对象，在视图中调整其位置，并赋予合适的材质，如图 4-16 所示。

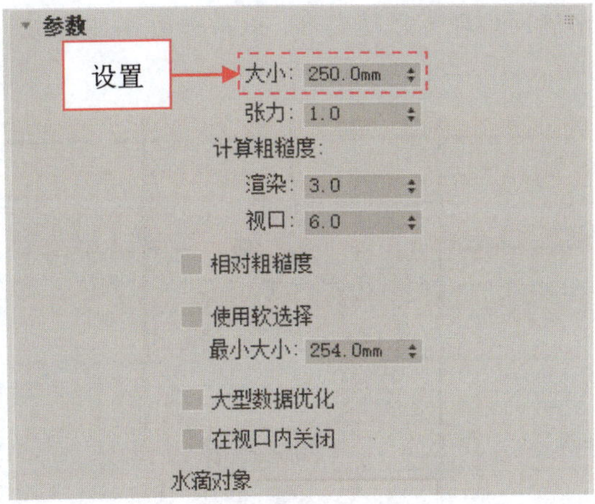

图 4-15　设置“大小”参数

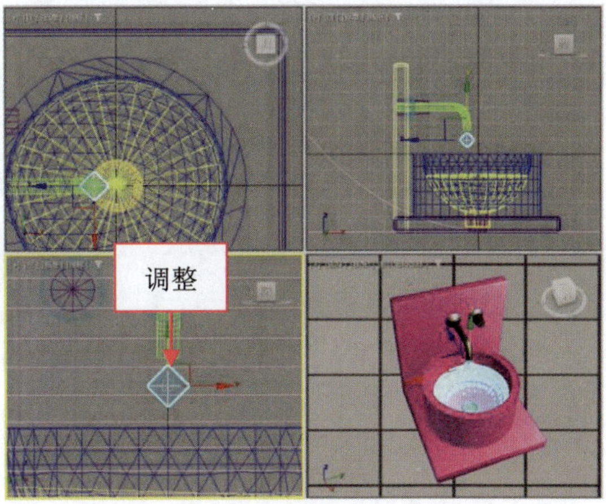

图 4-16　调整位置并赋予材质

▶ 专家指点

在“参数”卷展栏中，各主要选项的含义如下。

- **大小**：用于设置对象（而不是粒子）的每个变形球的半径。对于粒子，每个变形球的大小由粒子的大小决定。粒子的大小是根据粒子系统中的参数设置的。注意，变形球的大小显然受“张力”值影响。如果将“张力”设置为允许的最小值，每个变形球的半径可以精确地反映“大小”设置。如果“张力”值设置得较高，将会使曲面变松，还会使变形球缩小。
- **张力**：用于确定曲面的松紧程度。该值越小，曲面就越松。
- **计算粗糙度**：用于设置生成水滴网格的粗糙度或密度。禁用“相对粗糙度”时，可以使用“渲染”和“视口”值设置水滴网格面的绝对高度和宽度，还可以使用较小的值创建更为平滑、密集的网格；启用“相对粗糙度”时，水滴网格面的高度和宽度由变形球大小与该值的比来确定。在这种情况下，“计算粗糙度”值越高，创建的网格就越密集。
- **相对粗糙度**：用于确定如何使用粗糙度值。

● **使用软选择：**如果已经对添加到水滴网格的几何体使用软选择，启用该选项时，可以使软选择应用于变形球的大小和位置。变形球位于选定顶点处，其大小由“大小”参数设置。对于位于几何体的“软选择”卷展栏中设置的衰减范围内的顶点，将会放置较小的变形球。对于衰减范围之外的顶点，不会放置任何变形球。只有该几何体的“顶点”子对象层级仍然处于激活状态，且该几何体的“软选择”卷展栏中的“使用软选择”处于启用状态时，该选项才能生效。如果对水滴网格或几何体禁用“使用软选择”，变形球将会位于该几何体的所有顶点处。

● **最小大小：**用于设定启用“使用软选择”时衰减区内变形球的最小大小。

● **大型数据优化：**该选项提供了计算和显示水滴网格的另外一种方法，只有存在大量变形球（如 2 000 或更多）时，这种方法才比默认的方法高效。只有使用粒子系统或生成大量变形球的其他对象时，才能使用该选项，默认设置为禁用。

● **在视口内关闭：**禁止在视口中显示水滴网格，但水滴网格将仍然会显示在渲染中。

Step 05 选择水滴网格对象，在“参数”卷展栏的“水滴对象”选项区中，单击“拾取”按钮，如图 4-17 所示。

Step 06 移动鼠标指针至视图中，选择水面对象，水滴网格即可跟随变形，效果如图 4-18 所示，按【F9】键进行快速渲染。

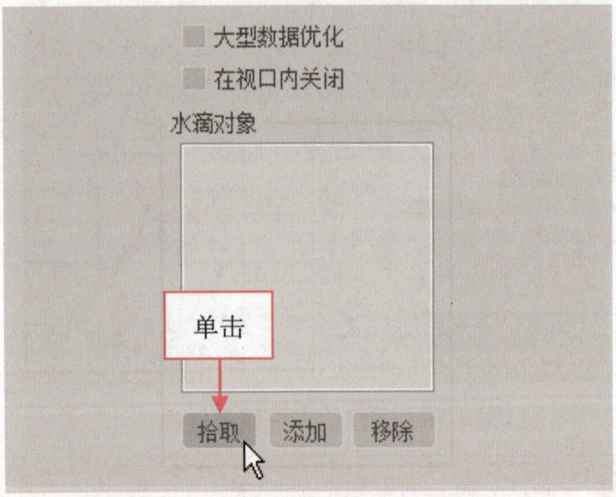

图 4-17　单击“拾取”按钮

图 4-18　水滴网格的变形效果

▶ 专家指点

在“水滴对象”选项区的列表框中，会列出场景中组成水滴网格模拟的对象。单击“拾取”按钮，可以从视图中拾取对象，以添加到水滴网格；单击“添加”按钮，可以选择要添加到水滴网格中的对象；单击“移除”按钮，可以从水滴网格中删除对象。

4.1.5　使用布尔复合对象制作碟子

【效果对比】布尔运算可以通过对两个或两个以上的模型对象进行加或减操作，从而得到新的模型形态。通过布尔复合对象，用户可以轻松地合并、切割或相交不同的几何体，以生成复杂而精细的碟子模型。素材与效果对比

使用布尔复合对象制作碟子

如图 4-19 所示。

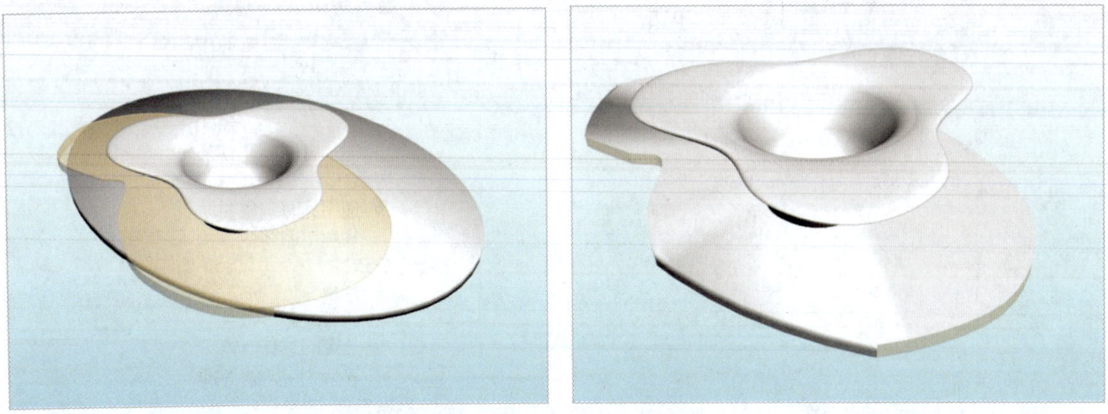

图 4-19　素材与效果对比

下面介绍使用布尔复合对象制作碟子的操作方法。

Step 01　按【Ctrl + O】组合键，打开一个素材模型（资源\素材\第 4 章\碟子.max），选择碟子对象，如图 4-20 所示。

Step 02　在“创建”面板的“几何体”选项卡的“复合对象”选项区中，单击“对象类型”卷展栏中的“布尔”按钮，如图 4-21 所示。

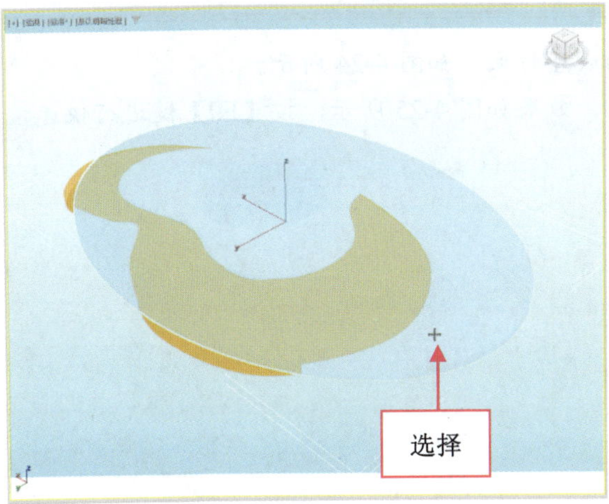

图 4-20　选择碟子对象

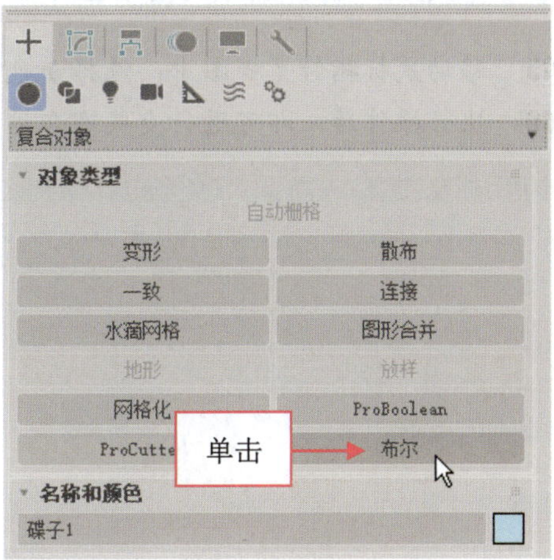

图 4-21　单击“布尔”按钮

▶ 专家指点

通常参与布尔运算的两个对象应该有相交的部分，通过运用布尔运算，可以生成 3 种类型的对象：一是包含两个几何体总体的合并对象；二是从一个对象中删除与另一个对象相交部分后的剩余对象；三是仅包含两个对象相交部分的对象。

Step 03　在“布尔参数”卷展栏中，单击“添加运算对象”按钮，如图 4-22 所示。

Step 04　在“运算对象参数”卷展栏中，单击“交集”按钮，如图 4-23 所示。

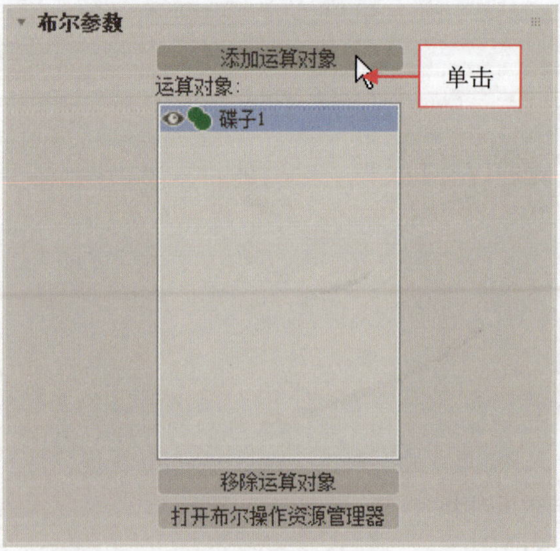

图 4-22 单击“添加运算对象”按钮

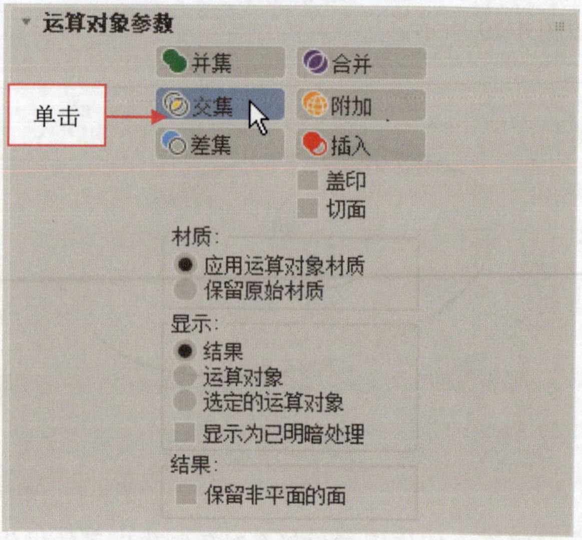

图 4-23 单击“交集”按钮

> **▶ 专家指点**
>
> 在“布尔参数”卷展栏中，单击“打开布尔操作资源管理器”按钮，可以打开布尔操作资源管理器，在装配复杂的复合对象时可以跟踪操作对象。当用户在“布尔参数”卷展栏中添加操作对象时，操作对象将自动显示在布尔操作资源管理器中。

Step 05 移动鼠标指针至视图中，选择黄色的底座对象，如图 4-24 所示。

Step 06 执行操作后，即可进行交集布尔运算，效果如图 4-25 所示，按【F9】键进行快速渲染。

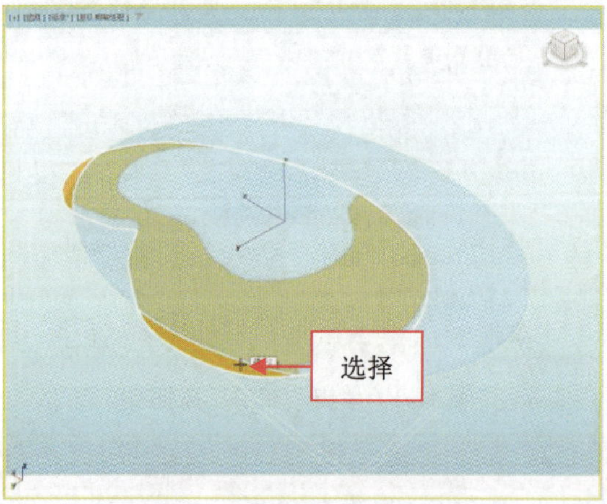

图 4-24 选择黄色的底座对象

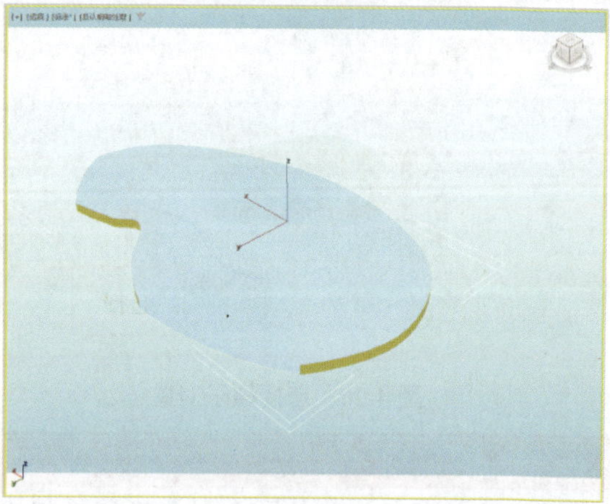

图 4-25 交集布尔运算效果

4.1.6 使用放样复合对象制作餐车

【效果对比】放样建模是 3ds Max 2024 中的一个很强大的建模方法，可以快速创建出多种模型。使用放样复合对象可以将一个二维图形作为剖面沿某个路径移动，可以快速生成复杂的三维物体，极大地提高了餐车设计的效

使用放样复合对象制作餐车

率和精度。素材与效果对比如图 4-26 所示。

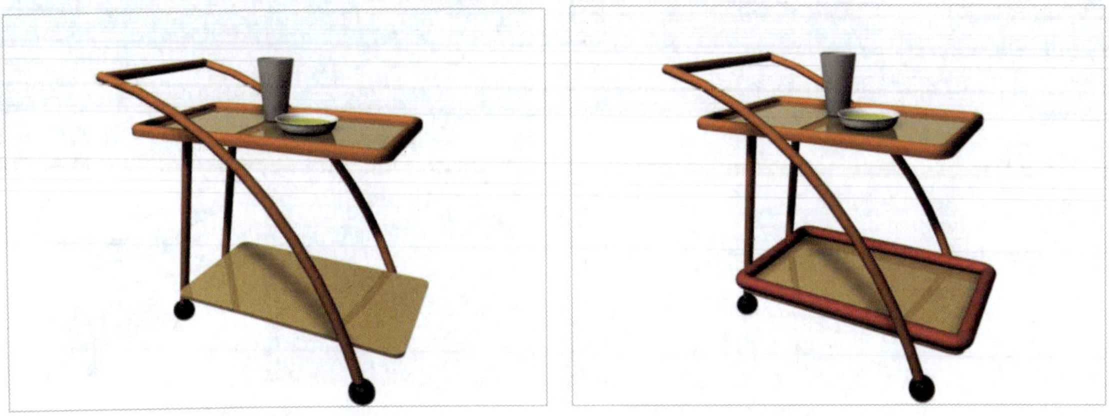

图 4-26　素材与效果对比

下面介绍使用放样复合对象制作餐车的操作方法。

Step 01 按【Ctrl + O】组合键，打开一个素材模型（资源\素材\第 4 章\餐车.max），选择 Circle01 对象，如图 4-27 所示。

Step 02 在“创建”面板的“几何体”选项卡的“复合对象”选项区中，单击“对象类型”卷展栏中的“放样”按钮，如图 4-28 所示。

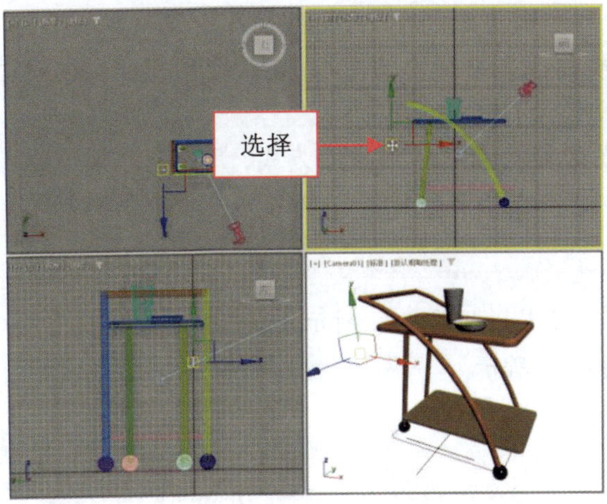

图 4-27　选择 Circle01 对象

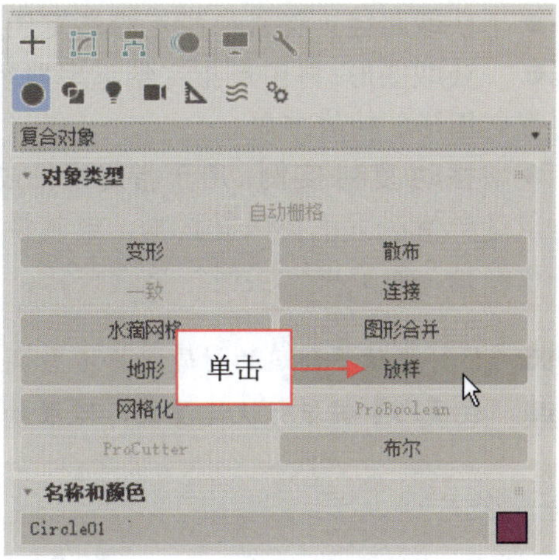

图 4-28　单击“放样”按钮

> **▶ 专家指点**
>
> 3ds Max 2024 在创建放样对象时几乎没有限制，用户可以创建三维路径曲线，甚至能定义三维横截面。另外，还可以为任意数量的横截面图形创建相应的路径图形对象。这些路径可以作为框架，用于支撑并定义对象的横截面形状。

Step 03 在“创建方法”卷展栏中，单击“获取路径”按钮，如图 4-29 所示。

Step 04 移动鼠标指针至视图中，获取 Rectangle01 对象，即可使圆形沿着倒角矩形进行放样，效果如图 4-30 所示。

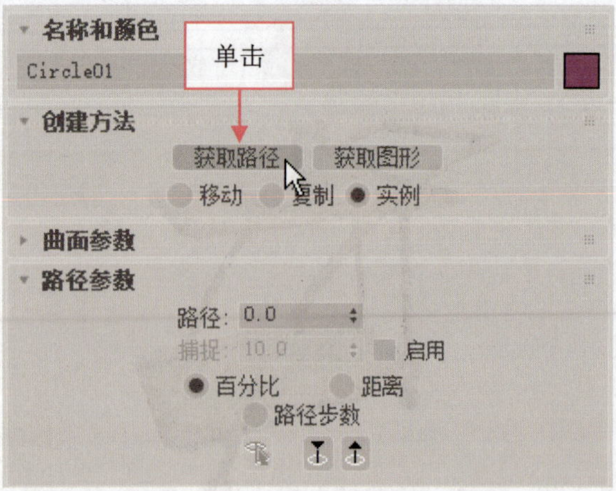

图 4-29　单击“获取路径”按钮

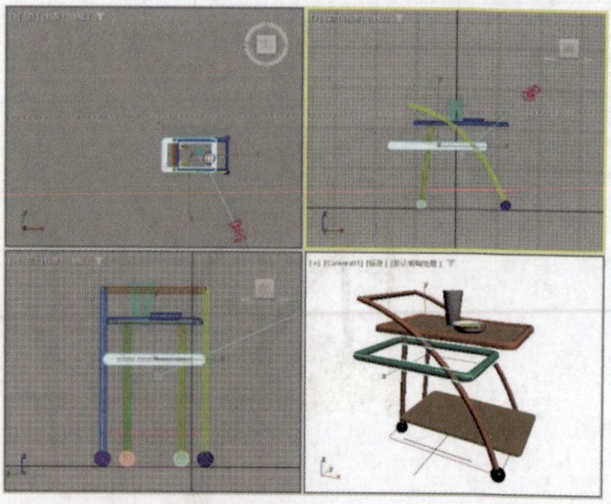

图 4-30　放样效果

▶ 专家指点

在“创建方法”卷展栏上，可以确定使用图形还是路径创建放样对象，以及对结果放样对象使用的操作类型。3ds Max 2024 会在选择的第一个对象所在的位置构建放样：如果用户选择一条路径并单击“获取图形”按钮，则放样会显示在该路径所在的位置；如果用户选择一个图形并单击“获取路径”按钮，则放样会显示在该图形所在的位置。

下面是“创建方法”卷展栏中各主要选项的含义。

- **获取路径**：将路径指定给选定图形或更改当前指定的路径。
- **获取图形**：将图形指定给选定路径或更改当前指定的图形。在获取图形时，按下【Ctrl】键可翻转图形 z 轴的方向。
- **移动/复制/实例**：用于指定路径或图形转换为放样对象的方式。用户可以移动放样对象，但这种情况下不会保留副本，或转换为副本或实例。注意，如果用户创建放样后要编辑或修改路径，可选中“实例”单选按钮。

Step 05　为对象赋予合适的材质，并适当调整其位置，如图 4-31 所示。

Step 06　按【F9】键进行快速渲染，效果如图 4-32 所示。

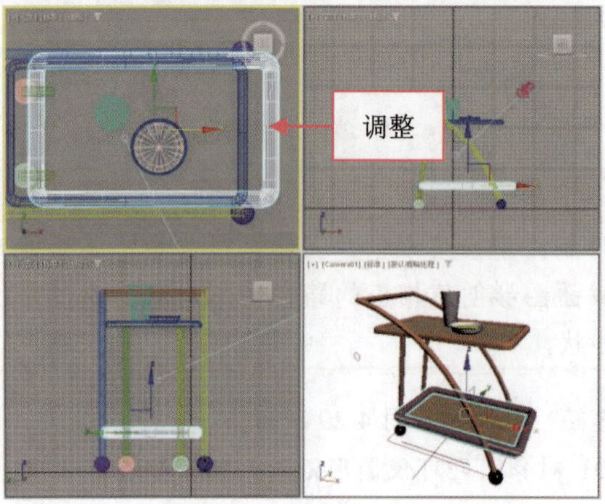

图 4-31　调整对象位置

图 4-32　模型渲染效果

4.2　修改器室内三维建模

在 3ds Max 2024 中，修改器不仅是塑形和编辑对象的重要工具，还能精确更改对象的几何形状及其属性，从而满足室内设计的多样化需求。

通过使用修改器，用户可以轻松地调整家具、墙体、门窗等元素的尺寸、形状和位置，实现室内空间的精确布局和美化。另外，修改器还提供了丰富的材质和纹理选项，使室内场景更加逼真和生动。因此，熟练掌握 3ds Max 2024 中的修改器工具，对于提高室内三维建模的效率和质量具有重要意义。

使用修改器建模

4.2.1　使用修改器建模

在 3ds Max 2024 中，创建对象后，通常会转向“修改”面板来调整对象的初始参数和添加修改器。修改器是塑造和调整基础几何体的核心工具。用户可以通过“修改器”菜单命令或“修改”面板中的“修改器列表”下拉列表框，选择需要的修改器，如图 4-33 所示

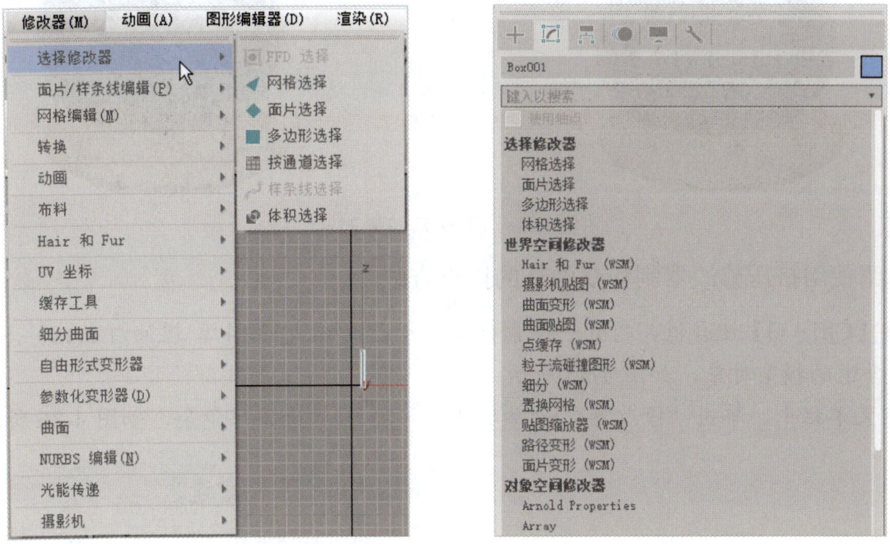

图 4-33　“修改器”菜单命令与“修改器列表”下拉列表框

从“创建”面板添加对象到场景后，切换至“修改”面板，该面板会根据当前选定的对象或修改器，更新显示相应的选项和控件。应用修改器后，可通过修改器堆栈查找、编辑、重新排序、复制或删除特定修改器。

修改器可分为选择修改器、世界空间修改器和对象空间修改器等类型，均按字母顺序排列在修改器列表中。在“修改”面板中，可用于修改任意选定对象、对象集合或子对象层级的部分，还可以无限添加修改器到对象或部分对象上。需要注意的是，添加修改器的顺序至关重要，因为每次添加新的修改器都会影响之前的修改器，而且某些修改器仅适用于特定类型的对象。

大多数修改器可以在对象空间中操作对象的内部结构。例如，当对网格对象应用扭曲修改器时，对象的每个顶点位置都会在对象空间中更改，从而产生扭曲效果。修改器可以操作于子对象级别，且其效果依赖于应用修改器时对象的内部结构。修改器在修改器堆栈中显示为单独

的条目，可以启用、禁用或更改其应用顺序。

值得注意的是，某些修改器也可以在世界空间中操作。这些修改器使用世界空间坐标，并在所有对象空间修改器和变换应用完之后才应用于对象。否则，它们具有与对象空间修改器相同的属性。

4.2.2 使用挤压修改器制作煤油灯

使用挤压修改器制作煤油灯

【效果对比】挤压修改器可以将对象沿 x、y 和 z 轴进行挤压，从而产生变形效果。通过精确控制挤压的高度、轮廓和曲率，可以模拟出煤油灯的灯身、灯颈和底座等关键部分，赋予其逼真的三维形态。素材与效果对比如图 4-34 所示。

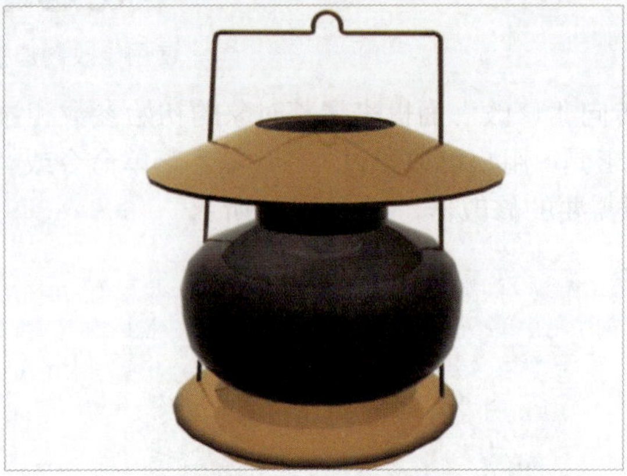

图 4-34　素材与效果对比

下面介绍使用挤压修改器制作煤油灯的操作方法。

Step 01 按【Ctrl + O】组合键，打开一个素材模型（资源\素材\第 4 章\煤油灯.max），在视图中选择合适的模型对象，如图 4-35 所示。

Step 02 在菜单栏中，单击“修改器”|“参数化变形器”|“挤压”命令，如图 4-36 所示。

图 4-35　选择合适的模型对象

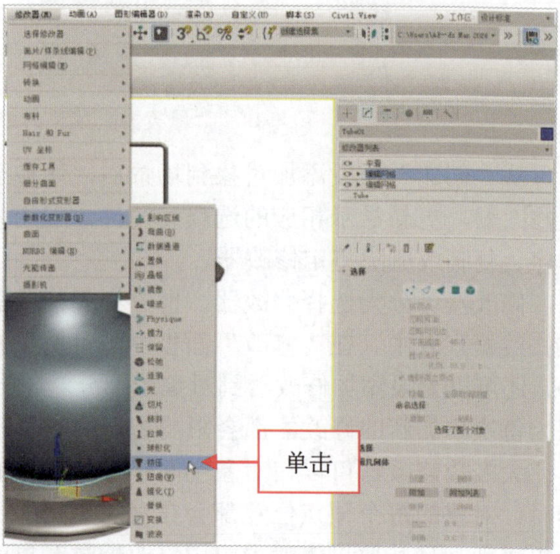

图 4-36　单击“挤压”命令

Step 03　执行操作后，即可添加挤压修改器，在“参数”卷展栏的“轴向凸出”选项区中，设置“数量”为 0.15，如图 4-37 所示。

Step 04　按【Enter】键确认，即可应用挤压修改器调整对象形状，效果如图 4-38 所示，按【F9】键进行快速渲染。

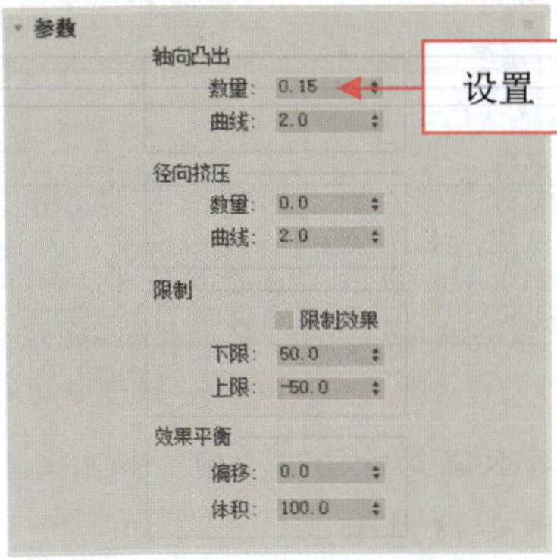

图 4-37　设置“数量”参数

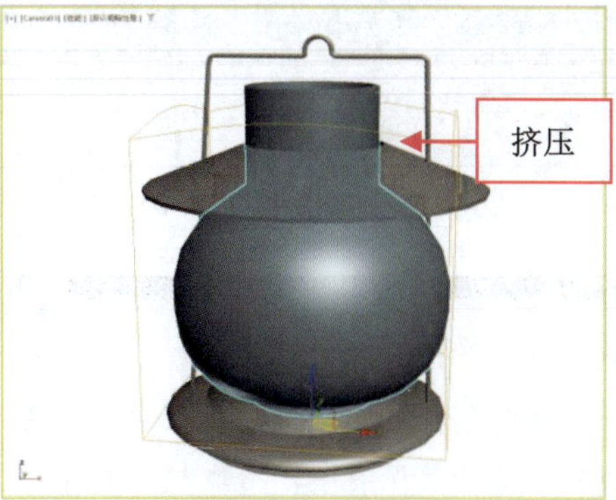

图 4-38　挤压模型效果

4.2.3　使用替换修改器制作果盘

使用替换修改器制作果盘

【效果对比】替换修改器可以在视口中或渲染时快速地用其他对象来替换一个或多个对象。替换对象可以是来自当前场景的实例，也可以是外部文件的引用。通过使用替换修改器制作果盘，可以为室内环境增添一份自然与活力。素材与效果对比如图 4-39 所示。

图 4-39　素材与效果对比

下面介绍使用替换修改器制作果盘的操作方法。

Step 01　按【Ctrl + O】组合键，打开一个素材模型（资源\素材\第 4 章\果盘.max），在视图中选择合适的模型对象，如图 4-40 所示。

Step 02　❶切换至“修改”面板；❷在“修改器列表”下拉列表框中选择“替换”选项，如图 4-41 所示。

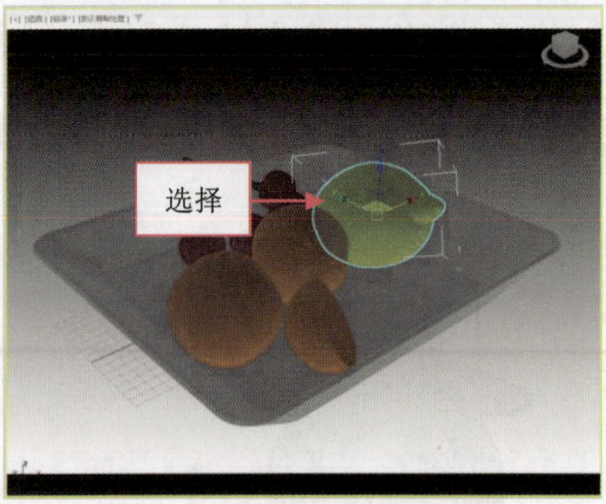

图 4-40 选择合适的模型对象

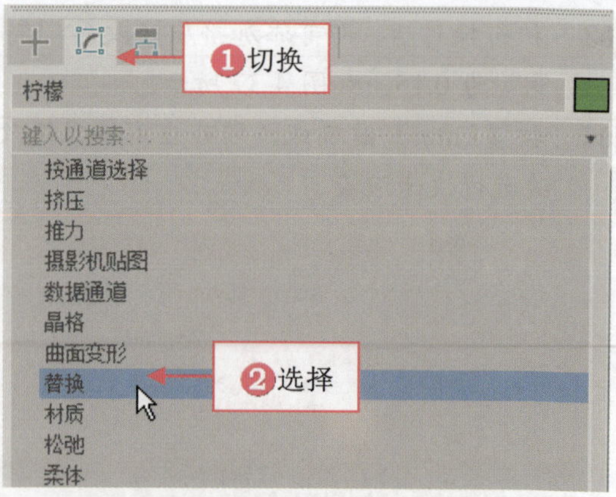

图 4-41 选择“替换”选项

Step 03 执行操作后，在“参数”卷展栏中，单击“拾取场景对象”按钮，如图 4-42 所示。

Step 04 移动鼠标指针至视图中，拾取橘子对象，如图 4-43 所示。

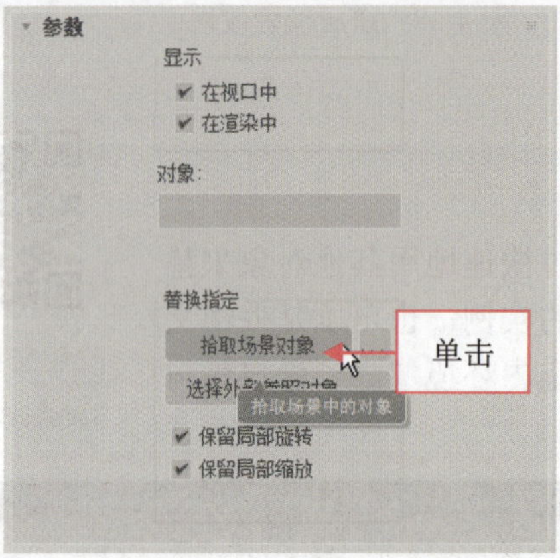

图 4-42 单击“拾取场景对象”按钮

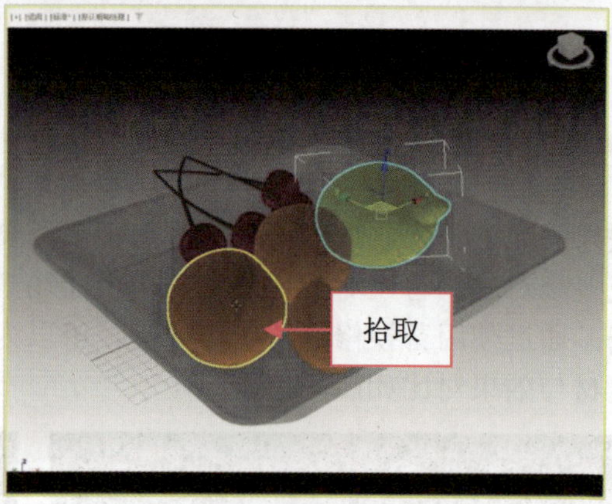

图 4-43 拾取橘子对象

Step 05 执行操作后，弹出“替换问题”对话框，单击“是”按钮，如图 4-44 所示。

Step 06 执行操作后，即可替换所选对象，将替换后的对象等比缩放至合适位置，如图 4-45 所示，按【F9】键进行快速渲染。

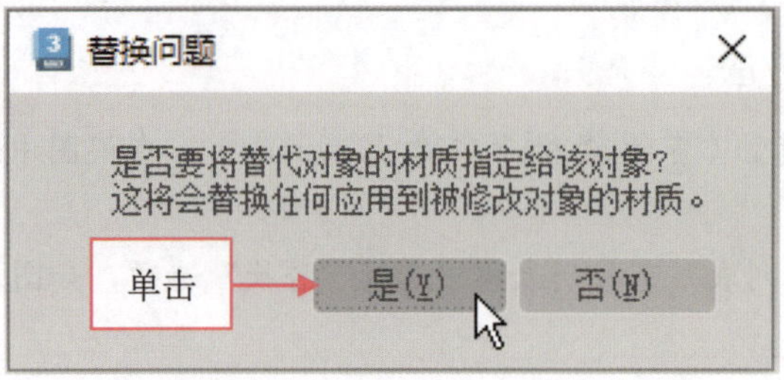

图 4-44 单击“是”按钮

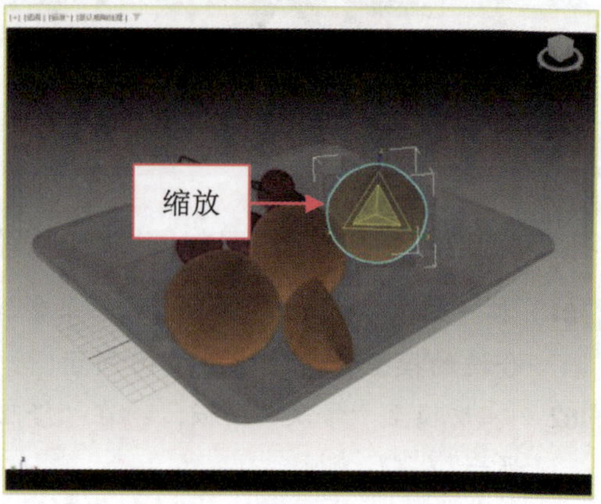

图 4-45 缩放至合适位置

4.2.4　使用拉伸修改器制作办公椅

使用拉伸修改器制作办公椅

【效果对比】拉伸修改器在三维建模中扮演着模拟“挤压和拉伸”这一传统动画效果的重要角色，通过在特定拉伸轴上应用缩放效果，并同时在另外两个副轴上自动产生相反的缩放变化，来实现这一动画原理。这种相反的缩放效果在副轴上会根据距离缩放效果中心的远近而有所变化：中心处的缩放量最大，然后随着向末端延伸而逐渐衰减。这样的处理方式不仅增强了模型的动态表现力，还使得动画效果更加生动逼真。通过拉伸修改器，用户可以精确地创建办公椅的各个部分，如椅腿、椅背和坐垫等，使模型更加真实和立体。素材与效果对比如图 4-46 所示。

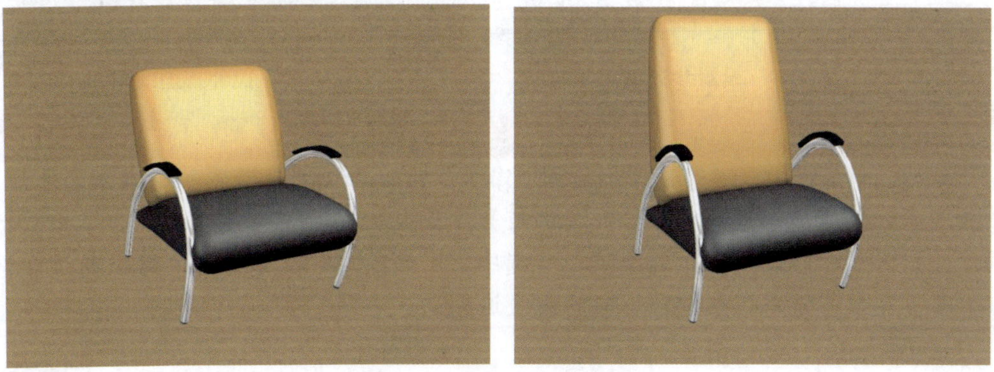

图 4-46　素材与效果对比

下面介绍使用拉伸修改器制作办公椅的操作方法。

Step 01　按【Ctrl + O】组合键，打开一个素材模型（资源\素材\第 4 章\办公椅.max），在视图中选择合适的模型对象，如图 4-47 所示。

Step 02　①切换至“修改”面板；②在“修改器列表”下拉列表框中选择“拉伸”选项，如图 4-48 所示。

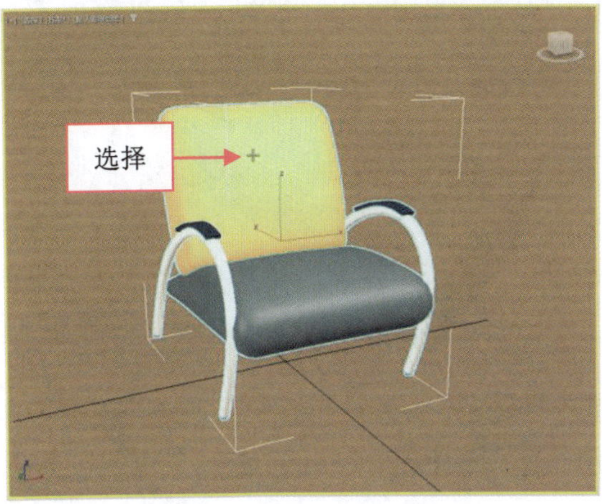

图 4-47　选择合适的模型对象

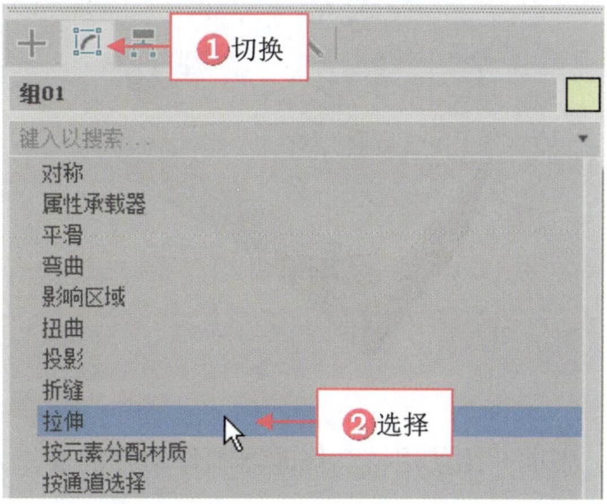

图 4-48　选择“拉伸”选项

Step 03　执行操作后，在“参数”卷展栏中，①设置“拉伸”为 0.5；②选中“限制效果”复选框；③设置“上限”为 300 cm，如图 4-49 所示，控制拉伸量。

Step 04 执行操作后，即可拉伸模型，效果如图 4-50 所示，按【F9】键进行快速渲染。

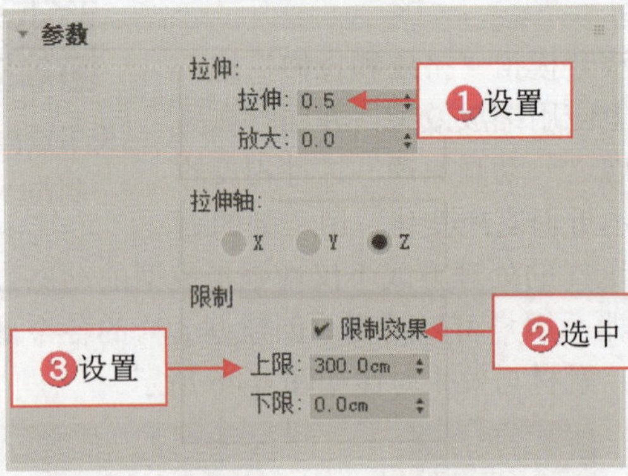

图 4-49　设置参数值

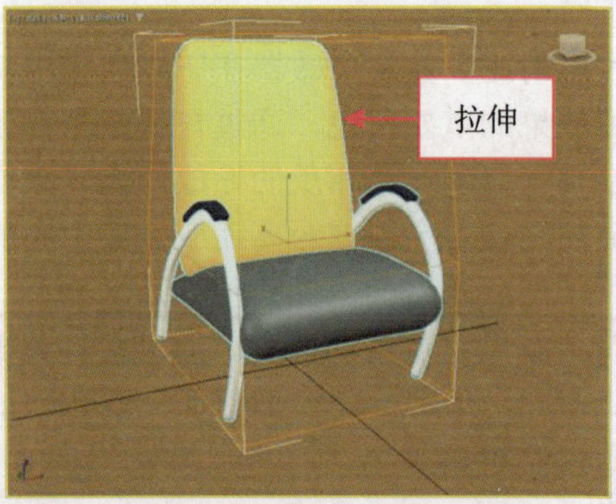

图 4-50　拉伸模型效果

▶ 专家指点

在“参数”卷展栏中，通过设置“拉伸”参数，可以为 3 个轴设置一个基本的缩放因子。这个缩放因子的具体值会根据“拉伸”值的符号（正或负）而相应地改变。为了控制拉伸效果的强度，引入了“限制效果”的选项。当选中“限制效果”复选框时，可以通过设置“上限”参数来界定拉伸效果在拉伸轴正向的最大边界。

4.2.5　使用涟漪修改器制作浴缸

【效果对比】涟漪修改器可以在对象几何体中产生同心涟漪效果，用户可以使用两种不同涟漪效果中的一个，也可以使用两者的组合。素材与效果对比如图 4-51 所示。

使用涟漪修改器制作浴缸

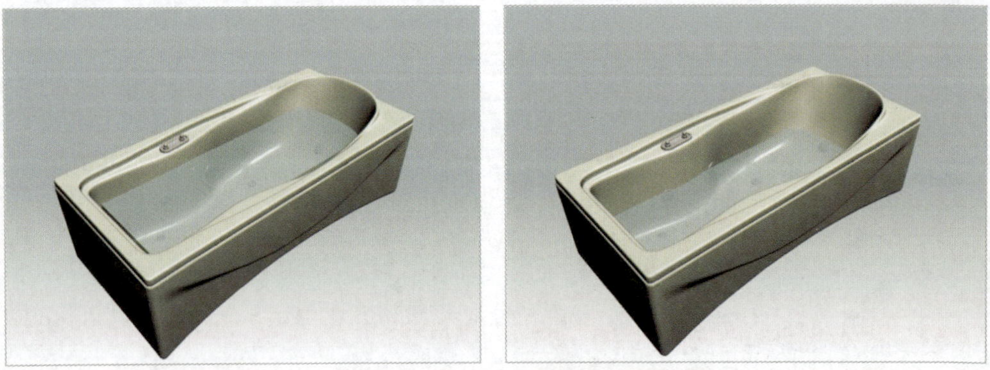

图 4-51　素材与效果对比

下面介绍使用涟漪修改器制作浴缸的操作方法。

Step 01 按【Ctrl + O】组合键，打开一个素材模型（资源\素材\第 4 章\浴缸.max），在视图中选择合适的模型对象，如图 4-52 所示。

Step 02　❶切换至“修改”面板；❷在“修改器列表”下拉列表框中选择“涟漪”选项，如图 4-53 所示。

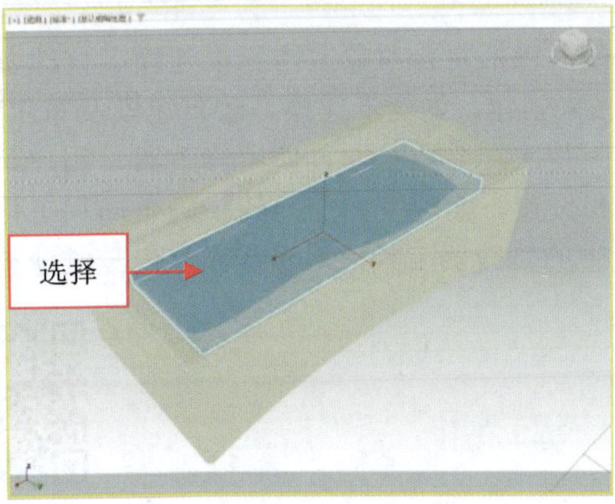

图 4-52　选择合适的模型对象

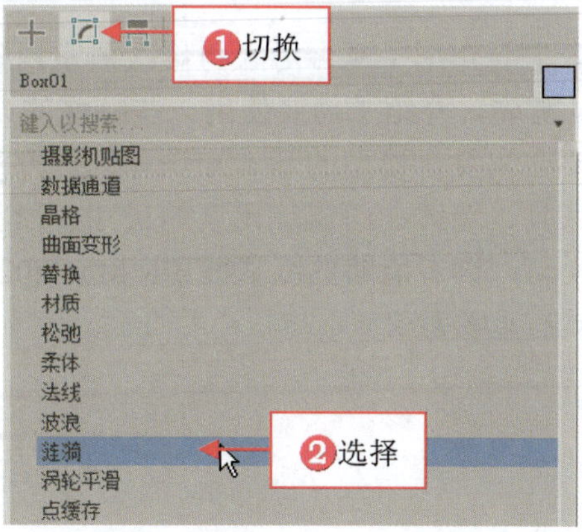

图 4-53　选择“涟漪”选项

Step 03　执行操作后，在“参数”卷展栏中，设置“振幅 1”为 10 mm、“振幅 2”为 1 200 mm、“波长”为 50 mm，如图 4-54 所示，控制涟漪的变化效果。

Step 04　执行操作后，即可使水面产生涟漪效果，如图 4-55 所示，按【F9】键进行快速渲染。

▶ 专家指点

“振幅 1”和“振幅 2”是用于在对象上产生涟漪效果的两个参数。其中，“振幅 1”会在对象的一个方向上生成涟漪，而“振幅 2”则是在第一个方向向右旋转 90°（即围绕垂直轴旋转 90°）的方向上创建相似的涟漪效果。这两个振幅参数共同作用于对象，可以产生更加复杂和立体的涟漪形状。

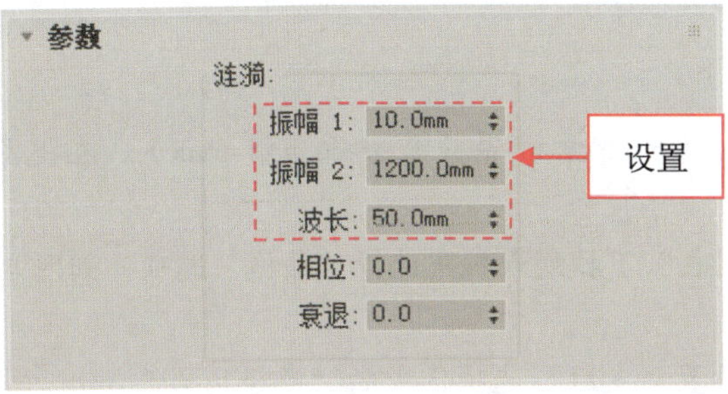

图 4-54　设置参数值

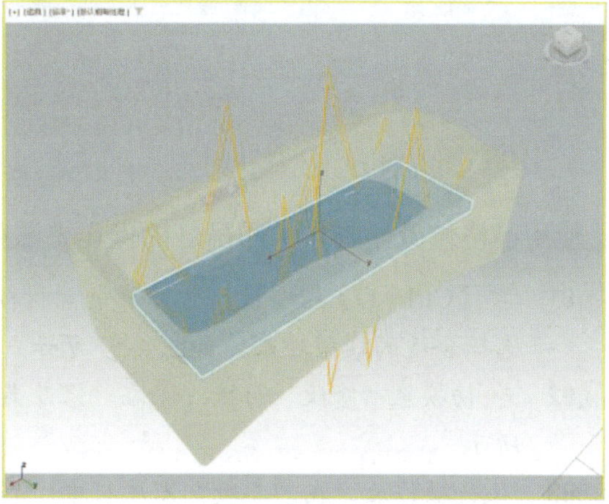

图 4-55　产生涟漪效果

▶ 专家指点

“波长”参数用于指定波峰之间的距离。“波长”的参数值越大，给定振幅下的涟漪就会显得越平滑且深度越浅。通过调整“波长”参数，用户可以控制涟漪的密集程度和深浅程度，以满足不同的设计需求。

本章小结

本章主要介绍了复合对象与修改器室内建模，包括复合对象室内三维建模、修改器室内三维建模。首先，介绍了需要使用一些特殊的方法来创建，如变形建模、散布建模及布尔建模等。本节主要介绍复合模型的基本知识和创建方法；其次，介绍了通过使用修改器，用户可以轻松地调整家具、墙体、门窗等元素的尺寸、形状和位置，实现室内空间的精确布局和美化。通过本章的学习，读者能够熟练掌握 3ds Max 2024 中的修改器工具，对于提高室内三维建模的效率和质量具有重要意义。

课后实训

课后实训

【效果对比】在 3ds Max 2024 中，使用晶格修改器可将图形的线段或边转化为圆柱形结构，并在顶点上产生可选的关节多面体，将对象变成网状结构。下面使用晶格修改器制作一个水晶吊灯的室内模型。素材与效果对比如图 4-56 所示。

图 4-56　素材与效果对比

使用晶格修改器制作水晶吊灯的操作方法如下。

Step 01 按【Ctrl + O】组合键，打开一个素材模型（资源\素材\第 4 章\水晶吊灯.max），在视图中选择合适的模型对象，如图 4-57 所示。

Step 02 ❶切换至“修改”面板；❷在“修改器列表”下拉列表框中选择“晶格”选项，如图 4-58 所示。

Step 03 执行操作后，在“参数”卷展栏中，❶设置“支柱”选项区中的“半径”为 2 mm；❷设置“节点”选项区中的“半径”为 10 mm，如图 4-59 所示，调整对象的几何体结构。

Step 04 执行操作后，即可使用晶格修改器修改灯罩模型，效果如图 4-60 所示，按【F9】键进行快速渲染。

图 4-57　选择合适的模型对象

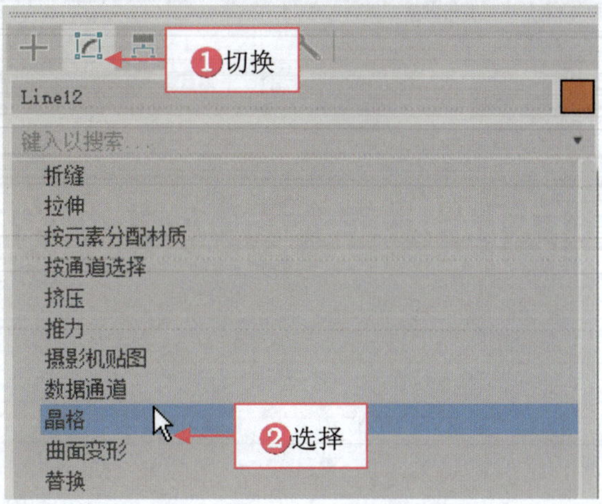

图 4-58　选择“晶格”选项

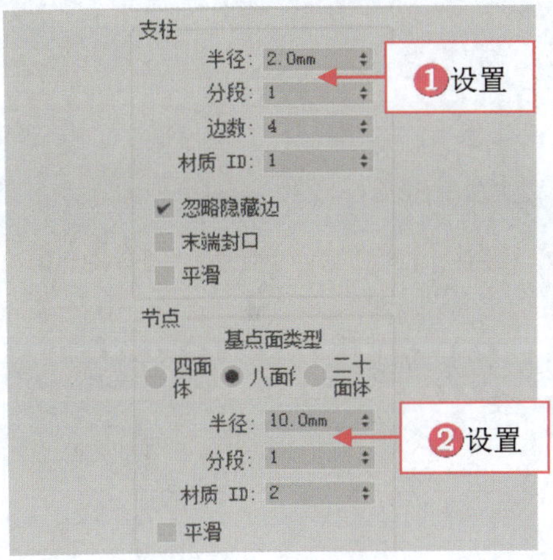

图 4-59　设置参数值

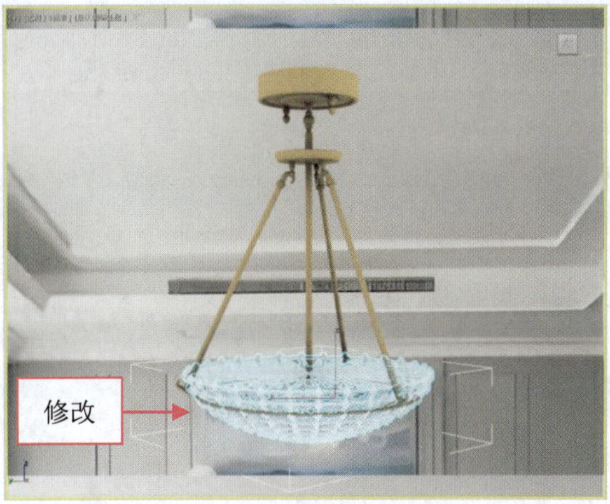

图 4-60　修改模型效果

▶ 专家指点

在晶格修改器的“参数”卷展栏中，有两个主要的选项区：“支柱”选项区和“节点”选项区。在“支柱”选项区中，提供了影响几何体支柱结构的控件。其中，“半径”选项用于指定支柱的半径大小。

在“节点”选项区中，提供了影响关节（或节点）几何体的控件。其中，“半径”选项则用于指定关节（或节点）的半径大小。

第 5 章

室内建模对象的编辑与创建

5

本章将介绍室内建模对象的编辑与创建技巧。从复制镜像建模对象开始，用户将学会如何通过克隆、对齐、镜像等操作，高效地复制和调整室内元素，以节省时间和提高设计效率；然后介绍如何创建多种常见的室内模型对象，包括 3D 植物、楼梯、门与窗等。通过这些细致入微的讲解，用户将能够轻松掌握室内建模的核心技能，为打造精美绝伦的室内空间奠定坚实基础。

本章重点

- 掌握复制镜像室内建模对象的方法
- 掌握创建常见室内模型效果的方法

素质目标

- 培养读者"高效建模 — 创意转化 — 工程落地"的复合能力
- 培养读者从标准化流程到个性化设计，从单点技术到全局思维

5.1　复制镜像室内建模对象

在室内三维建模中，复制镜像对象是一项至关重要的技能。通过这一操作，用户可以快速生成对象的副本，无论是家具、装饰品还是建筑结构，都能轻松实现数量的增加和布局的对称。掌握复制镜像室内模型的技巧，将使用户能够更轻松地应对复杂的室内建模任务，创建出既美观又实用的室内场景。

5.1.1　复制镜像建模对象

复制镜像建模对象

在 3ds Max 2024 中，提供了多种复制对象的方法，如克隆、镜像、阵列及间隔等，它们都具有各自特殊的属性，在对模型对象进行复制时，每一种复制对象的方法所产生的效果都不一样，相关介绍如下。

（1）克隆模型：克隆是复制对象的基本操作，相关示例如图 5-1 所示。通过选择对象并使用克隆工具（如移动并选择工具配合【Shift】键），可以创建对象的精确副本。克隆对象可以保持原始对象的所有属性和变换（如位置、旋转和缩放）特征。

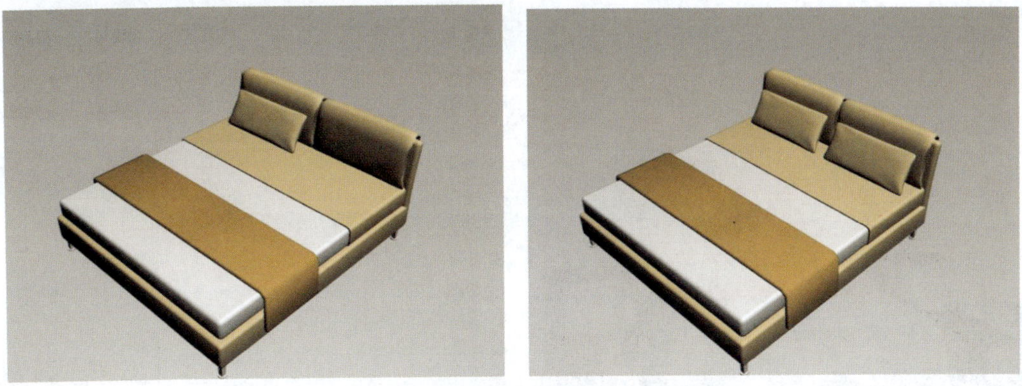

图 5-1　克隆枕头模型的相关示例

（2）镜像模型：镜像操作允许用户创建一个对象的镜像副本，通常用于创建对称的布局，如家具的左右对称、门窗的左右对开等。通过指定镜像轴（如 x 轴、y 轴或 z 轴），用户可以轻松实现这一效果。

（3）阵列模型：使用阵列工具不仅可以进行移动、旋转及缩放复制等操作，还可以同时在两个或三个方向上进行多维复制，因此常用于复制大量有规律的对象。

（4）间隔模型：使用间隔工具能够以选择的样条线作为路径，并将当前选择模型的副本均匀分布在路径上。

5.1.2　通过克隆模型对象制作台灯

通过克隆模型对象制作台灯

【效果对比】克隆复制是最简单的一种复制方法，用户可以使用“克隆”命令，创建对象的副本、实例、参考或对象的集合等。例如，通过克隆模型对象可以快速复制出多个台灯模型，而无须重复繁琐的建模过程，同时还能保证每个台灯都具有相同的外观和属性，从而在视觉上形成统一感。素材与效果对比如图 5-2 所示。

图 5-2　素材与效果对比

下面介绍通过克隆模型对象制作台灯的操作方法。

Step 01 按【Ctrl + O】组合键，打开素材模型（资源\素材\第 5 章\卧室.max），在视图中选择“台灯”对象，如图 5-3 所示。

Step 02 单击菜单栏中的“编辑”|“克隆”命令，如图 5-4 所示。

图 5-3　选择“台灯”对象

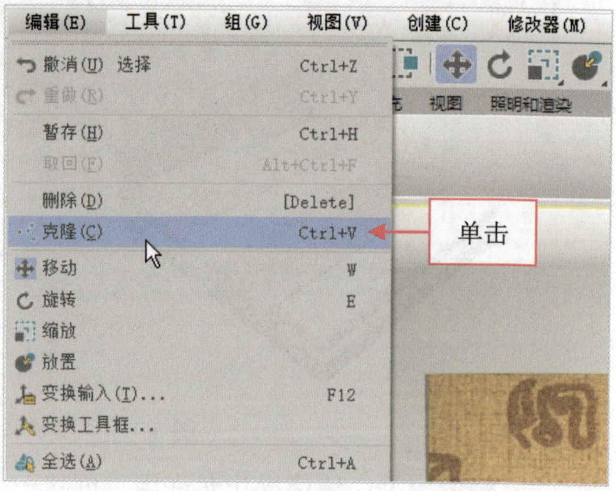

图 5-4　单击“克隆”命令

Step 03 执行操作后，弹出“克隆选项”对话框，选中“复制”单选按钮，如图 5-5 所示。

Step 04 单击“确定”按钮，即可复制克隆对象，在各个视图中，调整克隆后的“台灯”对象的位置，如图 5-6 所示，按【F9】键进行快速渲染。

▶ 专家指点

除了运用上述方法可以弹出“克隆选项”对话框外，用户还可以按【Ctrl + V】组合键快速弹出该对话框。在“克隆选项”对话框中，选中“实例”单选按钮复制对象后，在修改源对象时，复制的对象也会随之变化。“参考”克隆是指当源对象发生改变时，复制对象随之改变；当改变复制对象时，源对象不发生改变。

另外，使用快捷键【Shift】键直接复制对象与使用“克隆”命令复制对象类似，不但可以设置复制对象的数目，而且复制出来的对象之间都保持着相同的距离和移动方向。

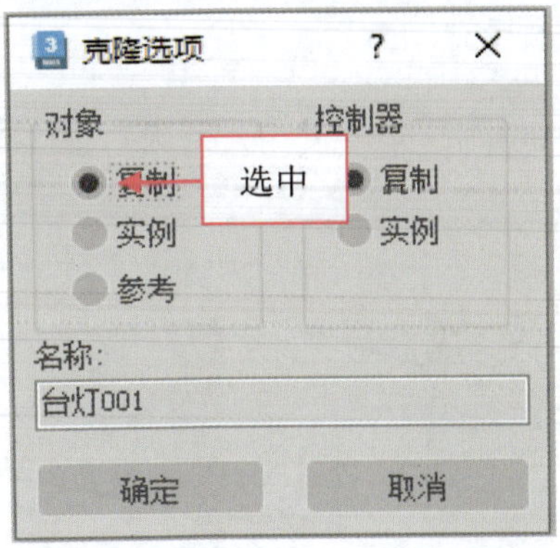

图 5-5　选中“复制”单选按钮

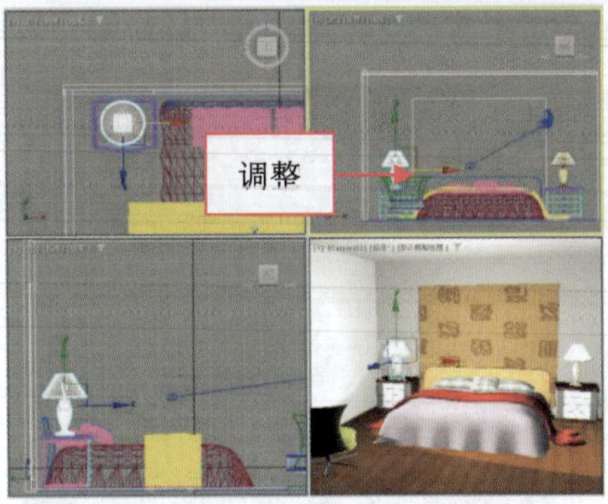

图 5-6　调整对象的位置

5.1.3　通过镜像模型对象制作沙发

通过镜像模型对象制作沙发

【效果对比】镜像复制是以所选对象的轴心为中心，将对象绕着某个轴向翻转，同时进行复制。进行镜像复制时，对象的大小和比例不发生任何变化，只是方向和位置发生改变。例如，水平镜像是指沿对象的水平坐标轴进行移动和复制操作，使对象进行水平翻转或复制，可以快速生成沙发垫的对称副本，同时还能确保沙发两侧的细节完全一致，提升整体设计的和谐美感。素材与效果对比如图 5-7 所示。

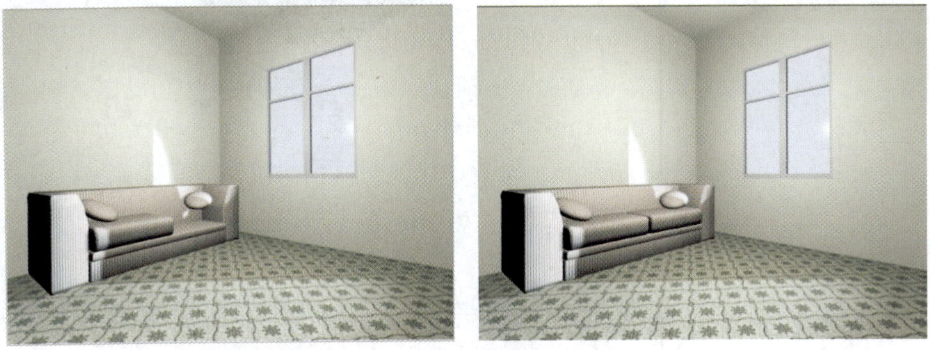

图 5-7　素材与效果对比

▶ 专家指点

在菜单栏中单击“工具”|“镜像”命令，可以弹出“镜像”对话框。“镜像”对话框的功能是基于当前设置的参考坐标系来执行的，这一点正如其名称所直观反映的。

具体来说，如果用户在对话框中将“参考坐标系”的选项设定为“局部”，那么该对话框的名称会相应地显示为“镜像：局部 坐标”。然而，这里存在一个特例：当“参考坐标系”被设置为“视图”时，镜像操作并不会遵循常规的坐标系逻辑，而是转而使用“屏幕”坐标来进行镜像处理。

下面介绍通过镜像模型对象制作沙发的操作方法。

Step 01　按【Ctrl + O】组合键，打开素材模型（资源\素材\第 5 章\房间.max），在视图中选择合适的沙发垫对象，如图 5-8 所示。

Step 02 单击主工具栏中的“镜像”按钮，如图 5-9 所示。

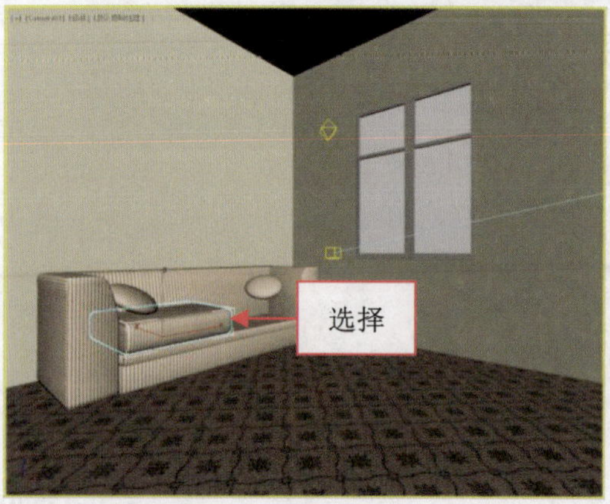

图 5-8 选择沙发垫对象

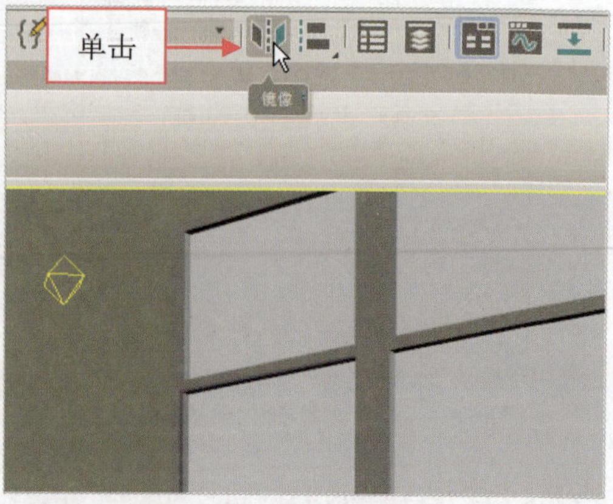

图 5-9 单击“镜像”命令

Step 03 执行操作后，弹出“镜像：世界 坐标”对话框，❶选中 *X* 单选按钮；❷选中“复制”单选按钮；❸设置“偏移”为 133，如图 5-10 所示，指定镜像对象轴点距原始对象轴点之间的距离。

Step 04 单击“确定”按钮，即可沿 *x* 轴水平镜像复制对象，效果如图 5-11 所示，按【F9】键进行快速渲染。

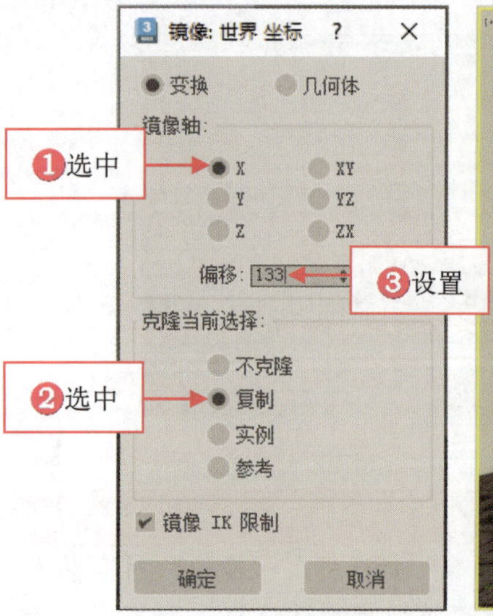

图 5-10 设置“偏移”参数

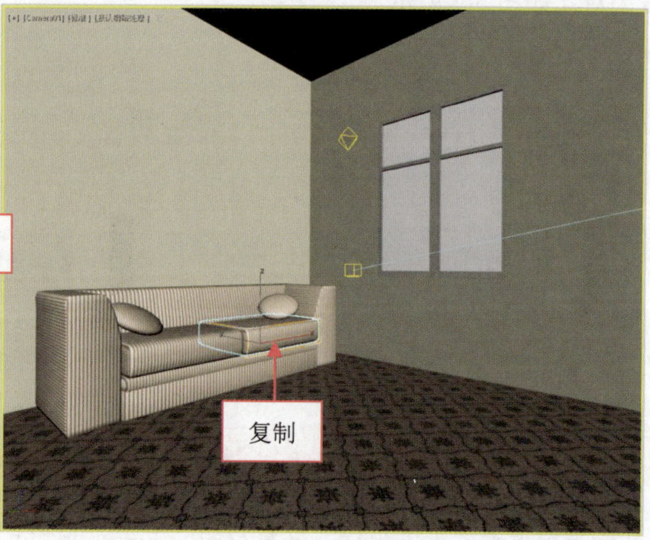

图 5-11 复制对象效果

5.1.4 通过阵列模型对象制作会议桌

【效果对比】阵列是所有复制工具中最强大的工具，该工具复制对象是指以当前所选择的对象为基准，进行一连串的多维复制操作。例如，移动阵列是指沿对象的轴向进行平行移动并复制的建模，复制的对象是相互平行的对象，可以轻松实现会议桌的快速复制与排列，打造高效、美观的会议空间。素材与效果对比如图 5-12 所示。

通过阵列模型对象制作会议桌

图 5-12　素材与效果对比

下面介绍通过阵列模型对象制作会议桌的操作方法。

Step 01　按【Ctrl + O】组合键，打开素材模型（资源\素材\第 5 章\会议桌.max），在视图中选择相应的椅子对象，如图 5-13 所示。

Step 02　在菜单栏中，单击的“工具”|“阵列”命令，如图 5-14 所示。

图 5-13　选择椅子对象

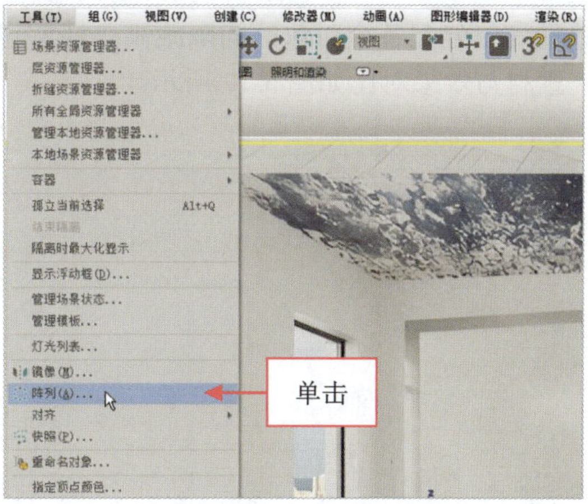

图 5-14　单击“阵列”命令

Step 03　执行操作后，弹出“阵列”对话框，在“变换阵列”选项区中，❶单击“移动”右侧的 > 按钮；❷在 X 下方的文本框中输入 - 300 cm；❸在“阵列维度”选项区中的 1D 右侧的文本框中输入 5，如图 5-15 所示，用于生成一个由 5 个相同元素组成的线性阵列。

Step 04　单击“确定”按钮，即可移动阵列对象，效果如图 5-16 所示，按【F9】键进行快速渲染。

▶ 专家指点

“阵列变换”选项区用于确定在三维阵列中 3 种类型阵列中的变值量，即移动、旋转和缩放。左侧为增量计算方式，要求设置增量值；右侧为总计量方式，要求设置总量值。单击“移动”右侧的 > 按钮，可以指定沿 X、Y、Z 轴方向的外部阵列对象轴点之间的总距离。

“阵列维度”选项区用于确定在某个轴上的阵列数目。例如，1D 用于创建一维阵列。“阵列中的总数”文本框主要用于显示将创建阵列的实体总数，且包括当前选定的模型对象。

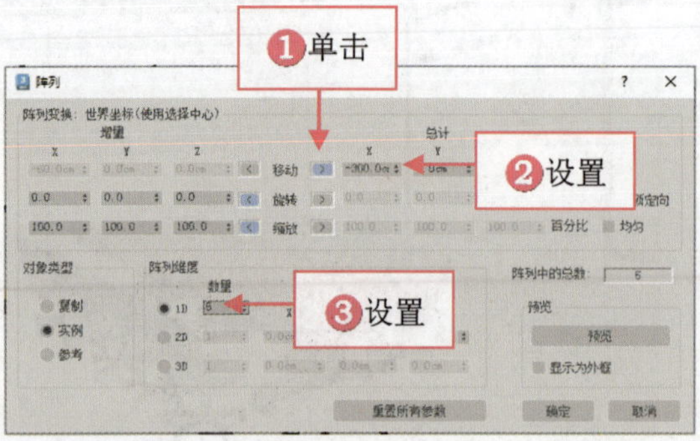

图 5-15　设置参数值

图 5-16　移动阵列对象效果

5.1.5　通过间隔模型对象制作盆栽

通过间隔模型对象制作盆栽

【效果对比】使用间隔工具复制模型对象，可以通过拾取样条线或指定两个端点作为复制对象的路径，并可以通过设置参数确定复制对象的数量、间隔距离等。例如，按计数间隔复制建模是先指定要复制对象的总数量，按总数量均匀分配各个对象的间隔距离，能够迅速且均匀地分布多个盆栽模型。素材与效果对比如图 5-17 所示。

图 5-17　素材与效果对比

> **▶ 专家指点**
>
> 使用间隔工具时需要定义路径，用户只需拾取一条样条线或指定两个点，此外还可以指定对象之间的间隔方式，并决定对象的轴点是否与样条线的切线对齐。
>
> 值得注意的是，包含多个样条线的复合图形也可以作为分布对象的样条线路径。在创建这样的图形时，建议先取消选中“创建”面板上的“开始新图形”复选框，以便 3ds Max 2024 将每个新样条线添加到当前图形中，直至重新选中该复选框。若选择复合图形作为路径，则对象会沿着复合图形中的所有样条线进行分布。另外，用户还可以将外部参照场景中的样条线用作路径参考，这为创建复杂而精确的分布效果提供了更多可能性。

下面介绍通过间隔模型对象制作盆栽的操作方法。

Step 01　按【Ctrl + O】组合键，打开素材模型（资源\素材\第 5 章\盆栽.max），在视图中选择合适的盆栽对象，如图 5-18 所示。

Step 02　单击菜单栏中的“工具”|“对齐”|“间隔工具”命令，弹出“间隔工具”对话框，单击“拾取路径”按钮，如图 5-19 所示。

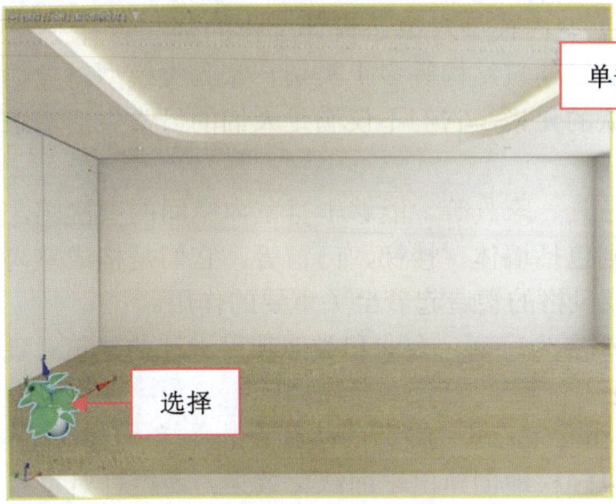

图 5-18　选择盆栽对象

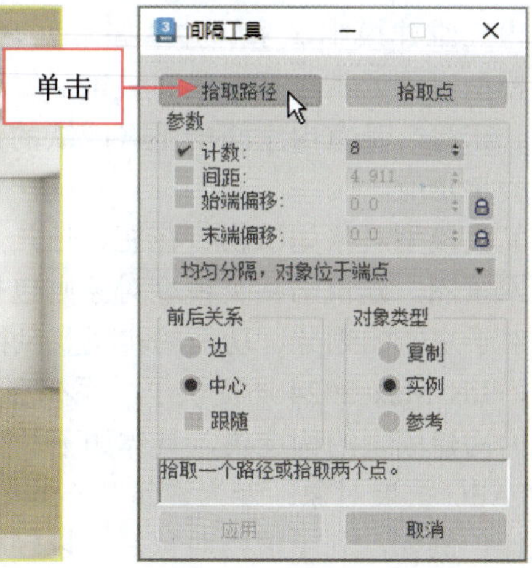

图 5-19　单击“拾取路径”按钮

Step 03　移动鼠标指针至视图中，拾取相应的路径对象，设置“计数”为 8，如图 5-20 所示，用于指定要分布的对象数量。

Step 04　单击“应用”按钮，即可按计数间隔复制对象，并适当调整其位置，效果如图 5-21 所示，按【F9】键进行快速渲染。

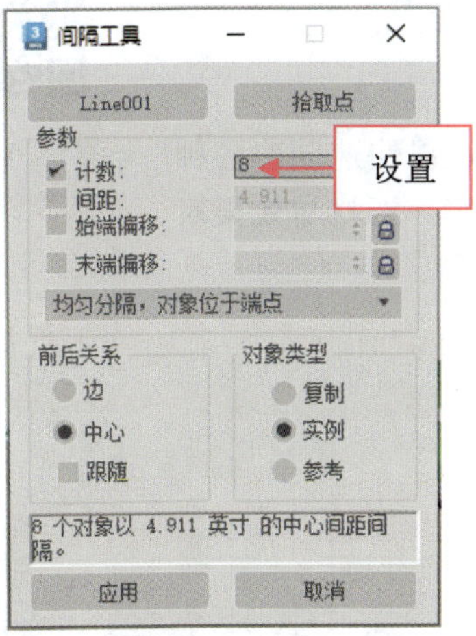

图 5-20　设置“计数”参数

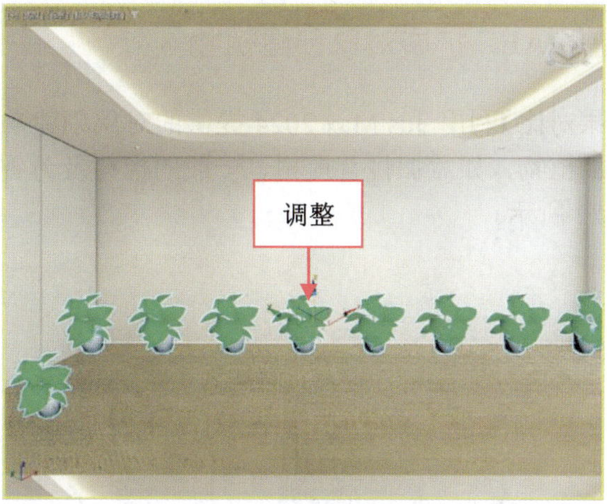

图 5-21　复制并调整对象

5.2　创建常见室内模型对象

在 3ds Max 2024 中有一个非常令人瞩目的特色，就是具备快速创建复杂对象的能力，可以创建结构复杂的建筑模型对象，用户只需要简单设置几个关键参数或选项，即可获得真实的三维室内模型。本节主要介绍创建常见室内模型对象的方法，帮助用户快速营造出真实、立体的室内空间感，使设计方案更具说服力和感染力。

常见室内模型对象

5.2.1 常见室内模型对象

在室内三维建模中，了解并掌握常见室内模型对象是设计工作的基础，这些模型对象通常包括家具、装饰品、建筑结构等多个类别。家具类模型对象如沙发、餐桌、椅子、床等，是室内空间中不可或缺的元素，它们不仅满足人们的日常生活需求，还承载着一定的美学功能。

装饰品类模型对象如植物、花瓶、灯具、家具等，能够丰富室内空间的层次感，提升整体设计的艺术氛围。建筑结构类模型对象则包括墙体、楼梯、门窗等，它们是构成室内空间的基本框架，对于空间的划分、功能的实现及风格的塑造起着至关重要的作用。

另外，3ds Max 2024 还提供了一系列专为家庭、企业和类似项目设计的建筑对象，这些对象可以作为构建模型的构造块，具体如下。

（1）AEC 扩展对象：专为建筑（architecture）、工程（engineering）和构造（construction）领域而设计。例如，利用植物对象，可以轻松地创建出平面绿化效果；而栏杆对象则适用于创建栅栏等结构；墙对象则能够快速构建出墙体结构。

（2）楼梯对象：3ds Max 2024 支持创建 4 种不同类型的楼梯，分别是螺旋楼梯、直线楼梯、L 型楼梯和 U 型楼梯，这为用户提供了丰富的选择。

（3）窗对象：用户可以控制窗的外观细节，并设置窗的开合状态及动画效果，从而满足不同的设计需求。

使用 AEC 扩展对象创建植物

5.2.2 使用 AEC 扩展对象创建植物

【效果对比】利用 3ds Max 2024 提供的对象创建功能可以快速创建各种不同种类的植物，如孟加拉菩提树、一般的橡树及芳香蒜等。素材与效果对比如图 5-22 所示。

图 5-22　素材与效果对比

下面介绍使用 AEC 扩展对象创建植物的操作方法。

Step 01 按【Ctrl + O】组合键，打开素材模型（资源\素材\第 5 章\花盆.max），在“创建”面板的“几何体”选项卡中，❶在列表框中选择“AEC 扩展”选项；❷单击“对象类型”卷展栏中的“植物”按钮，如图 5-23 所示。

Step 02 在“收藏的植物”卷展栏中，选择“苏格兰松树”选项，如图 5-24 所示。

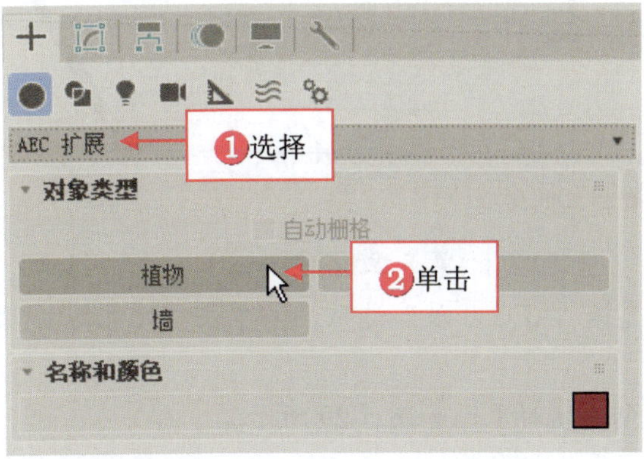

图 5-23　单击“植物”按钮

图 5-24　选择“苏格兰松树”选项

Step 03 在顶视图中单击鼠标左键，即可创建植物对象，如图 5-25 所示。

Step 04 在“参数”卷展栏中，设置“高度”为 1500mm，调整植物对象至合适的位置，如图 5-26 所示，按【F9】键进行快速渲染。

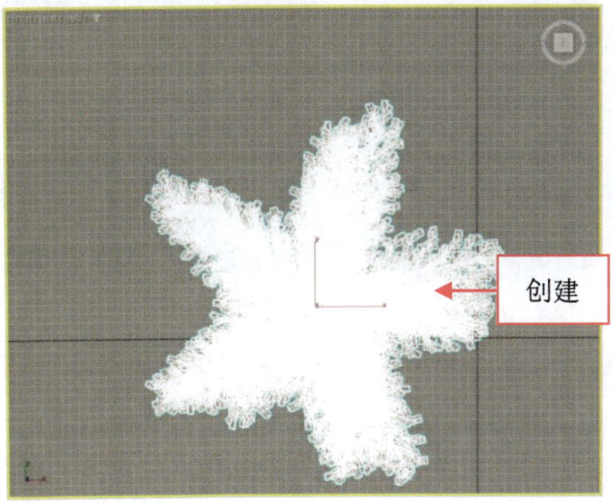

图 5-25　创建植物

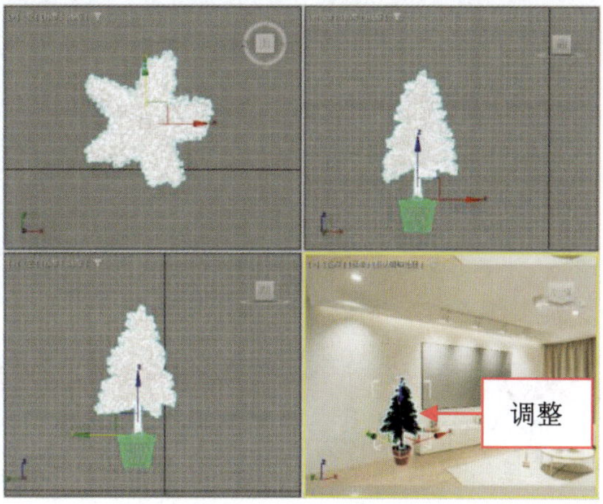

图 5-26　调整对象位置

5.2.3　使用 AEC 扩展对象创建墙体

【效果对比】AEC 扩展对象专为建筑领域设计，提供了强大的墙体创建工具，使得用户能够轻松构建出符合实际建筑规范的浴室墙体。通过精确控制墙体的尺寸、位置和材质，用户能够营造出既美观又实用的浴室空间。素材与效果对比如图 5-27 所示。

使用 AEC 扩展对象创建墙体

下面介绍使用 AEC 扩展对象创建墙体的操作方法。

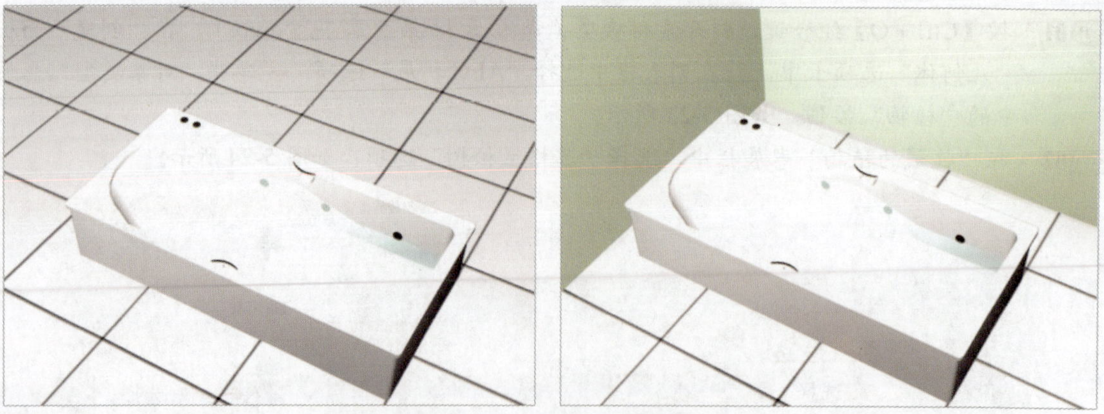

图 5-27　素材与效果对比

Step 01　按【Ctrl + O】组合键，打开素材模型（资源\素材\第 5 章\浴室.max），在“创建”面板的“几何体”选项卡中，❶在列表框中选择“AEC 扩展”选项；❷单击“对象类型”卷展栏中的“墙”按钮，如图 5-28 所示。

Step 02　在前视图中，单击鼠标左键并拖曳，创建墙对象，如图 5-29 所示。

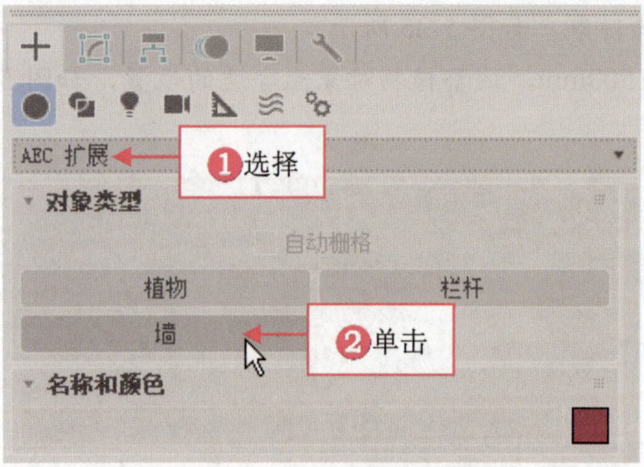

图 5-28　单击“墙”按钮

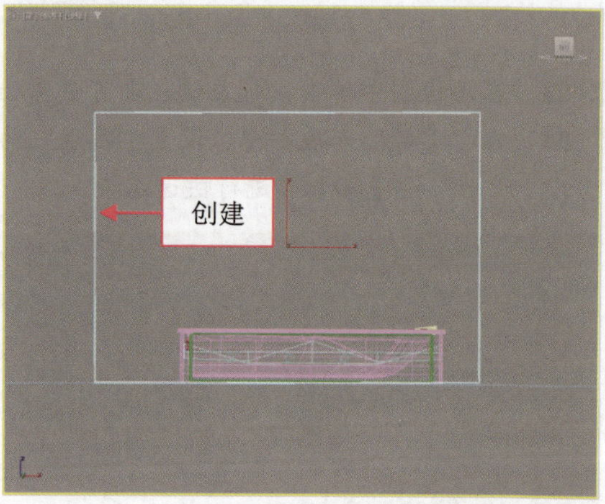

图 5-29　创建墙

▶ 专家指点

3ds Max 2024 具备自动在墙体上创建门窗洞口的功能，并且能将门窗作为墙体的子对象进行链接。要实现这一操作，最便捷的方式是捕捉到墙对象的面、顶点或边缘，直接在墙体的分段位置上创建门窗。当墙体被移动、缩放或旋转时，与之链接的门窗会随之进行相同的变换。若利用门窗的局部坐标系，并将运动限制在 *XY* 平面内，那么在沿着墙体移动这些链接的门窗时，相应的洞口也会同步移动。另外，如果在“修改”面板中调整了门窗的总宽度或高度，其开口尺寸也会相应地发生变化。

Step 03　在“参数”卷展栏中，设置“宽度”为 5 000 mm、“高度”为 10 mm，调整墙对象的尺寸，并适当调整其位置，如图 5-30 所示。

Step 04　使用相同的操作方法，在左视图中创建另一个墙对象，调整其位置，并为墙体赋予材质，效果如图 5-31 所示，按【F9】键进行快速渲染。

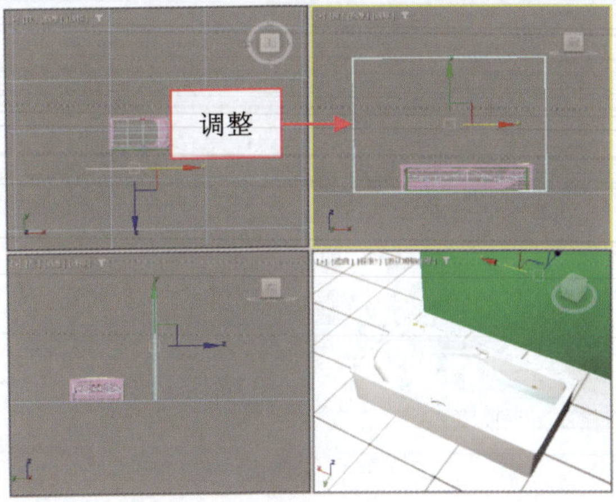

图 5-30　调整对象位置

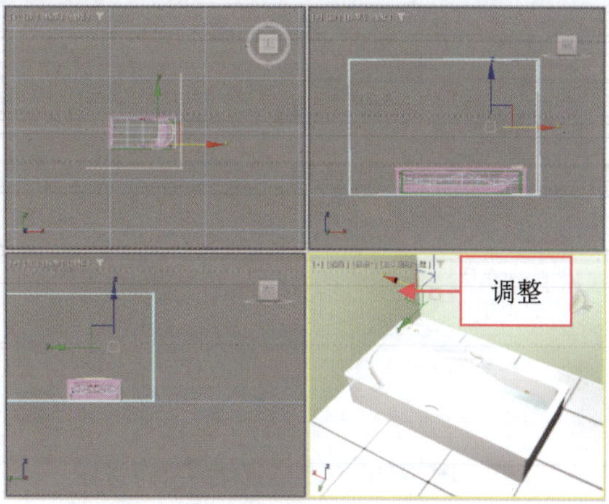

图 5-31　赋予材质效果

5.2.4　使用楼梯对象创建直线型楼梯

使用楼梯对象创建直线型楼梯

【效果对比】使用 3ds Max 2024 中的楼梯对象，使得用户能够迅速构建出精确的直线型楼梯模型，同时还确保了楼梯与室内环境的整体协调性。素材与效果对比如图 5-32 所示。

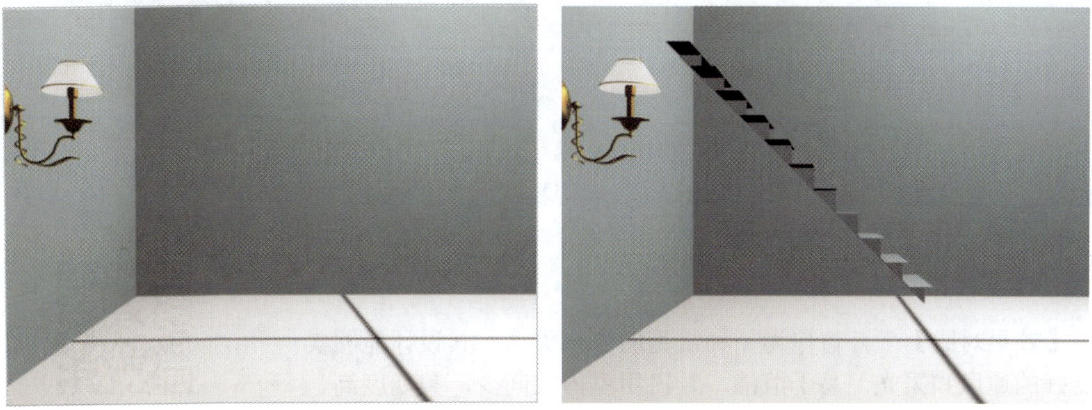

图 5-32　素材与效果对比

下面介绍使用楼梯对象创建直线型楼梯的操作方法。

Step 01 按【Ctrl + O】组合键，打开素材模型（资源\素材\第 5 章\墙角.max），在“创建”面板的“几何体”选项卡中，❶在列表框中选择“楼梯”选项；❷单击“对象类型”卷展栏中的“直线楼梯”按钮，如图 5-33 所示。

Step 02 在顶视图中，单击鼠标左键并拖曳，创建一个直线楼梯对象，如图 5-34 所示。

Step 03 在“参数”卷展栏中，设置“长度”2 000 mm、“宽度”800 mm、“总高”2 000 mm，如图 5-35 所示，调整直线楼梯对象的外形。

Step 04 在视图中，调整直线楼梯至合适的位置，为其赋予合适的材质，效果如图 5-36 所示，按【F9】键进行快速渲染。

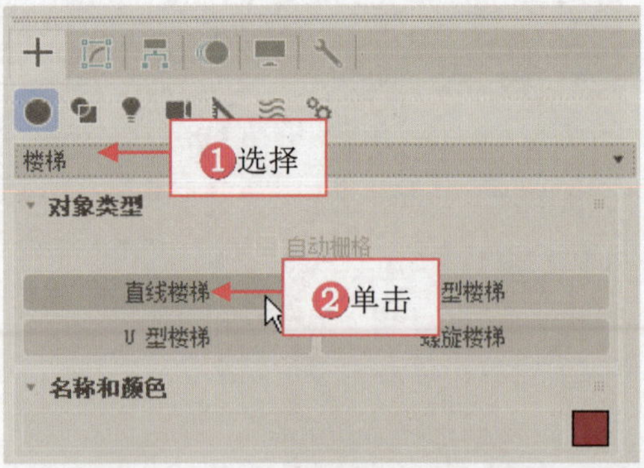

图 5-33　单击“直线楼梯”按钮

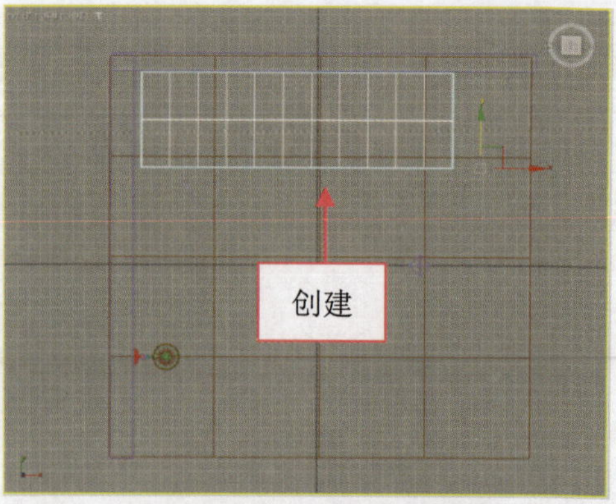

图 5-34　创建直线楼梯

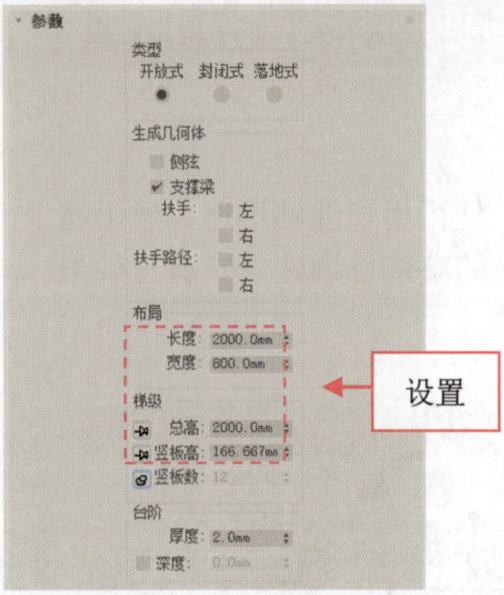

图 5-35　设置参数值

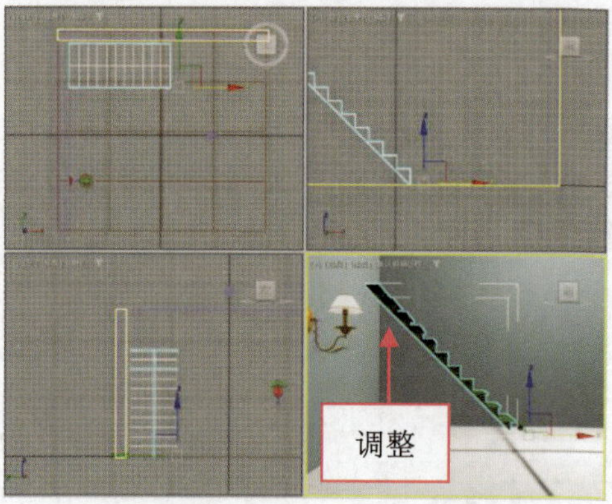

图 5-36　赋予材质效果

5.2.5　使用窗对象创建平开窗

使用窗对象创建平开窗

【效果对比】平开窗作为一种常见的窗户类型，其设计能够实现良好的通风和采光，易于清洁，且占用室内空间少，美观度高。在室内三维建模中，平开窗的精确创建可以模拟真实环境，提高模型的逼真度和实用性。素材与效果对比如图 5-37 所示。

图 5-37　素材与效果对比

下面介绍使用窗对象创建平开窗的操作方法。

Step 01　按【Ctrl + O】组合键，打开素材模型（资源\素材\第 5 章\墙体.max），在“创建”面板的“几何体”选项卡中，❶在列表框中选择“窗”选项；❷单击“对象类型”卷展栏中的“平开窗”按钮，如图 5-38 所示。

Step 02　在顶视图中，单击鼠标左键并拖曳，创建一个平开窗对象，如图 5-39 所示。

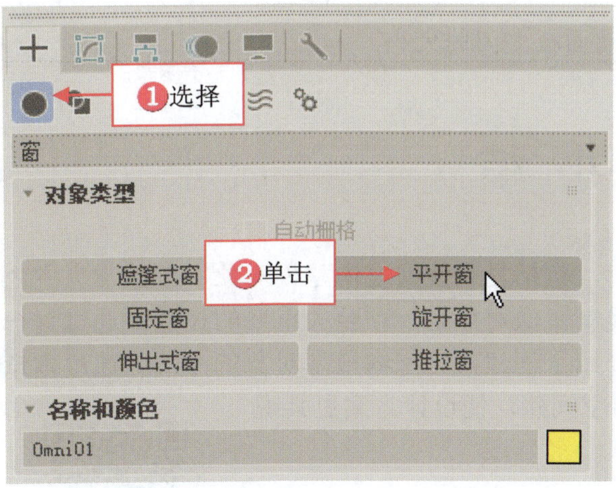

图 5-38　单击“平开窗”按钮

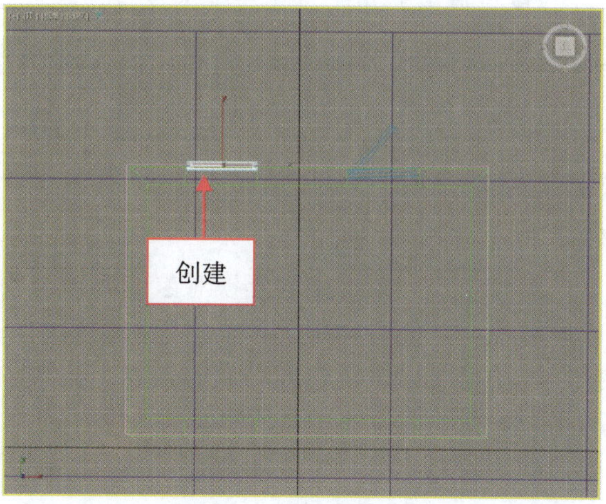

图 5-39　创建平开窗

Step 03　在“参数”卷展栏中，设置各参数，如图 5-40 所示，调整平开窗的高度、宽度、深度和打开比例。

Step 04　在视图中，调整平开窗至合适的位置，如图 5-41 所示，按【F9】键进行快速渲染。

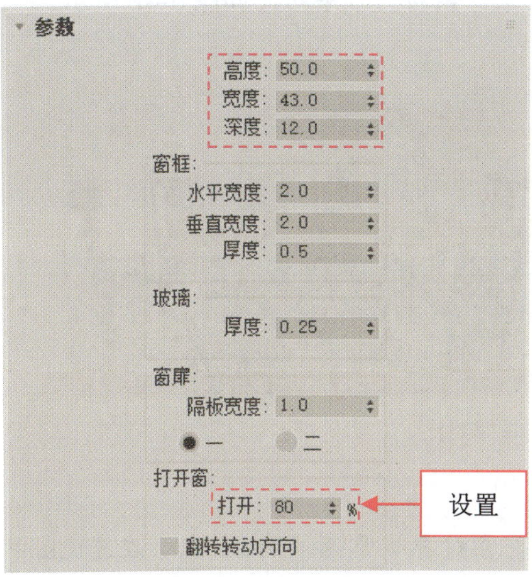

图 5-40　设置各参数

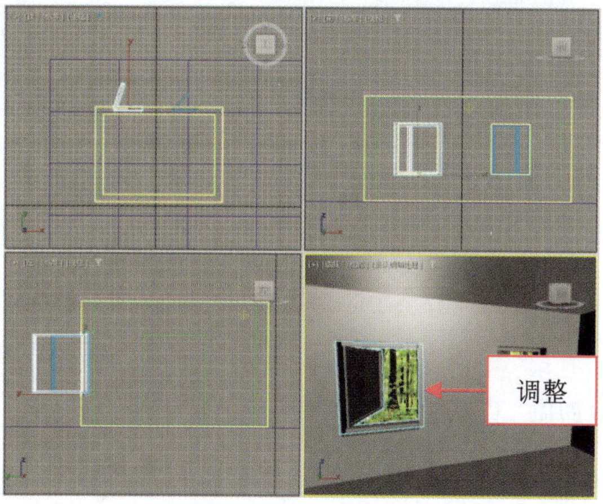

图 5-41　调整对象位置

▶ 专家指点

在“参数”卷展栏中，各主要选项含义如下。

- **高度/宽度/深度**：用于指定窗的总维数。
- **水平宽度**：用于设置窗口框架水平部分的宽度。
- **垂直宽度**：用于设置窗口框架垂直部分的宽度。
- **厚度**：用于设置框架的厚度。
- **隔板宽度**：用于在每个窗框内更改玻璃面板之间的大小。

本章小结

本章主要介绍了室内建模对象的编辑与创建，包括复制镜像室内建模对象、创建常见室内模型对象。首先，介绍了在室内三维建模中，复制镜像对象是一项至关重要的技能。通过这一操作，用户可以快速生成对象的副本；其次，介绍了创建常见室内模型对象的方法。通过本章的学习，帮助读者快速营造出真实、立体的室内空间感，使设计方案更具说服力和感染力。

课后实训

课后实训

【效果对比】在 3ds Max 2024 中，使用“克隆并对齐”命令，可以根据几何位置来克隆并对齐对象，也可以根据轴心点克隆并对齐拾取的对象。素材与效果对比如图 5-42 所示。

图 5-42　素材与效果对比

使用“克隆并对齐”命令制作餐桌的操作方法如下。

Step 01　按【Ctrl + O】组合键，打开素材模型（资源\素材\第 5 章\餐桌椅.max），在透视图中选择合适的椅子对象，如图 5-43 所示。

Step 02　单击菜单栏中的“工具”|“对齐”|“克隆并对齐”命令，弹出“克隆并对齐”对话框，单击“拾取”按钮，如图 5-44 所示。

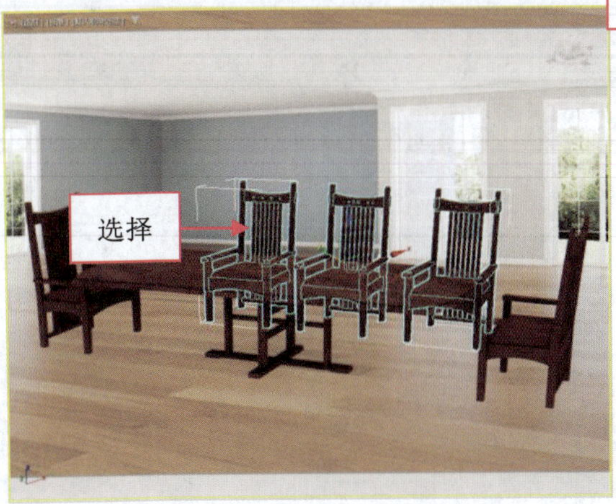

图 5-43　选择椅子对象

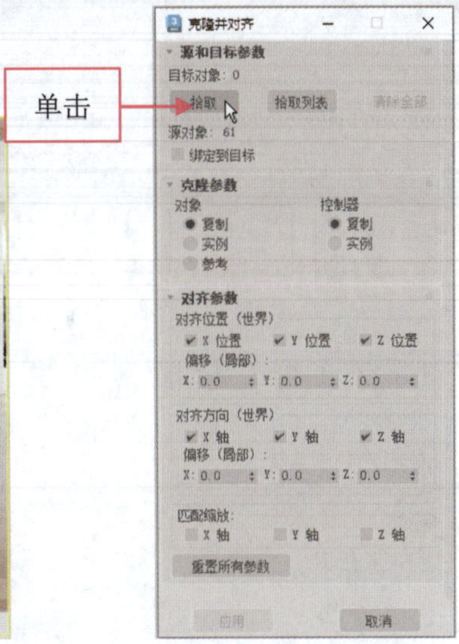

图 5-44　单击“拾取”按钮

Step 03 在视图中拾取桌子对象，在“对齐参数”卷展栏中的“对齐位置（世界）”选项区中，❶仅选中“Y位置”复选框；❷在“对齐方向（世界）”选项区中仅选中“Y轴”复选框；❸设置 Y 为 - 160，如图 5-45 所示，调整克隆对象的位置、方向和偏移距离。

Step 04 单击“应用”按钮，即可克隆并对齐对象，单击“取消”按钮，关闭“克隆并对齐”对话框，选择克隆对象并调整至合适位置，如图 5-46 所示，按【F9】键进行快速渲染。

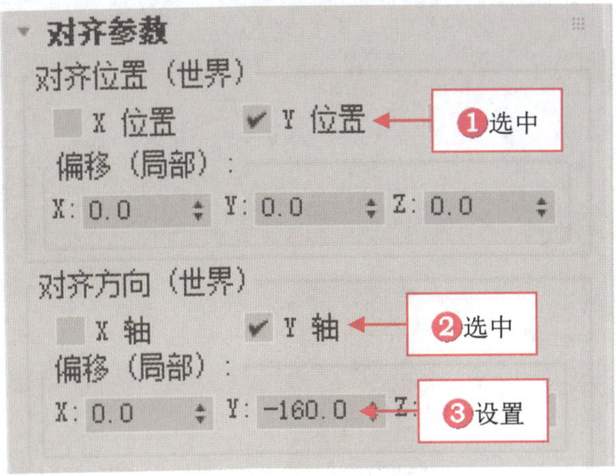

图 5-45　设置参数值

图 5-46　调整对象位置

第 6 章

室内材质和贴图的应用

6

材质与贴图是赋予模型生命与质感的关键元素，它们能够让虚拟的三维室内空间变得栩栩如生，充满真实感与细节。通过本章的学习，用户将掌握如何在 3ds Max 2024 中巧妙地运用各种材质类型，以及如何为不同的室内设计元素选择合适的贴图，从而营造出理想的氛围与视觉效果。

本章重点

- 掌握室内三维建模的材质应用方法
- 掌握室内三维建模的贴图应用方法

素质目标

- 培养读者对细节的把控能力和观察力
- 培养读者解决实际问题的能力

6.1　室内三维建模的材质应用

在 3ds Max 2024 中，材质不仅仅是颜色的填充，更是物体表面质感、光泽、反射等特性的综合体现。通过精准地应用材质，可以让虚拟的室内空间更加真实、立体，仿佛触手可及。本节将介绍如何在三维建模中有效地运用材质，为室内设计作品增添无限创意与可能。

材质

6.1.1　材质

材质在室内三维建模中，扮演着至关重要的角色，它不仅仅是物体表面的颜色或纹理，更是一种能够赋予模型生命与质感的虚拟“皮肤”。材质由多个属性组成，包括颜色、光泽度、反射率、透明度等，这些属性共同决定了物体在虚拟环境中的外观表现。

在 3ds Max 2024 中，材质是通过材质编辑器进行创建和编辑的。用户可以根据自己的需求，调整材质的颜色、高光强度、反射率等参数，以实现不同的视觉效果。此外，材质还可以与贴图相结合，利用贴图技术为物体表面添加丰富的纹理和细节，使其更加逼真和生动。

图 6-1 所示为 Slate 材质编辑器，2024 版的 Slate 材质编辑器经过改进，优化功能和自定义功能均得到增强，以改进材质编辑工作流。用户可以单击“模式”|“精简材质编辑器”命令，切换为精简材质编辑器，如图 6-2 所示。

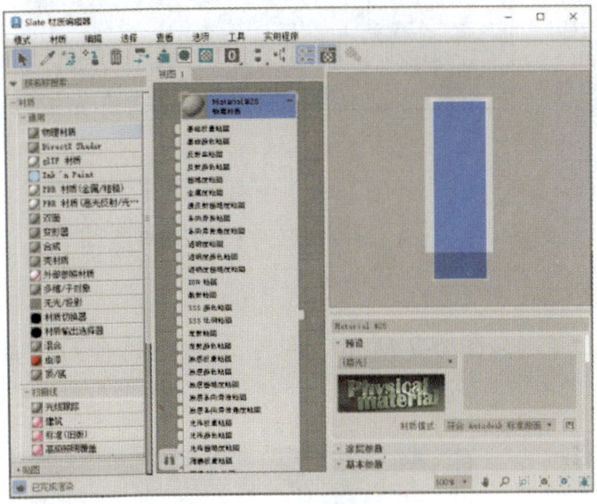

图 6-1　Slate 材质编辑器

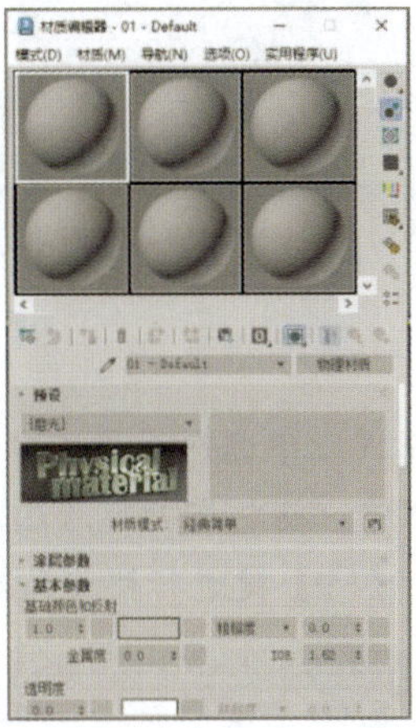

图 6-2　精简材质编辑器

6.1.2　使用材质编辑器

【效果对比】材质编辑器是 3ds Max 2024 中一个功能非常强大的模块，使用材质编辑器可以给场景中的对象创建五彩缤纷的颜色和纹理等效果。使用材质编辑器除了可以创建材质外，另一个最基本的功能就是将材质应用于各种各样的场景对象上。素材与效果对比如图 6-3 所示。

使用材质编辑器

下面介绍使用材质编辑器的操作方法。

Step 01　按【Ctrl + O】组合键，打开素材模型（资源\素材\第 6 章\圆形茶几.max），在主工具栏中，单击“材质编辑器”按钮，如图 6-4 所示。

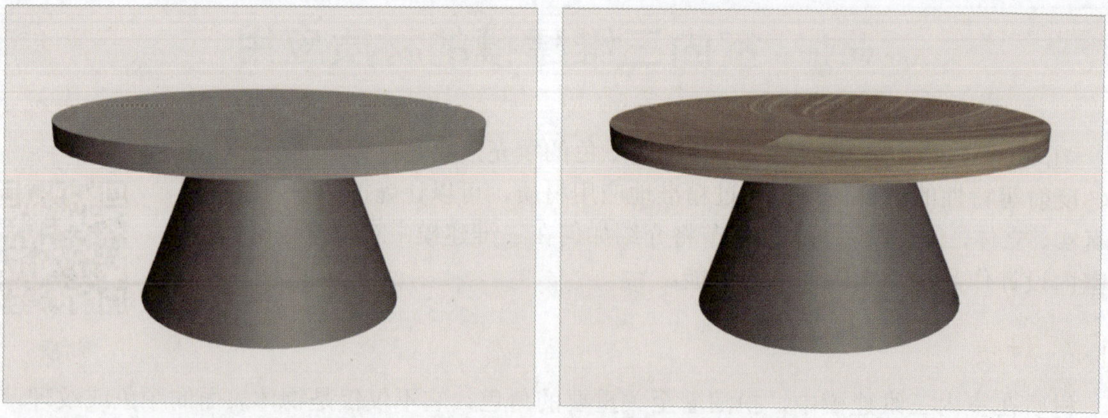

图 6-3　素材与效果对比

Step 02　执行操作后，打开“材质编辑器”窗口，选择相应的材质球，如图 6-5 所示。

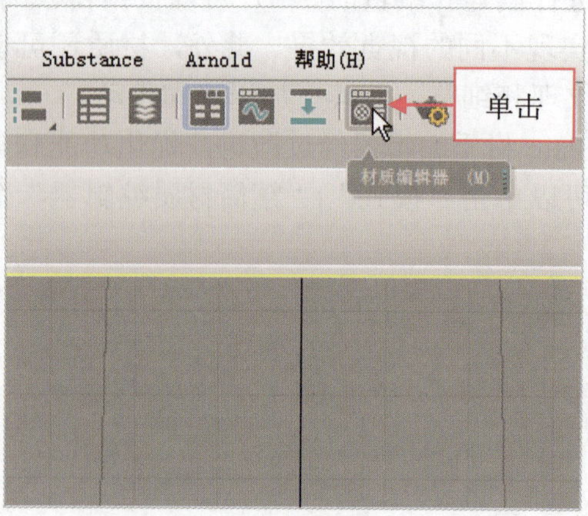

图 6-4　单击“材质编辑器”按钮

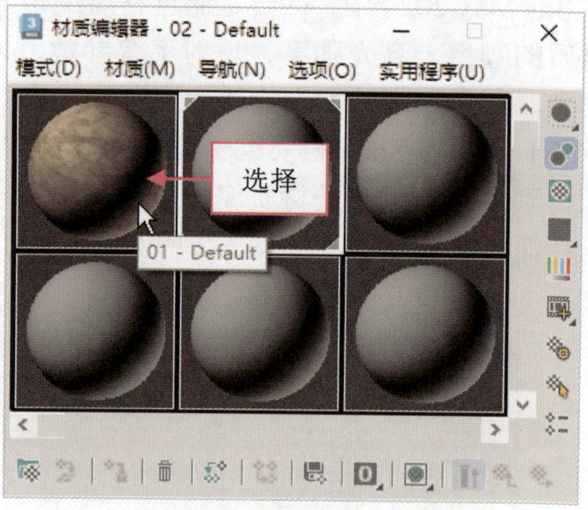

图 6-5　选择相应的材质球

Step 03　在视图中选择茶几的台面对象，如图 6-6 所示。

Step 04　单击“将材质指定给选定对象”按钮，如图 6-7 所示，即可为选定的台面对象赋予材质，按【F9】键进行快速渲染。

图 6-6　选择茶几的台面对象

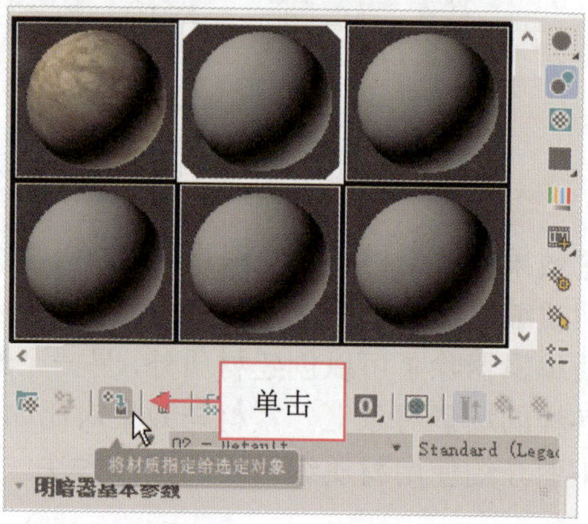

图 6-7　单击“将材质指定给选定对象”按钮

▶ 专家指点

除了运用上述可以打开“材质编辑器”窗口外，还有以下两种方法。

- **命令**：单击菜单栏中的“渲染”|“材质编辑器”|“精简材质编辑器”命令。
- **快捷键**：按【M】键。

在“材质编辑器”窗口的工具栏中，各主要选项含义如下。

- **获取材质**：为选定的材质打开“材质/贴图浏览器”对话框。
- **将材质放入场景**：在编辑好材质后，单击该按钮可以更新已应用于对象的材质。
- **将材质指定给选定对象**：在场景中选择对象后，将材质赋予选定对象。
- **重置贴图/材质为默认设置**：用于删除修改对象的所有属性，并将材质属性恢复到默认值。
- **生成材质副本**：在选定的示例窗中创建当前材质的副本。
- **使唯一**：将实例化的材质设置为独立的材质。
- **放入库**：重新命名材质并保存到当前打开的库中。
- **材质 ID 通道**：为应用后期制作效果设置唯一的通道身份证标识号（identity document，ID）。
- **视口中显示明暗处理材质**：在视口的对象上显示 2D 材质贴图。
- **显示最终结果**：在实例图中显示材质及应用的使用层次。
- **转到父对象**：将当前材质上移一级。
- **转到下一个同级项**：选定同一层级的下一贴图或材质。
- **背光**：打开或关闭选定示例窗中的背景灯光。
- **采样 UV 平铺**：为示例窗中的贴图设置 UV（贴图在模型上的坐标位置）平铺显示。
- **视频颜色检查**：检查当前材质中国家电视标准委员会（National television standards committee，NTSC）和逐行倒相（phase alteration line，PAL）制式不支持的颜色。
- **选项**：单击此按钮，弹出“材质编辑器选项”对话框，在对话框中可以启用材质动画、加载自定义背景、设置示例窗数目、定义灯光亮度或颜色等。
- **按材质选择**：选定使用当前材质的使用对象。
- **材质/贴图导航器**：单击该按钮，将弹出“材质/贴图导航器”对话框，显示当前材质使用层级。

6.1.3 制作灯具材质

制作灯具材质

【效果对比】在室内设计中，灯具不仅是照明工具，更是营造氛围、提升设计格调的关键元素。而灯具的材质选择与应用，直接关系到其视觉效果与整体质感的呈现。在 3ds Max 2024 中，使用双面材质可以为正面和反面指定不同的材质，制作出更为逼真的灯具材质。素材与效果对比如图 6-8 所示。

下面介绍制作灯具材质的操作方法。

Step 01 按【Ctrl + O】组合键，打开素材模型（资源\素材\第 6 章\灯具.max），按【M】键，打开“材质编辑器”窗口，单击 Standard（Legacy）（标准（遗留））按钮，如图 6-9 所示。

Step 02 执行操作后，弹出“材质/贴图浏览器”对话框，选择“双面”选项，如图 6-10 所示。

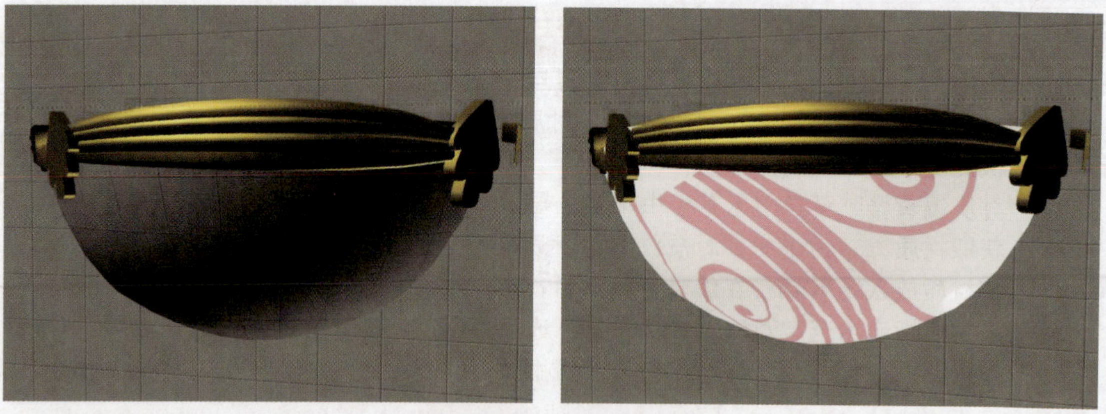

图 6-8　素材与效果对比

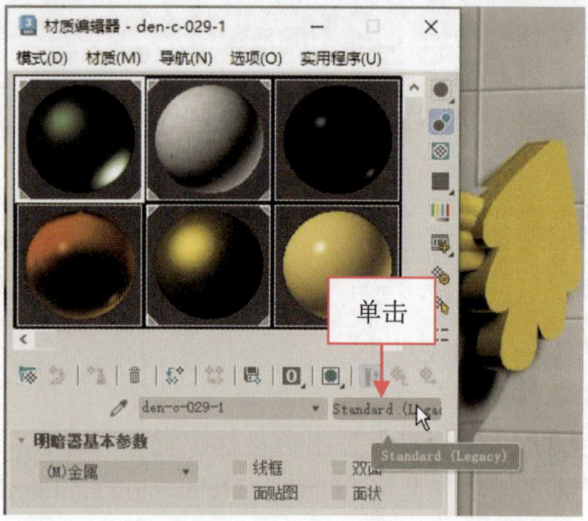

图 6-9　单击 Standard（Legacy）按钮

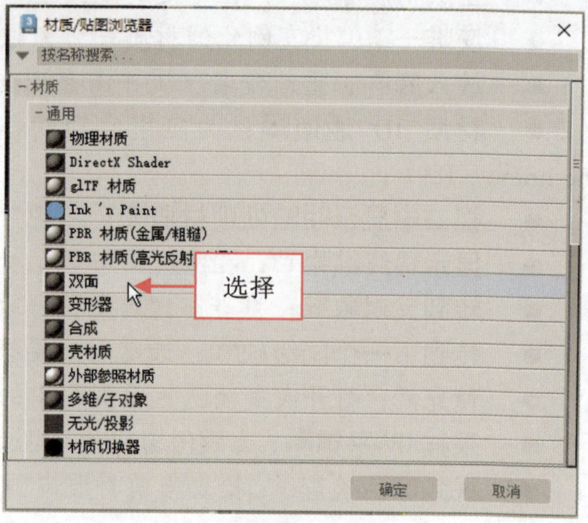

图 6-10　选择“双面”选项

Step 03　单击“确定”按钮，弹出“替换材质”对话框，选中“丢弃旧材质”单选按钮，如图 6-11 所示。

Step 04　单击“确定”按钮，在展开的“双面基本参数”卷展栏中，单击“正面材质”右侧的相应按钮，如图 6-12 所示。

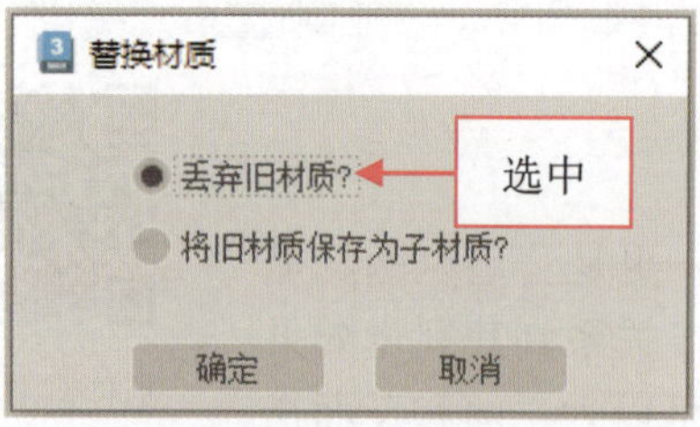

图 6-11　选中“丢弃旧材质”单选按钮

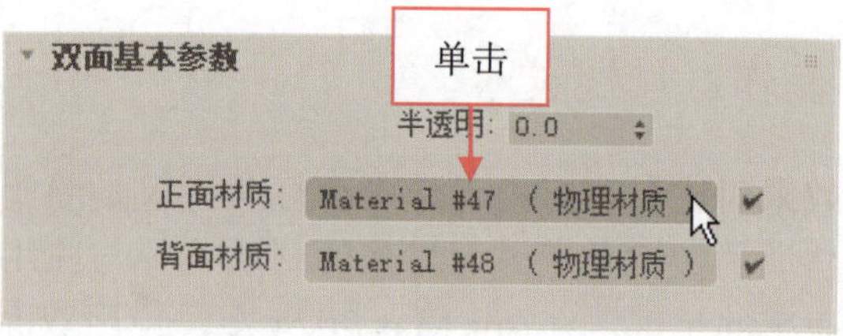

图 6-12　单击相应的按钮

Step 05　切换为标准材质模式，在“Blinn 基本参数”卷展栏中设置各参数，如图 6-13 所示，调整材质效果。

Step 06　单击“转到父对象”按钮，返回到“双面基本参数”卷展栏，单击“背面材质”右侧的相应按钮，如图 6-14 所示。

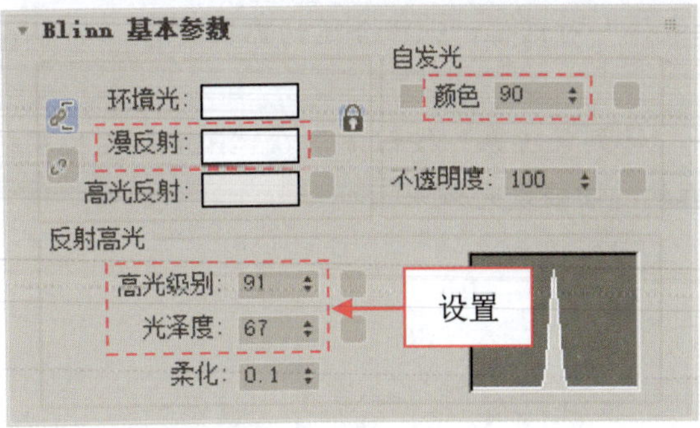

图 6-13　设置参数值

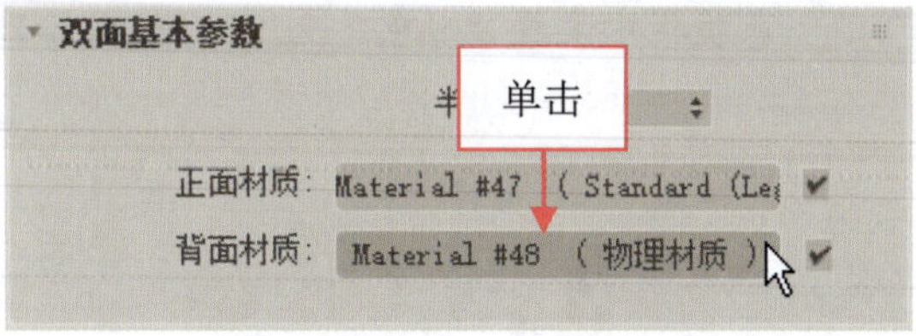

图 6-14　单击相应的按钮

▶ 专家指点

“Blinn 基本参数”卷展栏中的各主要选项含义如下。

- **环境光：**用于设置材质阴影区域的颜色。
- **漫反射：**用于设置位于直射光中的颜色，即模型的固有色。
- **高光反射：**用于设置发光物体高光区的颜色，可以在“反射高光”选项区中控制高光的大小和形状。
- **颜色块：**单击“环境光”“漫反射”及“高光反射”右侧的颜色块，可弹出“颜色选择器”对话框，用于选择颜色。
- **锁定**：用于锁定“环境光”“漫反射”及“高光反射”中的两种或全部锁定，被锁定的区域将保持相同的颜色。
- **贴图：**各颜色右侧的空白按钮用于指定贴图，单击该按钮（无贴图时会显示“无”字），可弹出“材质/贴图浏览器”对话框，进入贴图层级，指定贴图后按钮上会显示字母 M。
- **自发光：**可使材质具有自身发光的效果。
- **不透明度：**通过输入数值设置材质的透明度，当值为 100 时，为不透明材质；当值为 0 时，为完全透明材质。

Step 07 切换为标准材质模式，在“Blinn 基本参数”卷展栏中，单击“漫反射”右侧的“无”按钮，如图 6-15 所示。

Step 08 在弹出的“材质/贴图浏览器”对话框中，选择“位图”选项，如图 6-16 所示。

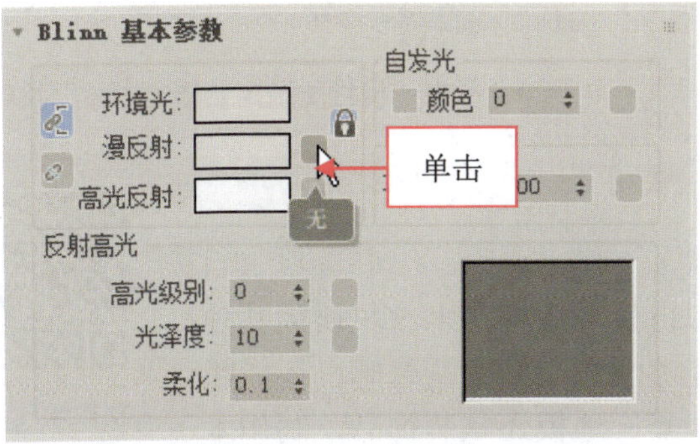

图 6-15　单击“无”按钮

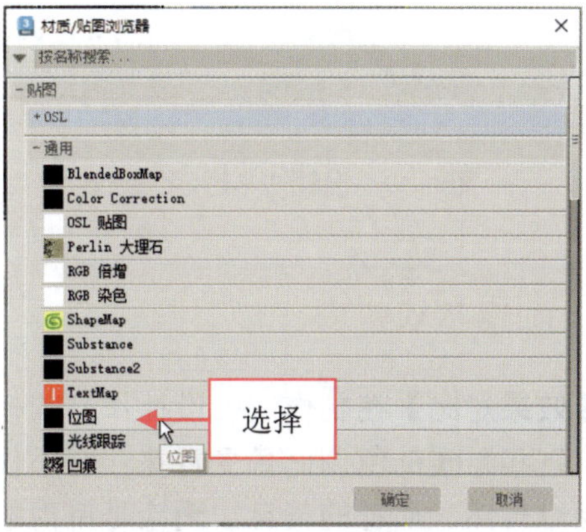

图 6-16　选择“位图”选项

Step 09 单击“确定”按钮，弹出“选择位图图像文件”对话框，选择合适的贴图文件，如图 6-17 所示。

Step 10 单击“打开”按钮，添加贴图文件，单击“转到父对象”按钮，在“Blinn 基本参数”卷展栏中设置“颜色”为 80，如图 6-18 所示，增强发光效果。

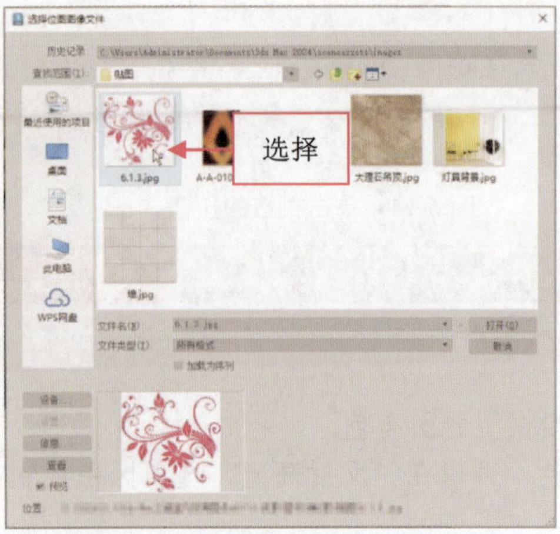

图 6-17　选择合适的贴图文件

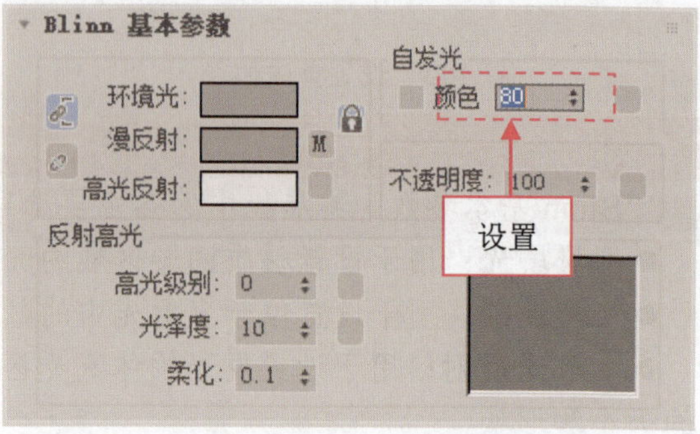

图 6-18　设置“颜色”参数

Step 11 再次单击“转到父对象”按钮，返回到“双面基本参数”卷展栏，设置“半透明”为 45，如图 6-19 所示，让材质具有透明效果。

Step 12 单击“将材质指定给选定对象”按钮，如图 6-20 所示，即可将设置好的材质赋予灯罩对象，按【F9】键进行快速渲染。

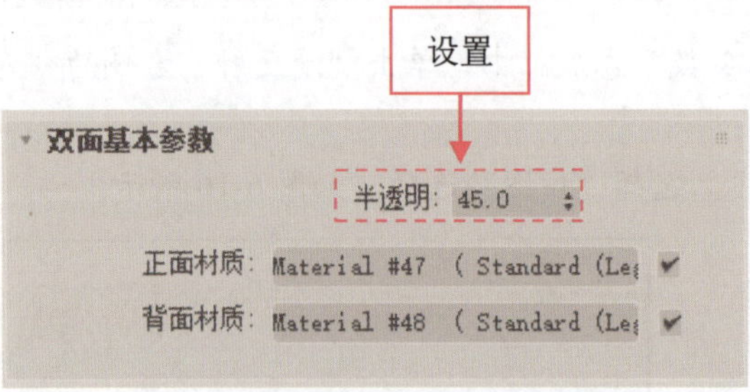

图 6-19　设置“半透明”参数

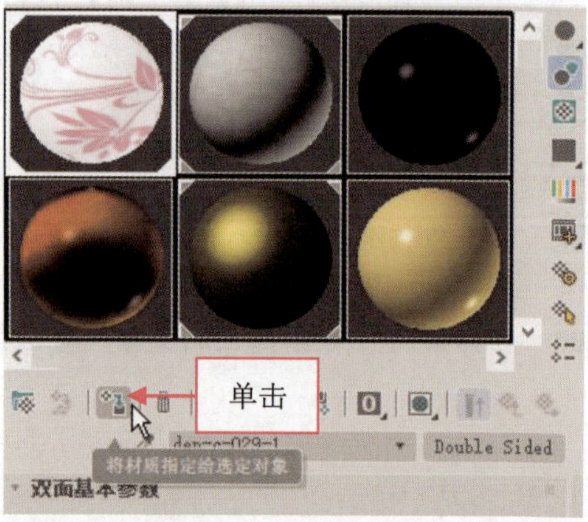

图 6-20　单击“将材质指定给选定对象”按钮

6.1.4　制作木纹材质

制作木纹材质

【效果对比】在制作室内设计作品或模拟自然环境中，木纹材质因其独特的纹理和温暖的色调而备受青睐，它不仅能够增添空间的温馨感，还能赋予物品以自然、质朴的气息。无论是室内的家具、地板还是装饰品，制作木纹材质都是一项既实用又富有创意的技能。素材与效果对比如图 6-21 所示。

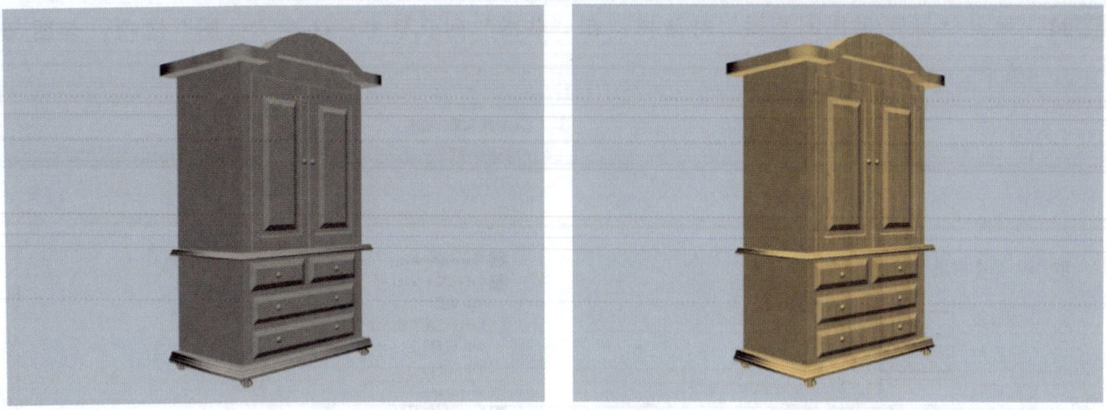

图 6-21　素材与效果对比

下面介绍制作木纹材质的操作方法。

Step 01 按【Ctrl + O】组合键，打开素材模型（资源\素材\第 6 章\柜子.max），按【M】键，打开“材质编辑器”窗口，单击 Standard（Legacy）按钮，如图 6-22 所示。

Step 02 执行操作后，弹出“材质/贴图浏览器”对话框，在“贴图”|“扫描线”列表框中，选择“标准（旧版）”选项，如图 6-23 所示。

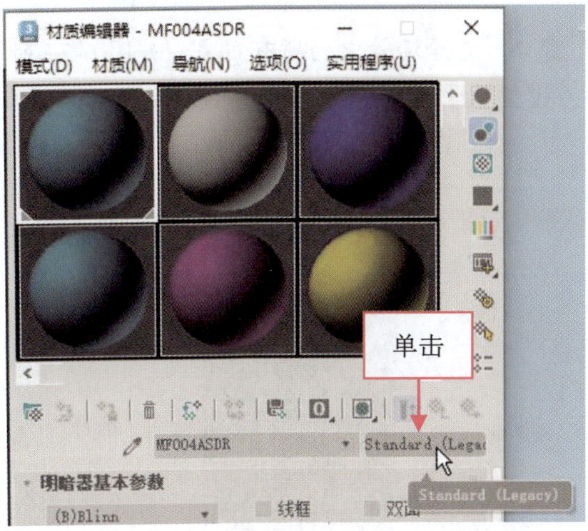

图 6-22　单击 Standard（Legacy）按钮

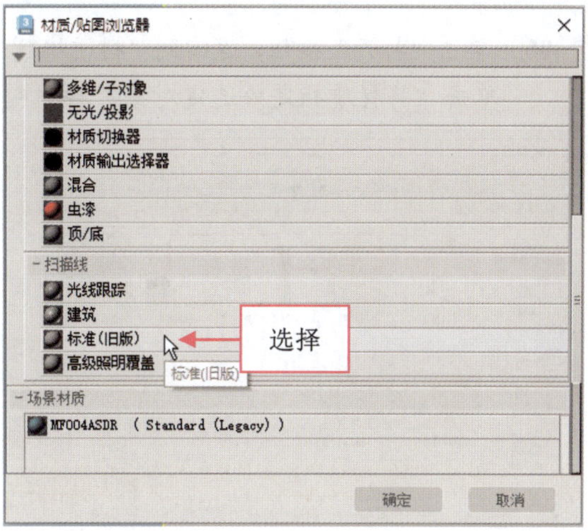

图 6-23　选择“标准（旧版）”选项

> **▶ 专家指点**
>
> 3ds Max 2024 中虽然提供了一些材质，但远远不能满足实际建模的需要，用户可以通过积累自己的材质库，保存各种精美的材质。
>
> 保存材质的方法很简单，在“材质编辑器”窗口中，选择具有材质的材质球，单击“放入库”按钮，弹出提示信息框，单击“是”按钮，弹出“放置到库”对话框，输入材质名称，单击“确定”按钮，即可保存材质。

Step 03 单击“确定”按钮，返回到“材质编辑器”窗口，在“Blinn 基本参数”卷展栏中，单击“漫反射”右侧的“无”按钮，如图 6-24 所示。

Step04 弹出“材质/贴图浏览器”对话框，在“贴图”列表框中，选择“位图”选项，如图 6-25 所示。

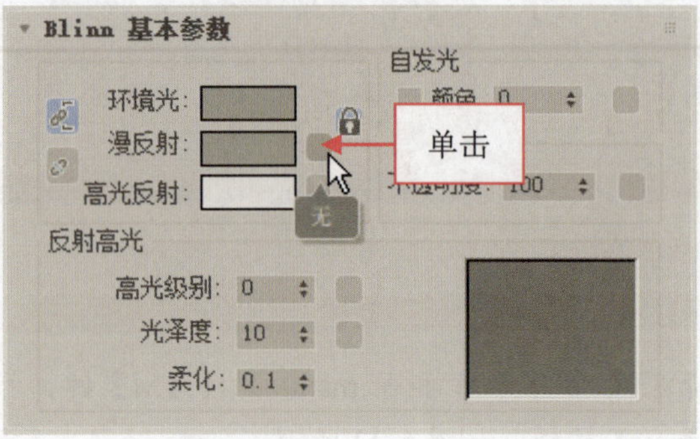

图 6-24　单击“无”按钮

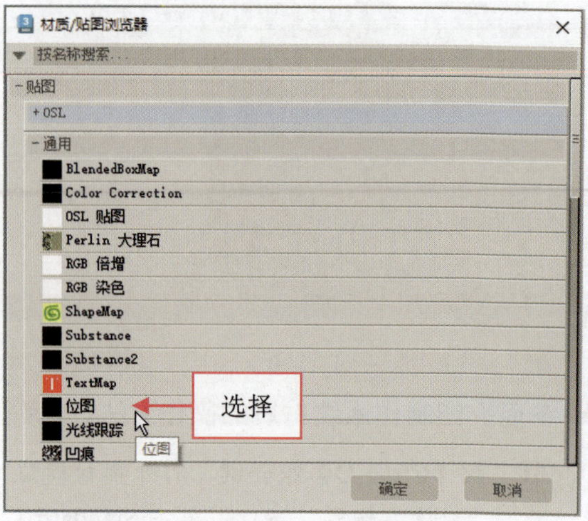

图 6-25　选择“位图”选项

Step05 单击“确定”按钮，弹出“选择位图图像文件”对话框，选择合适的贴图文件，如图 6-26 所示。

Step06 单击“打开”按钮，返回到“材质编辑器”窗口，选择场景中的所有对象，如图 6-27 所示，单击“将材质指定给选定对象”按钮，为模型赋予材质。

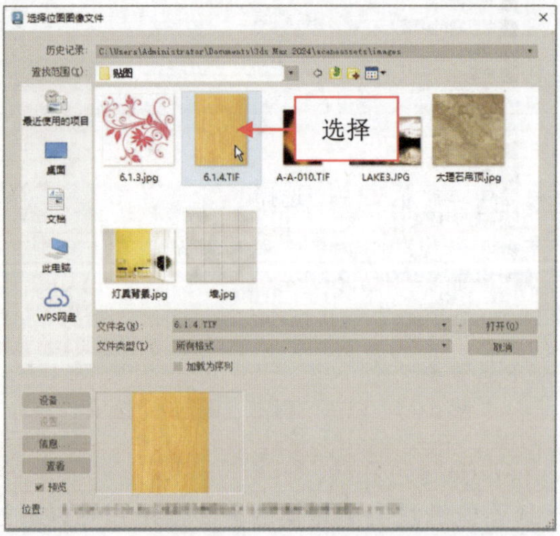

图 6-26　选择合适的贴图文件

图 6-27　选择场景中的所有对象

6.1.5　制作床单材质

【效果对比】在 3ds Max 中利用顶/底材质类型，可以巧妙模拟出床单柔软、光滑且略带透光的质感，不仅能够实现床单材质在视觉上的真实感，还能增强其与环境的互动效果，使室内场景更加生动逼真。素材与效果对比如图 6-28 所示。

制作床单材质

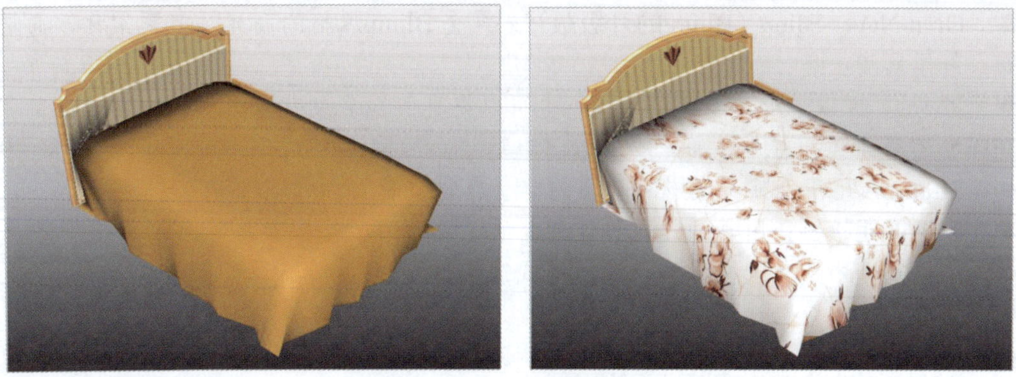

图 6-28　素材与效果对比

下面介绍制作床单材质的操作方法。

Step 01　按【Ctrl + O】组合键，打开素材模型（资源\素材\第 6 章\双人床.max），按【M】键，打开“材质编辑器”窗口，单击 Standard（Legacy）按钮，如图 6-29 所示。

Step 02　执行操作后，弹出“材质/贴图浏览器”对话框，在“材质”列表框中，选择“顶/底”选项，如图 6-30 所示。

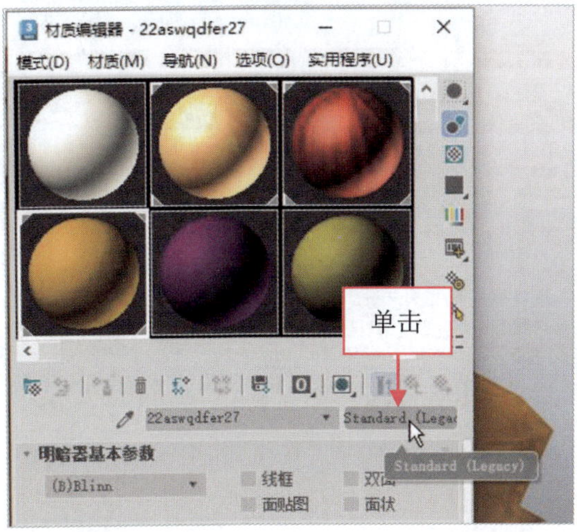

图 6-29　单击 Standard（Legacy）按钮

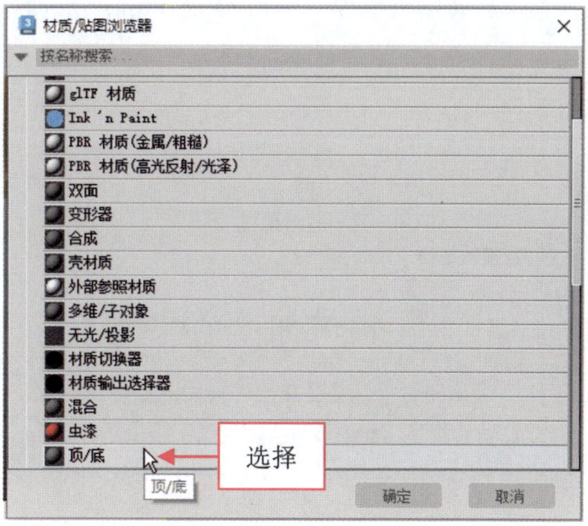

图 6-30　选择“顶/底”选项

▶ 专家指点

材质最重要的参数是明暗，在标准材质模式下，可以在“明暗器基本参数”卷展栏中选择明暗方式，每一个明暗器的参数是不完全一样的，并且还可以选择明暗器类型。在“明暗器基本参数”卷展栏中，各选项（包括明暗器列表框中的选项）含义如下。

- **各向异性**：用于创建表面呈现非圆形高光的材质，常用于模拟光亮金属表面的不规则亮光。
- Blinn：以光滑的方式来渲染模型表面，是默认的明暗器。
- **金属**：适用于金属表面，它能提供金属所需的强烈反光。
- **多层**：可以控制两个高亮区，可以分别进行调整，创建复杂的表面，如绸缎、丝绸和光芒四射的油漆等。

- **Oren-Nayer-Blinn（Blinn 的升级版）**：具有 Blinn 风格的高光，但更柔和，通常用于模拟布、纤维和陶土等。
- Phong：可以平滑面与面的边缘，也可以更真实地渲染有光泽和规则曲面的高光，适应于高强度的表面和具有圆形高光的表面。
- Strauss：用于创建金属或有光泽的非金属材质表面。
- **半透明明暗器**：用于创建薄物体的材质，如窗帘、投影屏幕等。
- **线框**：选中该复选框，将以线框模式渲染材质。
- **双面**：选中该复选框，可以使材质成为双面。
- **面贴图**：选中该复选框，可以将材质应用到几何体的各面。
- **面状**：选中该复选框，可以渲染材质表面的每一个面。

Step 03 单击“确定”按钮，弹出“替换材质”对话框，选中“丢弃旧材质”单选按钮，单击“确定”按钮，展开“顶/底基本参数”卷展栏，单击“顶材质”右侧的相应按钮，如图 6-31 所示。

Step 04 切换至“Blinn 基本参数”卷展栏，单击“漫反射”右侧的“无”按钮，弹出“材质/贴图浏览器”对话框，选择“位图”选项，单击“确定”按钮，弹出相应的对话框，选择相应的贴图文件，如图 6-32 所示。

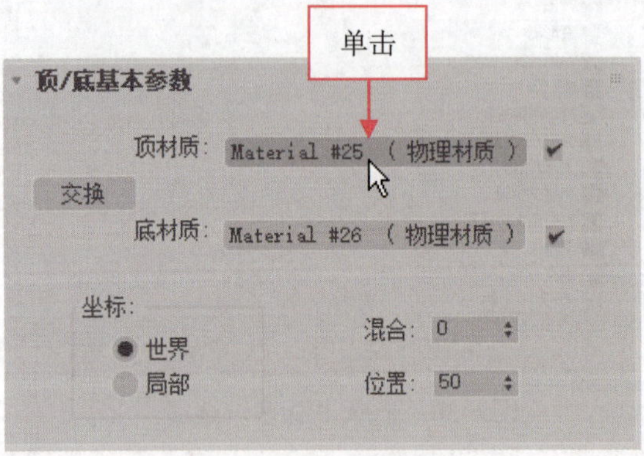

图 6-31　单击相应的按钮

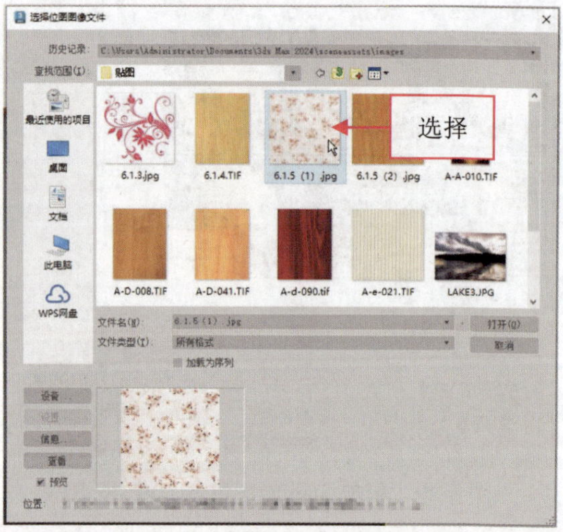

图 6-32　选择相应的贴图文件

Step 05 单击“打开”按钮，添加贴图，单击两次“转到父对象”按钮，返回到“顶/底基本参数”卷展栏，单击“底材质”右侧的相应按钮，如图 6-33 所示。

Step 06 切换至“Blinn 基本参数”卷展栏，单击“漫反射”右侧的“无”按钮，弹出“材质/贴图浏览器”对话框，选择“位图”选项，单击“确定”按钮，弹出相应的对话框，选择相应的贴图文件，如图 6-34 所示。

Step 07 单击“打开”按钮，添加贴图，单击两次“转到父对象”按钮，返回到相应的卷展栏，❶选中“局部”单选按钮，使得材质混合的边界将基于对象的局部坐标轴来确定；❷设置“位置”为 50，使材质混合的边界位于对象的正中间，如图 6-35 所示。

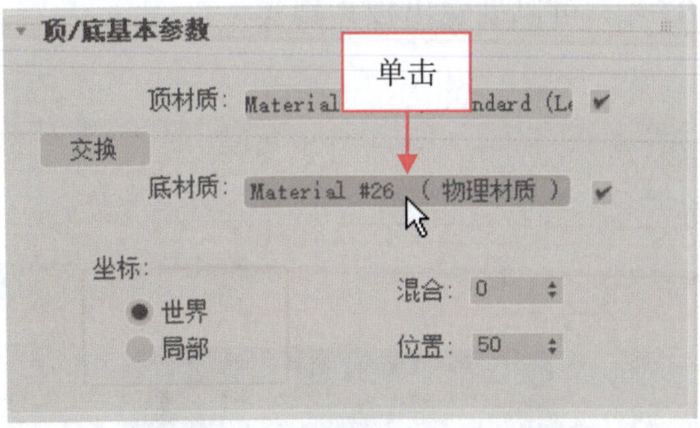

图 6-33　单击相应的按钮

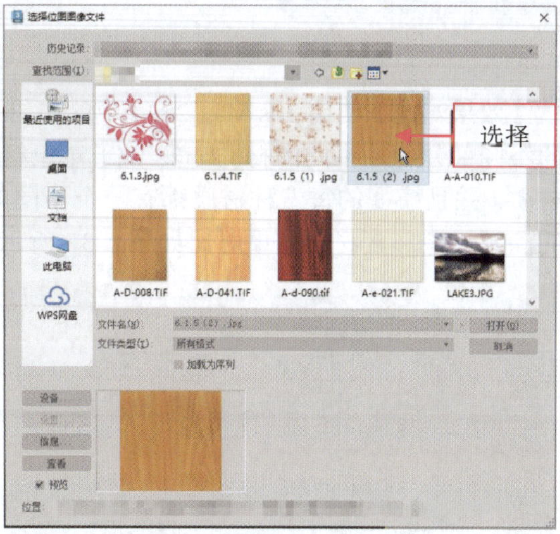

图 6-34　选择相应的贴图文件

Step 08　选择场景中的床单对象，单击“将材质指定给选定对象”按钮，如图 6-36 所示，为所选对象赋予顶/底材质，按【F9】键进行快速渲染。

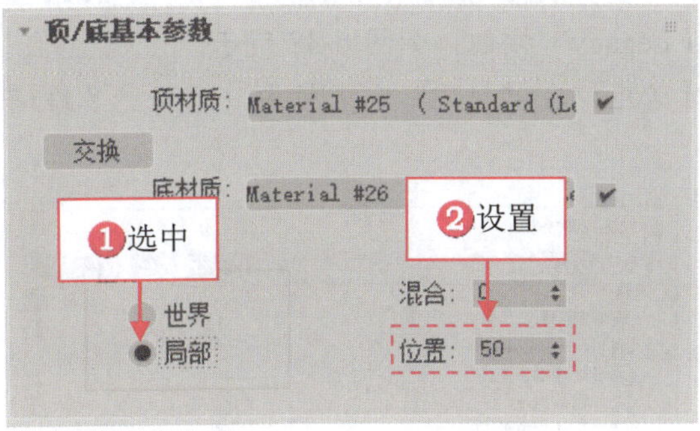

图 6-35　设置参数值

图 6-36　单击“将材质指定给选定对象”按钮

▶ 专家指点

顶/底材质类型可以为对象的顶部和底部分别赋予两种不同类型的材质，并可以把这两种材质混合为一种材质。在“顶/底基本参数”卷展栏中，各主要选项的含义如下。

- **顶材质：**用于设置对象顶部的材质。
- **底材质：**用于设置对象底部的材质。
- **交换：**用于实现对象顶材质与底材质的交换。
- **世界：**以对象的全局坐标轴为标准混合顶/底两个材质。
- **局部：**以对象的局部坐标轴为标准混合顶/底两个材质。
- **混合：**用于设置顶/底两个材质边界区域的混合程度，一般数值越大，混合效果越好。
- **位置：**用于设置顶/底两个材质的边界位置，一般数值越大，边界越靠近顶部。

6.1.6 制作沙发材质

制作沙发材质

【效果对比】使用 3ds Max 2024 中的多维/子对象材质，能够轻松地为沙发的不同部分应用不同的材质。多维/子对象材质能够使一个模型同时拥有多种材质，并且模型的每一种材质都有一个不同的 ID 号，可以创建出极具真实感的沙发模型。素材与效果对比如图 6-37 所示。

图 6-37 素材与效果对比

下面介绍制作沙发材质的操作方法。

Step 01 按【Ctrl + O】组合键，打开素材模型（资源\素材\第 6 章\长形沙发.max），按【M】键，打开“材质编辑器”窗口，单击 Standard（Legacy）按钮，如图 6-38 所示。

Step 02 执行操作后，弹出“材质/贴图浏览器”对话框，在“材质”列表框中，选择“多维/子对象”选项，如图 6-39 所示。

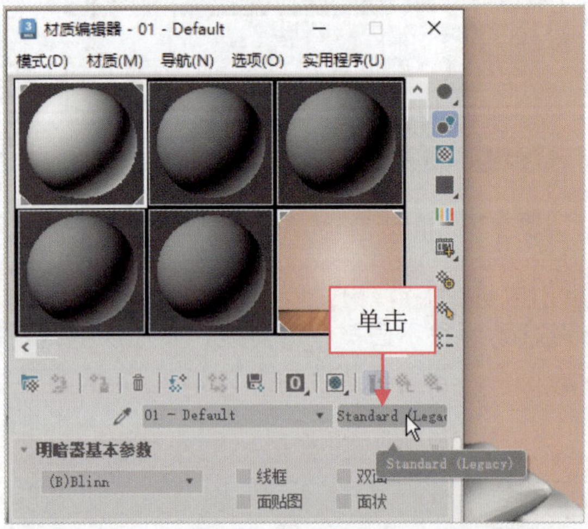

图 6-38 单击 Standard（Legacy）按钮

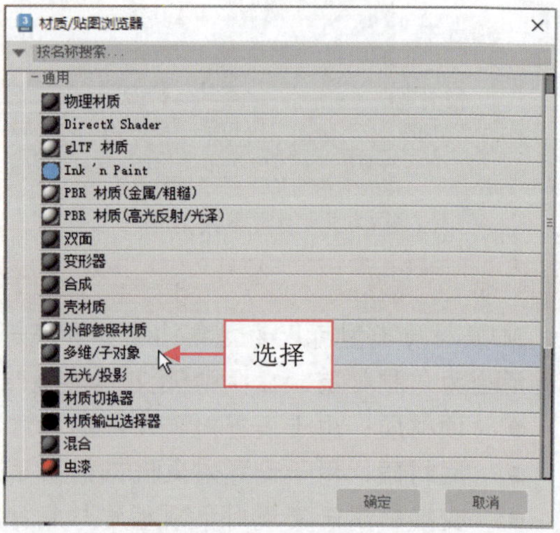

图 6-39 选择“多维/子对象”选项

> **▶ 专家指点**
>
> 在“材质编辑器”窗口中复制材质球非常方便，在示例窗中可以通过拖曳一个材质球到另一个材质球的方法进行复制。

Step 03 单击“确定”按钮，弹出“替换材质”对话框，选中“丢弃旧材质”单选按钮，单击“确定”按钮，展开“多维/子对象基本参数”卷展栏，单击“设置数量”按钮，如图 6-40 所示。

Step 04 执行操作后，弹出“设置材质数量”对话框，设置“材质数量”为 2，如图 6-41 所示，调整子材质的数量。

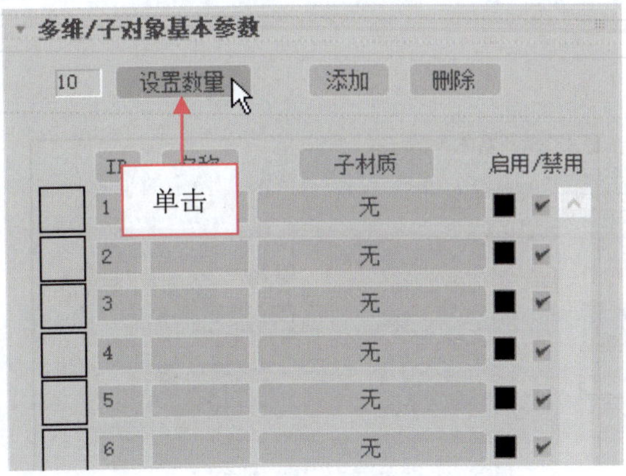

图 6-40　单击“设置数量”按钮

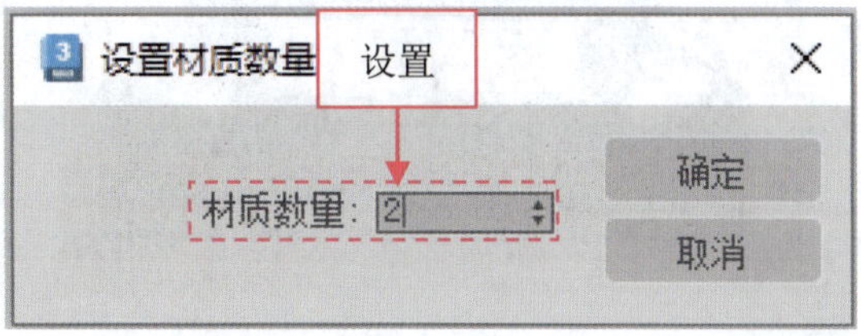

图 6-41　设置“材质数量”参数

Step 05 单击“确定”按钮，在“多维/子对象基本参数”卷展栏中，单击设置 ID 为 1 的“子材质”按钮下方的“无”按钮，如图 6-42 所示。

Step 06 在弹出的“材质/贴图浏览器”对话框中，选择“标准（旧版）”选项，单击“确定”按钮，切换至“Blinn 基本参数”卷展栏，单击“漫反射”右侧的“无”按钮▇，弹出“材质/贴图浏览器”对话框，选择“位图”选项，单击“确定”按钮，弹出“选择位图图像文件”对话框，选择相应的贴图文件，如图 6-43 所示。

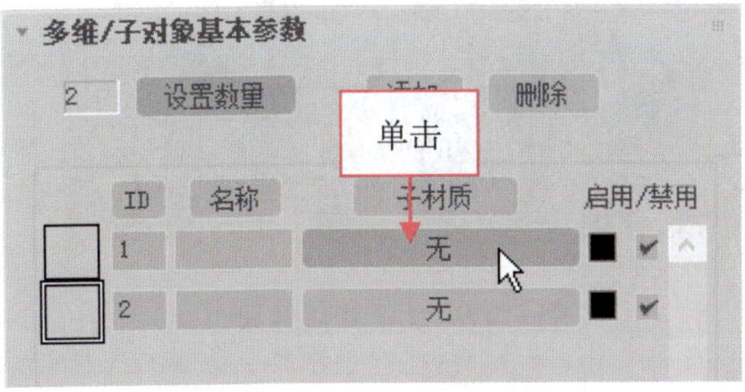

图 6-42　单击“无”按钮

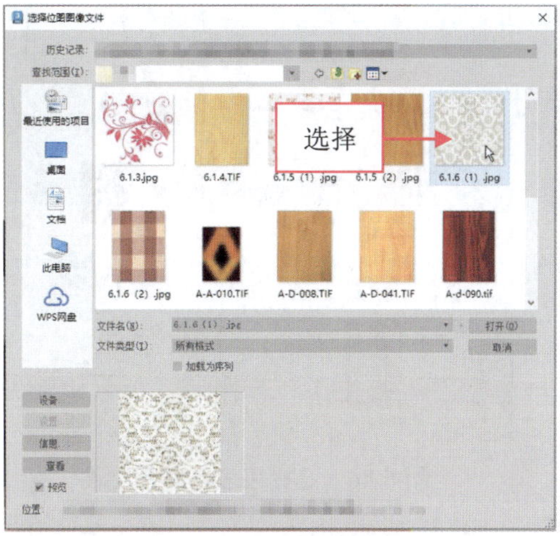

图 6-43　选择相应的贴图文件

▶ 专家指点

很多用户在初次使用多维/子对象材质时经常出错，多是因为搞错 ID 的对应关系，将多维/子对象材质赋予模型后，因为材质是以棱角为界，所以不同材质之间会有明显的区分，没有过渡，这也是多维/子对象材质与其他材质的根本区别。

Step 07 单击“打开”按钮，添加贴图，选择场景中的沙发对象，单击“将材质指定给选定对象”按钮，即可为 ID 为 1 的对象赋予材质贴图，效果如图 6-44 所示。

Step 08 单击两次“转到父对象”按钮，返回到“多维/子对象基本参数”卷展栏，单击设置 ID 为 2 的“子材质”按钮下方的“无”按钮，如图 6-45 所示。

图 6-44　赋予材质效果

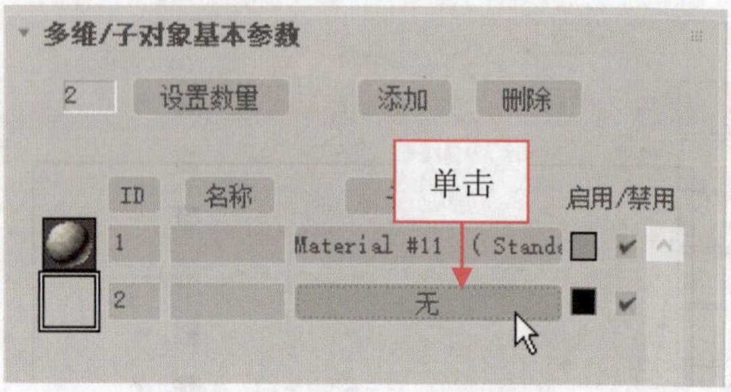

图 6-45　单击“无”按钮

Step 09 在弹出的“材质/贴图浏览器”对话框，选择“标准（旧版）”选项，单击“确定”按钮，切换至“Blinn 基本参数”卷展栏，单击“漫反射”右侧的相应按钮，弹出“材质/贴图浏览器”对话框，选择“位图”选项，单击“确定”按钮，弹出“选择位图图像文件”对话框，选择相应的贴图文件，如图 6-46 所示。

Step 10 单击“打开”按钮，添加贴图，单击“将材质指定给选定对象”按钮，即可赋予材质，效果如图 6-47 所示，按【F9】键进行快速渲染。

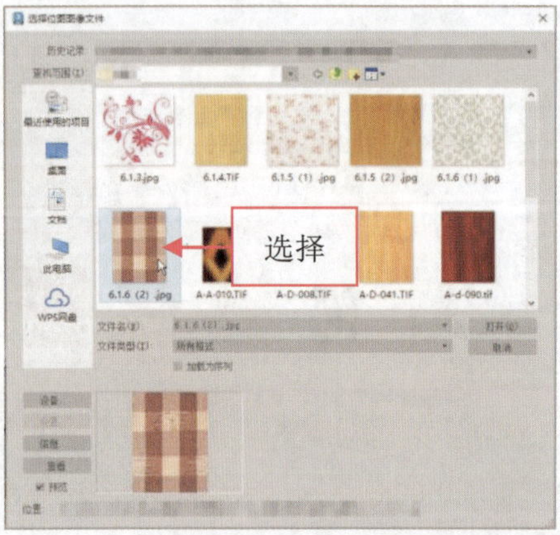

图 6-46　选择相应的贴图文件

图 6-47　赋予材质效果

6.2　室内三维建模的贴图应用

在制作室内三维模型时，应用贴图是提升建模效果的关键一环。通过精心挑选和巧妙应用的贴图，可以为室内场景增添丰富的细节和质感，使其更加逼真和生动。

6.2.1　贴图

贴图作为三维建模中的重要元素，是赋予模型生命与细节的关键技术，让模型从单调走向丰富，从抽象走向具象，是打造逼真三维场景的重要工具，相关示例如图 6-48 所示。贴图不仅仅是简单的图片附着，更是一种艺术与技术的结合，能够让虚拟的三维空间焕发出现实般的生机与活力。

贴图

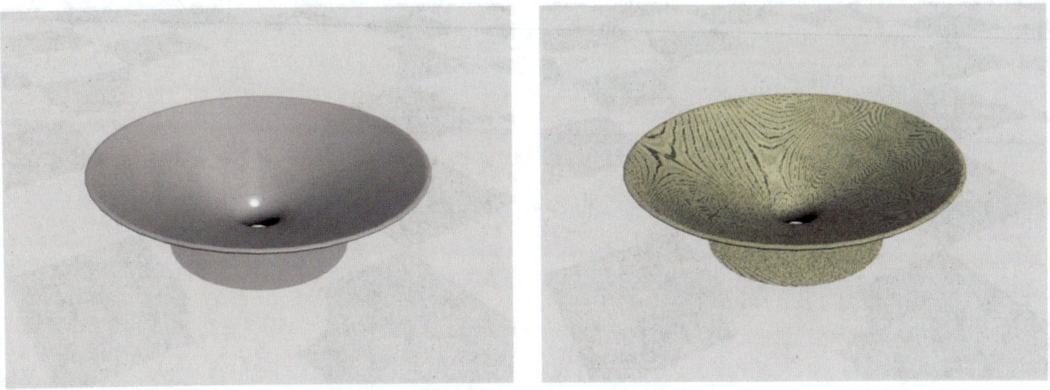

图 6-48　应用贴图的素材与效果对比示例

贴图主要由纹理图案和材质属性构成。纹理图案，如木材的纹理、大理石的纹路、墙面的壁纸等，这些图案为模型提供了丰富的视觉细节，使模型从单调的几何形状转变为具有质感和层次的真实物体；而材质属性，如反射率、粗糙度、透明度等，则决定了物体与光线的交互方式，进一步增强了模型的真实感。

在室内三维建模中，贴图的应用方式多样：可以通过 UV 映射将二维的纹理图案准确地映射到三维模型上，实现无缝衔接；也可以通过烘焙技术，将高模的细节信息烘焙到低模的贴图上，以在保证模型低多边形数的同时，保持模型的细节和真实感。

另外，贴图还可以用于实现许多特殊效果，如环境光遮蔽、法线贴图等，这些技术能够进一步增强室内模型的立体感和细节表现。

6.2.2　应用贴图通道

应用贴图通道

贴图通道是三维建模和渲染中一个至关重要的概念，决定了贴图如何被应用到模型的表面上。贴图通道是 3D 软件中用于定义和应用不同贴图类型的路径或方式，允许在模型的表面上叠加多种贴图效果，如纹理、反射、透明度和凹凸等，从而大大增强了模型的真实感和细节。常见的贴图通道类型包括以下几种。

（1）漫反射颜色贴图通道：用于定义模型的基本颜色和纹理。这是最基本的贴图通道，决定了模型在光线照射下所呈现的主要颜色。

（2）反射贴图通道：用于模拟模型表面的反射效果。通过反射贴图，可以创建出类似镜子或光滑金属表面的反射效果，从而增强模型的光泽感和立体感。

（3）不透明度贴图通道：用于定义模型的透明区域。透明贴图允许创建具有透明或半透明效果的物体，这在制作玻璃、水或树叶等物体时非常有用。

（4）凹凸贴图通道：用于模拟模型表面的凹凸效果。通过凹凸贴图，可以在不改变模型几何形状的情况下，创建出类似浮雕或雕刻的效果，从而增加模型的立体感和细节。

另外，还有诸如自发光贴图通道、环境贴图通道等其他类型的贴图通道，它们各自具有独特的功能和应用场景。总的来说，贴图通道是三维建模和渲染中不可或缺的一部分，让模型更加真实、生动和富有细节。

【效果对比】例如，反射贴图通道可用于表现木质、玻璃、金属和镜面等材质的强烈反光效果。素材与效果对比如图 6-49 所示。

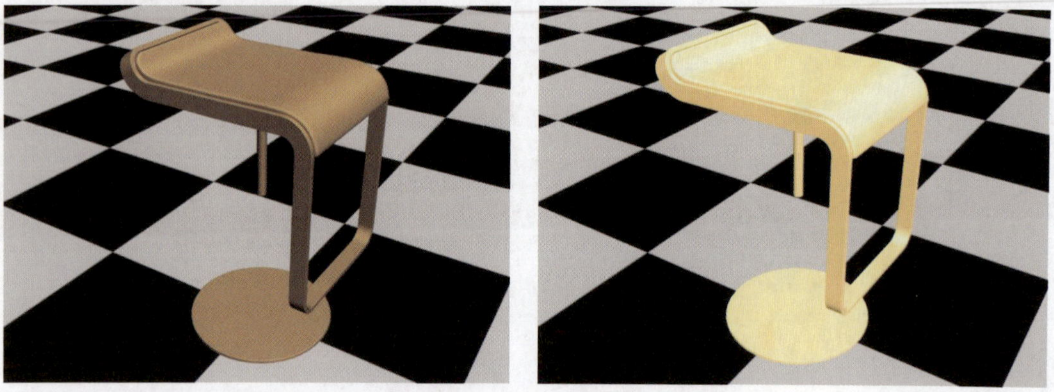

图 6-49　素材与效果对比

下面介绍应用反射贴图通道的操作方法。

Step 01 按【Ctrl + O】组合键，打开素材模型（资源\素材\第 6 章\椅子.max），按【M】键，打开“材质编辑器”窗口，选择合适的材质球，在“贴图”卷展栏中，❶选中“反射”复选框；❷单击右侧的“无贴图”按钮，如图 6-50 所示。

Step 02 执行操作后，弹出“材质/贴图浏览器”对话框，在“贴图”列表框中，选择“位图”选项，如图 6-51 所示。

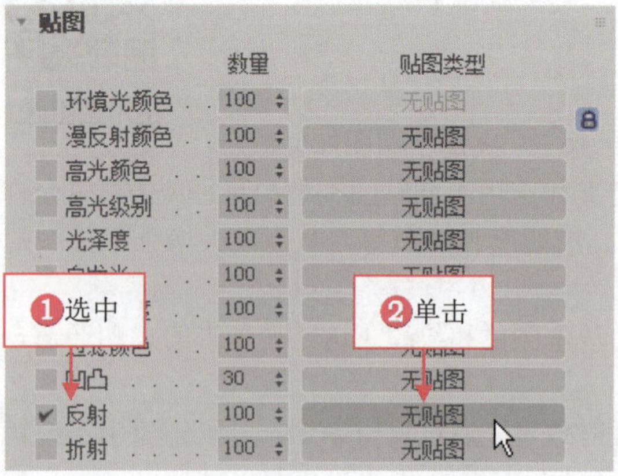

图 6-50　单击“无贴图”按钮

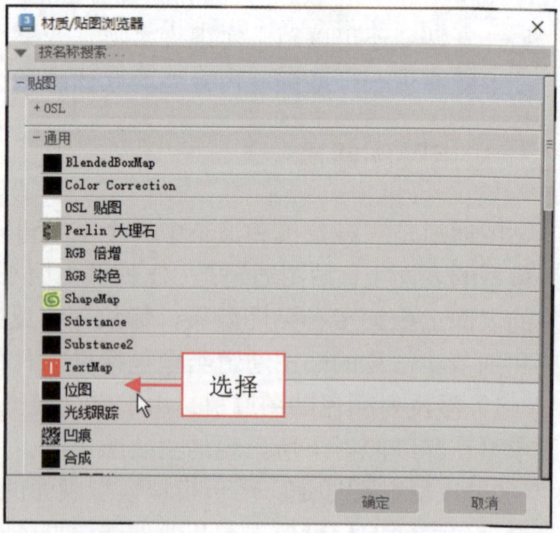

图 6-51　选择“位图”选项

Step 03 单击“确定”按钮，弹出“选择位图图像文件”对话框，选择合适的贴图文件，如图 6-52 所示。

Step 04 单击“打开”按钮，添加贴图，单击“转到父对象”按钮，设置“反射”的“数量”为 60，如图 6-53 所示，调整反射强度。

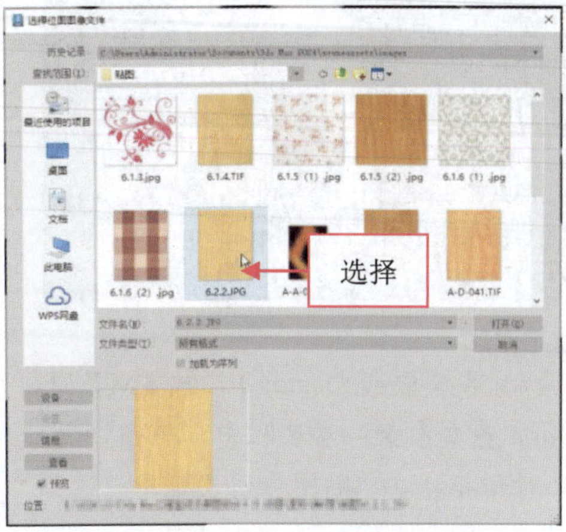

图 6-52　选择合适的贴图文件

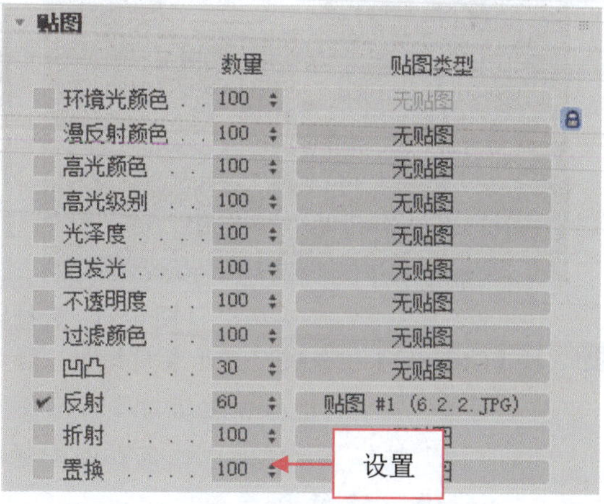

图 6-53　设置“数量”参数

Step 05 选择场景中的模型对象，如图 6-54 所示。

Step 06 ❶单击“将材质指定给选定对象”按钮，赋予材质；❷单击“视口中显示明暗处理材质”按钮，显示贴图，如图 6-55 所示，按【F9】键进行快速渲染。

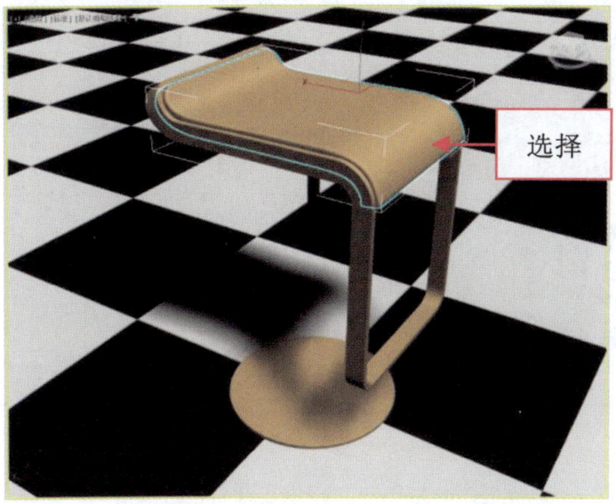

图 6-54　选择场景中的模型对象

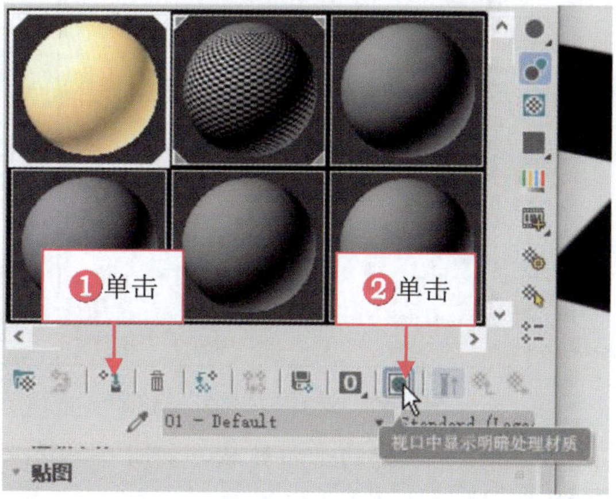

图 6-55　单击“视口中显示明暗处理材质”按钮

6.2.3　制作墙面贴图

【效果对比】通过精心设计的墙面贴图，可以将单调的墙面转变为充满艺术气息的视觉焦点。在 3ds Max 2024 中，平铺贴图主要用于地板、墙面等规则性重复并且有接缝的面贴图。素材与效果对比如图 6-56 所示。

制作墙面贴图

下面介绍制作墙面贴图的操作方法。

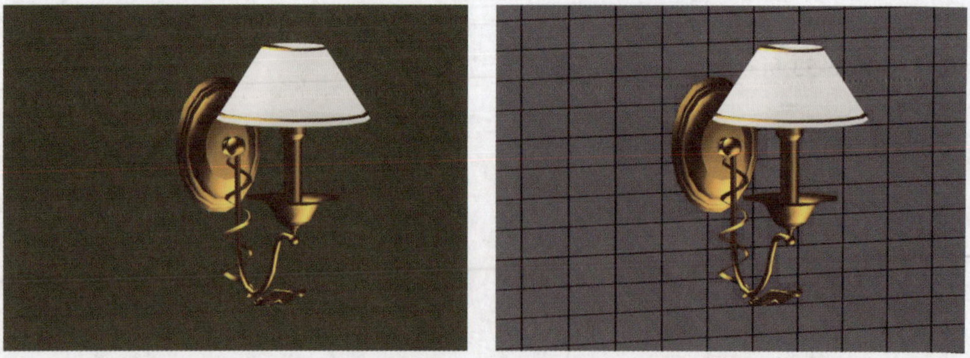

图 6-56　素材与效果对比

Step 01 按【Ctrl + O】组合键，打开素材模型（资源\素材\第 6 章\壁灯.max），按【M】键打开“材质编辑器”窗口，选择合适的材质球，在“Blinn 基本参数”卷展栏中，单击“漫反射”右侧的“无”按钮，弹出“材质/贴图浏览器”对话框，在“贴图”列表框中，选择“平铺”选项，如图 6-57 所示。

Step 02 单击“确定”按钮，展开“坐标”卷展栏，在“瓷砖”选项区下方，设置 *U* 为 3、*V* 为 5，如图 6-58 所示，即可沿指定轴平铺贴图图案。

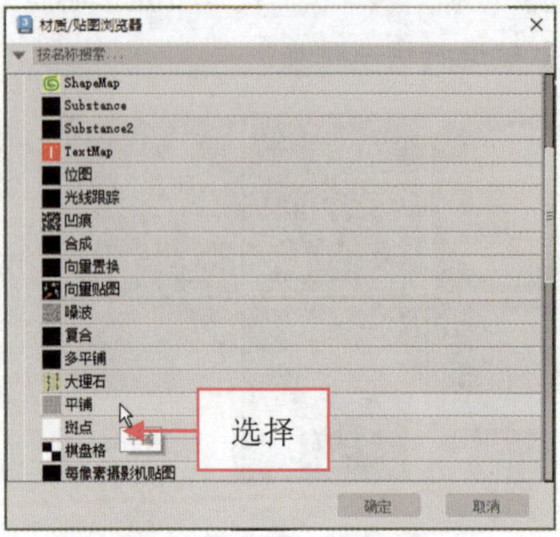

图 6-57　选择“平铺”选项

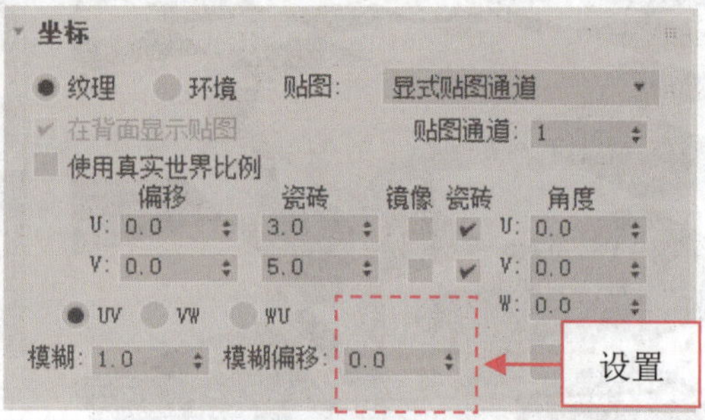

图 6-58　设置参数值

Step 03 选择场景中的平面对象，如图 6-59 所示。

Step 04 单击“将材质指定给选定对象”按钮和“视口中显示明暗处理材质”按钮，显示贴图，效果如图 6-60 所示，按【F9】键进行快速渲染。

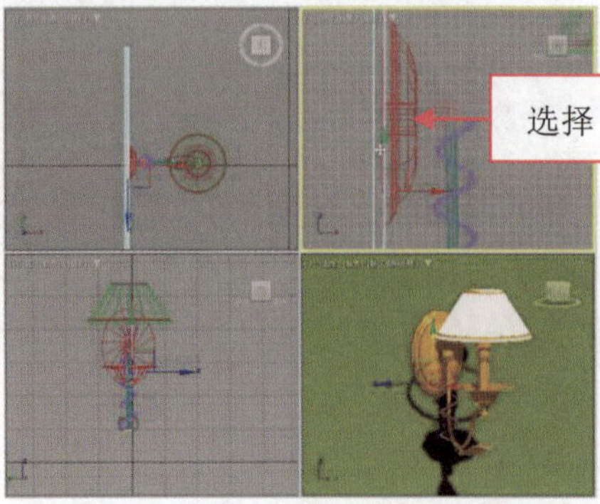

图 6-59　选择场景中的平面对象

图 6-60　显示贴图效果

本章小结

本章主要介绍了室内材质和贴图的应用，包括室内三维建模的材质应用、室内三维建模的贴图应用。首先，介绍了如何在三维建模中有效地运用材质，为室内设计作品增添无限创意与可能；其次，过精心挑选和巧妙应用的贴图，可以为室内场景增添丰富的细节和质感，使其更加逼真和生动。通过本章的学习，帮助读者提升了软件操作的熟练度，更培养了读者对材质质感的感知力、细节把控能力及设计思维。

课后实训

课后实训

【效果对比】在应用三维建模技术塑造逼真室内环境的过程中，为桌子等家具添加真实感十足的木材贴图，是提升整体场景质感的关键步骤。木材贴图常用于过滤色贴图，可使对象的表面产生木质纹理。木材贴图不仅能够赋予桌子以自然的色泽与纹理，还能精准捕捉木材特有的光泽与触感，使虚拟场景中的桌子仿佛触手可及。素材与效果对比如图 6-61 所示。

图 6-61　素材与效果对比

制作桌子贴图的操作方法如下。

Step 01　按【Ctrl + O】组合键，打开素材模型（资源\素材\第 6 章\桌子.max），按【M】键，打开“材质编辑器”窗口，选择合适的材质球，在“Blinn 基本参数”卷展栏中，单击“漫反射”右侧的“无”按钮，弹出“材质/贴图浏览器”对话框，在“贴图”列表框中，选择“高级木材”选项，如图 6-62 所示。

Step 02　单击“确定”按钮，展开“预设”卷展栏，在“预设”下拉列表框中选择“三维蜡木-有光泽”选项，如图 6-63 所示，为材质球应用一种具有三维感和光泽度的蜡木纹理。

Step 03　选择场景中的模型对象，如图 6-64 所示。

Step 04　单击“将材质指定给选定对象”按钮和“视口中显示明暗处理材质”按钮，显示贴图，效果如图 6-65 所示，按【F9】键进行快速渲染。

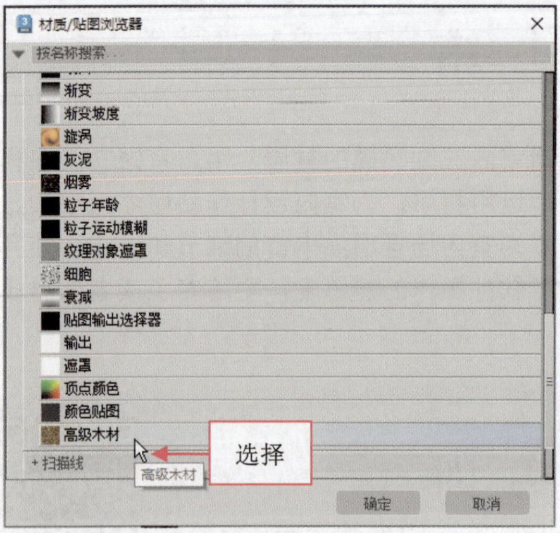

图 6-62　选择“高级木材”选项

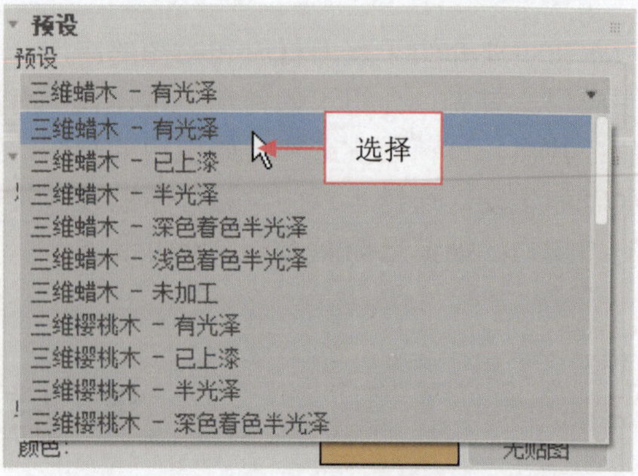

图 6-63　选择“三维蜡木-有光泽”选项

图 6-64　选择场景中的模型对象

图 6-65　显示贴图效果

第 7 章 室内灯光和摄影机的应用

灯光是营造氛围、引导视线和增强场景真实感的关键元素，而摄影机则是捕捉这一切美好瞬间的镜头。掌握灯光布局与类型的选择，以及摄影机的参数设置与视角调整，对于创作出令人惊艳的室内三维场景至关重要。

本章重点

- 掌握室内三维建模的灯光应用方法
- 掌握室内三维建模的摄影机应用方法

素质目标

- 培养读者为场景注入个性化表达，激发创新思维
- 培养读者独特的设计理念与艺术风格

7.1 室内三维建模的灯光应用

灯光不仅能够照亮场景，还成为了塑造氛围、展现质感的关键所在。灯光不仅照亮了虚拟的室内空间，更能引导观者的视线，营造出或温馨舒适、或时尚现代、或庄严肃穆的室内环境。本节将介绍灯光在室内三维建模中的应用技巧，为室内场景注入生命力，让设计作品更加引人入胜。

灯光

7.1.1 灯光

灯光是模拟现实世界中各种光源（如家居、办公室灯光、舞台与电影照明设备，乃至太阳光）的虚拟对象。不同类型的灯光对象以不同的方式投射光线，以再现真实世界中光源的多样性，相关示例如图 7-1 所示。

图 7-1 灯光应用的相关示例

在 3ds Max 2024 中，用户可以通过“创建”面板或“创建”菜单命令来创建灯光，如图 7-2 所示。当场景中缺乏灯光时，系统会使用默认的照明进行着色或渲染。但为追求更逼真的效果，用户可以添加灯光。照明不仅能提升场景的清晰度与立体感，还能用作投影图像。一旦创建了自定义灯光，默认照明就会被禁用；若删除所有自定义灯光，默认照明将重新启用。默认照明由两个不可见的灯光组成，分别位于场景上方偏左和下方偏右的位置。

用户可以通过“添加默认灯光到场景”命令，将默认照明转化为灯光对象。此外，场景照明还受到“环境和效果”对话框中“环境”面板上的“环境光”设置的影响。

3ds Max 2024 提供光度学灯光和标准灯光两种类型。光度学灯光使用光度学值来精确模拟真实世界的灯光特性，如分布、强度、色温等，甚至可以导入照明制造商的光度学文件；而标准灯光则基于计算机模拟，如家居、办公室灯光、舞台与电影照明设备及太阳光，但不具备基于物理的强度值。

在营造夜间场景氛围时，标准灯光更为适用。另外，用户不仅可以为灯光位置设置动画，还可以为其颜色、强度等参数设置动画。使用“放置高光”命令可以轻松更改灯光位置。而“灯光”视口对调整灯光非常有用，但对调整泛光灯则效果有限。若需模拟太阳光，建议使用日光系统，并设置相应的日期、时间和地理位置。

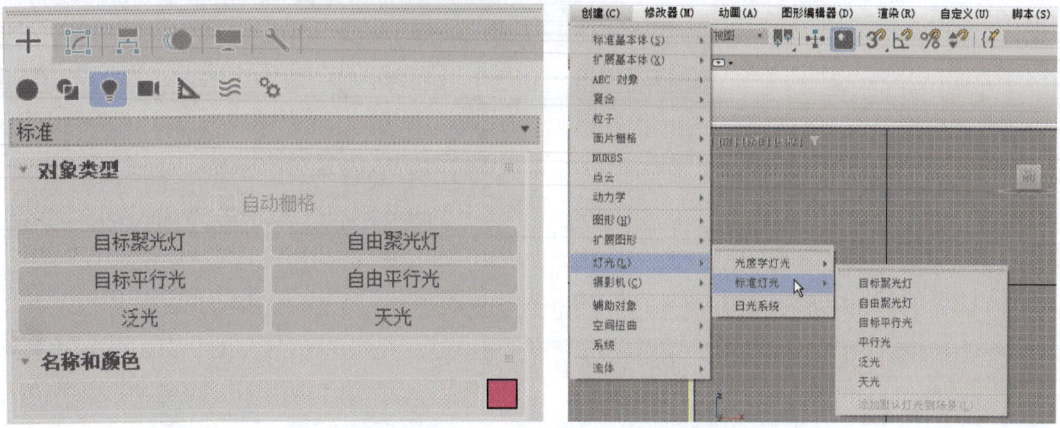

图 7-2　灯光相关的“创建”面板和“创建”菜单

7.1.2　使用目标聚光灯制作雕塑灯光

使用目标聚光灯
制作雕塑灯光

【效果对比】雕塑作为静态的空间艺术，其形态、质感与情感表达，在很大程度上依赖于灯光的巧妙运用。目标聚光灯可以产生一个锥形的投影光束，照射区域的对象会受灯光的影响而产生逼真的投射阴影，并且用户可以随意地调整光束范围，当场景中有对象遮住光束时，光束将被截断。使用目标聚光灯进行巧妙布局，可以创造出既实用又美观的雕塑灯光效果。素材与效果对比如图 7-3 所示。

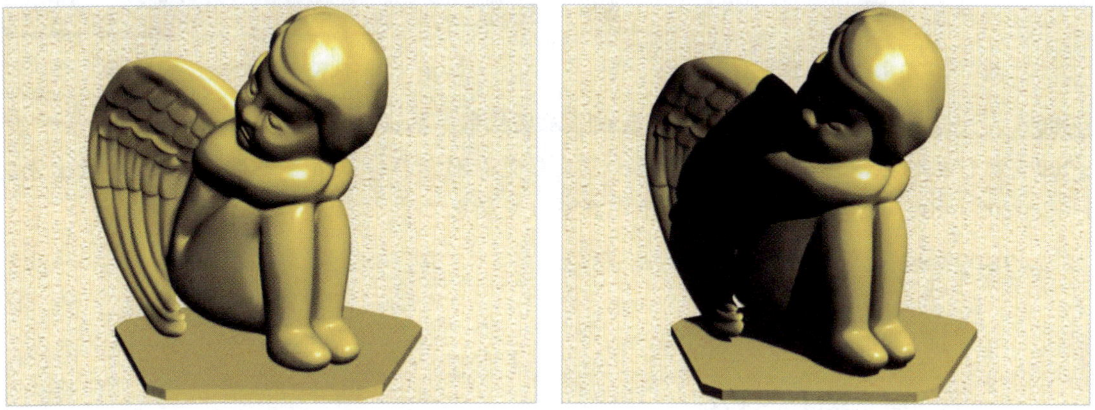

图 7-3　素材与效果对比

下面介绍使用目标聚光灯制作雕塑灯光的操作方法。

Step 01 按【Ctrl + O】组合键，打开素材模型（资源\素材\第 7 章\雕塑.max），如图 7-4 所示。

Step 02 在“创建”面板中，❶单击“灯光”按钮；❷在下面的列表框中选择“标准”选项，如图 7-5 所示。

Step 03 在“对象类型”卷展栏中，单击“目标聚光灯”按钮，如图 7-6 所示。

Step 04 在前视图中，按住鼠标左键并拖曳，创建目标聚光灯，如图 7-7 所示。

图 7-4　打开素材模型

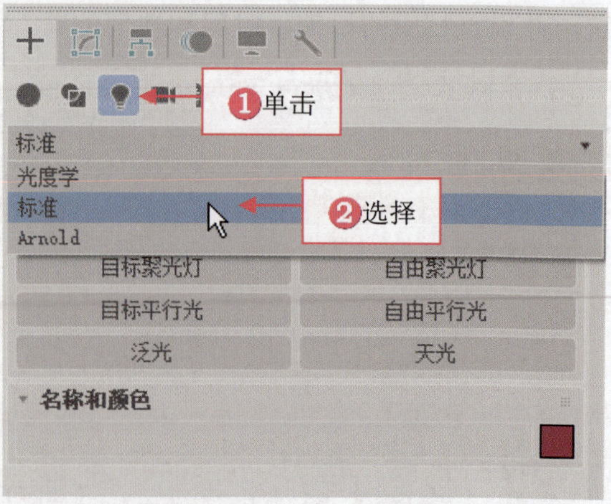

图 7-5　选择“标准”选项

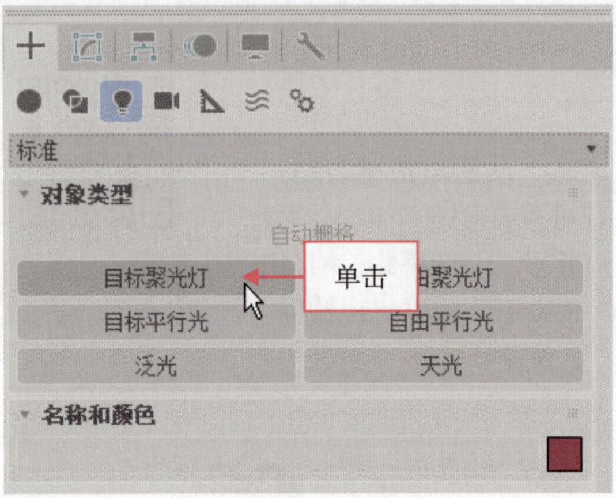

图 7-6　单击“目标聚光灯”按钮

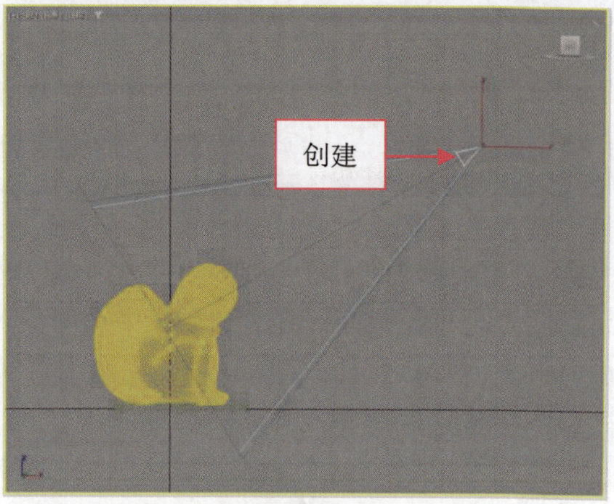

图 7-7　创建目标聚光灯

Step 05　在“修改”面板的“强度/颜色/衰减”卷展栏中，单击颜色色块，如图 7-8 所示。

Step 06　执行操作后，弹出“颜色选择器：灯光颜色”对话框，设置各参数（RGB 参数值分别为 208、209、159），如图 7-9 所示，调整灯光颜色。

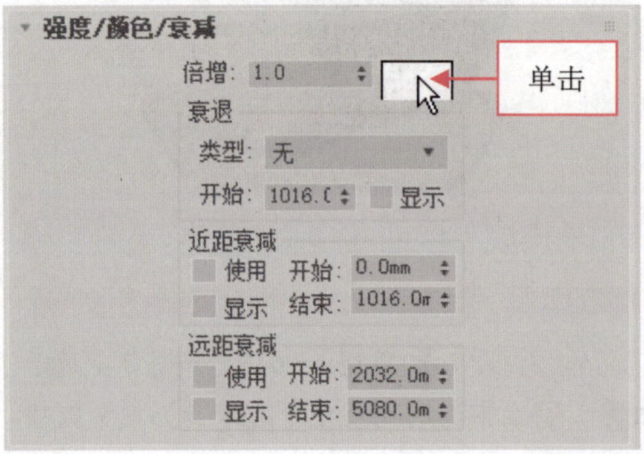

图 7-8　单击颜色色块

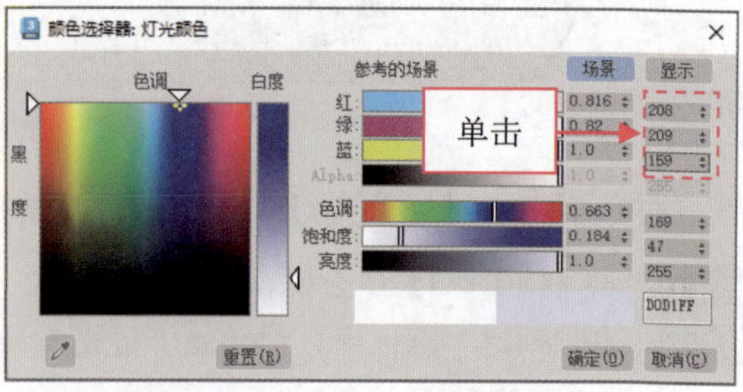

图 7-9　设置参数值

Step 07　单击“确定”按钮，即可设置灯光颜色，如图 7-10 所示。

Step 08　按【F9】键进行快速渲染，效果如图 7-11 所示。

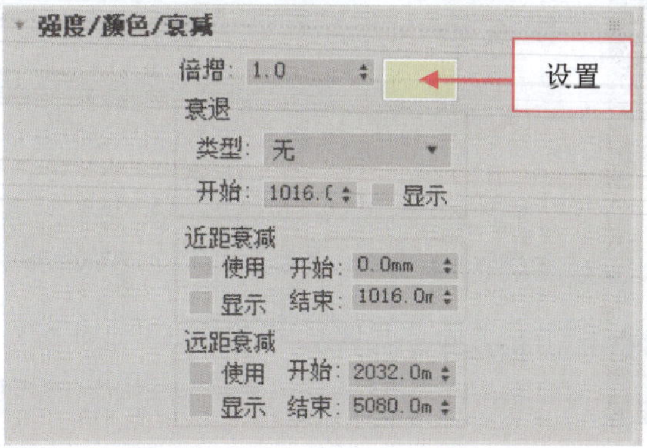

图 7-10　设置灯光颜色

图 7-11　渲染模型效果

▶ 专家指点

目标聚光灯的光源来自一个发光点，可以产生一个锥形的照明区域，从而影响光束里的对象，产生灯光的效果。在指定目标聚光灯的目标物后，灯光的本体将始终朝向目标物。

7.1.3　使用目标平行光制作日光

使用目标平行光制作日光

【效果对比】在三维图形渲染与动画制作中，模拟真实世界的光照效果是至关重要的。其中，日光作为最常见的自然光源之一，其真实感的营造对于场景氛围的塑造具有举足轻重的地位。目标平行光作为一种强大的照明工具，以其独特的平行光线特性，成为模拟日光效果的首选，能够创造出逼真而富有层次感的日光。素材与效果对比如图 7-12 所示。

图 7-12　素材与效果对比

下面介绍使用目标平行光制作日光的操作方法。

Step 01　按【Ctrl＋O】组合键，打开素材模型（资源\素材\第 7 章\木椅.max），如图 7-13 所示。

Step 02　在“创建”面板的“灯光”选项卡中，单击“对象类型”卷展栏中的“目标平行光”按钮，如图 7-14 所示。

图 7-13　打开素材模型

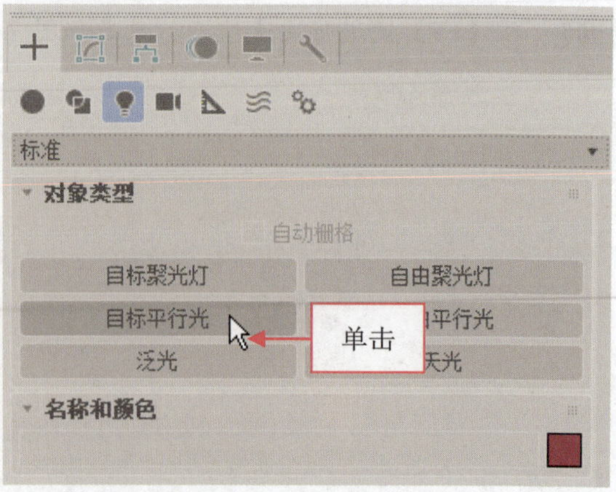

图 7-14　单击“目标平行光”按钮

Step 03　在前视图中，按住鼠标左键并拖曳，创建目标平行光，如图 7-15 所示。

Step 04　在“强度/颜色/衰减”卷展栏中，设置“倍增”为 2，如图 7-16 所示，灯光亮度增加一倍。

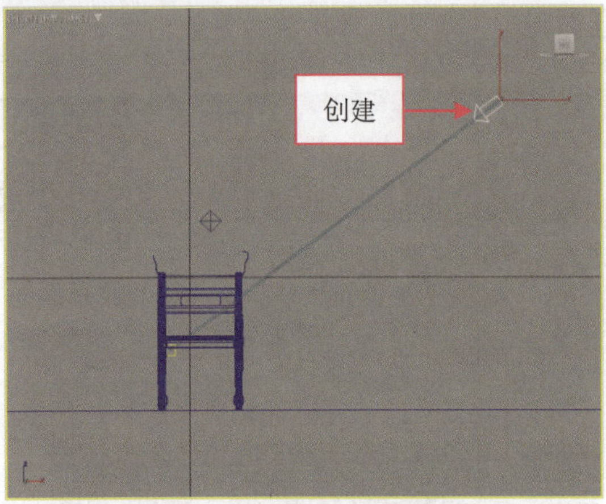

图 7-15　创建目标平行光

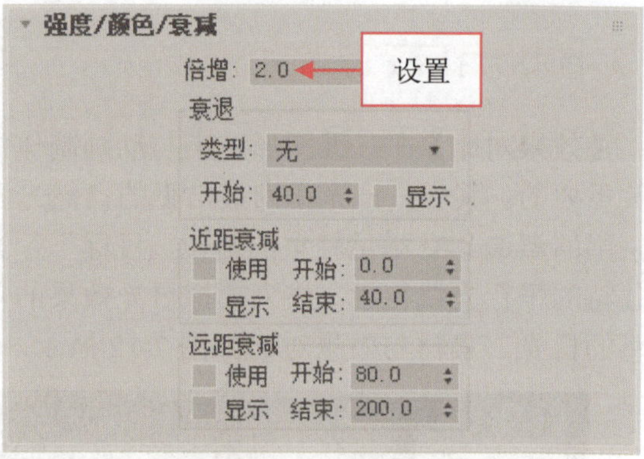

图 7-16　设置“倍增”参数

▶ 专家指点

除了运用上述方法创建目标平行光外，用户还可以单击菜单栏中的“创建”|“灯光”|“标准灯光”|“目标平行光”命令。目标平行光可以产生圆柱形的平行照射区域，类似于激光的光束，常用来模拟太阳光、极远处的探照灯等光源。

另外，灯光的颜色和强度可以通过“强度/颜色/衰减参数”卷展栏进行设置，同时也可在此定义灯光的衰减效果。衰减是指灯光强度随着距离增加而逐渐减弱的现象。在 3ds Max 2024 中，用户可以明确设置衰减值，这种设置与现实中的灯光效果不同，它能让用户更直接地控制灯光的淡入或淡出方式。

Step 05　在“平行光参数”卷展栏中，设置“聚光区/光束”为 2 000、“衰减区/区域”为 2 002，如图 7-17 所示，调整灯光照射范围和灯光衰减区的大小。

Step 06　按【F9】键进行快速渲染，效果如图 7-18 所示。

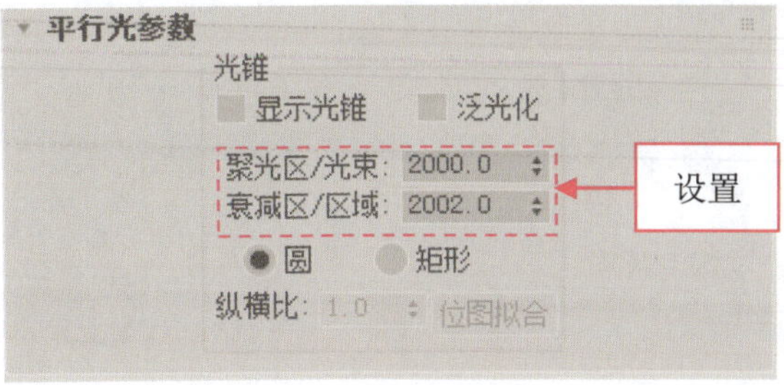

图 7-17　设置参数值

图 7-18　渲染模型效果

7.1.4　使用自由平行光制作茶几灯光

使用自由平行光制作茶几灯光

【效果对比】自由平行光是一种类似于自由聚光灯的光源，没有目标点，发射出平行光束，并产生圆柱形的照射区域。下面将介绍如何使用自由平行光来打造茶几的灯光效果，通过调整光源的角度、强度和颜色，使茶几成为视觉焦点，同时营造出温馨舒适的居家氛围。素材与效果对比如图 7-19 所示。

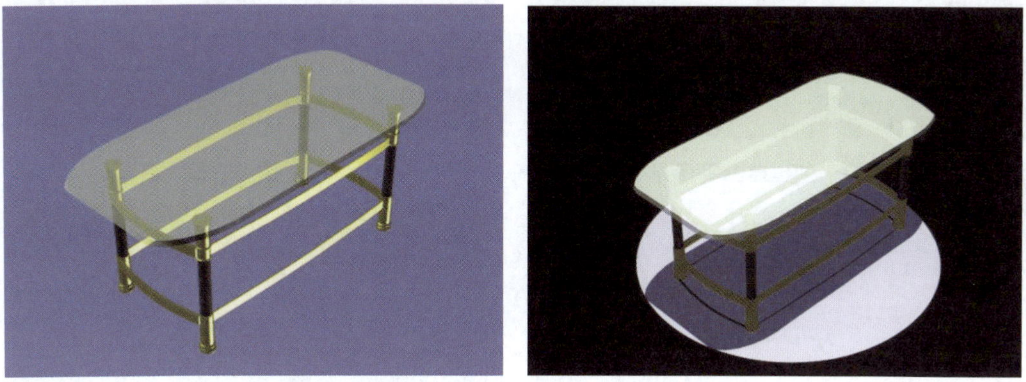

图 7-19　素材与效果对比

下面介绍使用自由平行光制作茶几灯光的操作方法。

Step 01　按【Ctrl + O】组合键，打开素材模型（资源\素材\第 7 章\茶几.max），如图 7-20 所示。

Step 02　在“创建”面板的“灯光”选项卡中，单击“对象类型”卷展栏中的“自由平行光”按钮，如图 7-21 所示。

Step 03　移动鼠标指针至顶视图中，单击鼠标左键，创建自由平行光，如图 7-22 所示。

Step 04　在“强度/颜色/衰减”卷展栏中，设置“倍增”为 1.5，如图 7-23 所示，增加灯光亮度。

Step 05　在“平行光参数”卷展栏中，设置“聚光区/光束”为 500、“衰减区/区域”为 502，如图 7-24 所示，调整灯光照射范围和灯光衰减区的大小。

Step 06　在各个视图中，选择自由平行光，对其进行移动，适当调整其位置，如图 7-25 所示，按【F9】键进行快速渲染。

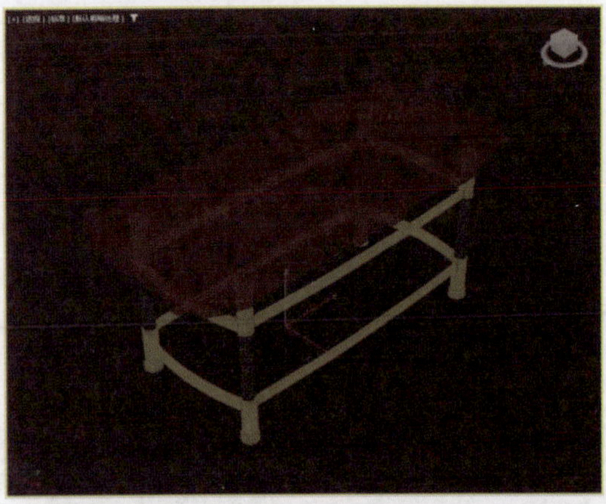

图 7-20　打开素材模型

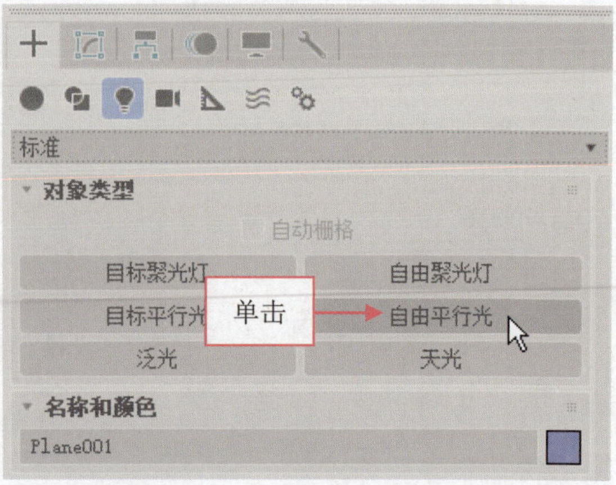

图 7-21　单击“自由平行光”按钮

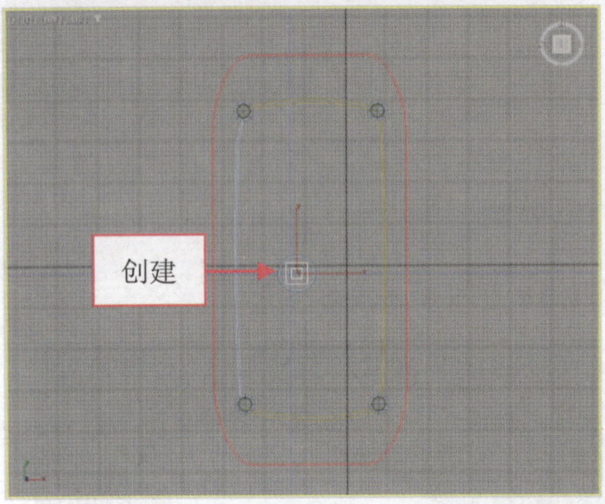

图 7-22　创建自由平行光

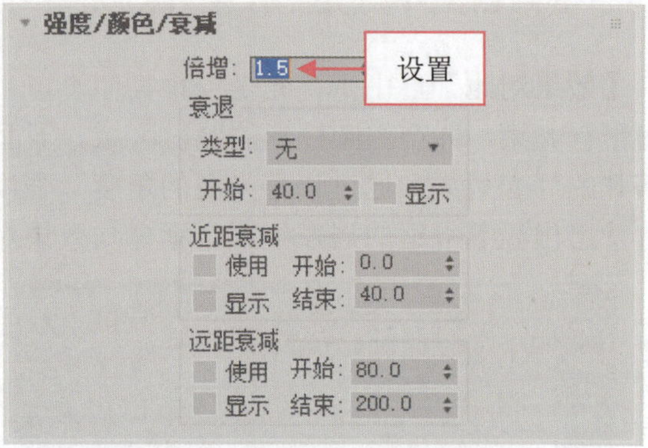

图 7-23　设置“倍增”参数

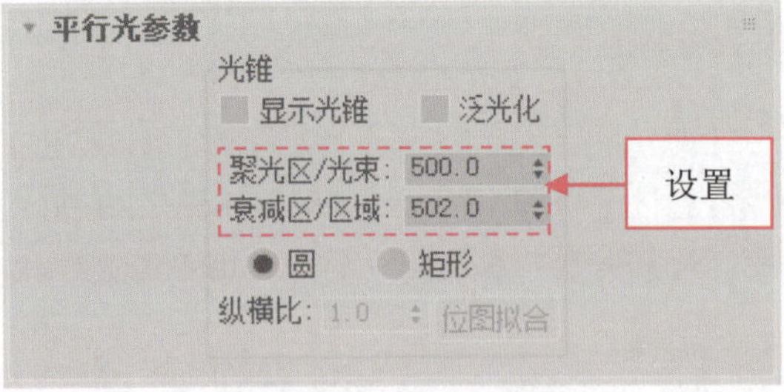

图 7-24　设置参数值

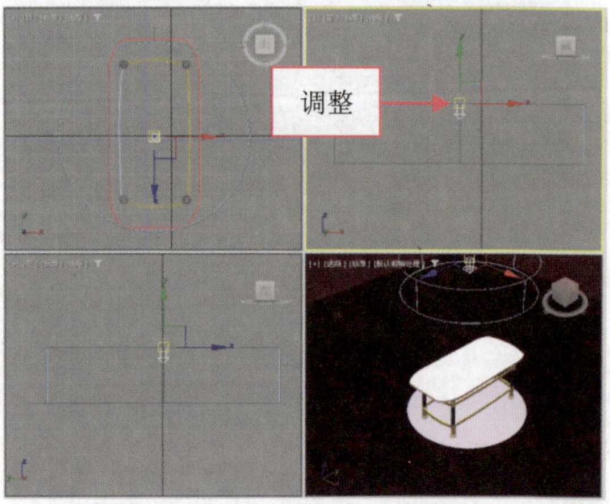

图 7-25　调整自由平行光位置

▶ 专家指点

自由平行光的投射点和目标点，不能分别进行调整，因此只能进行整体的旋转或移动。由于自由平行光的光线是平行的，所以光线形状呈圆形或矩形棱柱，而不是圆锥体。

7.1.5　使用泛光制作卧室灯光

使用泛光制作卧室灯光

【效果对比】在营造温馨舒适的卧室环境时，灯光的运用至关重要。泛光作为一种柔和而均匀的照明方式，能够巧妙地营造出温馨浪漫的氛围，使卧室成为放松身心的理想空间。素材与效果对比如图 7-26 所示。

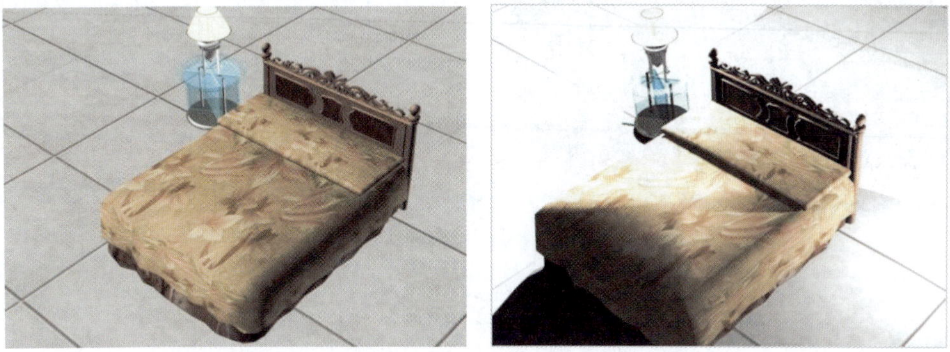

图 7-26　素材与效果对比

下面介绍使用泛光制作卧室灯光的操作方法。

Step 01　按【Ctrl + O】组合键，打开素材模型（资源\素材\第 7 章\卧室.max），如图 7-27 所示。

Step 02　在“创建”面板的“灯光”选项卡中，单击“对象类型”卷展栏中的“泛光”按钮，如图 7-28 所示。

图 7-27　打开素材模型

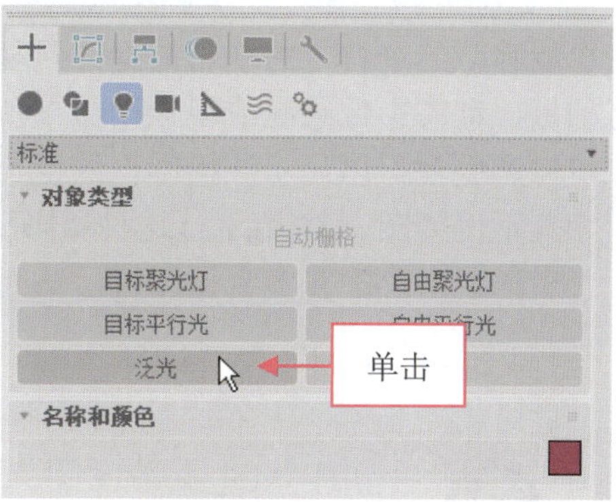

图 7-28　单击“泛光”按钮

▶ 专家指点

“灯光”选项卡中的天光是一种类似于日光的灯光类型，能够模拟自然光的漫射效果，常与“光线跟踪器”功能结合使用，使对象产生更加生动逼真的阴影效果。使用天光时，可以设置天空的颜色或指定为贴图。

Step 03　移动鼠标指针至前视图中，单击鼠标左键，创建泛光，如图 7-29 所示。

Step 04　在“强度/颜色/衰减”卷展栏中，设置“倍增”为 1.5，如图 7-30 所示，增加灯光亮度，并按【F9】键进行快速渲染。

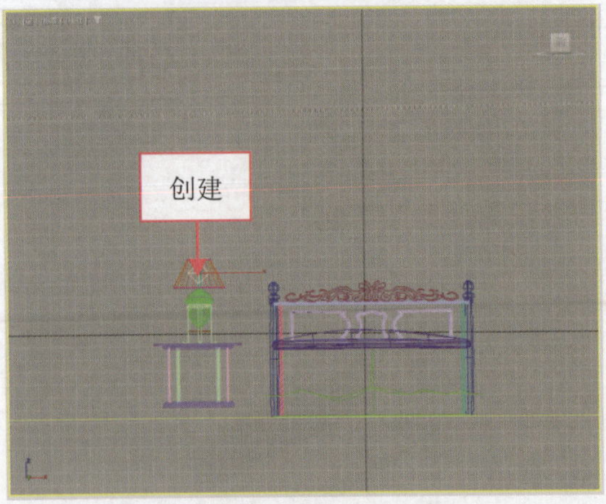

图 7-29　创建泛光

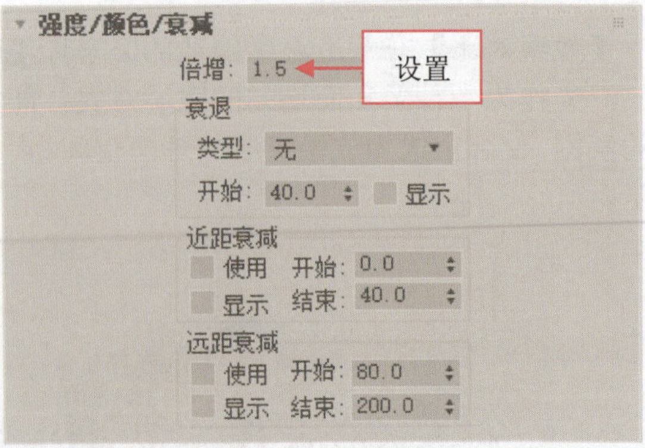

图 7-30　设置“倍增”参数

7.2　室内三维建模的摄影机应用

在室内三维建模中，摄影机扮演着至关重要的角色，它不仅可以确定画面的构图和视角，还能控制渲染效果，使得最终的作品更加生动逼真。本节主要介绍室内建模的摄影机应用技巧，帮助用户更好地掌握这一工具，创作出更加优秀的三维室内效果图作品。

7.2.1　认识摄影机

认识摄影机

摄影机能够从一个特定的视角捕捉并展现场景，它模拟了真实世界中的静态图像拍摄、动态影像录制或视频拍摄设备的运作机制。成功创建摄影机后，用户可以调整视口以显示该摄影机的视角，仿佛自己正透过它的镜头进行观察，相关示例如图 7-31 所示。这种摄影机视口对于编辑三维几何体、设定渲染场景而言极为实用。一个场景中可配置多台摄影机，从而提供多样化的视角选择。

图 7-31　摄影机的应用效果示例

若用户希望为观察点增添动态效果，只需创建一个摄影机并为其位置设定动画。例如，用户可以设置摄影机飞越一片地形或沿建筑物移动。除此之外，摄影机的其他参数同样可以动画化，比如调整视野大小，以实现场景缩放的视觉效果。

7.2.2　使用标准摄影机增加空间体积感

使用标准摄影机
增加空间体积感

在 3ds Max 2024 中，标准摄影机包括物理摄影机、目标摄影机和自由摄影机 3 种，相关介绍如下。

（1）物理摄影机：是一种能够将场景的帧设置、曝光控制及其他效果集成在一起的摄影机类型，它特别适用于基于物理的真实照片级渲染，是此类渲染的最佳选择。不过，物理摄影机的功能支持程度会根据所使用的渲染器而有所差异。

（2）目标摄影机：允许用户查看目标对象周围的区域。在创建目标摄影机时，会看到一个由两部分组成的图标，分别代表摄影机及其目标（显示为一个小框）。摄影机和目标可以分别设置动画，这使得在摄影机不沿特定路径移动时，操作起来更加方便。

（3）自由摄影机：允许用户在摄影机指向的方向上查看区域。创建自由摄影机时，会显示一个图标，该图标代表摄影机及其视野。虽然自由摄影机的图标与目标摄影机的图标看起来相似，但自由摄影机并没有一个需要单独设置动画的目标图标。因此，当摄影机的位置需要沿一个路径设置动画时，使用自由摄影机会更加方便。

【效果对比】例如，目标摄影机允许用户设置一个明确的目标点，使摄影机能够始终对准该点，从而更容易控制画面的构图和深度。在室内三维建模中，利用目标摄影机可以有效地增加空间的体积感，使场景更加立体和生动。素材与效果对比如图 7-32 所示。

图 7-32　素材与效果对比

下面介绍使用标准摄影机增加空间体积感的操作方法。

Step 01　按【Ctrl + O】组合键，打开素材模型（资源\素材\第 7 章\房间 1.max），如图 7-33 所示。

Step 02　在“创建”面板中，❶单击“摄影机”按钮；❷在“标准”选项区的“对象类型”卷展栏中单击“目标”按钮，如图 7-34 所示。

Step 03　在左视图中，按住鼠标左键并拖曳，创建目标摄影机，如图 7-35 所示。

Step 04　在各个视图中，适当调整摄影机的位置，如图 7-36 所示。

Step 05　在“修改”面板的“参数”卷展栏中，设置“镜头”为 45 mm、“近距范围”为 2 200、“远距范围”为 5 000、“目标距离”为 2 450，如图 7-37 所示，控制场景在摄像机视角下的视觉效果。

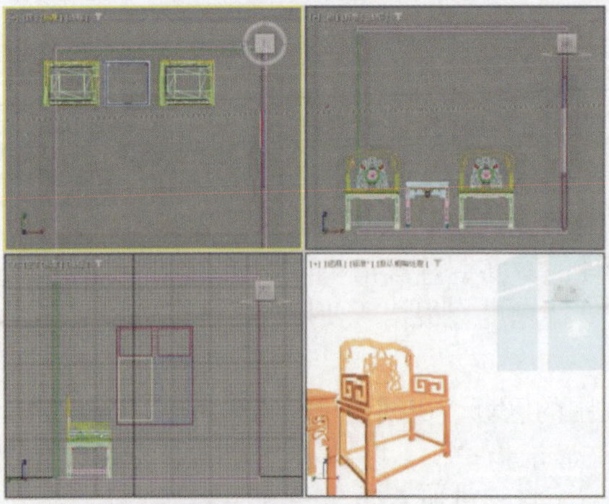

图 7-33　打开素材模型

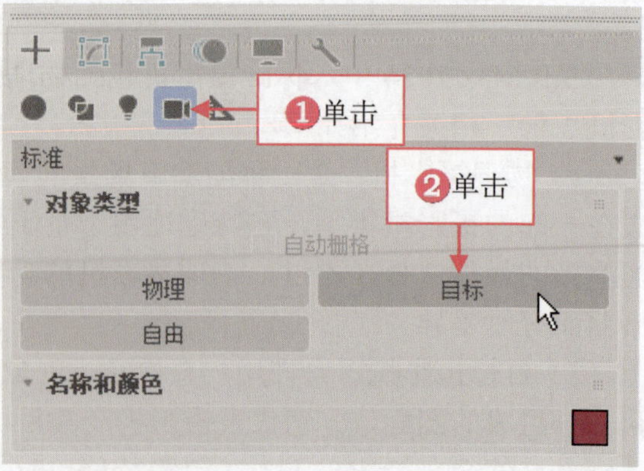

图 7-34　单击“目标”按钮

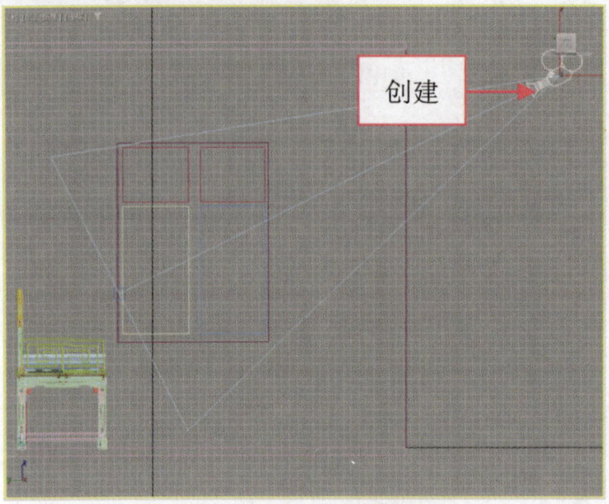

图 7-35　创建目标摄影机

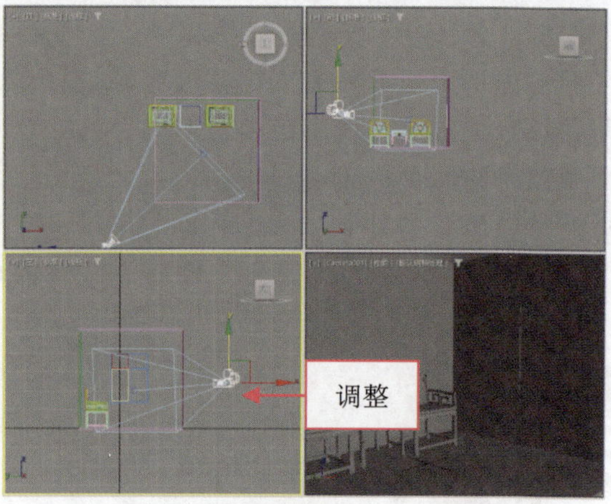

图 7-36　调整摄影机的位置

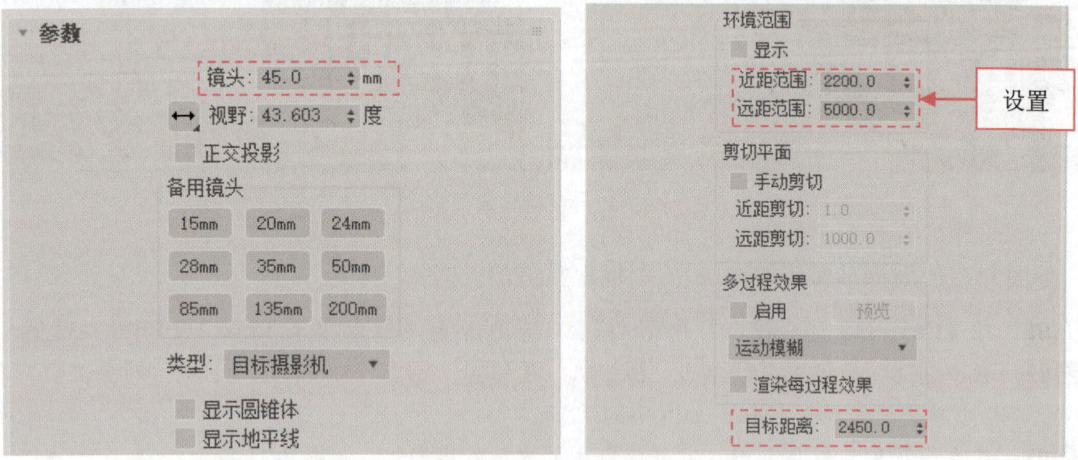

图 7-37　设置参数值

▶ 专家指点

在“参数”卷展栏中，各主要选项的含义如下。

- **镜头**：以毫米为单位设置摄影机的焦距。
- **视野**：用于设置摄影机查看区域的宽度视野，有水平、垂直和对角线 3 种。
- **正交投影**：选中该复选框，系统将把摄影机视图转换为正交投影视图。
- **备用镜头**：该选项区中提供了一些标准镜头，单击相应的按钮，镜头和视野数值框中的数值会自动更新。
- **类型**：用于切换摄影机的类型，如目标摄影机、物理摄影机等。
- **环境范围**：用于模拟大气环境效果，而大气的浓度由摄影机范围决定。
- **剪切平面**：用于设置摄影机的剪切范围，范围外的场景对象不可见。
- **目标距离**：用于设置摄影机与目标点之间的距离。

Step 06　执行操作后，可以看到摄影机的视角变大了，如图 7-38 所示。

Step 07　按【F9】键进行快速渲染，效果如图 7-39 所示。

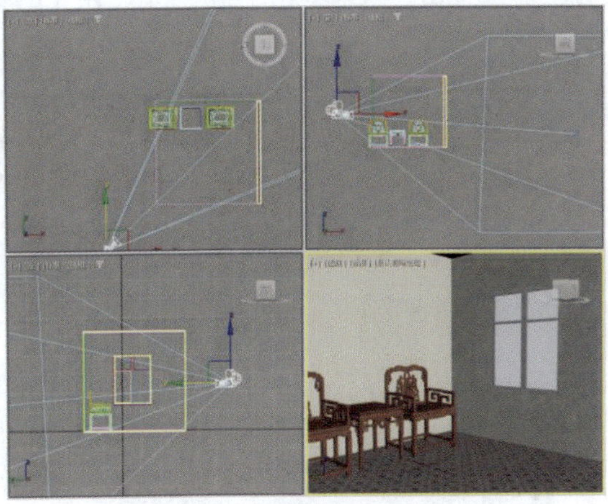

图 7-38　摄影机的视角变大

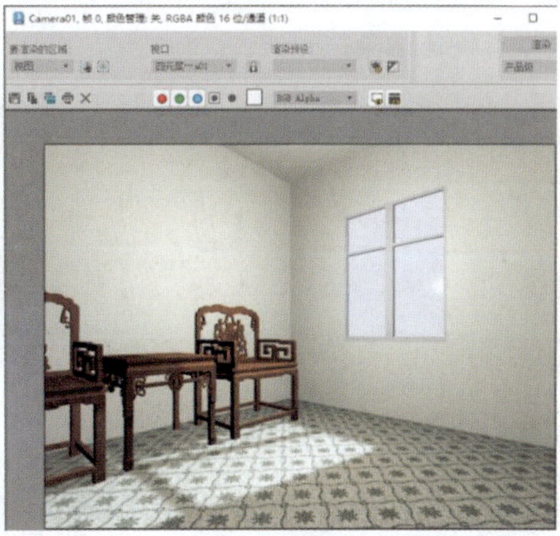

图 7-39　渲染模型效果

7.2.3　将场景视口更改为摄影机视图

【效果对比】在任何视口中，用户都可以通过鼠标左键单击或右键单击“观察点”视口标签，从弹出的列表框中选择“摄影机”选项。此时，“摄影机”子菜单将列出场景中每个摄影机的名称，用户只需选择所需摄影机的名称，即可将该视口显示所选摄影机的观察点。在摄影机视图中，用户可以根据场景的需要随意调整摄影机的角度与位置，因此使用起来更加方便。素材与效果对比如图 7-40 所示。

将场景视口更改为摄影机视图

▶ 专家指点

需要注意的是，当用户切换到摄影机视图时，3ds Max 2024 窗口右下角的导航按钮将变为“摄影机”视口控件。不过，“所有视图最大化显示”弹出按钮和“最小化/最大化”切换按钮仍然可见，但这些控件并不特定于摄影机视图。

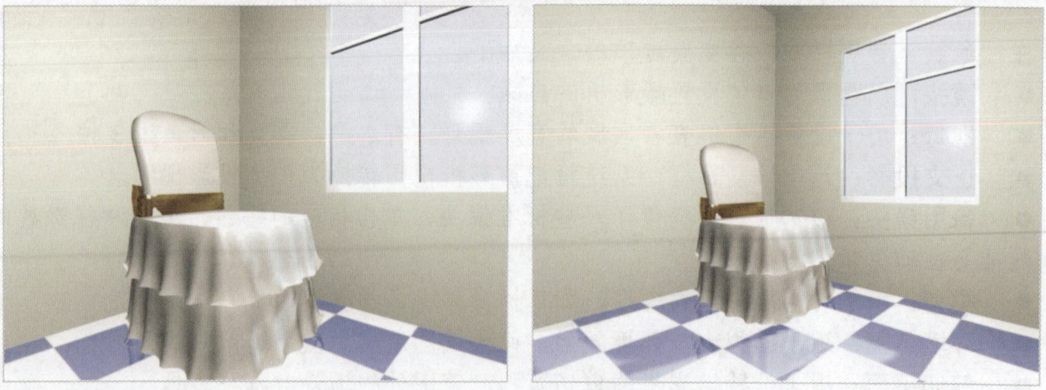

图 7-40　素材与效果对比

下面介绍将场景视口更改为摄影机视图的操作方法。

Step 01　按【Ctrl + O】组合键，打开素材模型（资源\素材\第 7 章\房间 2.max），如图 7-41 所示。

Step 02　在透视视图中，按【C】键，即可切换为摄影机视图，效果如图 7-42 所示，按【F9】键进行快速渲染。

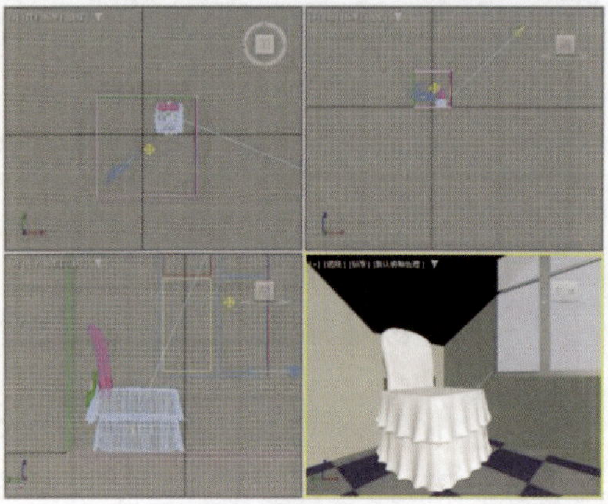

图 7-41　打开素材模型

图 7-42　摄影机视图效果

> **▶ 专家指点**
>
> 需要注意的是，仅仅激活摄影机视图并不会自动选择该摄影机。如果用户想通过同时使用其视图和“修改”面板来调整摄影机，那么需要先选择该摄影机对象，然后再激活摄影机视图。当用户处于其他视图时，也可以选择在摄影机视图中查看安全框区域的显示，以帮助调整最终渲染输出的构图。

7.2.4　使用标准摄影机校正倾斜的视角

【效果对比】在使用三维建模时，如果遇到倾斜的视角问题，可以通过标准摄影机来进行校正，它能确保模型在视觉上保持一致性和准确性，避免因视角倾斜而导致的视觉扭曲或失真。素材与效果对比如图 7-43 所示。

使用标准摄影机校正倾斜的视角

下面介绍使用标准摄影机校正倾斜的视角的操作方法。

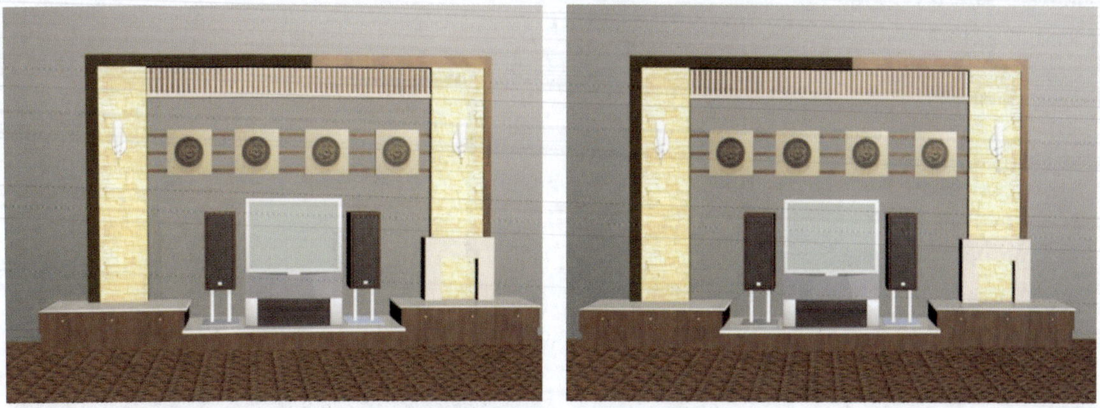

图 7-43　素材与效果对比

Step 01　按【Ctrl + O】组合键，打开素材模型（资源\素材\第 7 章\电视背景墙.max），如图 7-44 所示。

Step 02　选择摄影机，按【Shift + F】组合键，打开安全框，可以看到该摄影机视角有些倾斜，如图 7-45 所示。

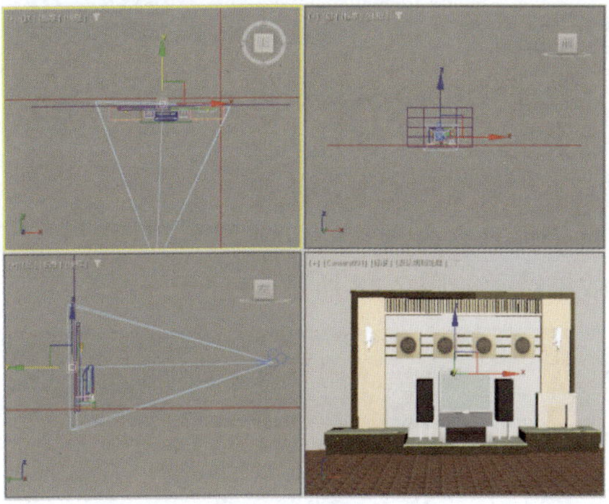

图 7-44　打开素材模型

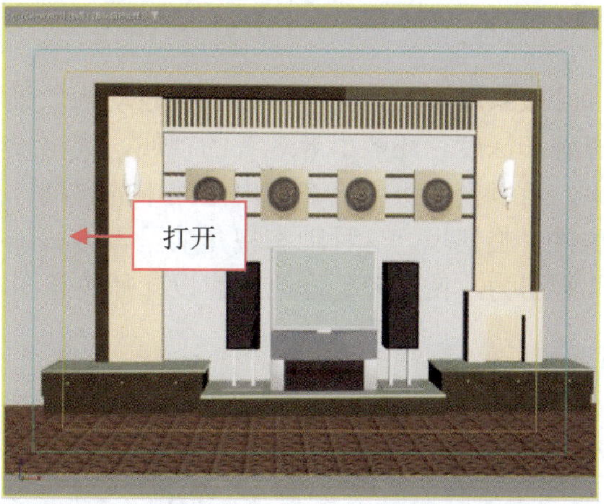

图 7-45　打开安全框

Step 03　在左视图中，在摄影机上单击鼠标右键，在弹出的快捷菜单中选择“应用摄影机校正修改器”选项，如图 7-46 所示。

Step 04　执行操作后，即可自动加载摄影机校正修改器，并校正倾斜的视角，效果如图 7-47 所示，并按【F9】键进行快速渲染。

▶ 专家指点

摄影机校正修改器用于在摄影机视图中实现两点透视效果。默认情况下，摄影机视图采用的是三点透视，其中垂直线在远处某点交汇，导致透视变形；而两点透视中，垂直线则保持平行不交汇。

摄影机校正修改器所需校正的程度，取决于摄影机的倾斜角度。例如，当摄影机从地面仰视建筑顶部时，所需的校正量会比摄影机朝向水平方向时更多。需要注意的是，摄影机校正修改器不会显示在“修改”面板的修改器列表中。

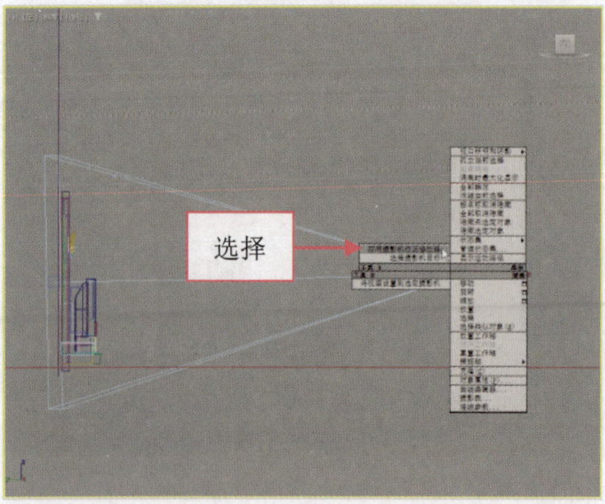

图 7-46　选择“应用摄影机校正修改器”选项

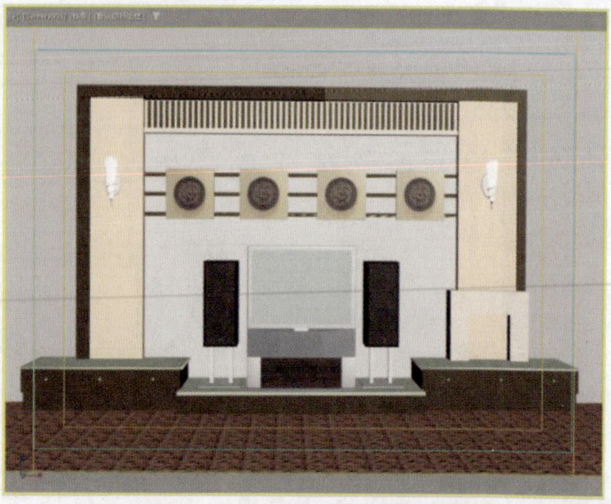

图 7-47　校正倾斜的视角效果

> ▶ 专家指点
>
> 按【Shift + C】组合键，可以显示或隐藏摄影机。

7.2.5　为标准摄影机创建动画效果

为标准摄影机创建动画效果

【效果展示】为标准摄影机创建动画效果，不仅能够增强室内场景的动态感和深度，还能引导观者的视线，突出设计中的重点区域。通过动画效果，可以模拟摄影机在室内空间中的移动，展示不同角度和细节，使观者仿佛身临其境。这种动态视角的呈现方式，有助于提升室内设计的表现力和吸引力，使观者更好地理解设计师的意图。效果展示如图 7-48 所示。

图 7-48　效果展示

下面介绍为标准摄影机创建动画效果的操作方法。

Step 01 按【Ctrl + O】组合键，打开素材模型（资源\素材\第 7 章\显示器.max），在左视图中选择摄影机，如图 7-49 所示。

Step 02 ❶将时间线拖曳至 0 帧的位置；❷单击“自动关键点”按钮，切换为自动关键点模式，如图 7-50 所示。

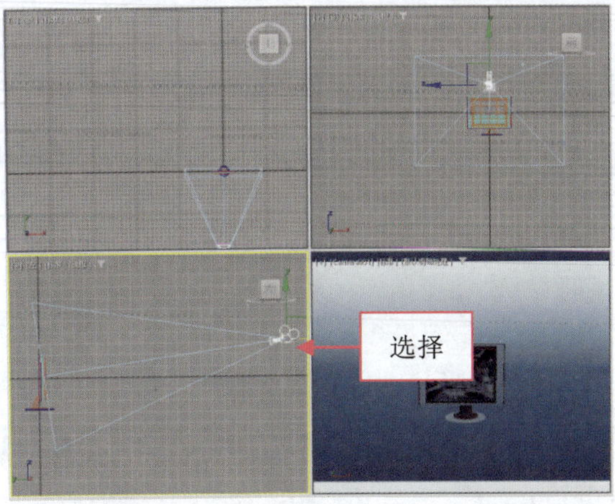

图 7-49　选择摄影机

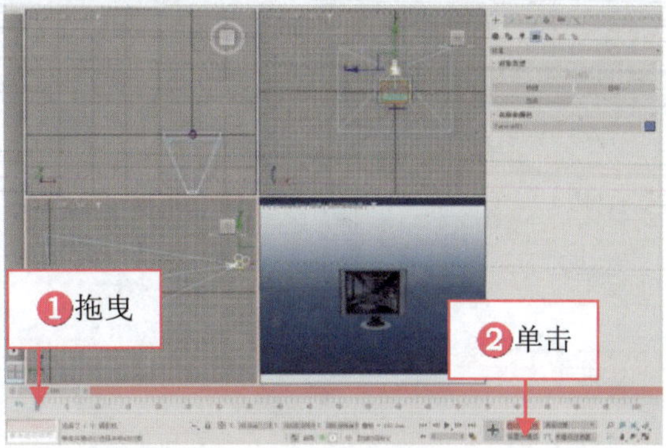

图 7-50　切换为自动关键点模式

Step03　①将时间线拖曳至第 50 帧；②适当调整摄影机的位置，如图 7-51 所示。

Step04　单击“设置关键点”按钮，添加一个关键点，如图 7-52 所示，即可完成摄影机动画效果的制作。

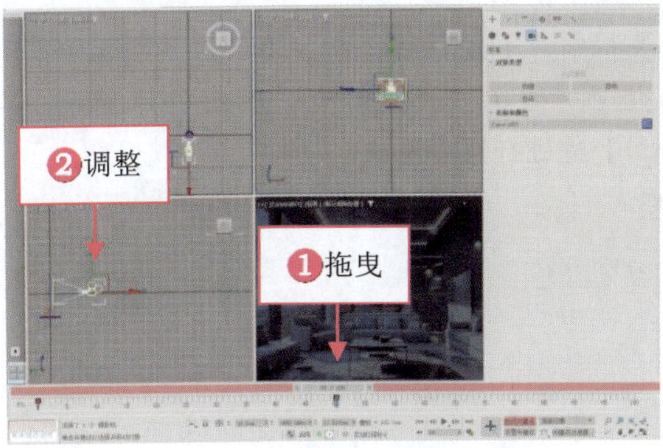

图 7-51　调整摄影机的位置

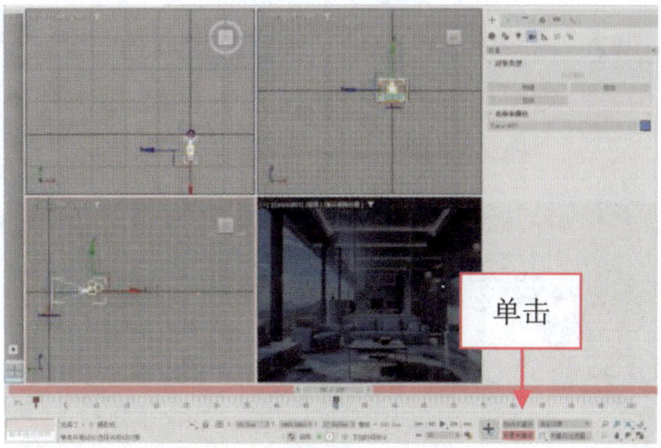

图 7-52　添加一个关键点

本 章 小 结

本章主要介绍了室内灯光和摄影机的应用，包括室内三维建模的灯光应用、室内三维建模的摄影机应用。首先，介绍了光在室内三维建模中的应用技巧，为室内场景注入生命力，让设计作品更加引人入胜；其次，介绍了介绍室内建模的摄影机应用技巧。帮助读者实现场景需求精准调整参数，解决光影过曝、暗部死黑、画面畸变等问题。

课 后 实 训

课后实训

在 3ds Max 2024 中，灯光的颜色默认状态下为白色，用户可以根据场景的需要设置灯光的颜色，来营造场景的冷暖色调。素材与效果对比如图 7-53 所示。

图 7-53　素材与效果对比

设置灯光颜色的操作方法如下。

Step 01　按【Ctrl + O】组合键，打开素材模型（资源\素材\第 7 章\植物.max），在场景中选择目标聚光灯，如图 7-54 所示。

Step 02　在“修改”面板的“强度/颜色/衰减”卷展栏中，单击颜色色块，弹出“颜色选择器：灯光颜色”对话框，设置各参数（RGB 参数值分别为 0、255、255），如图 7-55 所示，单击“确定”按钮，即可设置灯光颜色，按【F9】键进行快速渲染。

图 7-54　选择目标聚光灯

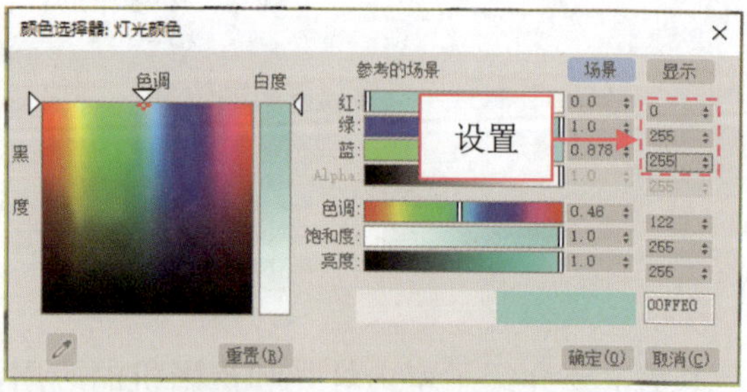

图 7-55　设置参数值

第 8 章 环境效果与渲染输出设置

8

在室内设计领域，一个逼真的三维效果图不仅能够准确传达设计理念，还能激发客户的共鸣。而要实现这一目标，离不开对环境效果的精细营造和高质量的渲染技术。本章将介绍如何利用 3ds Max 2024 的渲染技术，结合三维建模技巧，打造出既符合设计需求又具备高度真实感的三维室内效果图。

本章重点

- 掌握环境和效果的应用方法
- 掌握渲染器参数的设置方法

素质目标

- 培养读者整合多环节技术的系统思维
- 提升读者技术应用的灵活性与实用性

8.1　环境和效果的应用

在 3ds Max 2024 这一强大的三维建模软件中，环境和效果设置不仅决定了室内场景的视觉效果，还直接影响到渲染的质量和性能。通过精心调整背景环境颜色等参数，设计师可以模拟出各种自然和人造环境，从而赋予室内场景更加真实或艺术化的氛围。

熟练掌握 3ds Max 2024 中的环境和效果设置技巧，对于提升室内设计效果图的整体品质具有重要意义。本节将介绍如何在 3ds Max 2024 中进行环境和效果设置，帮助读者更好地掌握这一技能。

环境和效果

8.1.1　环境和效果

在 3ds Max 2024 中，环境和效果是创建高质量三维场景的关键因素，对于模拟各种自然和人造环境、提升场景的真实感和艺术效果至关重要。

环境系统是 3ds Max 2024 中用于定义场景中光线、大气效果和背景的重要工具，不仅影响场景的视觉效果，还对渲染质量和性能有直接关系。环境系统通过环境编辑器进行设置，可以模拟出日出、日落、室内照明等环境效果，相关示例如图 8-1 所示。

图 8-1　室内环境效果示例

3ds Max 2024 中的环境编辑器的主要功能如下。

（1）环境贴图：用于设置场景的背景图像或天空模型，它可以是简单的纯色，也可以是复杂的高动态范围（high dynamic range，HDR）图像，用于创建真实的光照环境。HDR 图像通常包含 360° 全景的天空光照信息，能够模拟太阳、云层、大气散射等自然光照条件，使渲染效果更加逼真。

（2）大气效果：包括雾、体积光、体积雾等，用于模拟大气中的光线散射效果，为场景增添深度和真实感。

（3）环境光：设置场景中的环境光强度和颜色，影响所有物体的照明。

（4）背景颜色：当不使用环境贴图时，可以设置背景的纯色。

在环境编辑器中，可以通过拖曳贴图到相应区域来应用环境贴图，或者通过调整滑块和输入数值来设置大气效果和环境光的参数。

设置背景环境颜色

8.1.2　设置背景环境颜色

【效果对比】背景环境颜色不仅影响着三维室内场景的视觉效果，还直接关系到渲染图像的整体氛围。一个恰当的背景颜色能够突出主体，增强场景的空间感和层次感。在 3ds Max 2024 中，用户可以通过简单的操作，快速设置背景环境颜色，以适应不同的设计需求。无论是追求简洁明快的现代风格，还是营造温馨舒适的家居氛围，背景环境颜色的选择都至关重要，对于提升室内设计效果图的整体品质具有重要意义。素材与效果对比如图 8-2 所示。

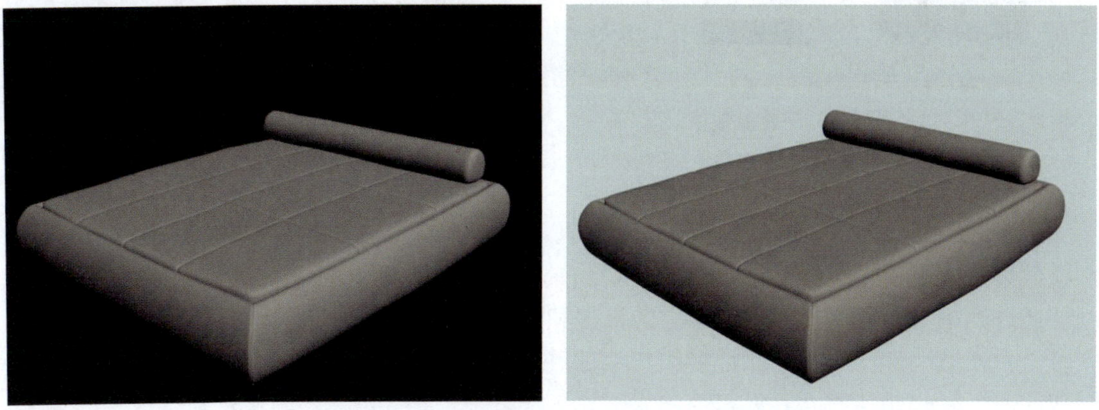

图 8-2　素材与效果对比

下面介绍设置背景环境颜色的操作方法。

Step 01　按【Ctrl + O】组合键，打开素材模型（资源\素材\第 8 章\床垫.max），在菜单栏中，单击“渲染”|“环境”命令，如图 8-3 所示。

Step 02　执行操作后，弹出“环境和效果”对话框，在“公用参数”卷展栏的“背景”选项区中，单击“颜色”下方的色块，如图 8-4 所示。

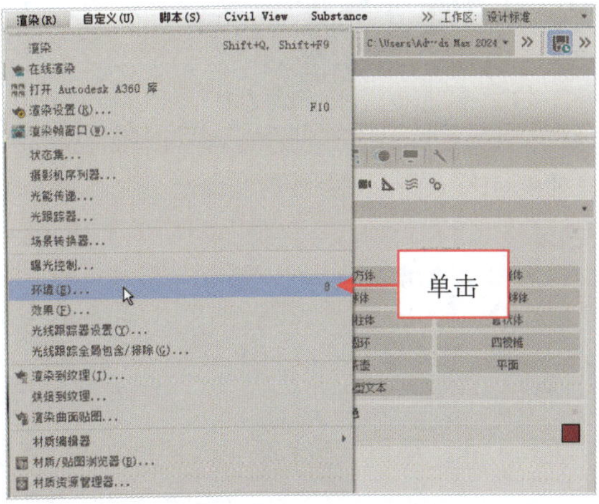

图 8-3　单击“环境”命令

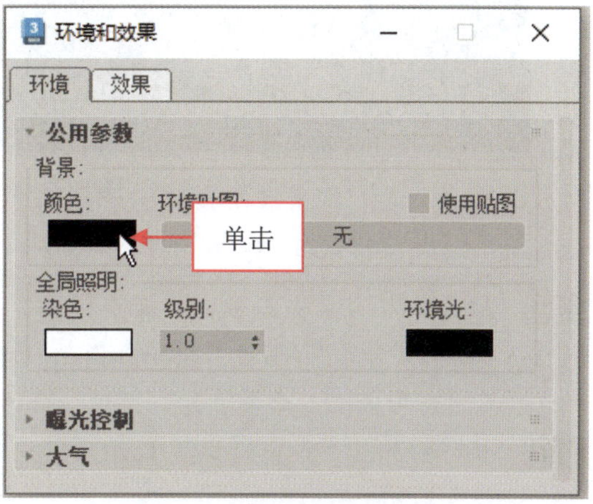

图 8-4　单击相应的色块

Step 03 执行操作后，弹出“颜色选择器：背景色”对话框，设置各参数（RGB 参数值分别为 178、210、211），如图 8-5 所示，改变背景环境颜色。

Step 04 单击“确定”按钮，即可设置背景环境颜色，如图 8-6 所示，按【F9】键进行快速渲染。

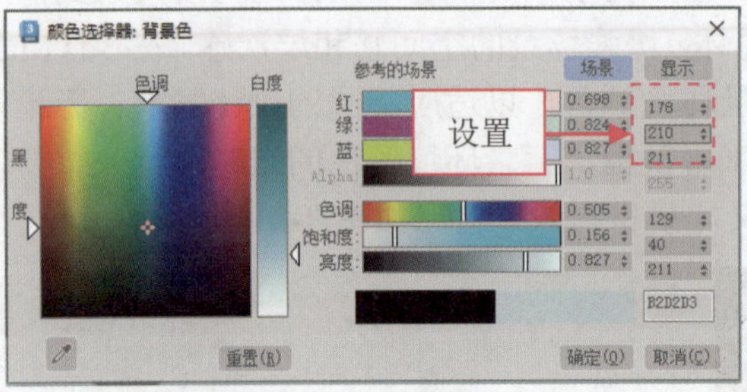

图 8-5　设置参数值

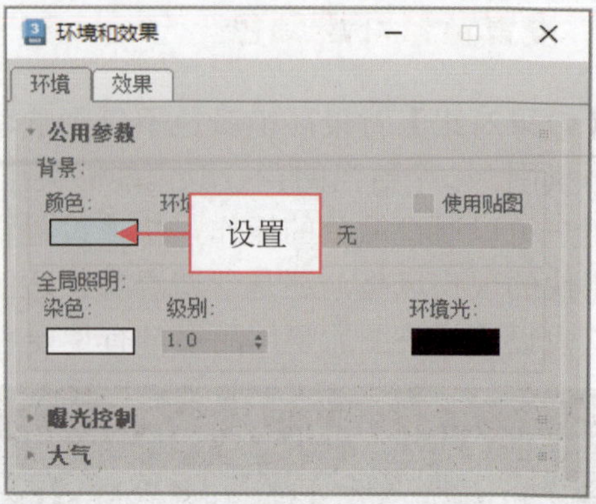

图 8-6　设置背景环境颜色

8.1.3　设置背景环境贴图

设置背景环境贴图

【效果对比】背景环境贴图不仅能够为场景提供一个视觉上的背景，还能够通过其细节和色彩，营造出特定的氛围和情感。在制作三维室内效果图时，合理地选择和应用背景环境贴图，能够使场景更加生动、逼真，增强观众的沉浸感和体验感。素材与效果对比如图 8-7 所示。注意，背景贴图或颜色仅能在渲染时才能显示出来。

图 8-7　素材与效果对比

下面介绍设置背景环境贴图的操作方法。

Step 01 按【Ctrl + O】组合键，打开素材模型（资源\素材\第 8 章\单人沙发.max），在菜单栏中，单击“渲染”|“环境”命令，弹出“环境和效果”对话框，在“公用参数”卷展栏的“背景”选项区中，单击“无”按钮，如图 8-8 所示。

Step 02 执行操作后，弹出“材质/贴图浏览器”对话框，在“贴图”列表框中选择“位图”选项，如图 8-9 所示。

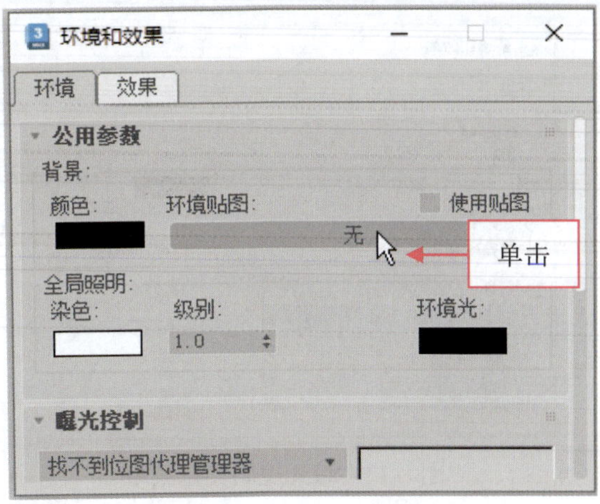

图 8-8　单击“无”按钮

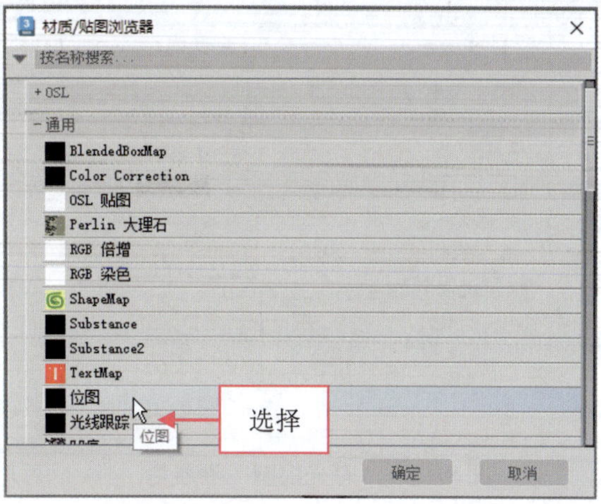

图 8-9　选择“位图”选项

Step 03　单击“确定”按钮，弹出“选择位图图像文件”对话框，选择合适的贴图文件，如图 8-10 所示。

Step 04　单击“打开”按钮，即可设置背景环境贴图，如图 8-11 所示，按【F9】键进行快速渲染。

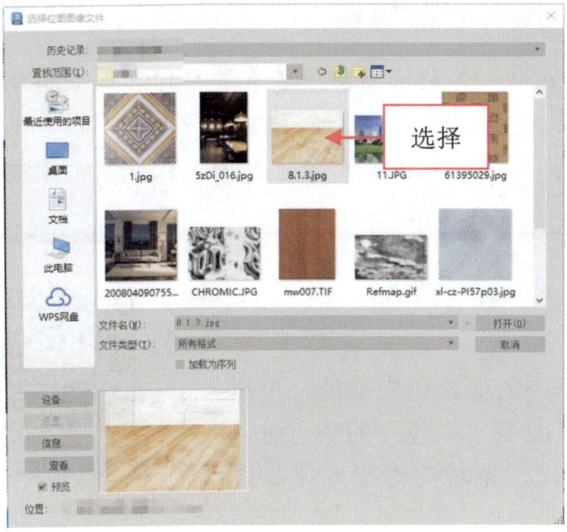

图 8-10　选择合适的贴图文件

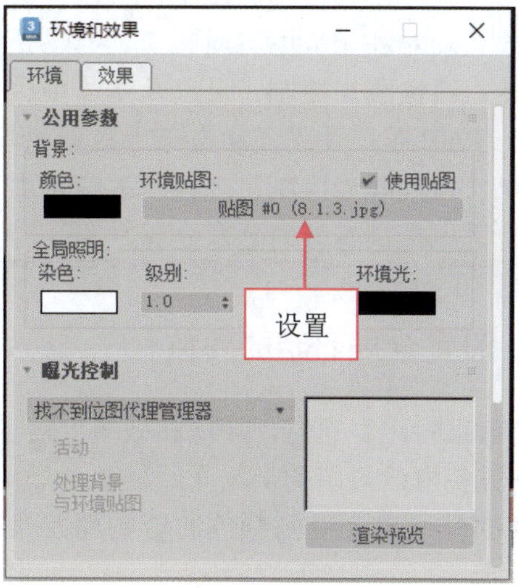

图 8-11　设置背景环境贴图

▶ 专家指点

通过“环境和效果”对话框中的“曝光控制”卷展栏，可以控制渲染输出级别和颜色渲染范围，启用曝光控制可以为渲染图像添加动态范围，使场景更接近眼睛实际看到的效果。在菜单栏中，单击“渲染”|“环境”命令，弹出“环境和效果”对话框，展开“曝光控制”卷展栏，如图 8-12 所示。单击“曝光控制”卷展栏中的下拉按钮▼，在弹出的列表框中共有 5 种曝光控制类型，如图 8-13 所示。选择不同的曝光控制类型，都会展开一个相对应的卷展栏，可以在卷展栏中设置曝光的亮度、对比度等参数。

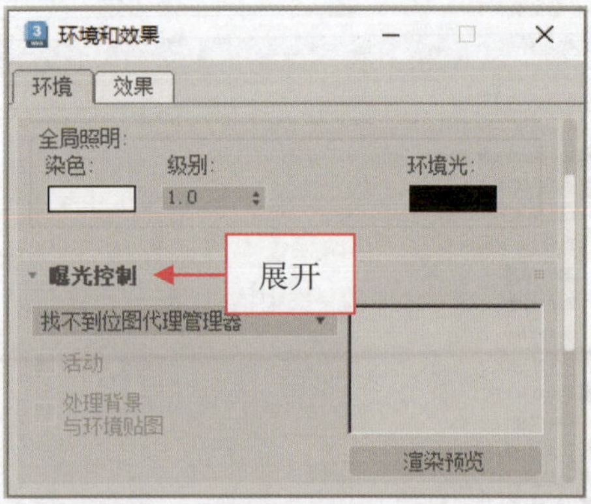

图 8-12　“曝光控制”卷展栏

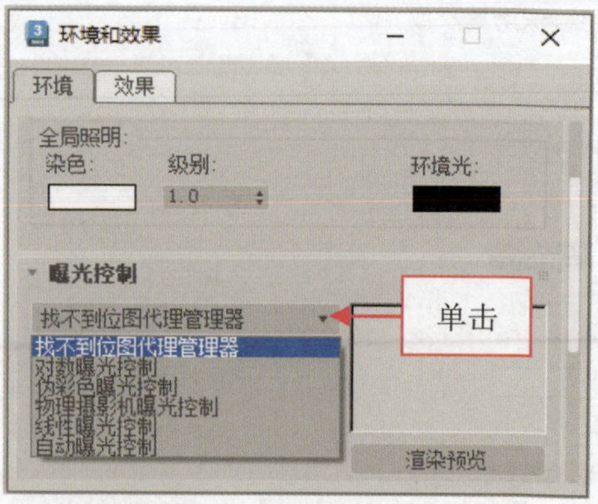

图 8-13　曝光控制类型菜单

在“曝光控制”列表框中，各主要选项的含义如下。

- **对数曝光控制：**可以将物理值映射为 RGB 值，比较适合动态范围很高的场景。RGB 代表红（red）、绿（green）、蓝（blue）3 个通道的颜色。
- **伪彩色曝光控制：**可以将亮度映射为显示转换值的亮度的伪彩色。
- **物理摄影机曝光控制：**可以提供像摄影机一样的控制，包括快门速度、光圈、胶片速度，以及对高光、中间调和阴影的曝光控制。
- **线性曝光控制：**可以从渲染中进行采样，并且可以使用场景的平均亮度来将物理值映射为 RGB 值，适用于动态范围很低的场景。
- **自动曝光控制：**可以从渲染图中进行采样，并生成一个直方图，以便在渲染的整个动态范围中提供良好的色彩分离。

8.1.4　设置全局照明的颜色

设置全局照明的颜色

【效果对比】通过“环境和效果”对话框中的“染色”功能，可以改变三维室内效果图的全局光照颜色。当用户改变“染色”的颜色时，场景中的模型也会受到颜色的影响而发生变化。素材与效果对比如图 8-14 所示。

图 8-14　素材与效果对比

下面介绍设置全局照明颜色的操作方法。

Step 01 按【Ctrl + O】组合键，打开素材模型（资源\素材\第 8 章\桌子.max），在菜单栏中，单击“渲染”|“环境”命令，弹出“环境和效果”对话框，在“公用参数”卷展栏中的“全局照明”选项区中，单击“染色”下方的色块，如图 8-15 所示。

Step 02 执行操作后，弹出“颜色选择器：全局光色彩”对话框，设置各参数（RGB 参数值分别为 190、75、75），如图 8-16 所示。

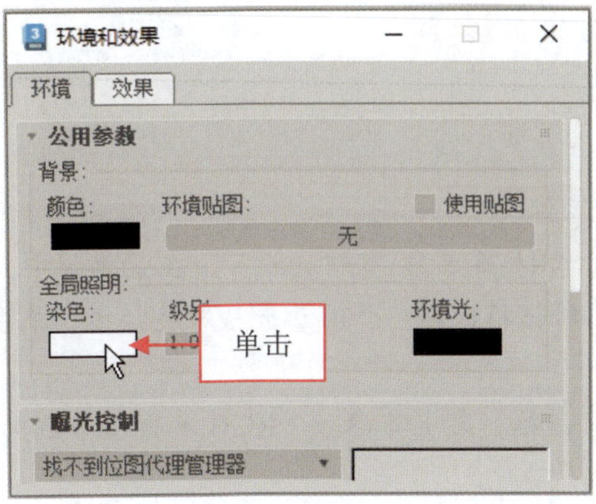

图 8-15 单击“染色”色块

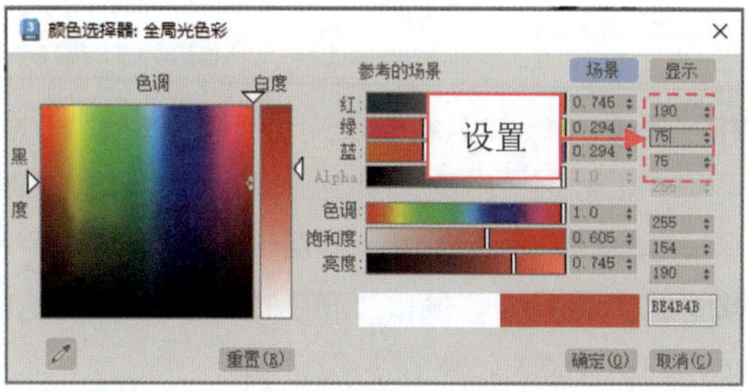

图 8-16 设置参数值

Step 03 单击“确定”按钮，即可设置染色，如图 8-17 所示。

Step 04 设置背景环境颜色为浅蓝色（RGB 参数值分别为 178、210、211），如图 8-18 所示，按【F9】键进行快速渲染。

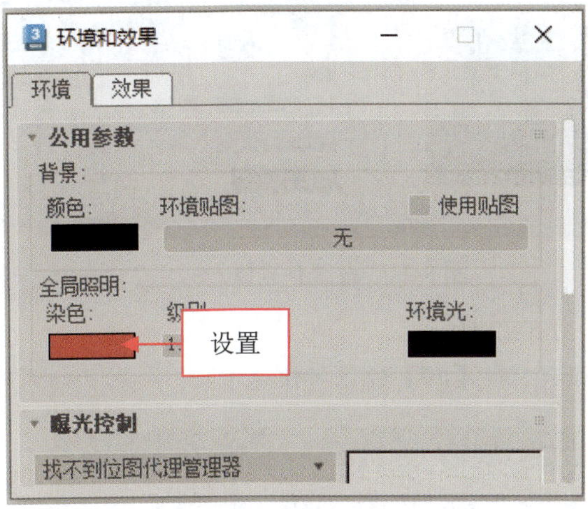

图 8-17 设置染色

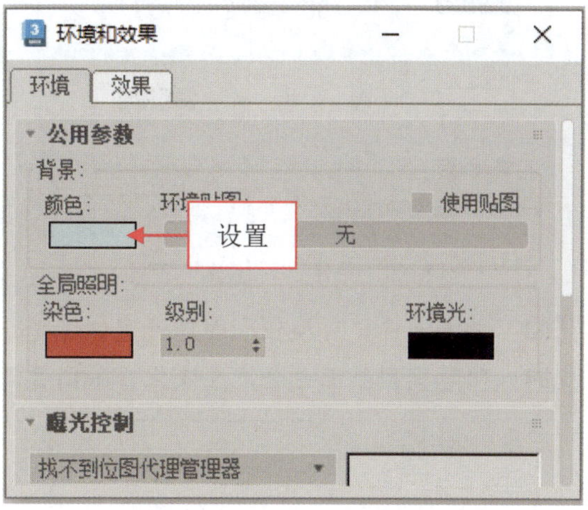

图 8-18 设置背景环境颜色

8.1.5 设置全局照明的环境光

【效果对比】环境光不仅能够为场景提供基础照明，还能增强整体视觉效果，使室内空间更加生动逼真。通过合理调整环境光的颜色、强度和衰减等参数，可以营造出不同的光影效果，满足不同的室内设计需求。素材与效果对比如图 8-19 所示。

设置全局照明的环境光

下面介绍设置全局照明环境光的操作方法。

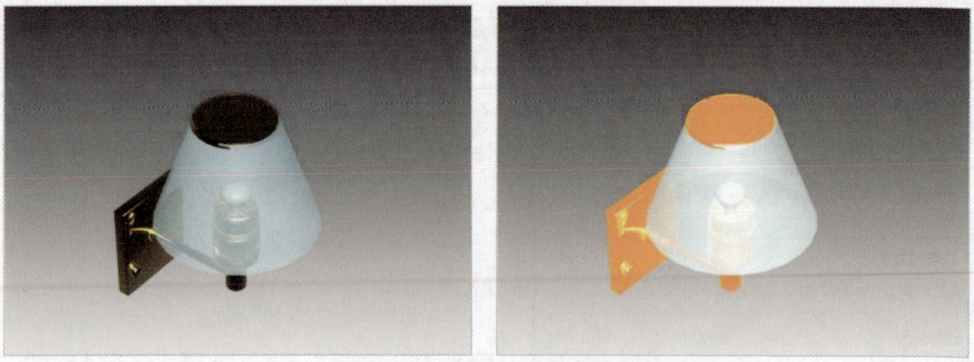

图 8-19　素材与效果对比

Step01　按【Ctrl + O】组合键，打开素材模型（资源\素材\第 8 章\壁灯.max），在菜单栏中，单击“渲染”|“环境”命令，弹出“环境和效果”对话框，在“公用参数”卷展栏中，单击“环境光”下方的色块，如图 8-20 所示。

Step02　执行操作后，弹出“颜色选择器：环境光”对话框，设置各参数（RGB 参数值分别为 255、200、185），如图 8-21 所示。

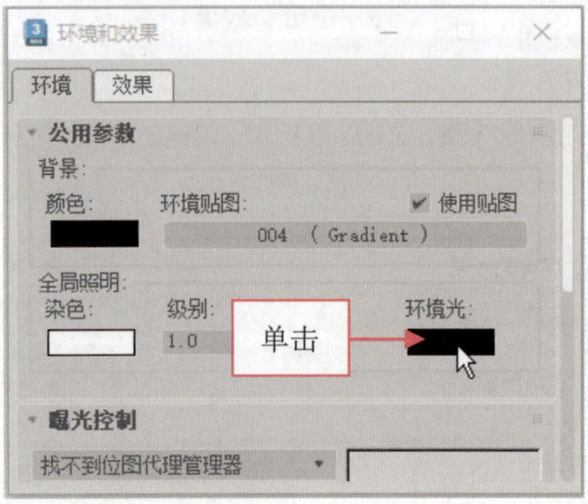

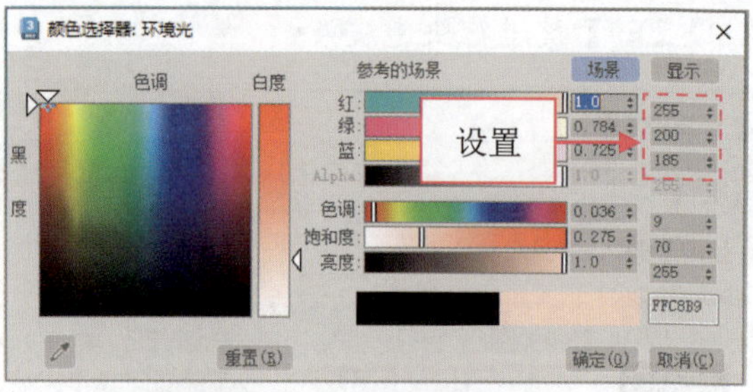

图 8-20　单击“环境光”色块　　　　图 8-21　设置参数值

Step03　单击“确定”按钮，即可设置环境光，如图 8-22 所示。

Step04　同时模型效果也会产生变化，如图 8-23 所示，按【F9】键进行快速渲染。

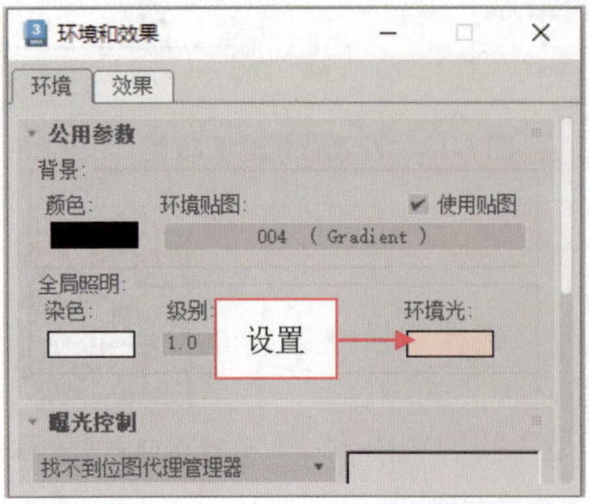

图 8-22　设置环境光　　　　图 8-23　模型效果

8.1.6　添加镜头效果

添加镜头效果

【效果对比】3ds Max 2024 中的镜头效果是一种强大的渲染特效，用于模拟摄影机拍摄时的各种视觉现象。这些镜头效果包括但不限于光晕、光环、射线、自动和手动二级光斑、星形及条纹等，它们能够增强画面的光影效果，营造视觉焦点，并提升场景的真实感和艺术氛围。通过“环境和效果”对话框，用户可以方便地添加和调整这些镜头效果，以实现所需的视觉表现力。素材与效果对比如图 8-24 所示。

图 8-24　素材与效果对比

下面介绍添加“镜头效果”效果的操作方法。

Step 01　按【Ctrl + O】组合键，打开素材模型（资源\素材\第 8 章\餐厅.max），在菜单栏中，单击“渲染”|“环境”命令，弹出“环境和效果”对话框，单击“效果”标签，如图 8-25 所示。

Step 02　执行操作后，切换至“效果”选项卡，单击“添加”按钮，如图 8-26 所示。

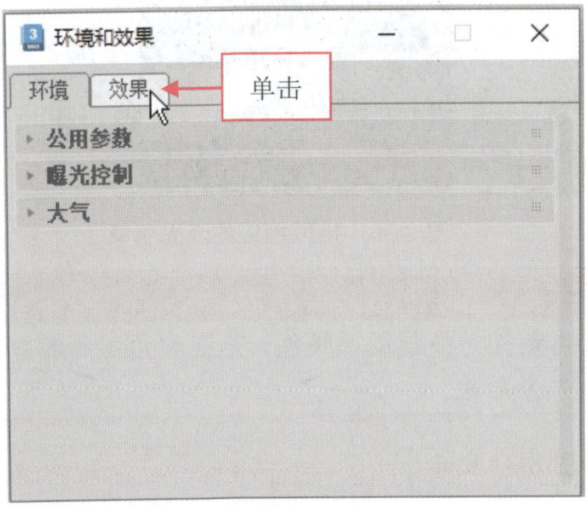

图 8-25　单击“效果”标签

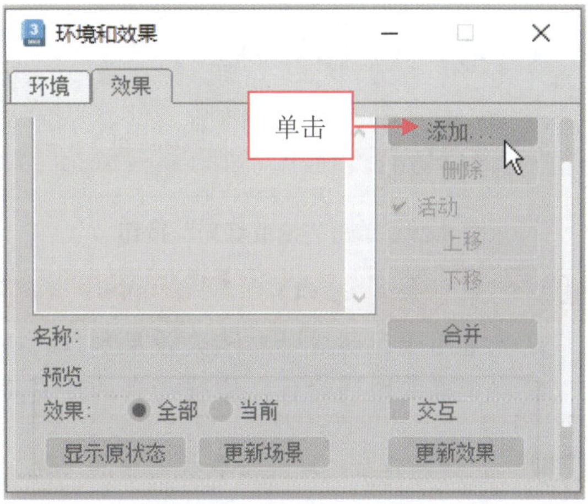

图 8-26　单击“添加”按钮

Step 03 执行操作后，弹出“添加效果”对话框，选择“镜头效果”选项，如图 8-27 所示。

Step 04 单击“确定”按钮，即可添加“镜头效果”效果，如图 8-28 所示。

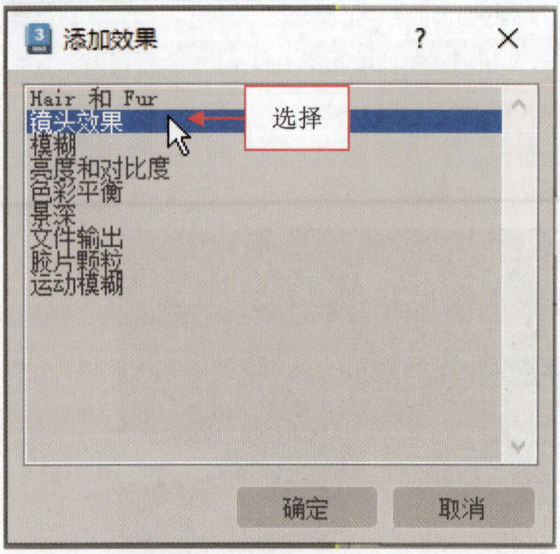

图 8-27 选择“镜头效果”选项

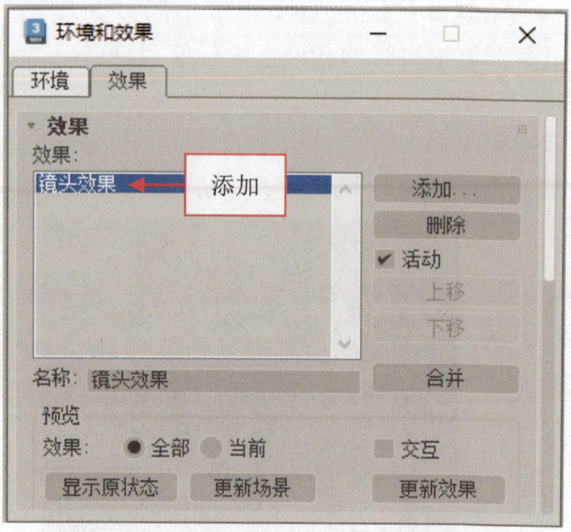

图 8-28 添加“镜头效果”效果

Step 05 在“效果”选项卡下方的“镜头效果全局”卷展栏中，单击“拾取灯光”按钮，如图 8-29 所示。

Step 06 在视图中拾取相应的泛光对象，如图 8-30 所示。

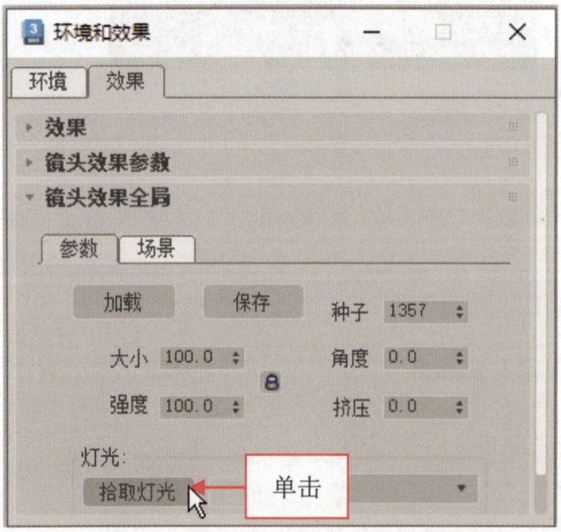

图 8-29 单击“拾取灯光”按钮

图 8-30 拾取相应的泛光对象

▶ 专家指点

泛光常用于照明设计和渲染效果制作，通过调整其光线强度、颜色、范围和角度等参数，可以实现精确的照明设计，增强场景的逼真度和光影层次。

Step 07 执行操作后，即可拾取视图中的泛光，如图 8-31 所示。

Step 08 在“镜头效果参数”卷展栏中，❶选择“光晕”选项；❷单击 > 按钮；❸将其添加到右侧的列表框中，即 Glow（光晕），如图 8-32 所示。

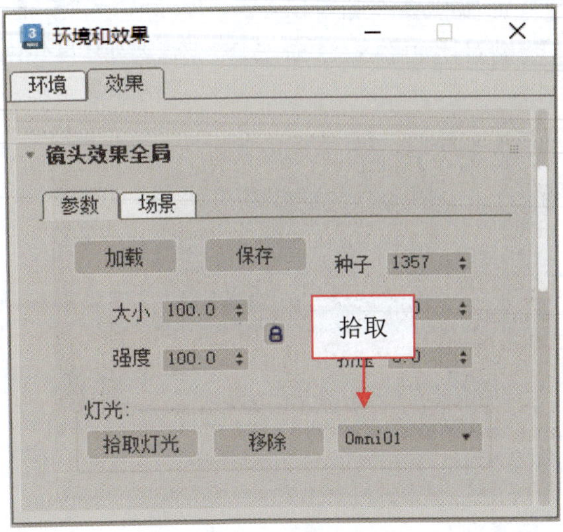

图 8-31　拾取泛光对象

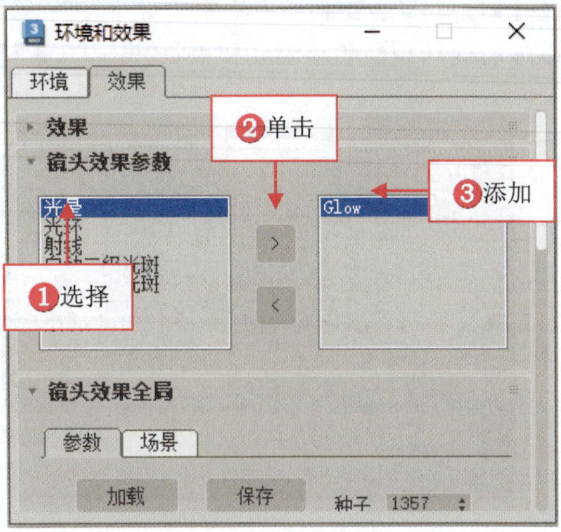

图 8-32　添加 Glow 选项

Step 09 使用相同的操作方法，在右侧列表框中添加一个 Auto Secondary（自动二级光斑）选项，如图 8-33 所示。

Step 10 在“自动二级光斑元素”卷展栏中，设置“最小值”为 0.1、“最大值”为 20、“数量”为 5、“强度”为 90，如图 8-34 所示，调整二级光斑的效果，按【F9】键进行快速渲染。

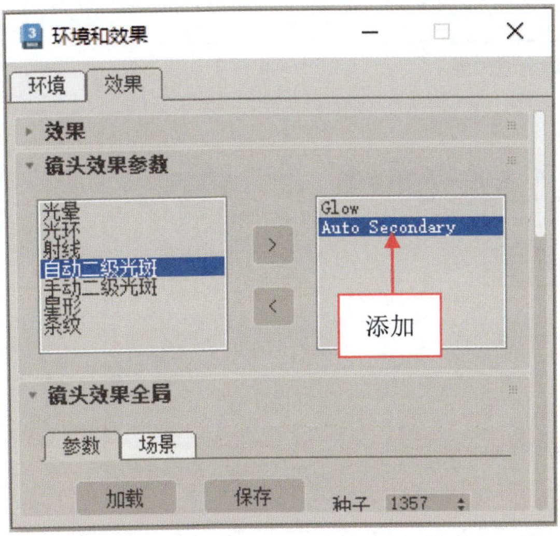

图 8-33　添加 Auto Secondary 选项

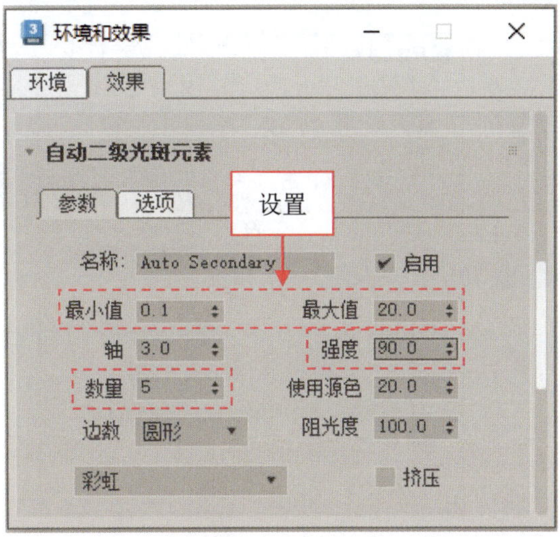

图 8-34　设置 Auto Secondary 参数值

▶ 专家指点

Auto Secondary 效果作为一种镜头特效，能够模拟真实世界中光线经过镜头时产生的复杂光学现象。Auto Secondary 效果通过自动生成二级光斑，为场景增添了一抹迷人的光影魅力，使得灯光效果更加自然、丰富和具有层次感。

8.1.7 添加亮度和对比度效果

添加亮度和对比度效果

【效果对比】在制作三维室内效果图时，通过合理调整亮度和对比度，可以显著提升画面的清晰度和视觉冲击力。素材与效果对比如图 8-35 所示。

图 8-35 素材与效果对比

下面介绍添加“亮度和对比度”效果的操作方法。

Step 01 按【Ctrl + O】组合键，打开素材模型（资源\素材\第 8 章\客厅.max），在菜单栏中，单击“渲染”|“环境”命令，弹出“环境和效果”对话框，切换至“效果”选项卡，在“效果”卷展栏中，单击“添加”按钮，如图 8-36 所示。

Step 02 执行操作后，弹出“添加效果”对话框，选择“亮度和对比度”选项，如图 8-37 所示。

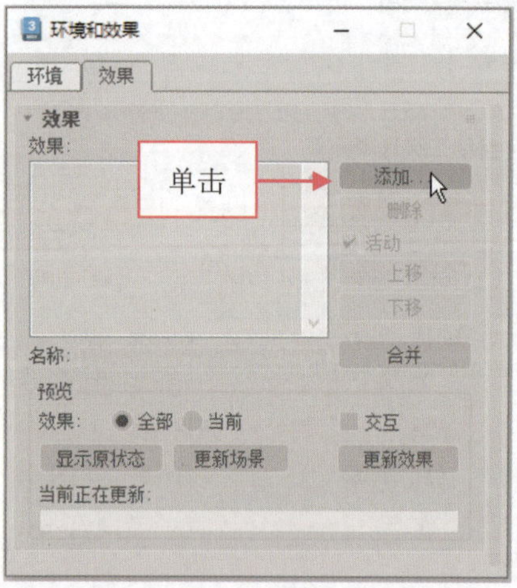

图 8-36 单击“添加”按钮

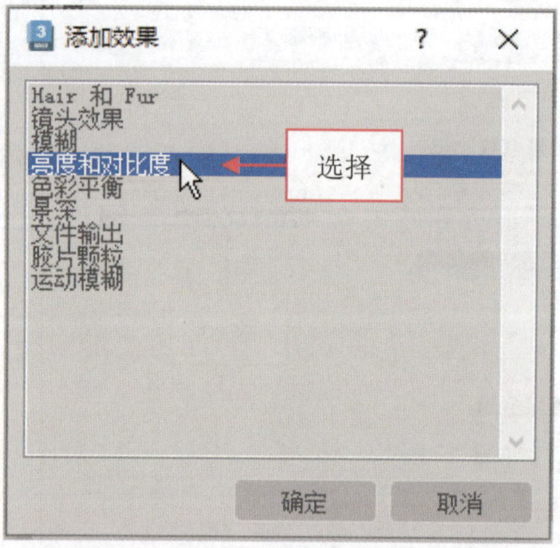

图 8-37 选择“亮度和对比度”选项

▶ 专家指点

亮度指的是图像整体的明暗程度，决定了画面的光线强弱，影响着视觉的明亮感受。一个高亮度的图像看起来更加明亮、清晰，而低亮度的图像则显得暗淡、模糊。对比度则是指图像中最亮部分与最暗部分之间的明暗差异程度，决定了画面中细节和层次的丰富程度。高对比度的图像明暗对比强烈，细节清晰，而低对比度的图像则明暗差异小，细节模糊。

Step03 单击“确定”按钮，即可添加“亮度和对比度”效果，如图 8-38 所示。

Step04 展开“亮度和对比度参数”卷展栏，设置“亮度”与“对比度”均为 0.5，如图 8-39 所示，增加画面的亮度和对比度，按【F9】键进行快速渲染。

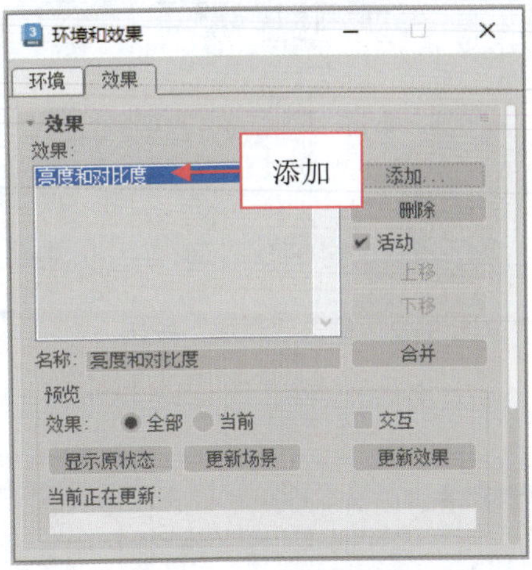

图 8-38 添加“亮度和对比度”效果

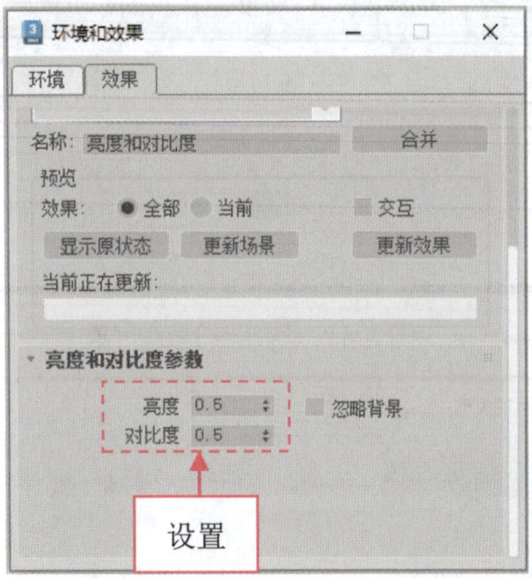

图 8-39 设置“亮度”与“对比度”参数

8.1.8 添加火焰效果

添加火焰效果

【效果对比】在 3ds Max 2024 中可以轻松做出火焰、烟雾和爆炸等效果，但仅仅只是制作出火焰的效果，并不会产生任何照明效果，而且在场景中不能发光或投射阴影。素材与效果对比如图 8-40 所示。注意，如果要模拟火焰效果的发光，必须同时创建灯光。

图 8-40 素材与效果对比

下面介绍添加火焰效果的操作方法。

Step01 按【Ctrl + O】组合键，打开素材模型（资源\素材\第 8 章\蜡烛.max），在视图中，选择合适的对象，如图 8-41 所示。

Step02 切换至“修改”面板，在“大气和效果”卷展栏中，单击“添加”按钮，如图 8-42 所示。

Step03 执行操作后，弹出“添加大气”对话框，选择“火效果”选项，如图 8-43 所示。

Step04 单击“确定”按钮，返回到“大气和效果”卷展栏，即可添加“火效果”效果，❶在列表框中选择“火效果”选项；❷单击“设置”按钮，如图 8-44 所示。

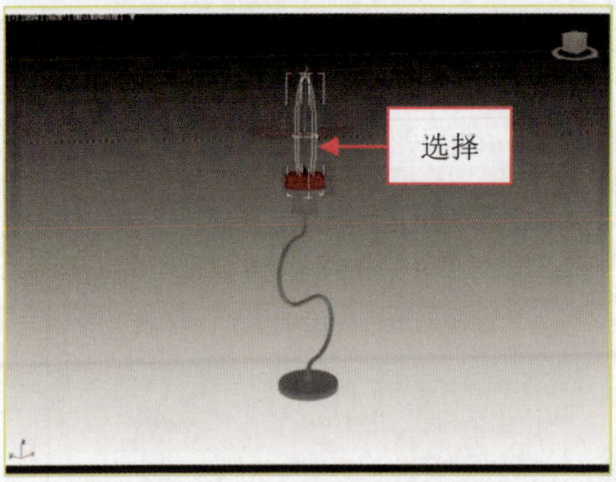

图 8-41　选择合适的对象

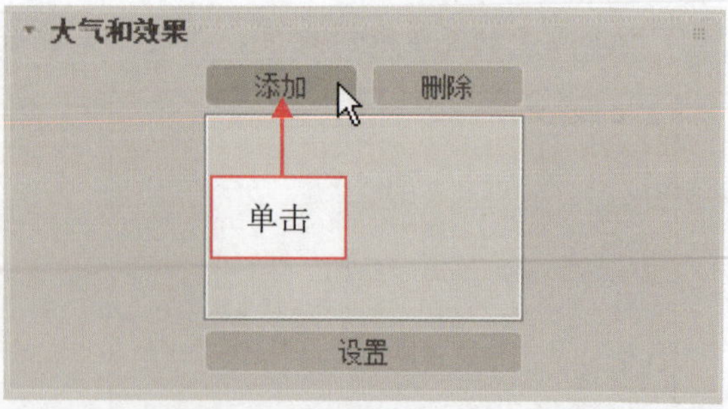

图 8-42　单击“添加”按钮

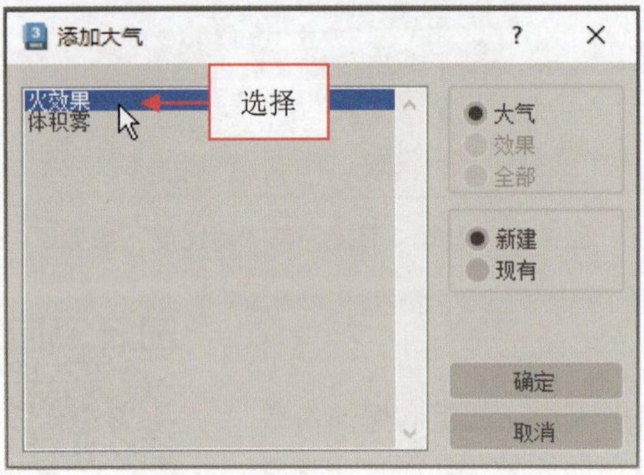

图 8-43　选择“火效果”选项

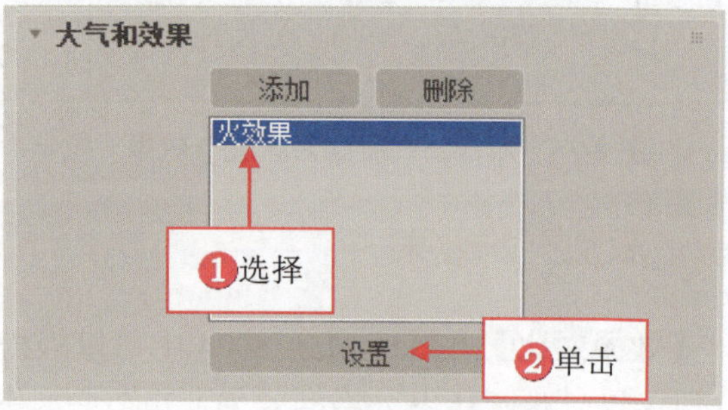

图 8-44　单击“设置”按钮

Step 05　弹出“环境和效果”对话框，在“火效果参数”卷展栏中的“图形”选项区中，❶选中“火舌”单选按钮；❷设置“拉伸”为 2，如图 8-45 所示，调整火焰的类型。

Step 06　在“火效果参数”卷展栏中的“特性”选项区中，设置“火焰大小”为 70、“密度”为 30、“火焰细节”为 6，如图 8-46 所示，调整火焰的外形，按【F9】键进行快速渲染。

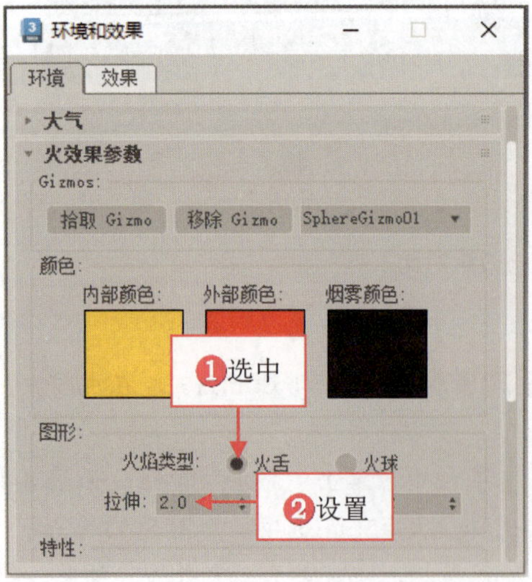

图 8-45　设置“拉伸”参数

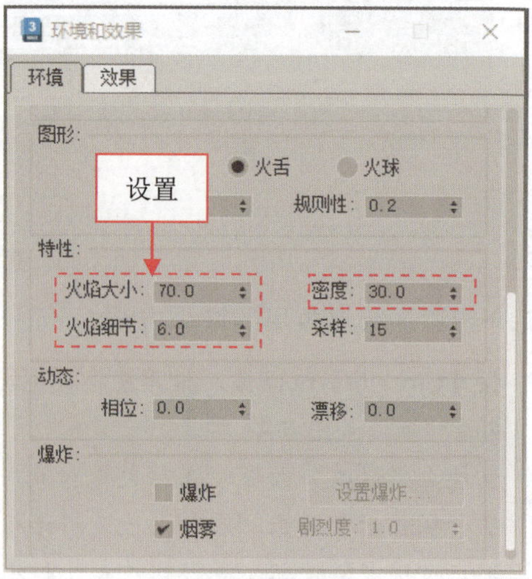

图 8-46　设置参数值

▶ 专家指点

在“火效果参数”卷展栏中，各主要选项的含义如下。

- **小控件（gizmos）**：必须为火焰效果指定大气装置，才能渲染火焰效果。
- **内部颜色**：设置效果中最密集部分的颜色，此颜色代表火焰中最热的部分。
- **外部颜色**：设置效果中最稀薄部分的颜色，此颜色代表火焰中较冷的散热边缘。
- **烟雾颜色**：设置用于“爆炸”选项的烟雾颜色。
- **火舌**：沿着中心使用纹理创建带方向的火焰。
- **火球**：创建圆形的爆炸火焰，很适合表现爆炸效果。
- **拉伸**：将火焰沿着装置的 z 轴缩放。如果值小于 1.0，将压缩火焰，使火焰更短更粗；如果值大于 1.0，将拉伸火焰，使火焰更长更细。
- **规则性**：用于修改火焰填充装置的方式。
- **火焰大小**：用于设置装置中各个火焰的大小。装置大小会影响火焰大小，装置越大，需要的火焰也越大。
- **密度**：用于设置火焰效果的不透明度和亮度。
- **火焰细节**：用于控制每个火焰中显示的颜色更改量和边缘尖锐度。
- **采样**：用于设置效果的采样率。值越高，生成的结果越准确，渲染时间也越长。
- **相位**：用于控制更改火焰效果的速率。
- **漂移**：用于设置火焰沿着火焰装置的 z 轴的渲染方式。
- **爆炸**：可根据相位值参数，自动设置大小、密度和颜色的动画效果。
- **烟雾**：用于控制爆炸是否产生烟雾。
- **剧烈度**：用于改变相位参数的涡流效果。

8.1.9 添加体积光效果

添加体积光效果

【效果对比】体积光作为模拟现实中光线在空气中传播的一种特效，可以显著增强室内场景的真实感和立体感。无论是清晨的阳光透过窗户洒在地面上的温馨场景，还是角色动画中光线的自然流动，体积光都发挥着至关重要的作用。素材与效果对比如图 8-47 所示。

图 8-47 素材与效果对比

下面介绍添加“体积光”效果的操作方法。

Step 01 按【Ctrl + O】组合键，打开素材模型（资源\素材\第 8 章\房间.max），单击菜单栏中的“渲染”|“环境”命令，弹出“环境和效果”对话框，在“大气”卷展栏中，单击“添加”按钮，如图 8-48 所示。

Step 02 弹出“添加大气效果”对话框，选择“体积光”选项，如图 8-49 所示。

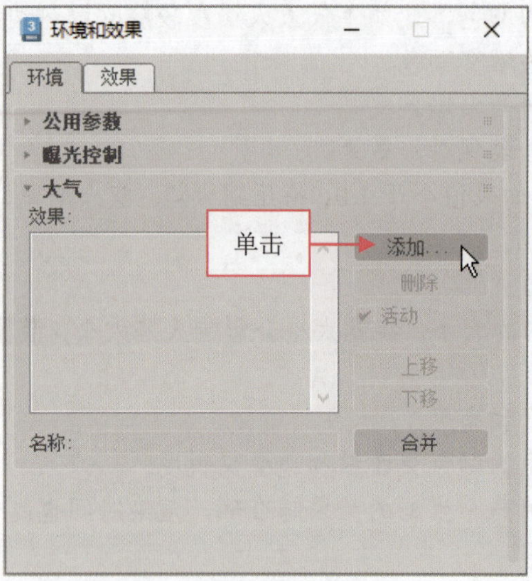

图 8-48　单击“添加”按钮

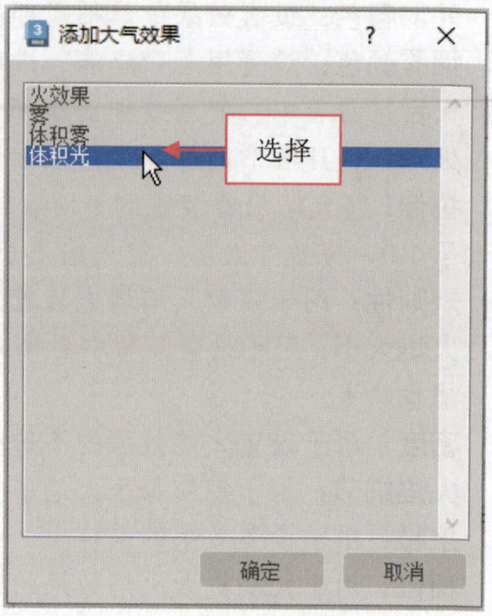

图 8-49　选择“体积光”选项

Step 03 单击“确定”按钮，返回到“大气”卷展栏，即可添加“体积光”效果，如图 8-50 所示。

Step 04 在“体积光参数”卷展栏的“灯光”选项区中，单击“拾取灯光”按钮，如图 8-51 所示。

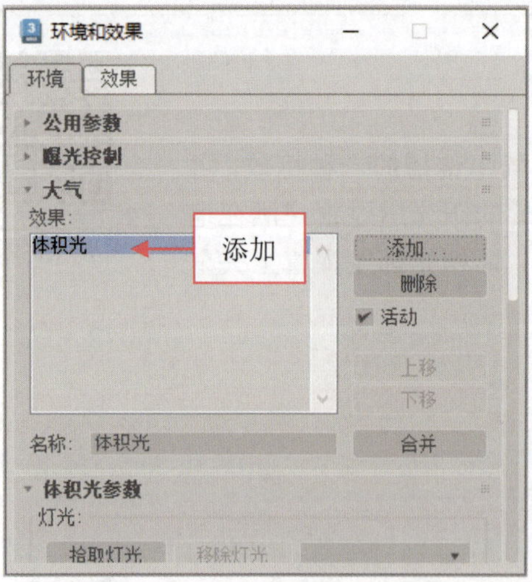

图 8-50　添加“体积光”效果

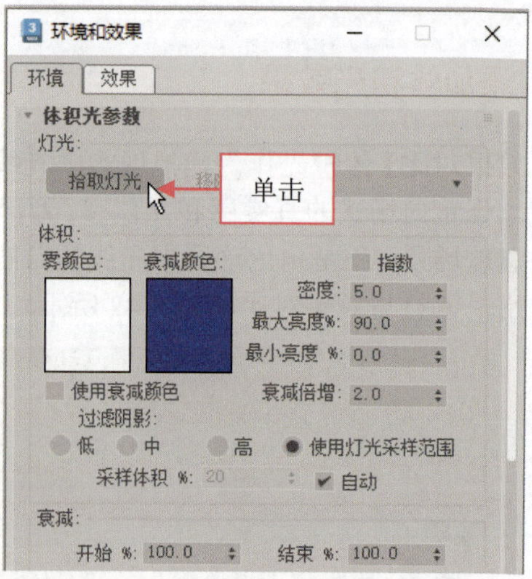

图 8-51　单击“拾取灯光”按钮

Step 05 在视图中拾取相应的灯光对象，如图 8-52 所示。

Step 06 执行操作后，在“体积光参数”卷展栏的“体积”选项区中，❶选中“指数”复选框；❷设置“密度”为 3、“最大亮度%”为 60，如图 8-53 所示，调整体积光的效果，按【F9】键进行快速渲染。

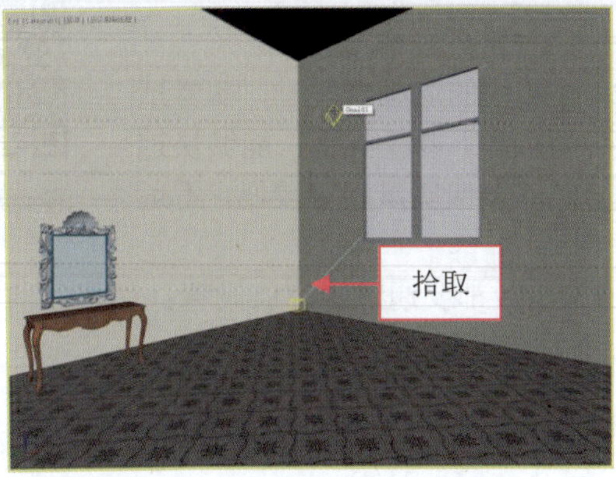

图 8-52 拾取相应的灯光对象

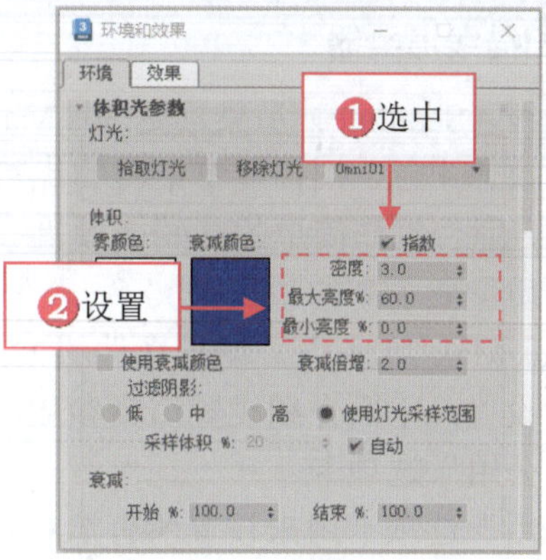

图 8-53 设置参数值

8.2 渲染器参数的设置

通过精细调整 3ds Max 2024 的渲染器参数，用户可以制作出更加逼真、细腻的三维室内效果图。在 3ds Max 2024 中，渲染器参数的设置涉及多个方面，包括光能传递、抗锯齿、采样、全局照明等高级选项。这些参数不仅影响渲染质量，还直接关联到渲染速度和系统资源消耗。因此，熟练掌握渲染器参数的设置技巧，能够提升三维室内效果图的渲染效率和质量。

渲染器

8.2.1 渲染器

渲染器是 3ds Max 2024 中至关重要的组件，负责将用户在软件中创建的三维场景、模型、材质和灯光等元素，通过复杂的计算过程，转化为高质量的二维图像或动画序列。通过渲染器，用户可以控制场景的照明、阴影、反射、折射等视觉效果，从而创造出逼真、细腻的三维图像，相关示例如图 8-54 所示。其中，图 8-54（a）为模型文件的视图效果，图 8-54（b）为使用渲染器渲染完成的图像效果。

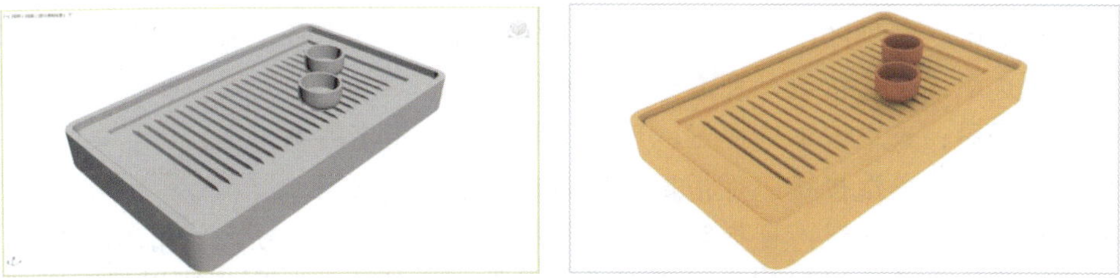

（a） （b）

图 8-54 模型文件与渲染效果的对比示例

8.2.2 渲染器的类型

在 3ds Max 2024 中，渲染器的类型多种多样，每种渲染器都有其独有的特点和适用场景。下面是对几种主流渲染器类型的详细介绍。

渲染器的类型

1. 扫描线渲染器

扫描线（Scanline）渲染器是 3ds Max 2024 中最快的渲染器之一，非常适合预览和快速出图。扫描线渲染器的优势为：设置简单，易于操作；能够快速生成图像，适合制作简单的动画或项目；其缺点是：图像质量相对较低，不适合对图像质量要求高的项目。

在 3ds Max 2024 中，场景文件的大部分渲染参数都要通过“渲染设置：扫描线渲染器”对话框进行设置，下面介绍设置渲染参数的几个重要选项卡。

1）“公用”选项卡

“公用”选项卡用来设置所有渲染器的公用参数，包括图像的大小、输出的时间等设置。在菜单栏中，单击“渲染”|“渲染设置”命令，如图 8-55 所示。执行操作后，即可弹出“渲染设置：扫描线渲染器”对话框，在“公用”选项卡的“公用参数”卷展栏中包含了 7 个选项区，如图 8-56 所示。

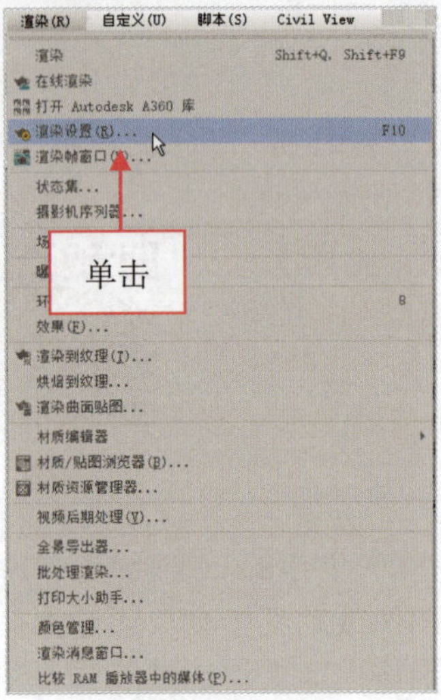

图 8-55 单击“渲染设置”命令

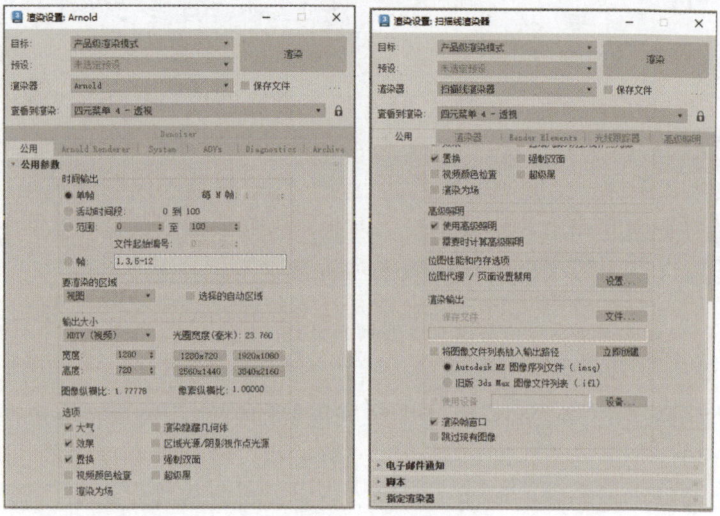

图 8-56 “渲染设置：扫描线渲染器”对话框

下面重点介绍其中 5 个比较重要的选项区功能。

（1）“时间输出”选项区：主要用来设置渲染的时间，其中各主要选项的含义如下。

- **单帧**：选中该单选按钮，可渲染当前帧。
- **活动时间段**：选中该单选按钮，可渲染轨迹栏中指定的帧范围。
- **范围**：选中该单选按钮，可指定渲染的起始帧和结束帧。
- **帧**：选中该单选按钮，可指定渲染一些不连续的帧，帧与帧之间用逗号隔开。

（2）“输出大小”选项区：用于设置渲染图像的大小和比例，用户可以直接指定图像的宽度和高度，也可以直接选取预先设置的标准，其中各主要选项的含义如下。

- **光圈宽度**：只有在选择“自定义”列表框中的选项时才可用，它不会改变视图中的图像大小。
- **高度/宽度**：用于设置渲染图像的高度和宽度值，单位是像素。
- **预设的分辨率**：包含 4 种预设分辨率，单击任一按钮，可以将渲染图像的尺寸改变成为按钮中指定的大小。

（3）“选项”选项区：包含 9 个复选框，用来激活不同的渲染选项。选中相应复选框，即可渲染相应复选框中的场景。

（4）“高级照明”选项区：其中有两个复选框，主要用来设置是否渲染高级照明效果，以及在需要时计算高级照明效果。

（5）“渲染输出”选项区：用来设置渲染输出文件的位置，其中各主要选项的含义如下。

- **保存文件**：当选中“保存文件”复选框时，渲染的图像就会被保存在硬盘上。
- **文件**：用于指定保存文件的位置。
- **跳过现有图像**：选中该复选框，则不渲染保存文件的文件夹中已经存在的帧。

2）“渲染器”选项卡

“渲染器”选项卡中只包含了一个“扫描线渲染器”卷展栏，该卷展栏中包含了 8 个选项区，分别是选项、抗锯齿、全局超级采样、对象运动模糊、图像运动模糊、自动反射/折射贴图、颜色范围限制和内存管理，如图 8-57 所示。

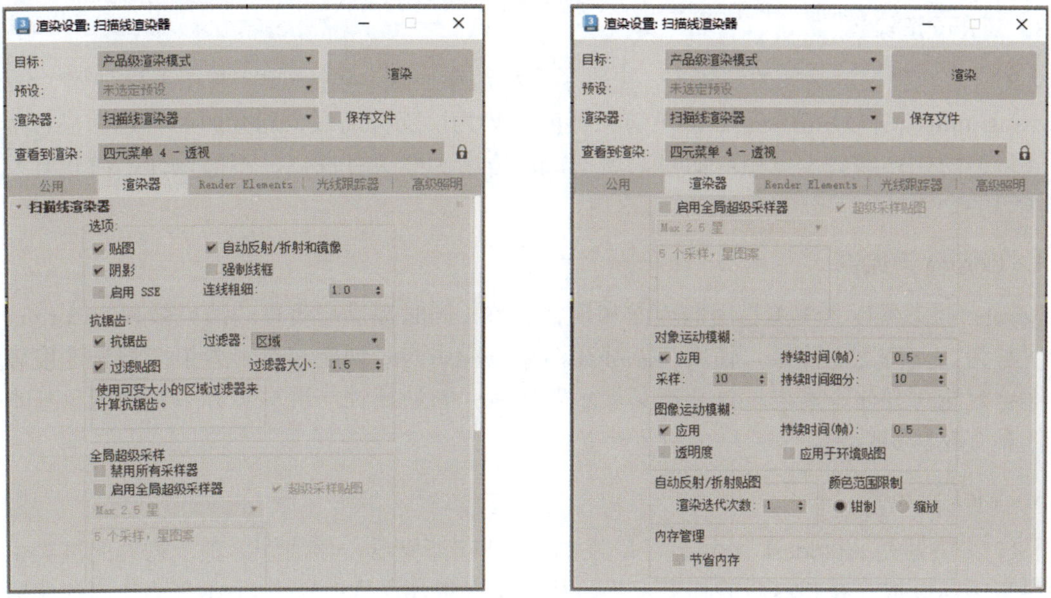

图 8-57　“渲染器”选项卡

在“渲染器”选项卡中，各主要选项的含义如下。

- **选项**：提供用于在渲染时打开或关闭场景中的贴图、阴影、自动反射/折射和镜像、强制线框等，在测试渲染时常用这些选项来节约时间。
- **抗锯齿**：选中该复选框，渲染图像则启用抗锯齿功能，从而使渲染对象的边界变得更加光滑。
- **过滤贴图**：用于打开或关闭材质贴图中的过滤器选项。
- **全局超级采样**：用于设置贴图和材质的超级采样效果，如果禁用该功能，则可以加快测试渲染的速度。

3）“光线跟踪器”选项卡

“光线跟踪器”选项卡可以为明亮场景提供柔和边缘的阴影和对象间的相互颜色，它通常与天光结合使用，相关参数如图 8-58 所示。

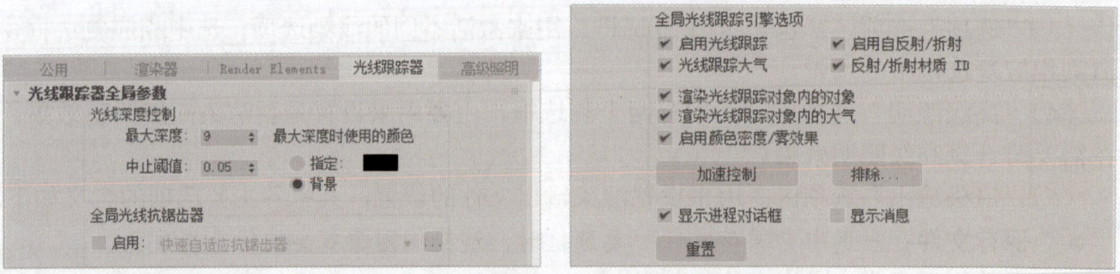

图 8-58　“光线跟踪器”选项卡中的相关参数

2．Arnold 渲染器

Arnold 是 3ds Max 2024 的内置渲染器，以其高质量的图像和逼真的光线追踪效果而闻名，支持物理材质和光线追踪，能够产生非常真实的光影效果。Arnold 渲染器的优势为：集成度高，用户体验顺畅；适合电影级别的动画制作，能够处理复杂的光照和材质。

3．V-Ray 渲染器

V-Ray 是一种灵活高效的渲染器，提供了多种渲染模式，包括 CPU 和图形处理器（graphics processing unit，GPU）渲染。V-Ray 渲染器的优势为：支持高级全局光照和物理渲染，能够产生高质量的图像；参数设置相对简单，上手快；适用于建筑可视化、产品设计、游戏开发和广告制作等多个领域。

4．Corona 渲染器

Corona 渲染器以其简单易用的界面和设置著称，同时提供高质量的渲染效果。Corona 渲染器的优势为：支持互动渲染，使用户能够在渲染过程中实时调整和查看效果；渲染速度较快，尤其适合建筑可视化、室内设计和产品展示等领域；材质属性与现实世界中物理现象基本保持一致，具有超写实效果。

5．ART 渲染器

ART 渲染器是 Autodesk 公司自主研发的纯 CPU 渲染器，该渲染器基于物理的渲染引擎，能够更真实地模拟光线和材质的物理行为，从而生成更加逼真的图像。ART 渲染器的优势为：设置相对简单，用户无须具备复杂的渲染技术知识即可上手使用；速度快：在保持高质量渲染效果的同时，具有较快的渲染速度，适合快速预览和出图。

> ▶ 专家指点
>
> 在 3ds Max 2024 中使用 ART 渲染器时，需要注意环境贴图的使用限制。ART 渲染器不支持从材质中的环境贴图创建的反射或折射，因此需要在材质设置中避免使用环境贴图作为反射或折射的来源。

8.2.3　渲染器的设置步骤

渲染器的设置步骤

【效果对比】渲染器的设置是三维室内效果图制作流程中的关键环节，它直接关系到最终图像的视觉质量和逼真度。通过精心配置渲染器，可以实现从基础照明到复杂光影效果的全面控制。素材与效果对比如图 8-59 所示。

图 8-59　素材与效果对比

下面介绍设置渲染器的操作方法。

Step 01　按【Ctrl + O】组合键，打开素材模型（资源\素材\第 8 章\卧室.max），按【F10】键，弹出“渲染设置：ART 渲染器”对话框，在“指定渲染器”卷展栏中，单击“产品级”右侧的“选择渲染器”下拉按钮▼，如图 8-60 所示。

Step 02　执行操作后，在弹出的列表框中选择“扫描线渲染器”选项，如图 8-61 所示，即可指定扫描线渲染器。

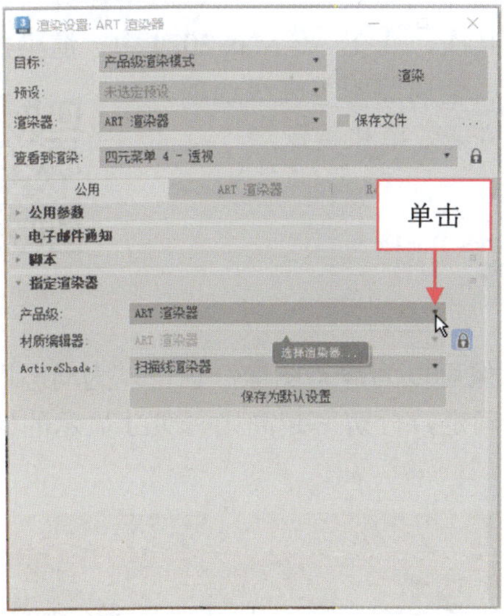

图 8-60　单击“选择渲染器”下拉按钮

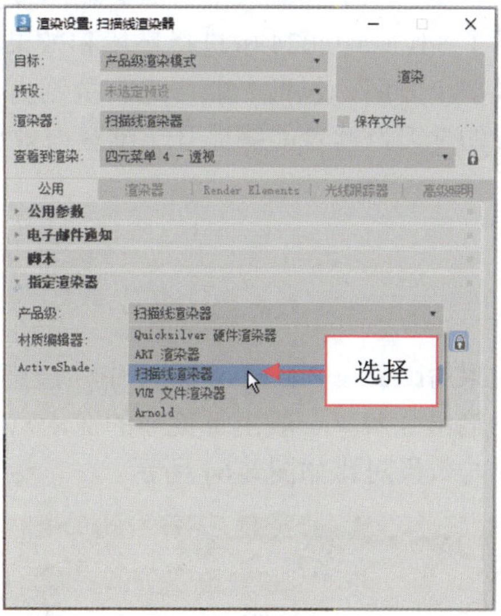

图 8-61　选择“扫描线渲染器”选项

Step 03　在“渲染设置：扫描线渲染器”对话框的“公用参数”卷展栏中，在“输出大小”选项区中单击 800 × 600 按钮，如图 8-62 所示，改变输出图像的宽度和高度。

Step 04　单击“渲染”按钮，弹出“渲染”对话框，显示渲染进度，同时会打开渲染帧窗口，开始渲染场景，渲染完成后，得到最终的模型效果，如图 8-63 所示。

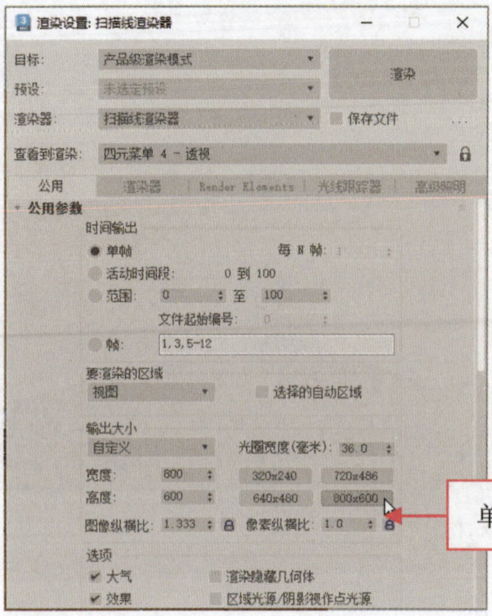

图 8-62　单击 800×600 按钮

图 8-63　渲染模型效果

本 章 小 结

本章主要介绍了环境效果与渲染输出设置，包括环境和效果的应用、渲染参数的设置。首先，介绍了 3ds Max 2024 中进行环境和效果设置；其次，介在 3ds Max 2024 中，渲染器参数的设置涉及多个方面，包括光能传递、抗锯齿、采样、全局照明等高级选项。通过本章的学习，读者能够提升三维室内效果图的渲染效率和质量。

课 后 实 训

课后实训

【效果对比】在 3ds Max 2024 中，渲染输出图像可以为静态图像，也可以为动态图像。静态图像的输出分辨率一般由每英寸的像素点数目来确定，分辨率越高则每英寸显示的像素点越多。素材与效果对比如图 8-64 所示。

图 8-64　素材与效果对比

渲染输出静态图像的操作方法如下。

Step 01 按【Ctrl + O】组合键，打开素材模型（资源\素材\第 8 章\海景房.max），按【F10】键，弹出“渲染设置：扫描线渲染器”对话框，单击“渲染输出”选项区中的“文件”按钮，如图 8-65 所示。

Step 02 执行操作后，弹出“渲染输出文件”对话框，设置文件名和保存类型，如图 8-66 所示。

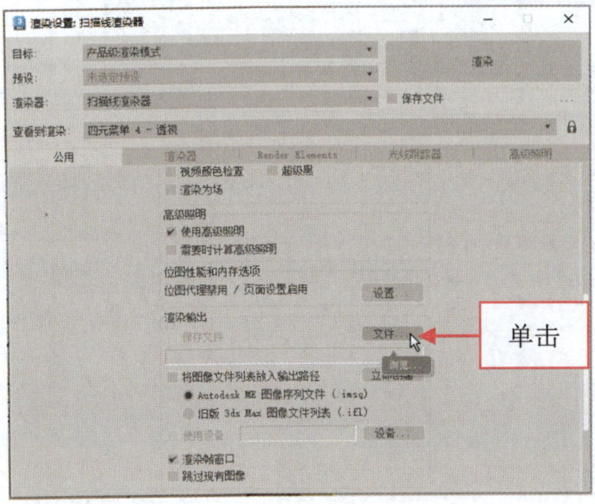

图 8-65　单击“文件”按钮

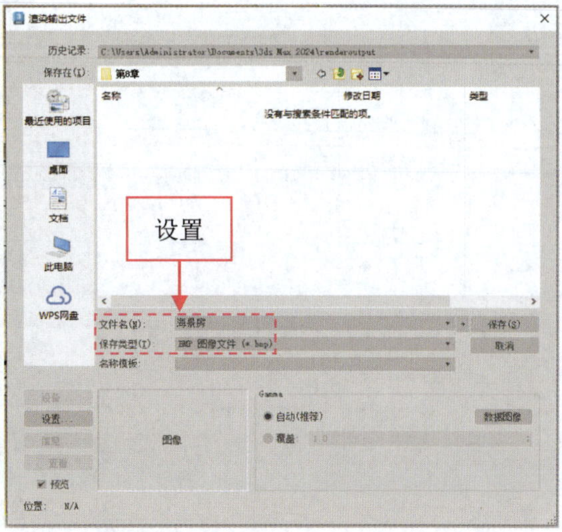

图 8-66　设置文件名和保存类型

Step 03 单击“保存”按钮，弹出“BMP 配置”对话框，保持默认设置即可，单击“确定”按钮，如图 8-67 所示。

Step 04 执行操作后，返回到“渲染设置：扫描线渲染器”对话框，单击“渲染”按钮，如图 8-68 所示，即可渲染静态图像。

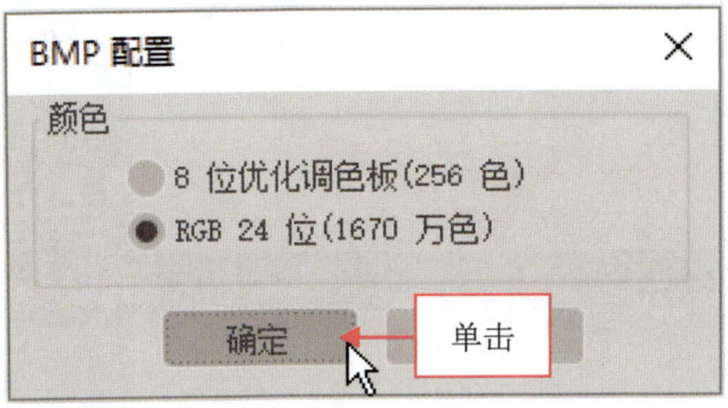

图 8-67　单击“确定”按钮

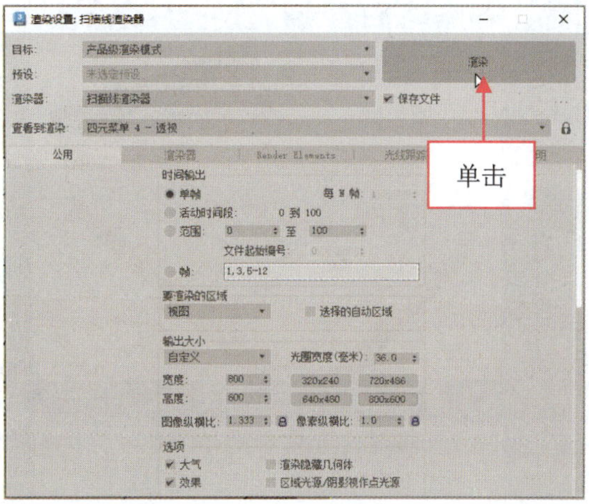

图 8-68　单击“渲染”按钮

第 9 章

室内家具与配饰案例实战

9

本章将通过实战案例，详细解析如何利用 3ds Max 2024 打造出逼真且富有创意的室内家具与配饰模型效果图。从简单的几何形体到复杂的细节处理，每一步都将揭示建模的奥秘。通过案例实践，读者将学会如何运用 3ds Max 2024 的各项功能，将设计理念转化为生动的三维室内设计模型。

本章重点

- 室内家具建模案例：双人床
- 室内配饰建模案例：装饰灯

素质目标

- 培养读者“从技术到效果”的精准执行能力
- 培养读者对物体形态的审美判断与塑造能力

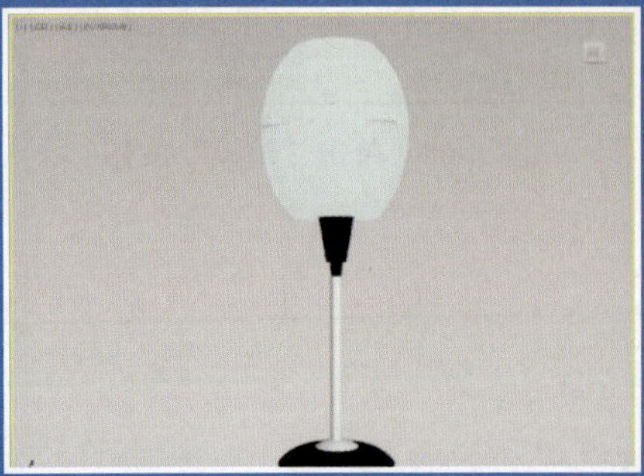

9.1　双人床三维建模

【效果展示】 双人床是卧室空间必备的家居构件之一，随着生活水平的提高，人们不仅对床要求舒适度，还要求美观度。双人床的设计与建模都需兼顾美观与实用性。本节将通过详细步骤，介绍如何利用 3ds Max 2024 构建出一张精致的双人床模型。效果展示如图 9-1 所示。

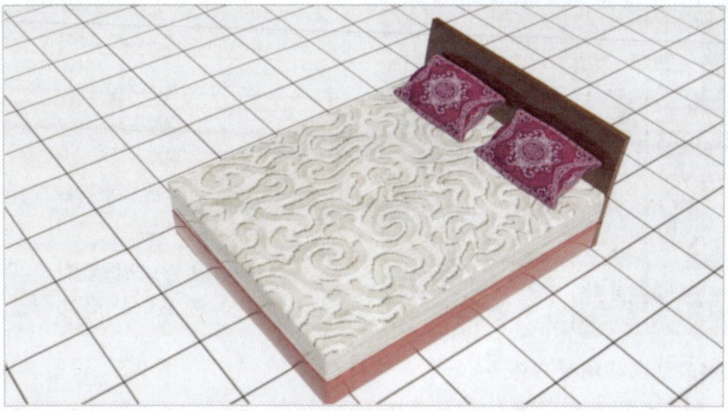

图 9-1　效果展示

9.1.1　制作双人床的床架

制作双人床的床架

床架是双人床的基础结构，其设计直接影响到床的整体稳定性和美观度。下面将详细介绍如何运用 3ds Max 2024 的建模工具，从简单的几何形体出发，逐步构建出稳固且富有设计感的床架模型，具体操作方法如下。

Step 01　重置场景文件，在“创建”面板的列表框中，选择“扩展基本体”选项，如图 9-2 所示。

Step 02　在“对象类型”卷展栏中，单击“切角长方体”按钮，如图 9-3 所示。

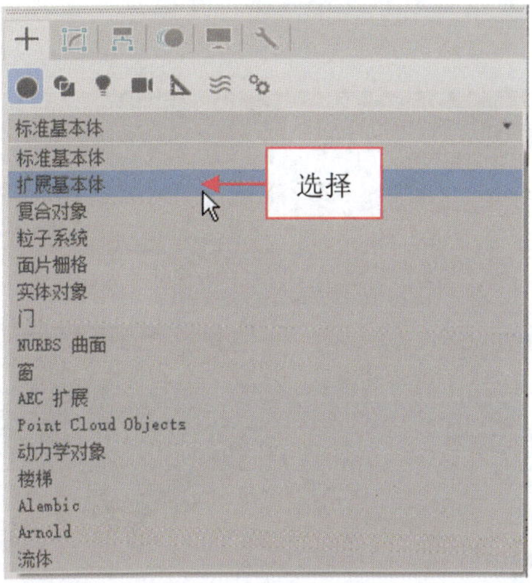

图 9-2　选择“扩展基本体”选项

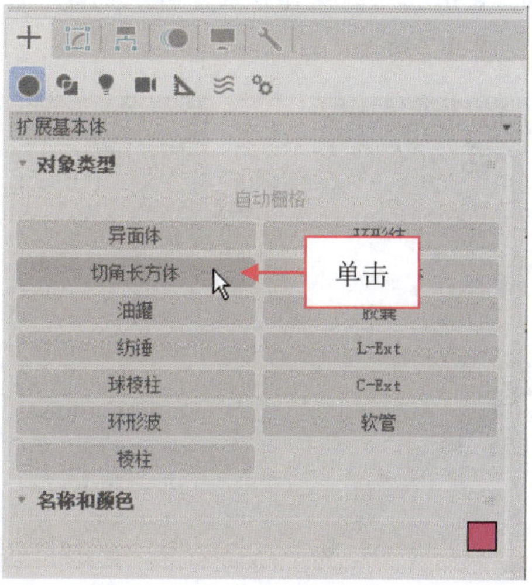

图 9-3　单击“切角长方体”按钮

Step03 在顶视图中，创建一个切角长方体，如图 9-4 所示。

Step04 在"参数"卷展栏中，设置"长度"为 1 800、"宽度"为 2 200、"高度"为 240、"圆角"为 20，如图 9-5 所示。

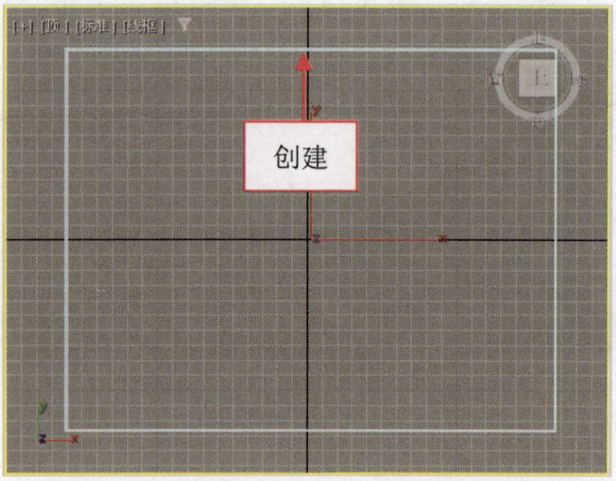

图 9-4　创建切角长方体

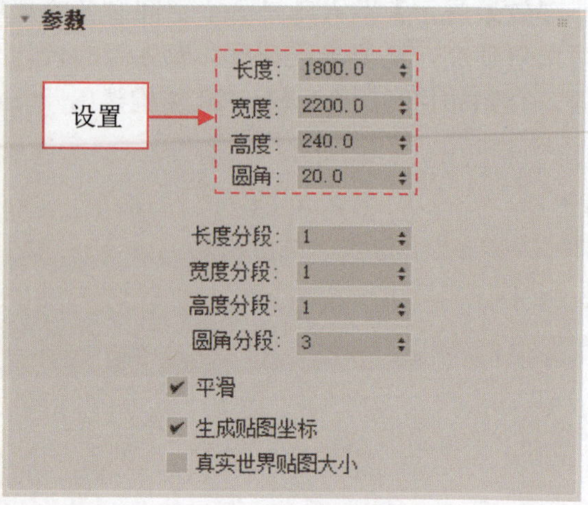

图 9-5　设置参数值

▶ 专家指点

在切角长方体的"参数"卷展栏中，"长度""宽度""高度"用于设置切角长方体的相应维度；"圆角"用于设置切开切角长方体的边，值越高切角长方体边上的圆角将更加精细；"长度分段""宽度分段""高度分段"用于设置沿着相应轴的分段数量；"圆角分段"用于设置切角长方体圆角边时的分段数，添加圆角分段将增加圆形边；"平滑"用于混合切角长方体的面的显示，从而在渲染视图中创建平滑的外观；"生成贴图坐标"用于生成将贴图材质应用于切角长方体的坐标，默认设置为启用；"真实世界贴图大小"用于控制应用于该对象的纹理贴图材质所使用的缩放方法。

Step05 执行操作后，即可改变切角长方体对象的大小，效果如图 9-6 所示。

Step06 使用相同的操作方法，再次创建一个相同大小的切角长方体对象，并适当调整其位置，如图 9-7 所示。

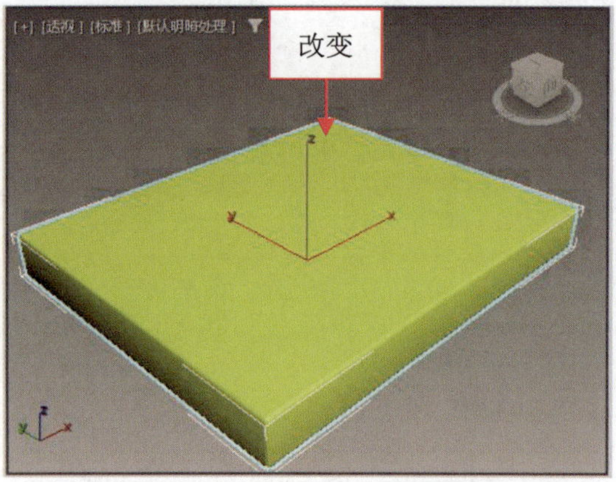

图 9-6　改变切角长方体的大小

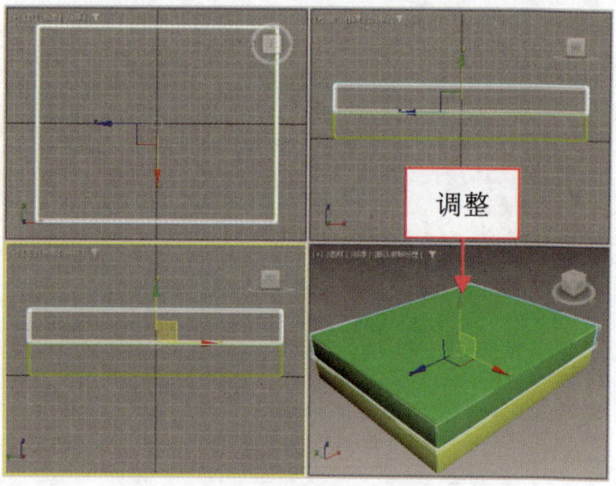

图 9-7　创建并调整切角长方体

Step 07 在顶视图中创建一个“长度”为 1 820、“宽度”为 50、“高度”为 900、“圆角”为 2、“长度分段”和“宽度分段”均为 8、“高度分段”为 26 的切角长方体对象，并适当调整其位置，如图 9-8 所示。

Step 08 ❶切换至“修改”面板；❷在“修改器列表”下拉列表框中选择“弯曲”选项，如图 9-9 所示。

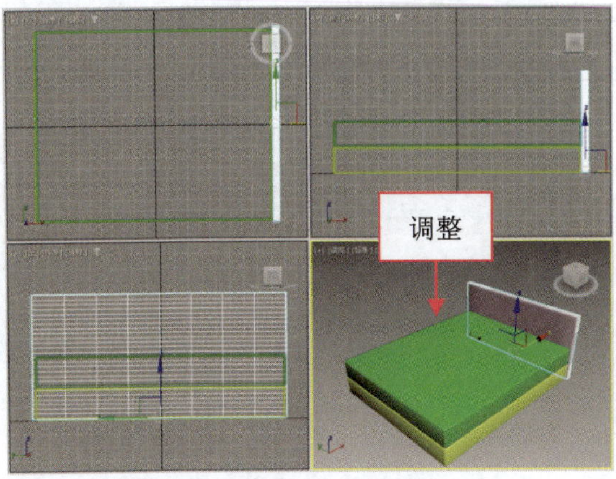

图 9-8　创建并调整切角长方体

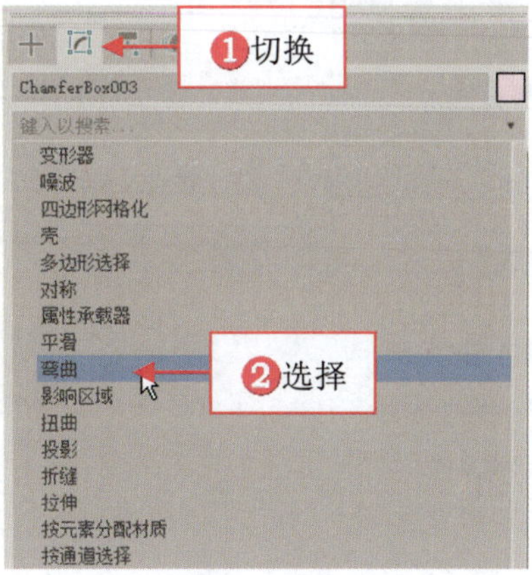

图 9-9　选择“弯曲”选项

Step 09 在“参数”卷展栏的“弯曲”选项区中，设置“角度”为 10，如图 9-10 所示，从顶点平面设置要弯曲的角度。

Step 10 执行操作后，即可弯曲改变切角长方体对象，模型效果如图 9-11 所示。

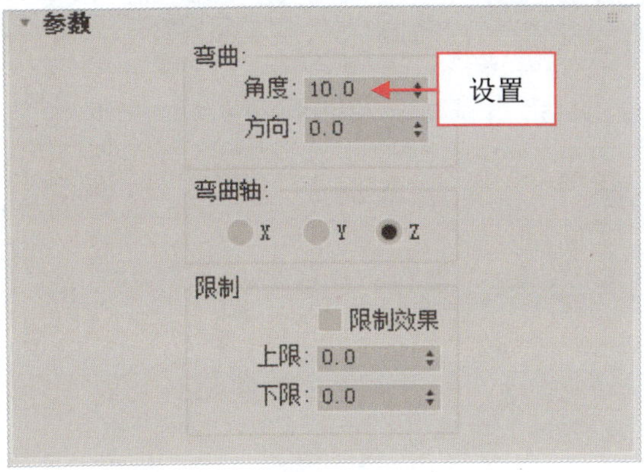

图 9-10　设置“角度”参数

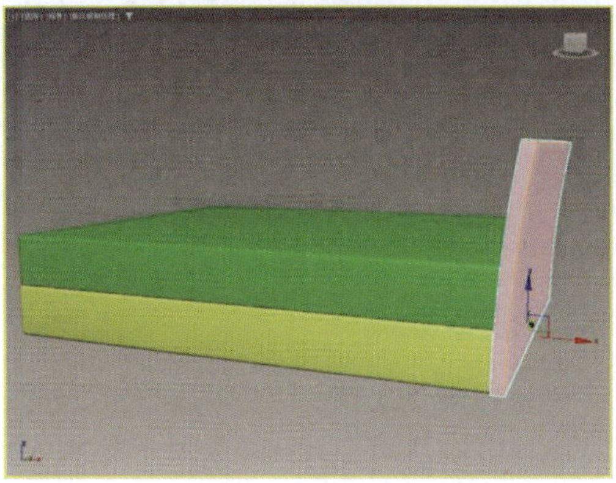

图 9-11　弯曲模型效果

9.1.2　制作双人床的枕头

枕头作为双人床的重要组成部分，不仅影响着睡眠质量，还能为卧室增添一份温馨与舒适。下面将运用 3ds Max 2024 的建模技术，制作出柔软且逼真的枕头模型，具体操作方法如下。

制作双人床的枕头

Step 01 在“创建”面板的“几何体”选项卡中，在“对象类型”卷展栏中单击“长方体”按钮，如图 9-12 所示。

Step 02 在顶视图中创建一个“长度”为 800、“宽度”为 450、“高度”为 100、“长度分段”为 5、“宽度分段”为 5、“高度分段”为 5 的长方体对象，并适当调整其位置，效果如图 9-13 所示。

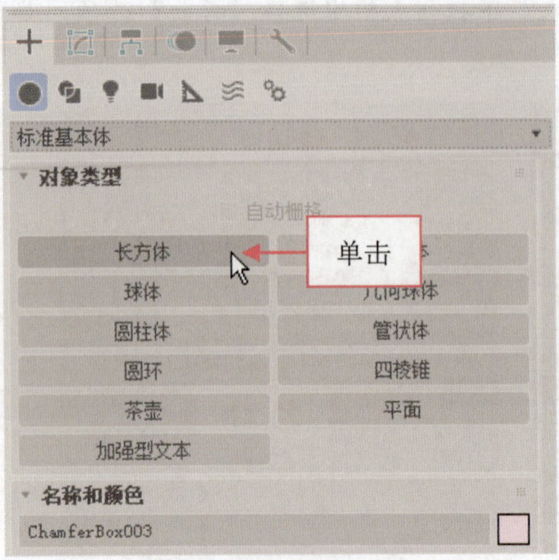

图 9-12　单击“长方体”按钮

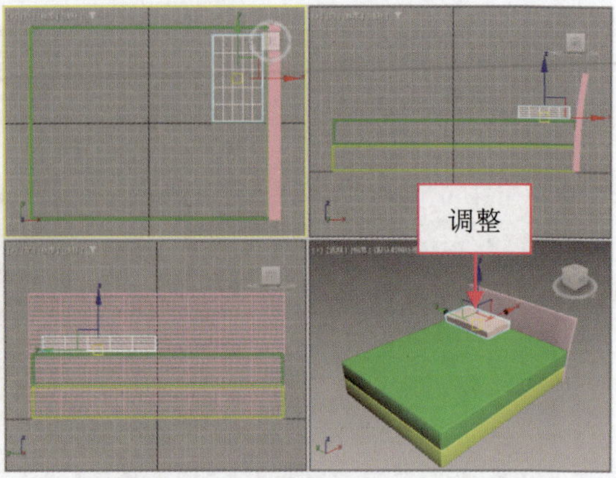

图 9-13　创建并调整长方体

Step 03 在“修改”面板的“修改器列表”下拉列表框中，选择“FFD（长方体）”选项，如图 9-14 所示。

Step 04 在“FFD 参数”卷展栏中，单击“设置点数”按钮，如图 9-15 所示。

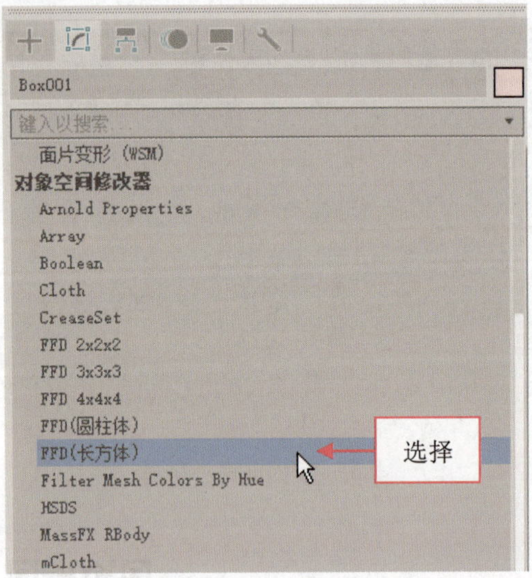

图 9-14　选择“FFD（长方体）”选项

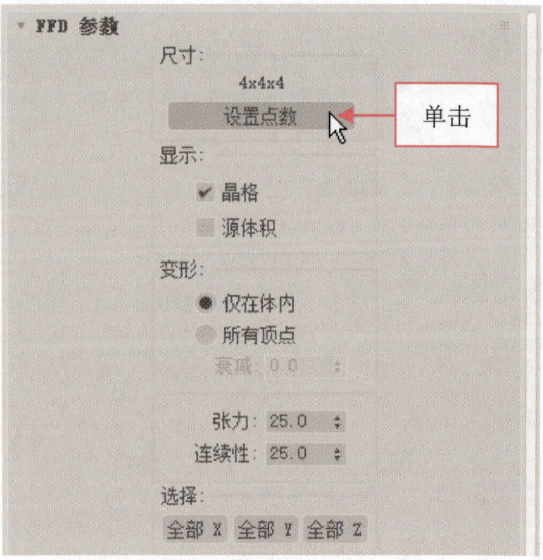

图 9-15　单击“设置点数”按钮

▶ 专家指点

FFD 修改器使用晶格框包围选中几何体，通过调整晶格的控制点，可以改变封闭几何体的形状。其中，FFD（长方体）修改器的工作原理是通过设置一系列的控制点来改变物体的造型。这些控制点可以被视为一个长方体网格的顶点，通过移动这些顶点，可以实现对整个模型的推拉、挤压、扭曲等变形操作。

Step 05　执行操作后，弹出“设置 FFD 尺寸”对话框，设置“长度”“宽度”“高度”均为 6，如图 9-16 所示。

Step 06　单击“确定”按钮，即可设置点数，模型效果如图 9-17 所示。

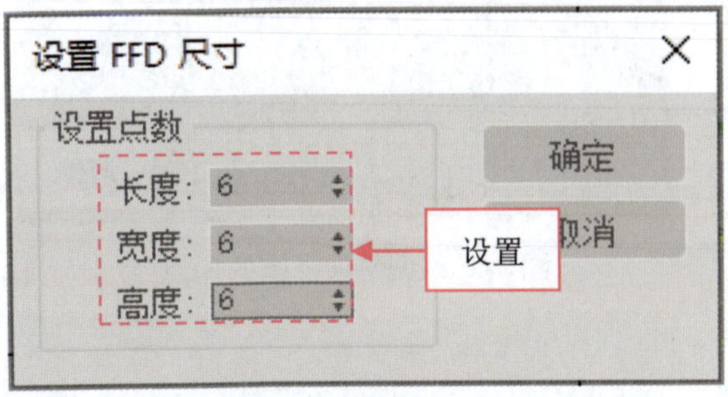

图 9-16　设置参数值

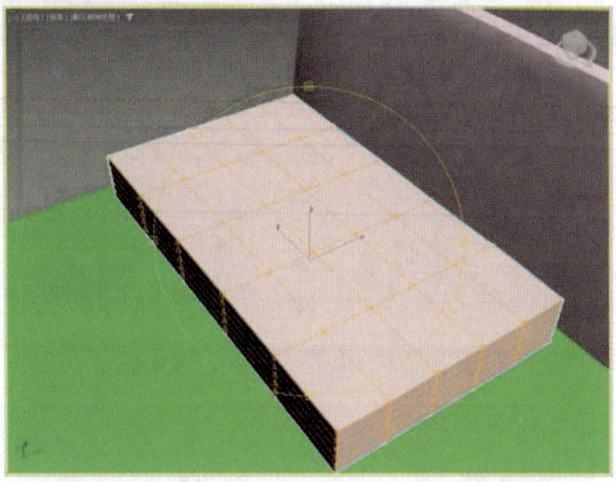

图 9-17　设置点数后的模型效果

Step 07　在修改器堆栈的“FFD（长方体）6 × 6 × 6”列表框中，选择“控制点”选项，如图 9-18 所示。

Step 08　在前视图中选择中间两排的顶点，在主工具栏中单击“选择并均匀缩放”按钮，沿 y 轴向上拖曳鼠标至合适位置，调整顶点，如图 9-19 所示。

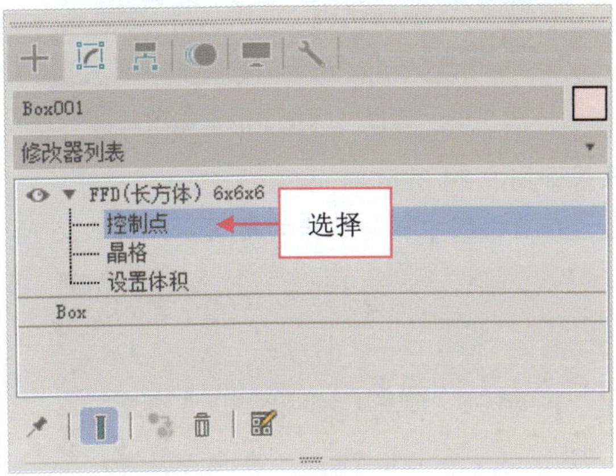

图 9-18　选择“控制点”选项

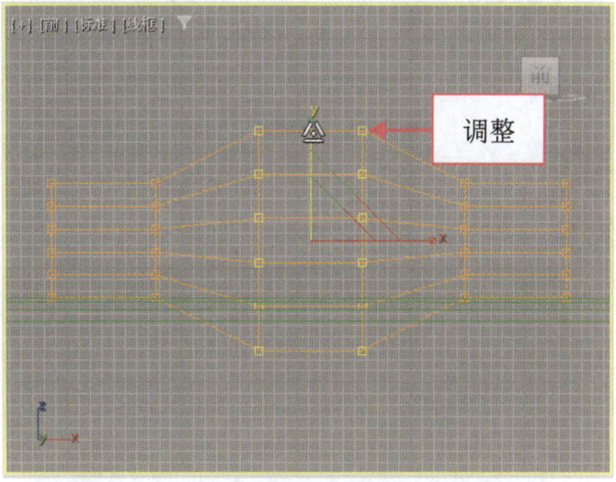

图 9-19　调整中间两排的顶点

▶ 专家指点

在控制点子对象层级中，可以选择并操纵晶格的控制点，可以一次处理一个或以组为单位处理（使用标准方法选择多个对象）。操纵控制点将影响基本对象的形状，可以给控制点使用标准变形方法。

Step 09　用与上同样的操作方法，调整旁边 4 排顶点的位置，如图 9-20 所示。

Step 10　切换至顶视图，用与上同样的操作方法，调整图形的顶点位置，如图 9-21 所示。

Step 11　切换至左视图，用与上同样的操作方法，调整图形的顶点位置，如图 9-22 所示。

Step 12　单击“FFD（长方体）6 × 6 × 6”修改器，取消顶点选项，在“修改器列表”下拉列表框中，选择“网格平滑”选项，如图 9-23 所示。

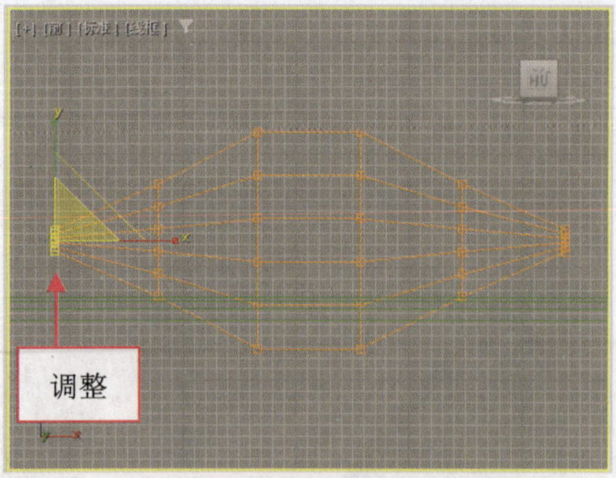

图 9-20　调整旁边 4 排顶点

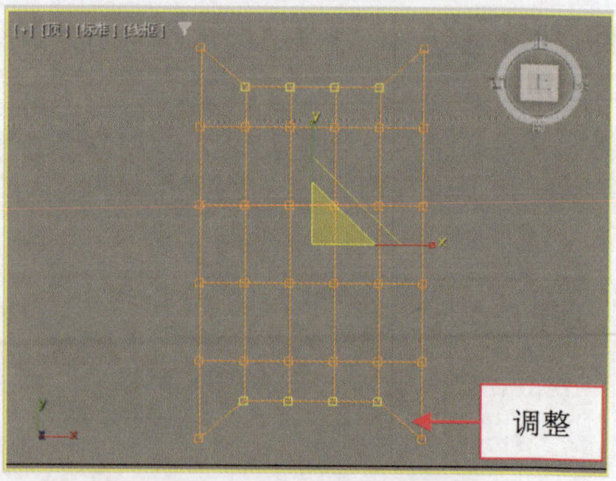

图 9-21　调整顶视图的顶点

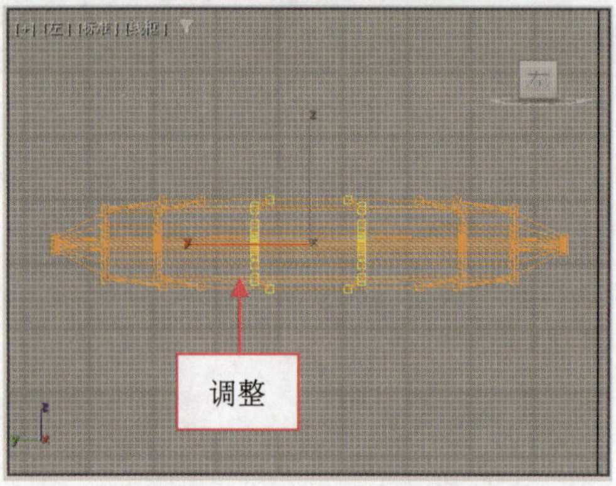

图 9-22　调整左视图的顶点

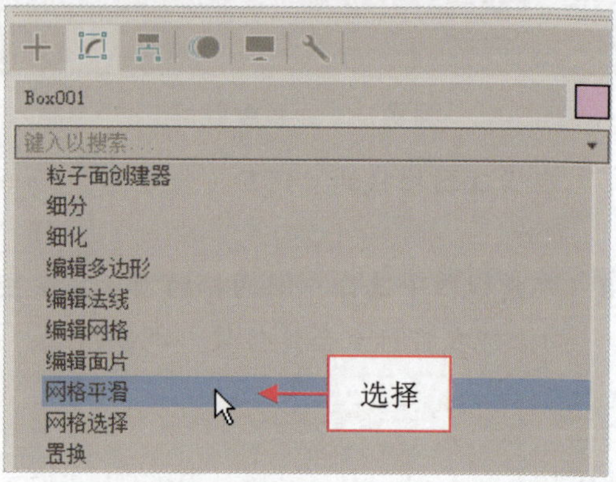

图 9-23　选择“网格平滑”选项

Step 13 执行操作后，即可进行网格平滑处理，效果如图 9-24 所示。

Step 14 单击主工具栏中的“选择并旋转”按钮，在前视图中旋转枕头的角度，如图 9-25 所示。

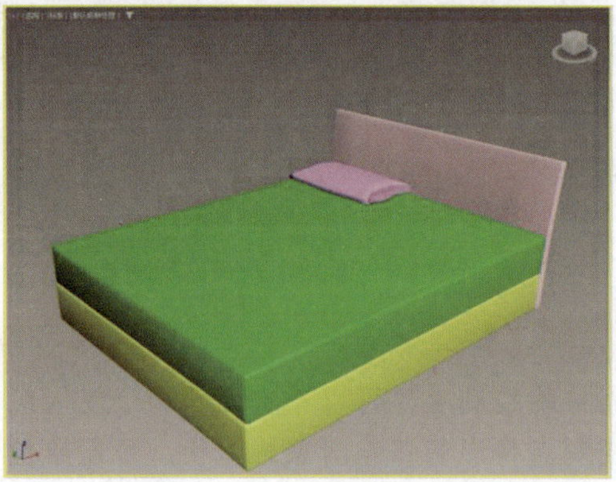

图 9-24　网格平滑效果

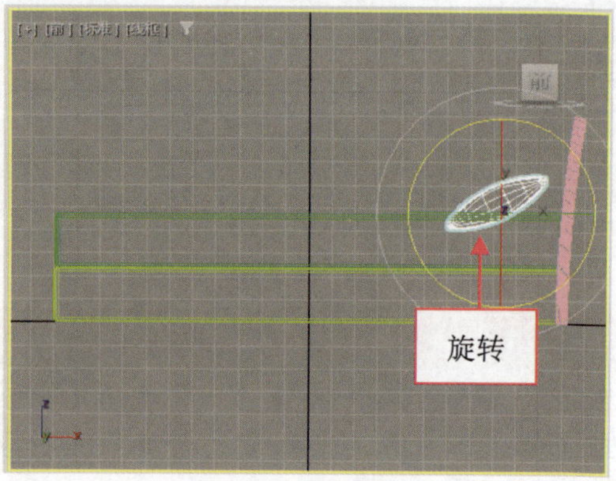

图 9-25　旋转枕头的角度

Step 15 单击主工具栏中的“选择并移动”按钮，在各个视图中调整枕头的位置，效果如图 9-26 所示。

Step 16 在顶视图中按住【Shift】键的同时，沿 y 轴向下拖曳鼠标至合适位置，释放鼠标左键，弹出“克隆选项”对话框，单击“确定”按钮，即可复制图形，效果如图 9-27 所示。

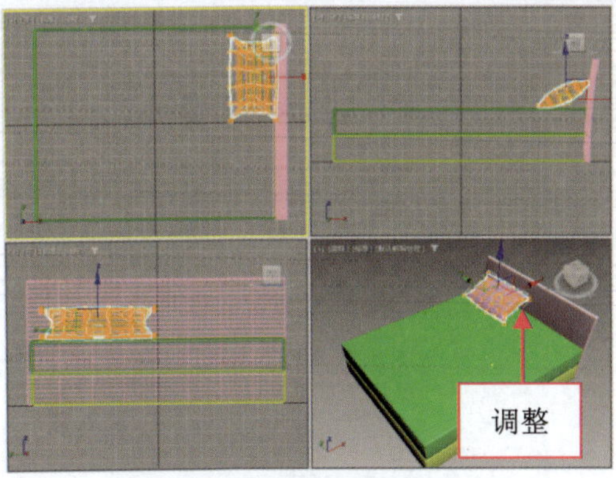

图 9-26　调整枕头的位置

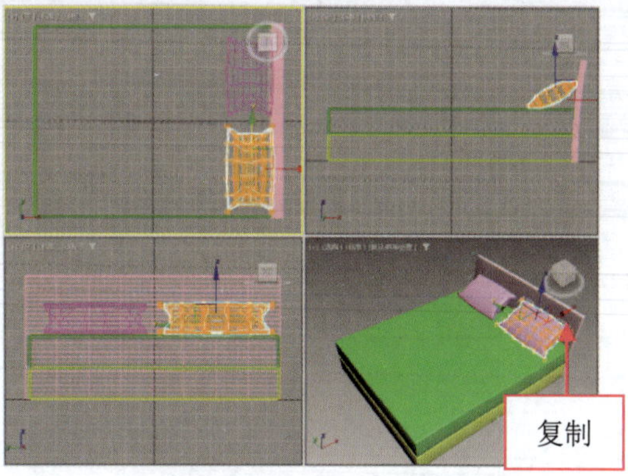

图 9-27　复制图形效果

Step 17　在“对象类型”卷展栏中，单击“平面”按钮，在顶视图中，按住鼠标左键并拖曳，创建平面，在“参数”卷展栏中，设置“长度”和“宽度”均为 10 000，如图 9-28 所示。

Step 18　单击主工具栏中“选择并移动”按钮，在各个视图中调整平面的位置，如图 9-29 所示。

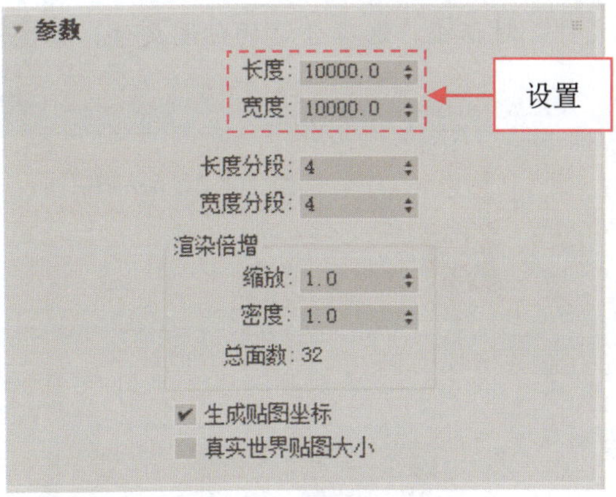

图 9-28　设置参数值

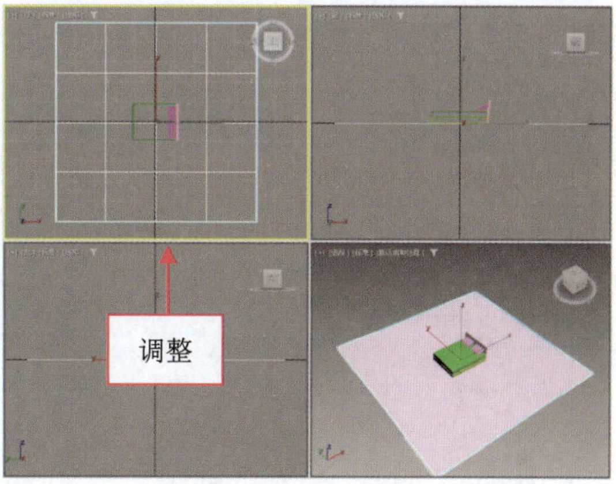

图 9-29　创建并调整平面

▶ 专家指点

平面是一种特殊类型的平面多边形网格对象，可在渲染时无限放大。使用平面对象来创建大型地平面时，并不会妨碍在视口中的工作。用户可以将任何类型的修改器应用于平面对象（如置换），以模拟出陡峭的地形效果。

9.1.3　制作双人床的材质

材质是赋予双人床质感的关键，选择合适的材质可以模拟出真实的触感。下面介绍制作双人床材质的操作方法。

制作双人床的材质

Step 01　按【M】键，打开“材质编辑器”窗口，选择第 1 个材质球，如图 9-30 所示。

Step 02　在“材质编辑器”窗口下面的“常规贴图”卷展栏中，单击“基础颜色”右侧的“无贴图”按钮，如图 9-31 所示。

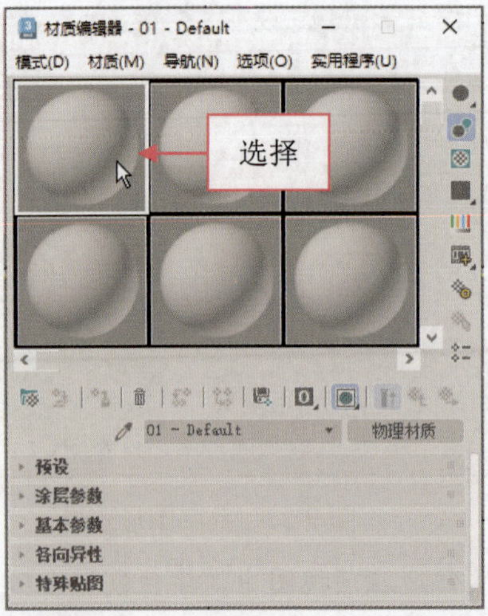

图 9-30　选择第 1 个材质球

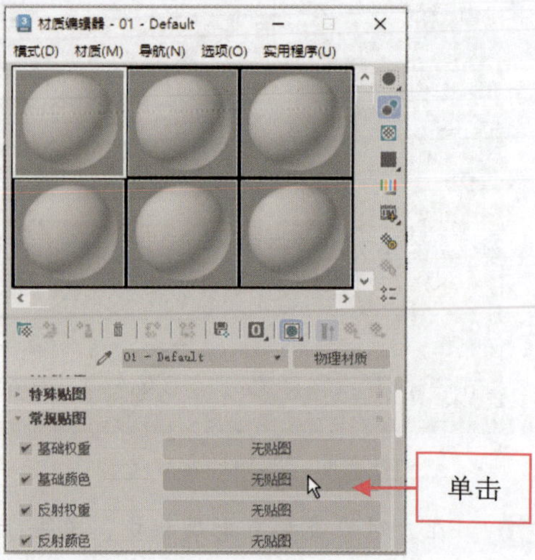

图 9-31　单击“无贴图”按钮

Step 03　执行操作后，弹出“材质/贴图浏览器”对话框，选择“位图”选项，如图 9-32 所示。

Step 04　单击“确定”按钮，弹出“选择位图图像文件”对话框，选择合适的贴图文件，如图 9-33 所示。

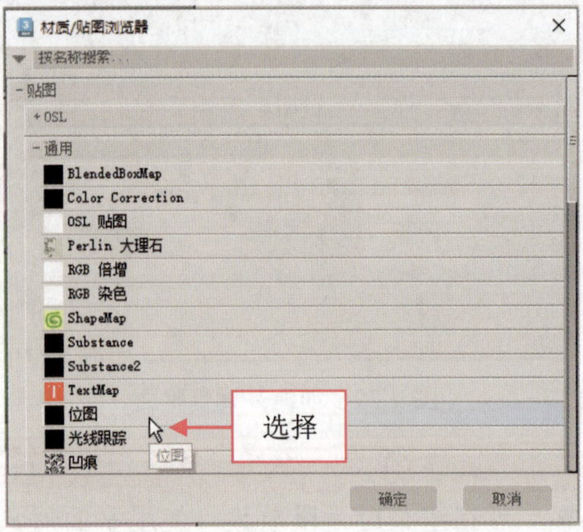

图 9-32　选择“位图”选项

图 9-33　选择贴图文件

▶ 专家指点

用户可以选择将材质编辑器和场景中的材质删除，或者仅将材质编辑器中的材质删除而保留场景中对象的材质。

在“材质编辑器”窗口的工具栏中，单击“重置贴图/材质为默认设置”按钮，在删除冷材质（即没有被使用的材质）时，会弹出提示信息框，单击“是”按钮，将删除材质球上的材质。

另外，在删除热材质（即正在被使用的材质）时，会弹出“重置材质/贴图参数”对话框，选中“影响场景和编辑器示例窗中的材质/贴图”单选按钮后，可以删除材质球和场景对象上的材质；选中“仅影响编辑器示例窗中的材质/贴图”单选按钮后，可以删除材质球上的材质，对场景中的对象则无影响。

Step 05 单击“打开”按钮，返回到“材质编辑器”窗口，添加相应的贴图材质，并在透视图中选择枕头对象，如图 9-34 所示。

Step 06 在“材质编辑器”窗口中，单击“将材质指定给选定对象”按钮，如图 9-35 所示。

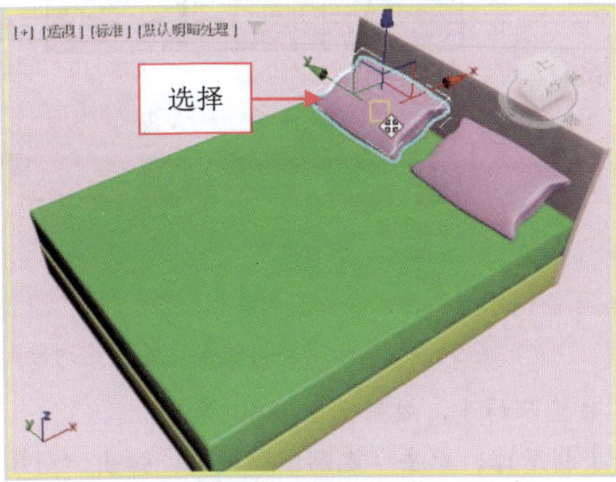

图 9-34　选择枕头对象

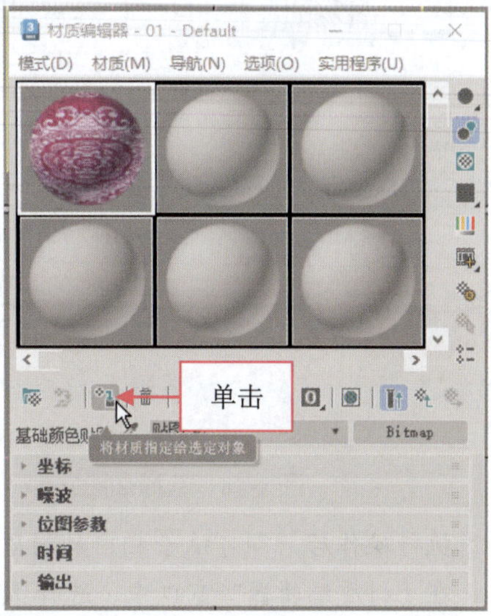

图 9-35　单击“将材质指定给选定对象”按钮

Step 07 执行操作后，即可赋予相应的材质，并显示材质，效果如图 9-36 所示。

Step 08 使用相同的操作方法，为另一个枕头对象赋予相应的材质，效果如图 9-37 所示。

图 9-36　赋予材质效果

图 9-37　为另一个枕头赋予材质

Step 09 在“材质编辑器”窗口中，选择第 2 个材质球，单击“无贴图”按钮，弹出“材质/贴图浏览器”对话框，选择“位图”选项，单击“确定”按钮，弹出“选择位图图像文件”对话框，选择合适的贴图文件，如图 9-38 所示。

Step 10 单击“打开”按钮，返回到“材质编辑器”窗口，在透视图中选择床垫对象，单击“将材质指定给选定对象”按钮，如图 9-39 所示。

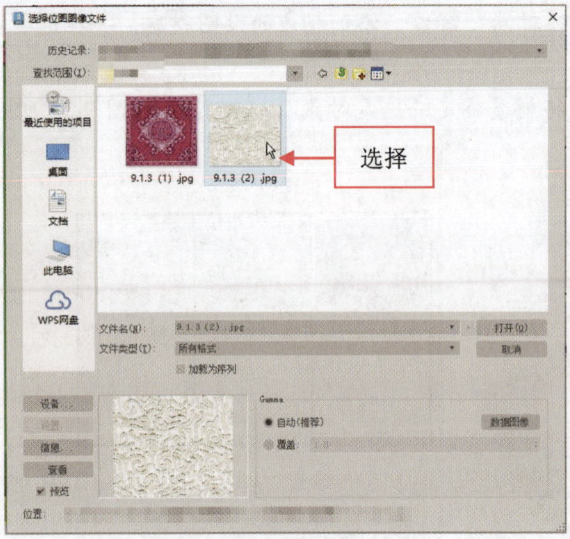

图 9-38　选择贴图文件

图 9-39　单击“将材质指定给选定对象”按钮

Step 11　执行操作后，即可赋予相应的材质，并显示材质，效果如图 9-40 所示。

Step 12　在“材质编辑器”窗口中，选择第 3 个材质球，单击“无贴图”按钮，弹出“材质/贴图浏览器”对话框，选择“位图”选项，单击“确定”按钮，弹出“选择位图图像文件”对话框，选择合适的贴图文件，如图 9-41 所示。

图 9-40　赋予材质效果

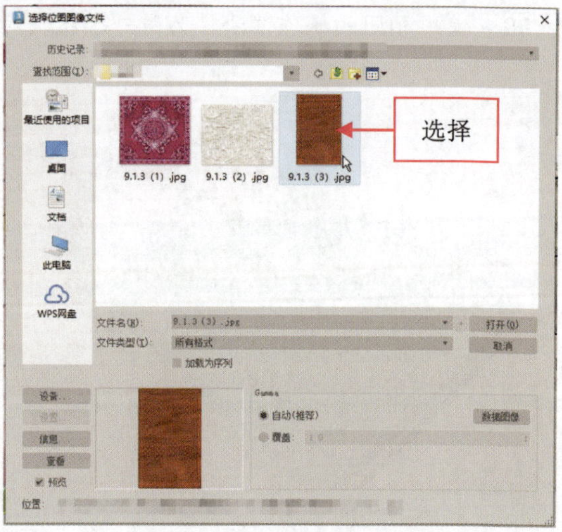

图 9-41　选择贴图文件

Step 13　单击“打开”按钮，返回到“材质编辑器”窗口，在透视图中选择靠背对象，单击“将材质指定给选定对象”按钮，如图 9-42 所示。

Step 14　执行操作后，即可赋予相应的材质，并显示材质，效果如图 9-43 所示。

Step 15　在“材质编辑器”窗口中，选择第 4 个材质球，单击“无贴图”按钮，弹出“材质/贴图浏览器”对话框，选择“位图”选项，单击“确定”按钮，弹出“选择位图图像文件”对话框，选择合适的贴图文件，如图 9-44 所示。

Step 16 单击“打开”按钮，返回到“材质编辑器”窗口，在透视图中选择床架对象，单击“将材质指定给选定对象”按钮，如图 9-45 所示。

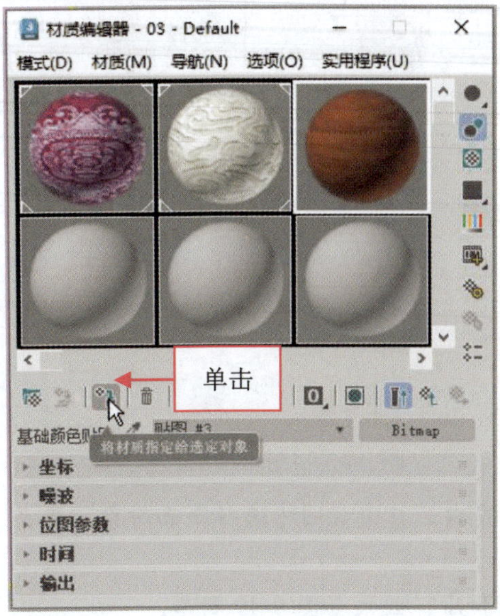

图 9-42　单击“将材质指定给选定对象”按钮

图 9-43　赋予材质效果

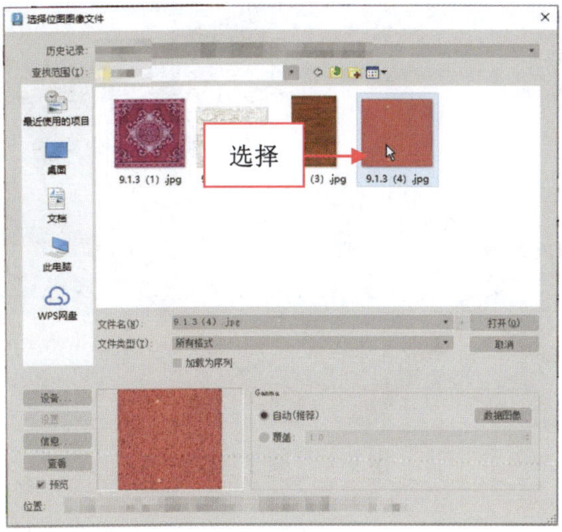

图 9-44　选择贴图文件

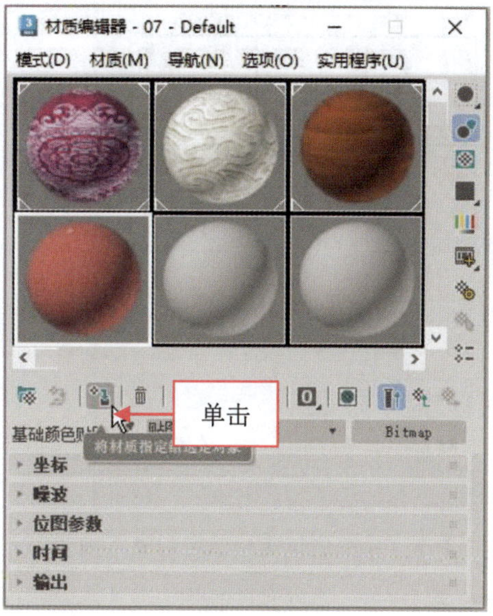

图 9-45　单击“将材质指定给选定对象”按钮

Step 17 执行操作后，即可赋予相应的材质，并显示材质，效果如图 9-46 所示。

Step 18 在“材质编辑器”窗口中，选择第 5 个材质球，单击“无贴图”按钮，弹出“材质/贴图浏览器”对话框，选择“位图”选项，单击“确定”按钮，弹出“选择位图图像文件”对话框，选择合适的贴图文件，如图 9-47 所示。

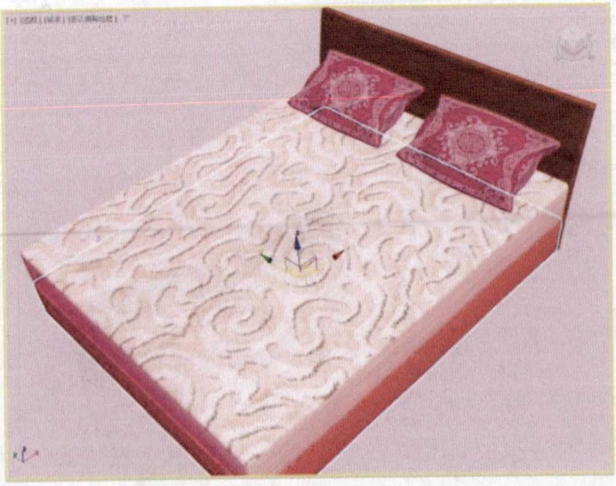

图 9-46　赋予材质效果

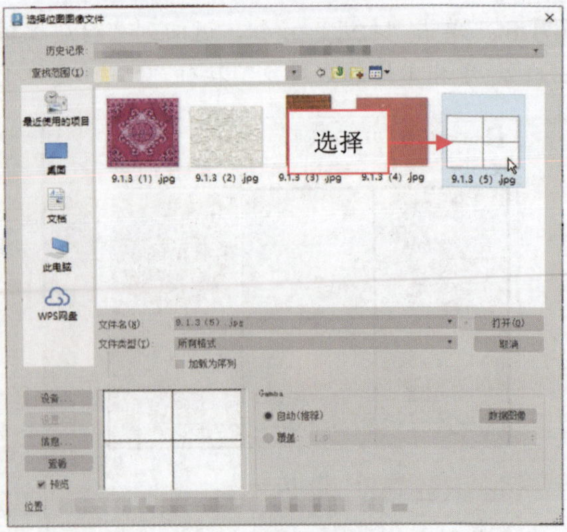

图 9-47　选择贴图文件

Step19　单击“打开”按钮，返回到“材质编辑器”窗口，在透视图中选择平面对象，单击“将材质指定给选定对象”按钮，如图 9-48 所示。

Step20　执行操作后，即可赋予相应的材质，并显示材质，效果如图 9-49 所示。

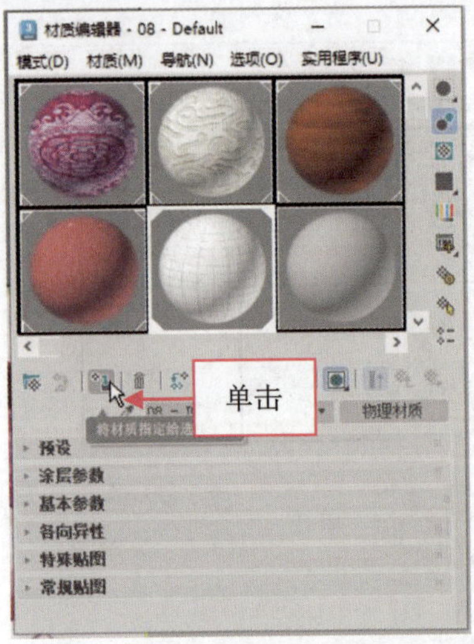

图 9-48　单击“将材质指定给选定对象”按钮

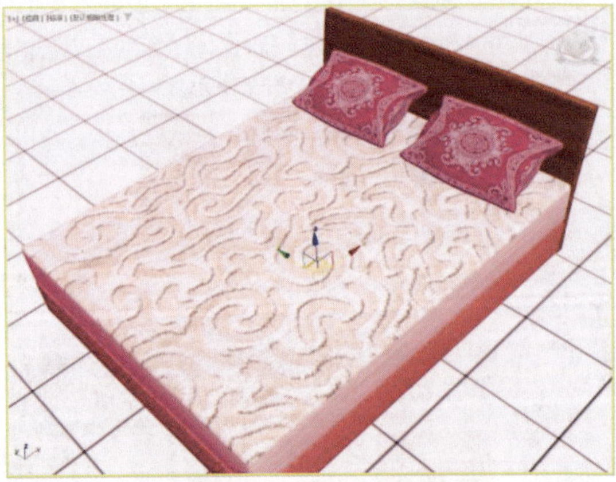

图 9-49　赋予材质效果

9.2　装饰灯三维建模

【效果展示】室内配饰的小物件是生活中不可缺少的一个元素。在现代生活中，越来越多的小物件在实用的基础上更要求美观，还可以起到装饰空间、美化空间的作用。装饰灯因为色彩很丰富，体积小、耐用、节能，非常适合于装饰用途。使用装饰灯在家庭生活中体现了美观实用的功能。本节将带大家走进装饰灯的三维建模世界，从灯罩到灯架，再到材质制作，将创意转化为独特且实用的装饰灯模型。效果展示如图 9-50 所示。

图 9-50 效果展示

9.2.1 制作装饰灯的灯罩

制作装饰灯的灯罩

灯罩是装饰灯的重要组成部分，其设计直接影响到灯光的分布与视觉效果。下面介绍制作装饰灯灯罩的操作方法。

Step 01 重置场景文件，在“创建”面板的“几何体”选项卡的“标准基本体”选项区中，单击“对象类型”卷展栏中的“球体”按钮，如图 9-51 所示。

Step 02 在顶视图中，创建一个“半径”为 68 的球体对象，如图 9-52 所示。

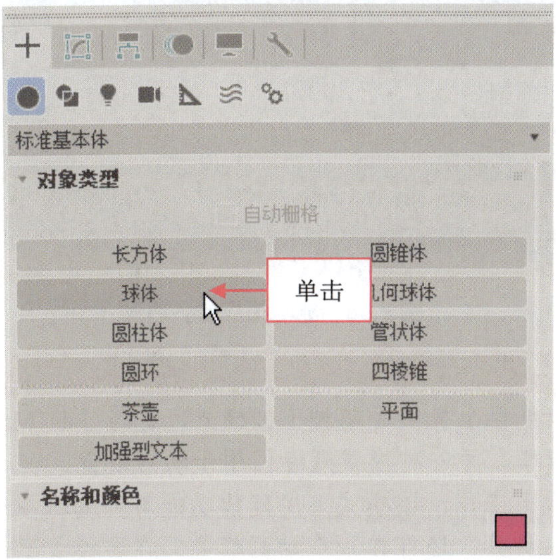

图 9-51 单击“球体”按钮

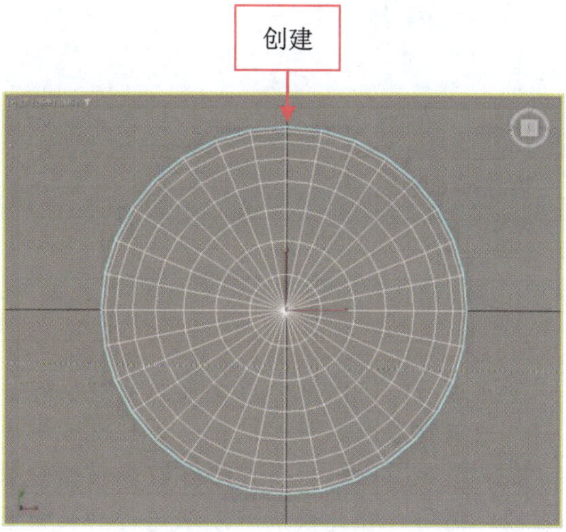

图 9-52 创建球体

Step 03 在前视图中，运用选择并均匀缩放工具，沿 y 轴向上拖曳鼠标，适当调整球体的大小，如图 9-53 所示。

Step 04 在“修改”面板的“修改器列表”下拉列表框中，搜索并选择“编辑多边形”选项，如图 9-54 所示。

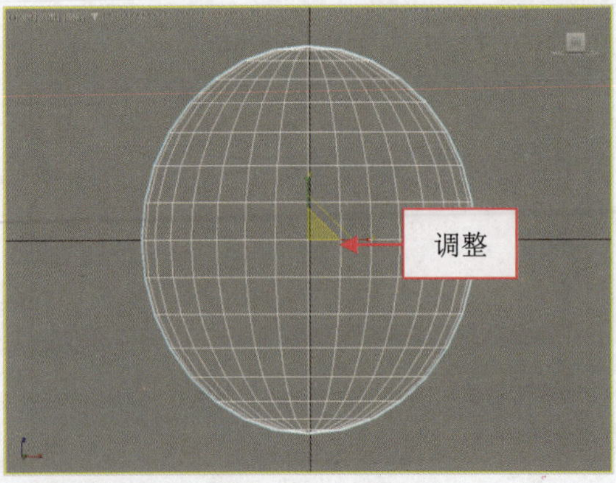

图 9-53　调整球体的大小

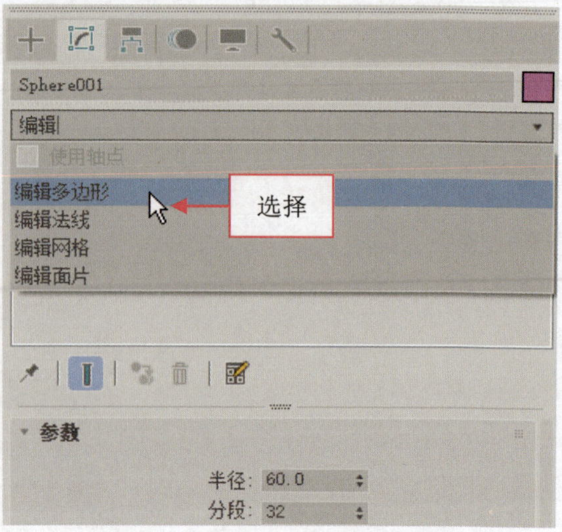

图 9-54　选择“编辑多边形”选项

Step 05　在“修改器”面板的“编辑多边形”列表框中，选择“多边形”选项，如图 9-55 所示。

Step 06　在前视图中，选择需要删除的多边形，按【Delete】键将其删除，效果如图 9-56 所示。

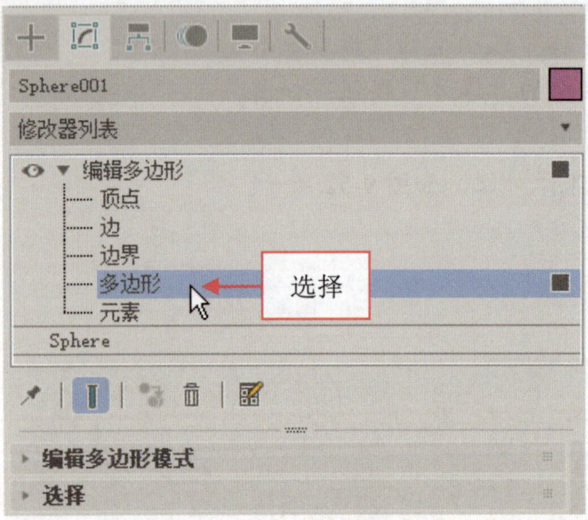

图 9-55　选择“多边形”选项

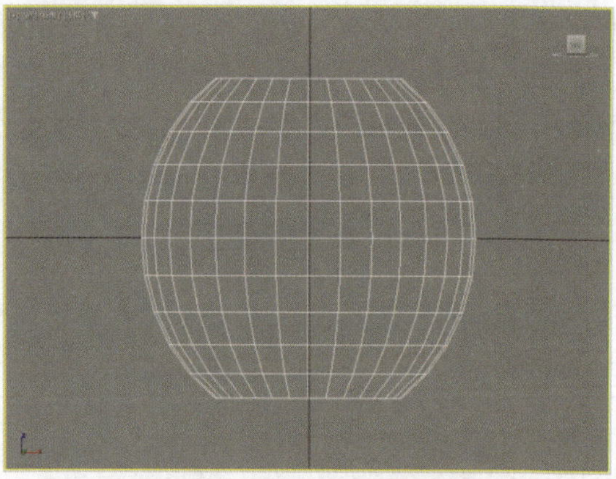

图 9-56　删除相应的多边形

> **▶ 专家指点**
>
> 编辑多边形修改器在“编辑多边形模式”卷展栏上提供了两种不同模式，这与 3ds Max 中的其他编辑修改器有所不同：一种模式用于建模，另一种模式则专门用于动画设置。
>
> 默认情况下，编辑多边形修改器在模型模式下工作，该模式下的建模功能与可编辑多边形相似；然而，在此模式下无法进行动画设置。另外，还存在一个动画模式，在该模式下仅提供动画设置的相关功能。

Step 07　在“修改器”面板的“编辑多边形”列表框中，选择“顶点”选项，如图 9-57 所示。

Step 08　运用选择并均匀缩放工具，在透视图中调整所有顶点的大小，效果如图 9-58 所示。

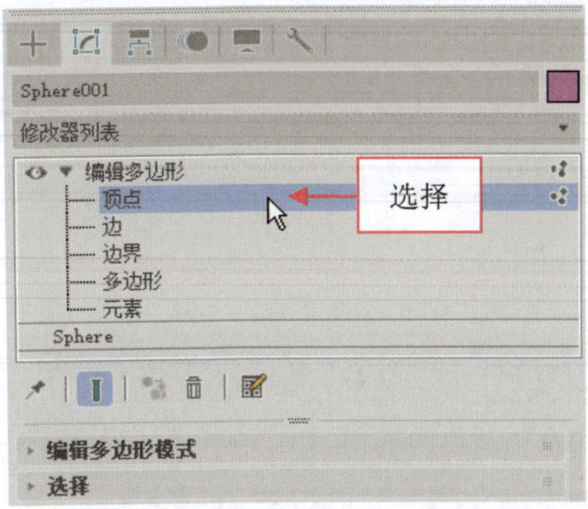

图 9-57　选择“顶点”选项

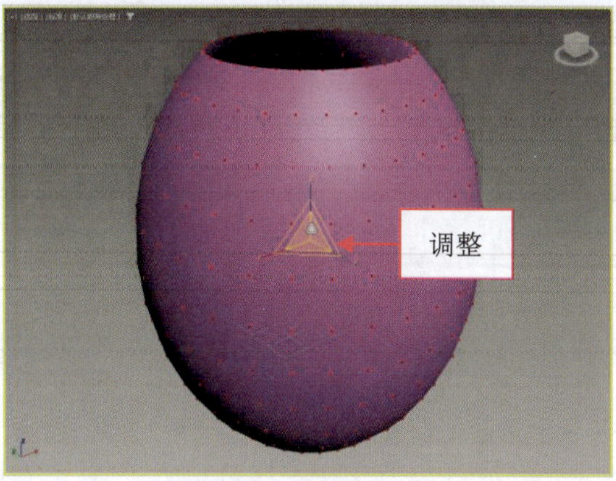

图 9-58　调整顶点大小

9.2.2　制作装饰灯的灯架

制作装饰灯的灯架

灯架是支撑灯罩和提供稳定照明的基础结构。下面介绍制作装饰灯灯架的操作方法。

Step 01 在“创建”面板的“图形”选项卡的“样条线”选项区中，单击“对象类型”卷展栏中的“线”按钮，如图 9-59 所示。

Step 02 在前视图中，绘制开放的样条线，并进行圆角处理，效果如图 9-60 所示。

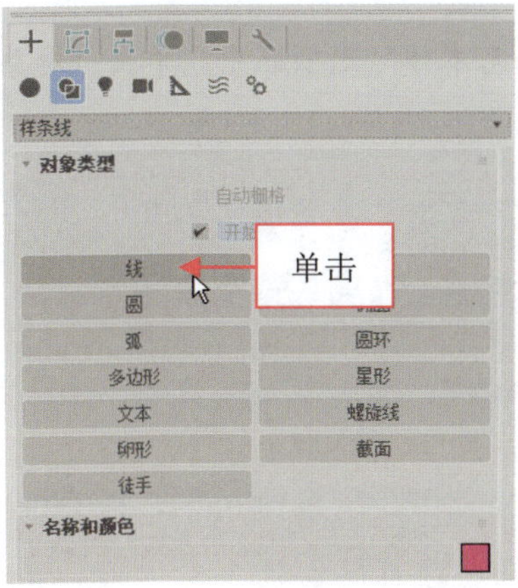

图 9-59　单击“线”按钮

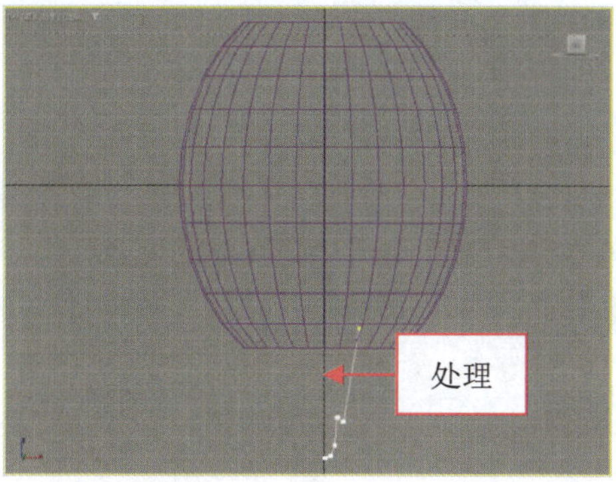

图 9-60　绘制并处理样条线

▶ 专家指点

用户可以在线段交汇处设置圆角并添加新的控制点，此效果可以通过两种方式应用：一是交互式地拖曳顶点，二是通过“圆角”微调器输入具体数值。只需在“修改”面板的“几何体”卷展栏中单击“圆角”按钮，然后在活动对象中拖曳所需顶点即可。在拖曳过程中，“圆角”微调器会实时更新，显示当前的圆角程度。

若拖曳一个或多个已选顶点，所有选定顶点将以相同方式形成圆角；若拖曳未选定顶点，则会自动取消其他已选顶点的选择。用户可以通过继续在其他顶点上拖曳，来连续应用圆角效果。操作完成后，可在活动视口中单击鼠标右键或再次单击“圆角”按钮以结束。

Step 03 切换至“修改”面板，在“修改器列表”下拉列表框中，选择“车削”选项，在“参数”卷展栏中，单击“最小”按钮，效果如图 9-61 所示。

Step 04 执行操作后，即可对样条线对象进行车削处理，效果如图 9-62 所示。

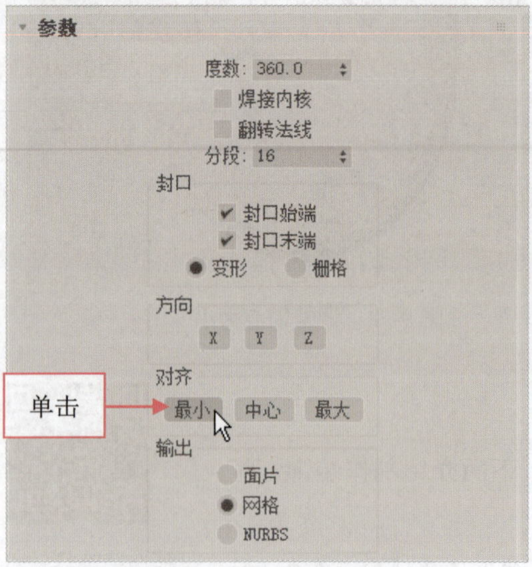

图 9-61　单击“最小”按钮

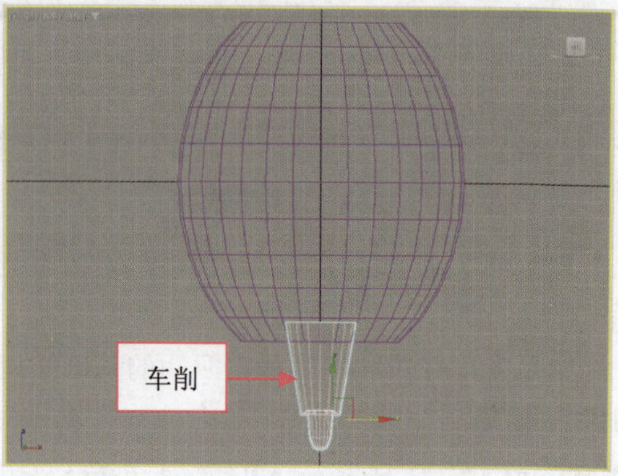

图 9-62　车削处理效果

Step 05 单击主工具栏中的“选择并移动”按钮，在各个视图中，调整车削后的模型至合适的位置，如图 9-63 所示。

Step 06 在“创建”面板的“几何体”选项卡的“标准基本体”选项区中，单击“对象类型”卷展栏中的“圆柱体”按钮，如图 9-64 所示。

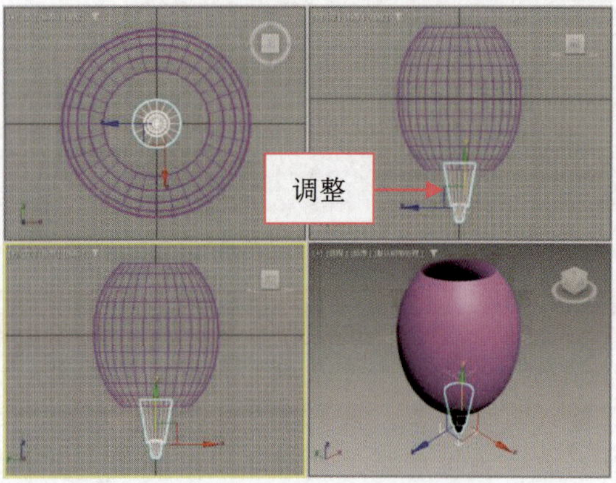

图 9-63　调整模型位置

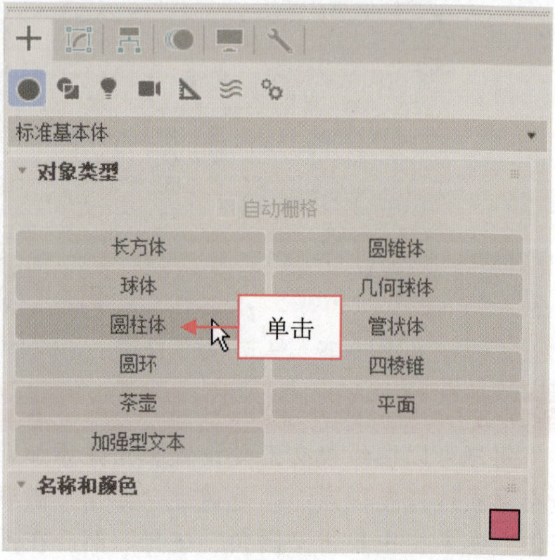

图 9-64　单击“圆柱体”按钮

Step 07 在顶视图中，创建一个“半径”为 6、“高度”为 180 的圆柱体对象，并调整其位置，效果如图 9-65 所示。

Step 08 在“创建”面板的“几何体”选项卡的“标准基本体”选项区中，单击“对象类型”卷展栏中的“球体”按钮，如图 9-66 所示。

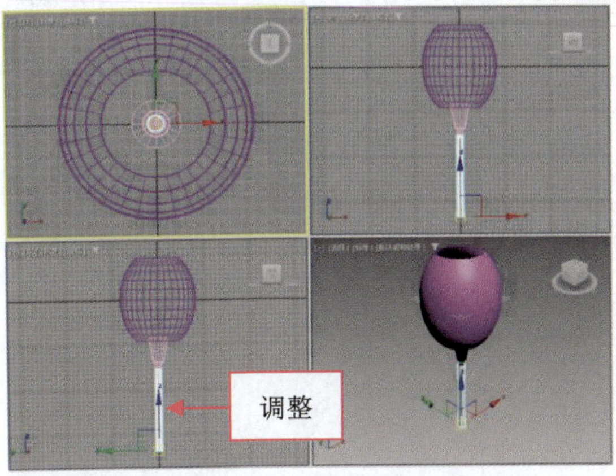

图 9-65　创建并调整圆柱体

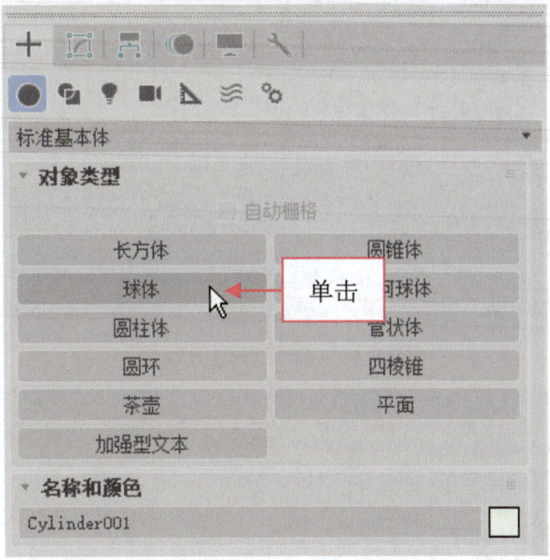

图 9-66　单击“球体”按钮

Step 09 在顶视图中，创建一个“半径”为 40 的球体对象，并调整其位置，如图 9-67 所示。

Step 10 在“修改”面板的“修改器列表”下拉列表中，选择“编辑多边形”修改器，在“编辑多边形”列表框中选择“多边形”选项，如图 9-68 所示。

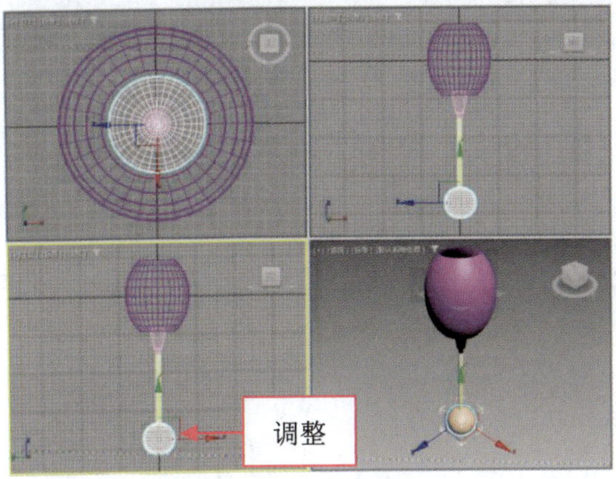

图 9-67　创建并调整球体

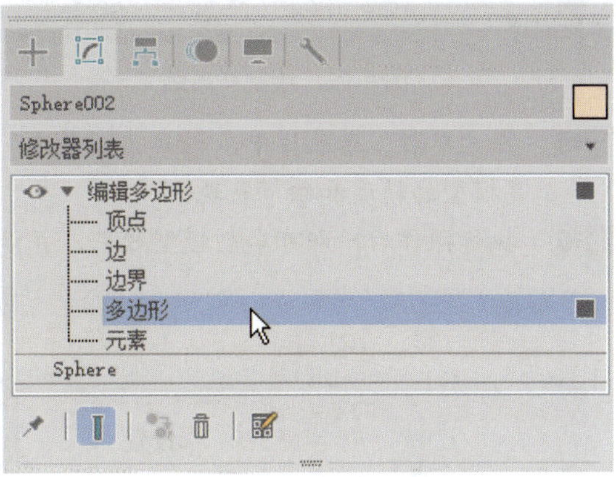

图 9-68　选择“多边形”选项

Step 11 在前视图中，选择需要删除的多边形，按【Delete】键将其删除，效果如图 9-69 所示。

Step 12 选择“顶点”选项，在透视图中，运用选择并均匀缩放工具，缩放最后一排顶点的大小，效果如图 9-70 所示。

Step 13 在“创建”面板的“图形”选项卡的“样条线”选项区中，单击“对象类型”卷展栏中的“线”按钮，在前视图中绘制开放的样条线，如图 9-71 所示。

Step 14 切换至“修改”面板，在“修改器列表”下拉列表框中，选择“车削”选项，对样条线对象进行车削处理，效果如图 9-72 所示。

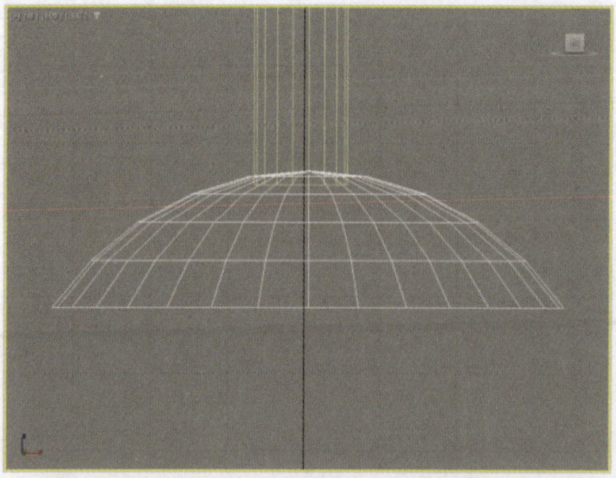

图 9-69　删除多边形效果

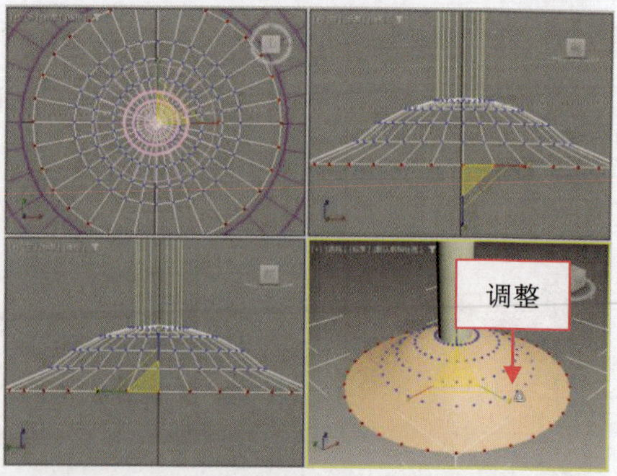

图 9-70　调整顶点大小

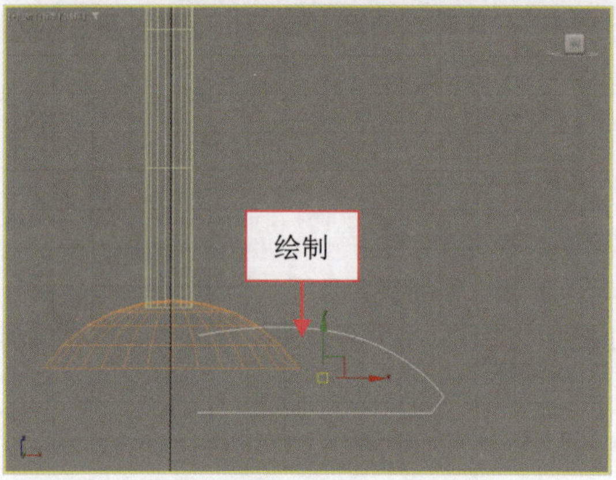

图 9-71　绘制样条线

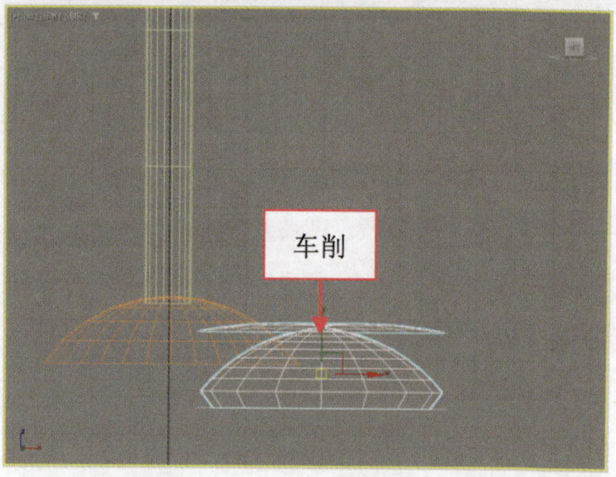

图 9-72　车削处理效果

Step 15　在“参数”卷展栏中，❶单击“最小”按钮；❷设置“分段”为 32，如图 9-73 所示，提高模型的精度和细节表现。

Step 16　执行操作后，即可车削模型效果，并调整其位置，如图 9-74 所示。

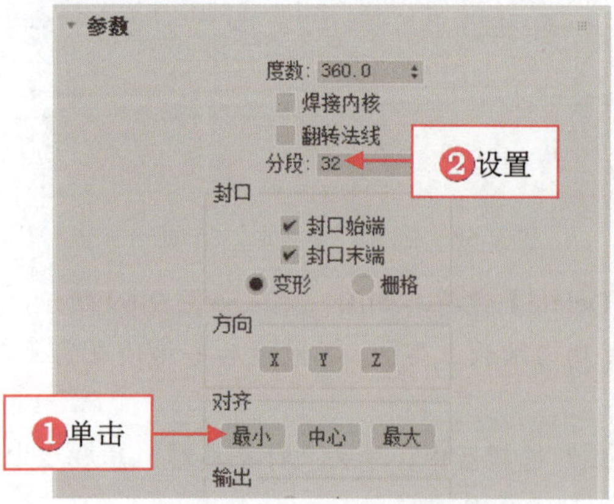

图 9-73　设置“分段”参数

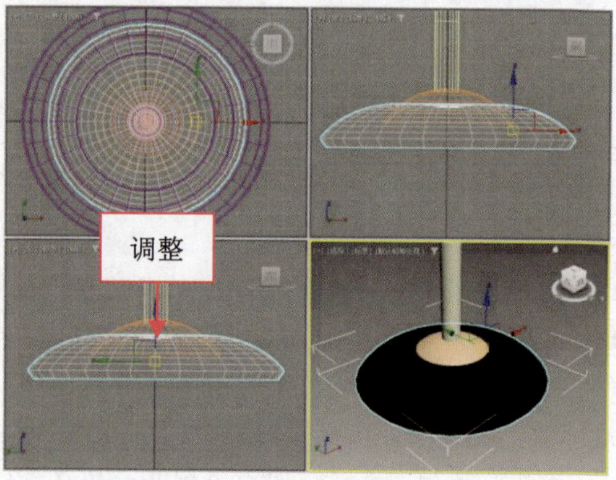

图 9-74　车削模型并调整位置

9.2.3　制作装饰灯的材质

制作装饰灯的材质

使用合适的材质，可以提升装饰灯模型的美观度。下面介绍制作装饰灯材质的操作方法。

Step 01　单击菜单栏中的“渲染”|“环境”命令，弹出“环境和效果”对话框，在“背景”选项区中，单击“无”按钮，如图 9-75 所示。

Step 02　弹出“材质/贴图浏览器”对话框，选择“渐变”选项，如图 9-76 所示。

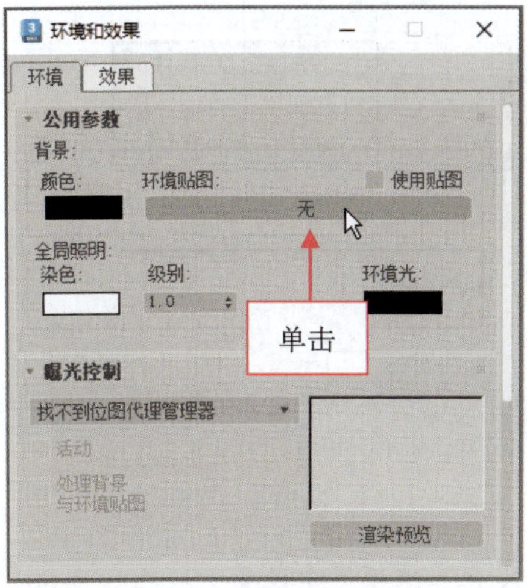

图 9-75　单击“无”按钮

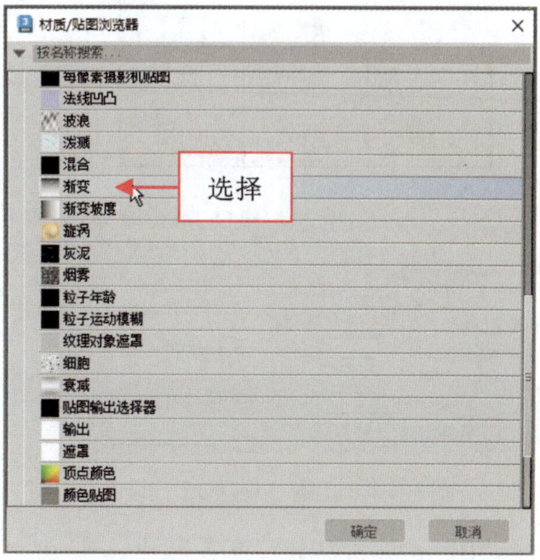

图 9-76　选择“渐变”选项

Step 03　单击“确定”按钮，即可设置渲染背景，按【M】键，打开“材质编辑器”窗口，单击“物理材质”按钮，如图 9-77 所示。

Step 04　执行操作后，弹出“材质/贴图浏览器”对话框，在“材质”|“扫描线”列表框中选择“标准（旧版）”选项，如图 9-78 所示。

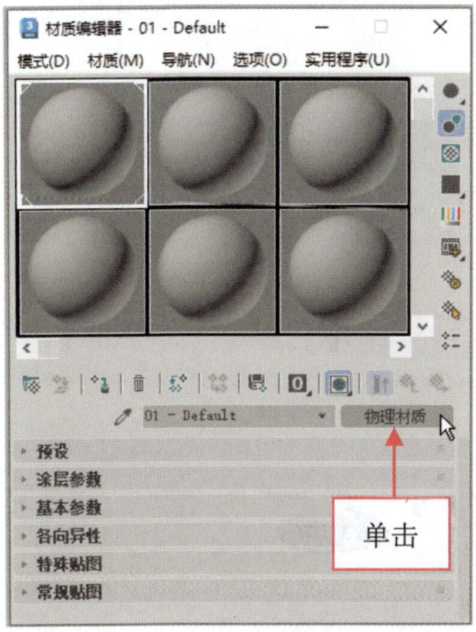

图 9-77　单击“物理材质”按钮

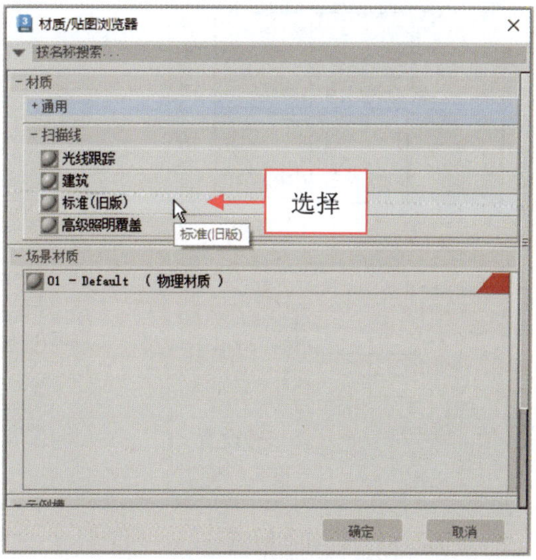

图 9-78　选择“标准（旧版）”选项

Step05 单击“确定”按钮，将材质编辑器调整为标准材质模式，❶选择第 1 个材质球；❷在“Blinn 基本参数”卷展栏中解锁环境光和漫反射；❸设置“环境光”颜色为白色（RGB 参数值均为 254），如图 9-79 所示。

Step06 设置“漫反射”颜色为浅蓝色（RGB 参数值为 198、218、215），如图 9-80 所示。

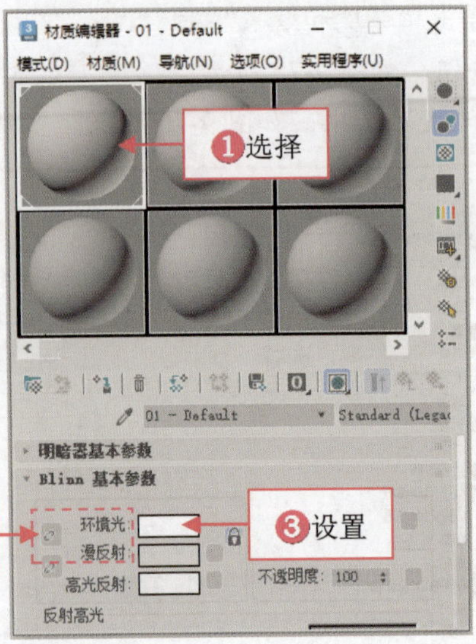

图 9-79　设置“环境光”颜色

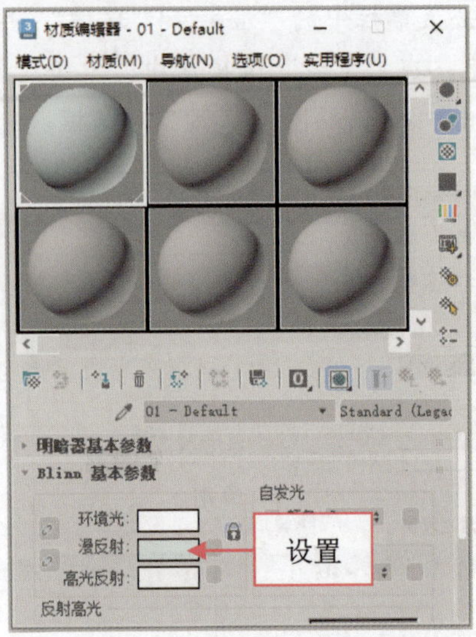

图 9-80　设置“漫反射”颜色

Step07 在“Blinn 基本参数”卷展栏中，❶在“自发光”选项区中设置“颜色”为 80、“不透明度”为 99；❷在“反射高光”选项区中设置“高光级别”为 43、“光泽度”为 59，如图 9-81 所示，使材质球具有鲜明的外观和逼真的反射效果。

Step08 在透视图中选择灯罩对象，单击“将材质指定给选定对象”按钮，赋予相应的材质，并显示材质，效果如图 9-82 所示。

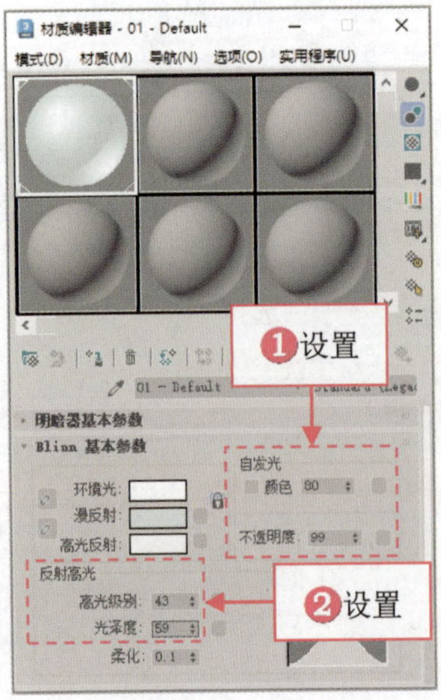

图 9-81　设置参数值

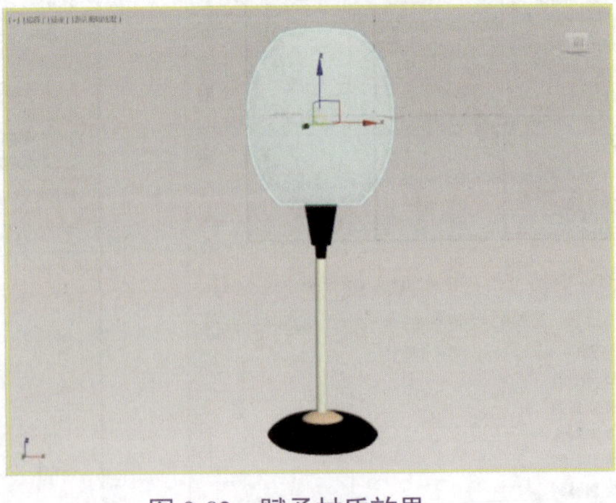

图 9-82　赋予材质效果

Step 09 ①选择第 2 个材质球；在“明暗器基本参数”卷展栏中，②单击 Blinn 右侧的下拉按钮▾；③在弹出的列表框中选择“金属”选项，如图 9-83 所示。

Step 10 在“金属基本参数”卷展栏中，①解锁环境光和漫反射；②设置“环境光”颜色为黑色（RGB 参数值分别为 46、16、44），如图 9-84 所示。

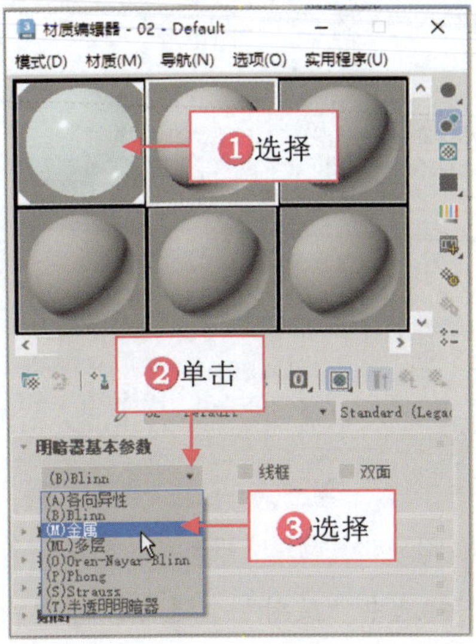

图 9-83 选择“金属”选项

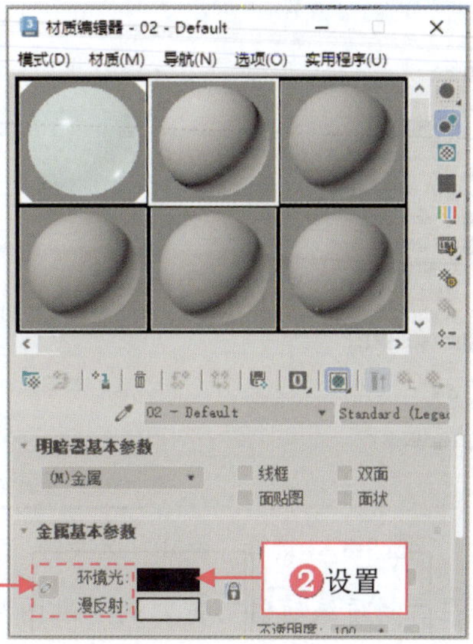

图 9-84 设置“环境光”颜色

Step 11 ①设置“漫反射”颜色为浅蓝色（RGB 参数值分别为 232、239、238）；②在“反射高光”选项区中设置各参数，如图 9-85 所示，调整材质球的颜色和反射效果。

Step 12 在“贴图”卷展栏中，①选中“自发光”复选框；②单击其右侧的“无贴图”按钮，如图 9-86 所示。

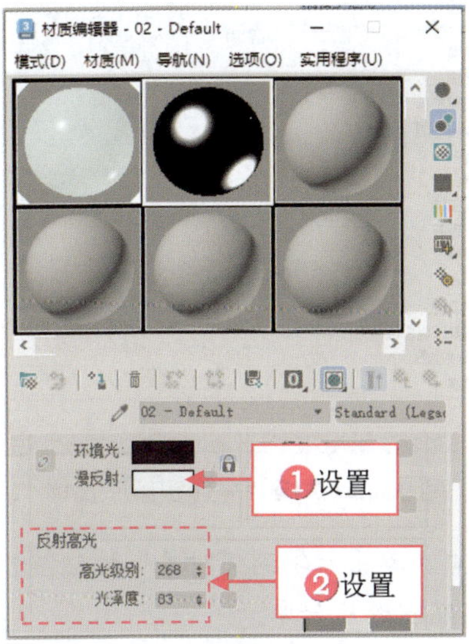

图 9-85 设置各参数

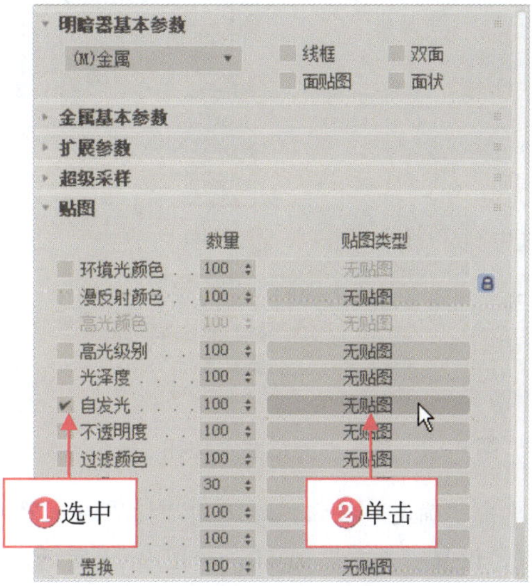

图 9-86 单击“无贴图”按钮

Step 13 执行操作后，弹出“材质/贴图浏览器”对话框，选择“衰减”选项，如图 9-87 所示。

Step 14 单击“确定”按钮，返回到“材质编辑器”窗口，单击“转到父对象”按钮，返回上一级，设置“自发光”为 50，如图 9-88 所示，调整贴图的自发光效果。

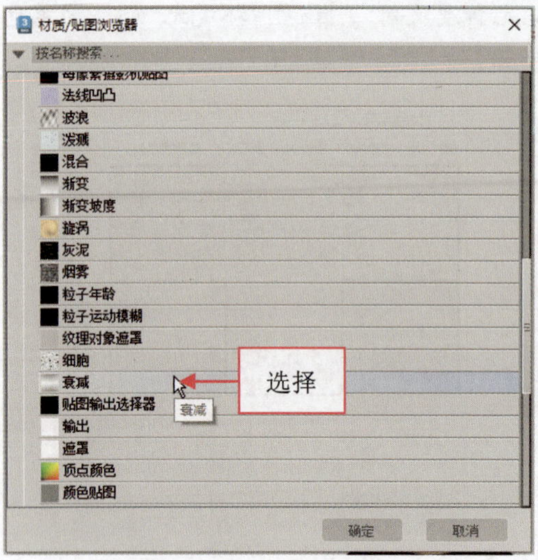

图 9-87　选择“衰减”选项

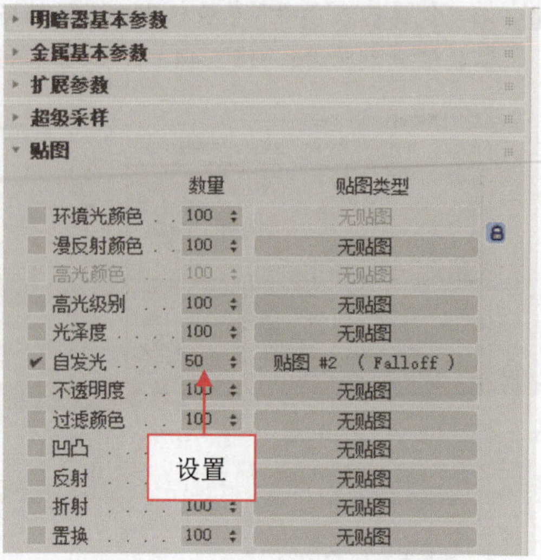

图 9-88　设置“自发光”参数

Step 15 在“材质编辑器”窗口的“贴图”卷展栏中，❶选中“反射”复选框；❷单击其右侧的“无贴图”按钮，如图 9-89 所示。

Step 16 执行操作后，弹出“材质/贴图浏览器”对话框，选择“光线跟踪”选项，如图 9-90 所示。

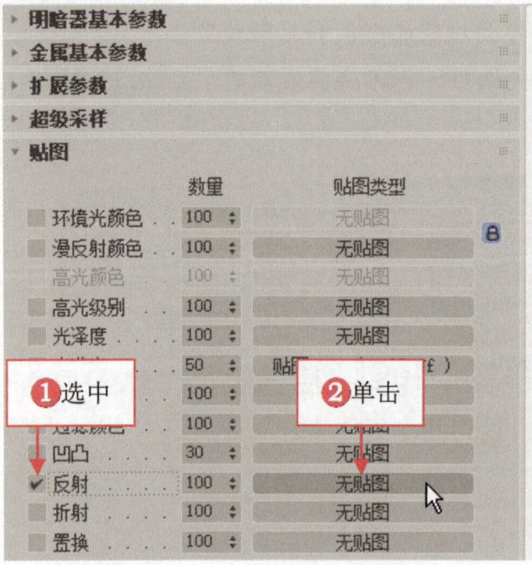

图 9-89　单击“无贴图”按钮

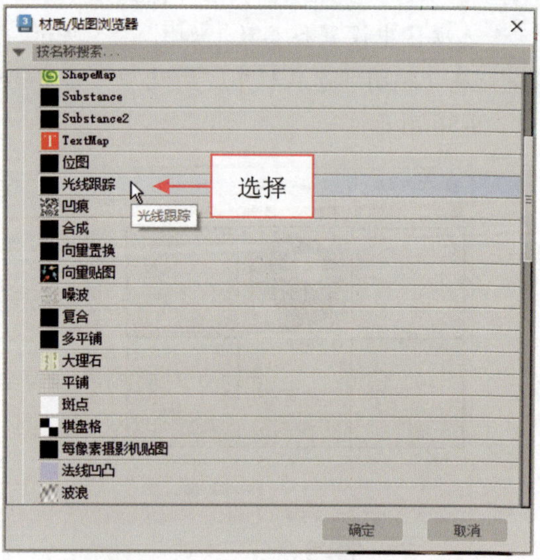

图 9-90　选择“光线跟踪”选项

Step 17 单击“确定”按钮，返回到“材质编辑器”窗口，单击“转到父对象”按钮，返回上一级，设置“反射”为 50，如图 9-91 所示，控制贴图的反射率。

Step 18 在透视图中选择灯架对象，单击“将材质指定给选定对象”按钮，赋予相应的材质，并显示材质，效果如图 9-92 所示。

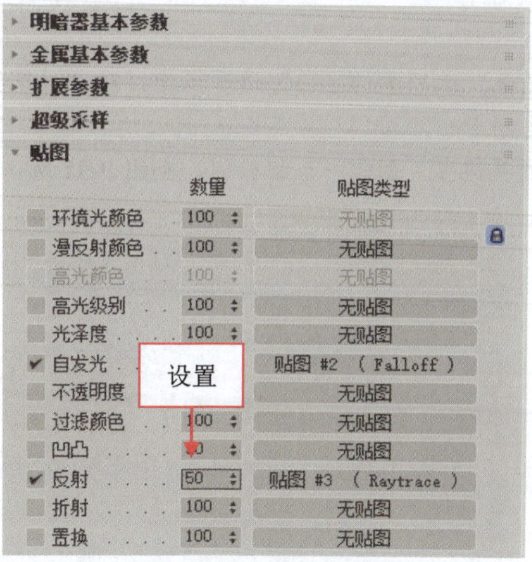

图 9-91　设置“反射”参数

图 9-92　赋予相应的材质效果

本 章 小 结

本章主要介绍了室内家具与配饰案例实战，包括双人床三维建模、装饰灯三维建模。首先，介绍了如何利用 3ds Max 2024 构建出一张精致的双人床模型；其次，介绍了装饰灯的三维建模世界，从灯罩到灯架，再到材质制作，将创意转化为独特且实用的装饰灯模型。通过本章的学习，读者能够通过细化建模步骤还原细节，提升对“真实物体特征”的观察与复刻能力。

课后实训

课 后 实 训

【效果展示】在现代室内设计中，枢轴门以其独特的功能性和美观性受到越来越多人的青睐，它不仅节省空间，还能为室内增添一份简约与时尚。在 3ds Max 2024 中，枢轴门只在一侧用铰链接合，用户还可以将门制作成双门，枢轴门具有两个门元素，每个元素在其外边缘处用铰链接合。效果展示如图 9-93 所示。

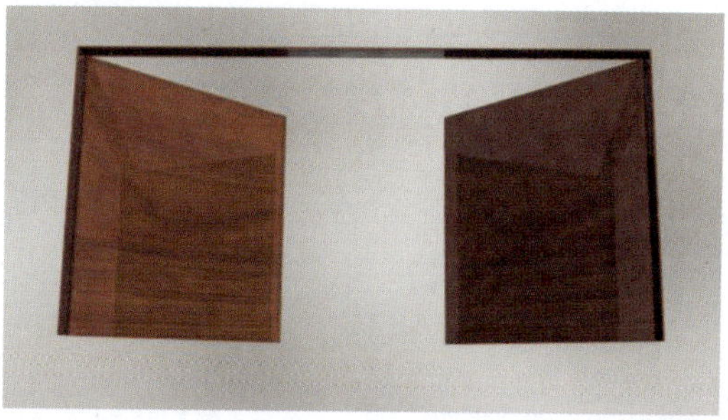

图 9-93　效果展示

创建枢轴门的操作方法如下。

Step 01 重置场景文件，在“创建”面板的“几何体”选项卡的“门”选项区中，在“对象类型”卷展栏中单击“枢轴门”按钮，如图 9-94 所示。

Step 02 移动鼠标指针至顶视图中，单击鼠标左键并拖曳，创建一个枢轴门，如图 9-95 所示。

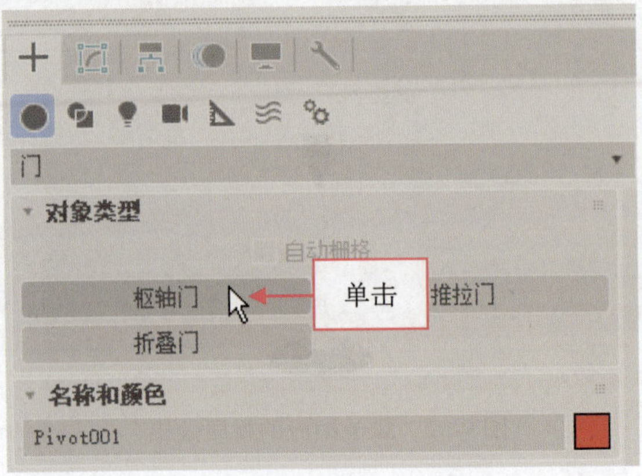

图 9-94 单击“枢轴门”按钮

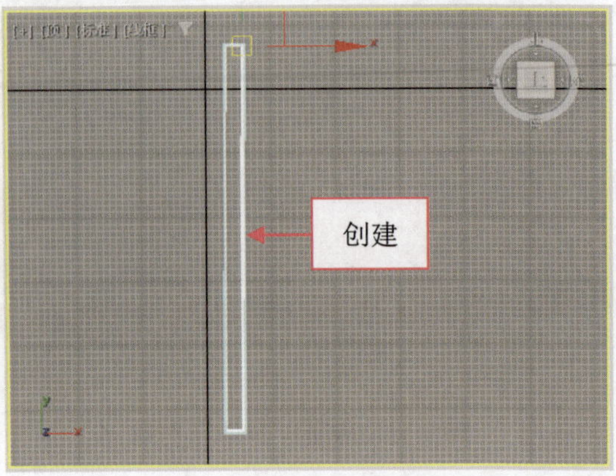

图 9-95 创建枢轴门

Step 03 在“参数”卷展栏中，❶设置“高度”为 300、“宽度”为 600、“深度”为 25；❷选中“双门”复选框；❸设置“打开”为 50 度数，如图 9-96 所示，调整枢轴门的大小和样式。

Step 04 为枢轴门对象赋予合适的材质，并显示材质，效果如图 9-97 所示。

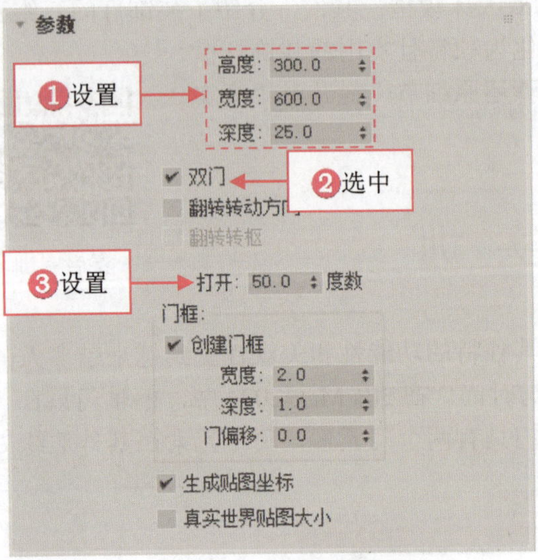

图 9-96 设置参数值

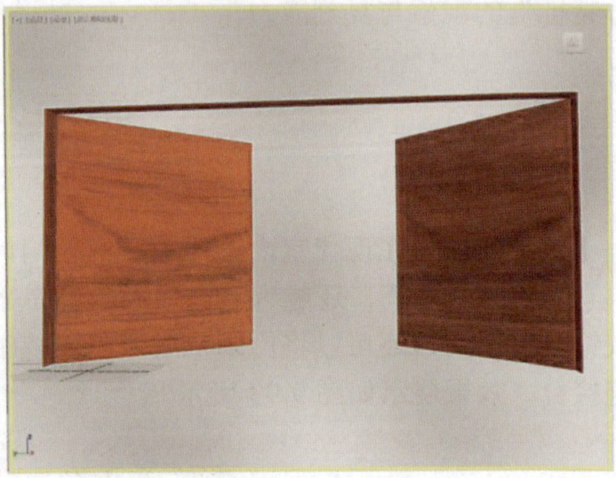

图 9-97 赋予材质效果

第 10 章 三维卧室效果图案例实战

本章将通过一个具体的三维卧室效果图案例，带领读者深入了解 3ds Max 2024 在室内设计中的综合应用。从创建基础模型到赋予材质，再到灯光与摄影机的设置，以及最终的渲染输出，一步步展示如何运用 3ds Max 2024 打造出一个逼真、细腻的三维卧室效果。通过本章的学习，读者将能够掌握 3ds Max 2024 在室内设计中的核心技能，为未来的设计工作打下坚实的基础。

本章重点

- 了解三维卧室效果图展示
- 掌握卧室三维建模的方法
- 掌握优化卧室模型的方法

素质目标

- 提升读者项目推进的效率与可控性
- 培养读者对室内功能设计的理解

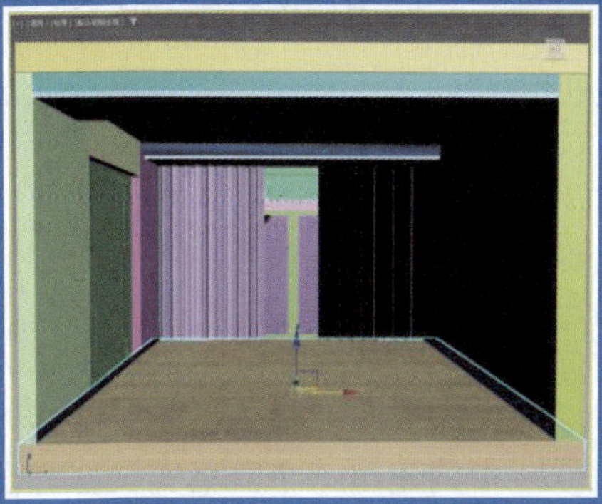
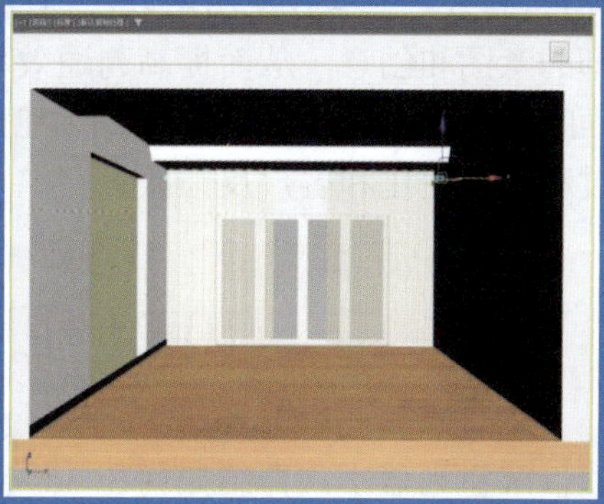

10.1 三维卧室效果图展示

【效果展示】三维卧室效果图是利用 3ds Max 2024 创建的卧室场景的数字表现，结合了精确的几何建模、逼真的材质贴图、精细的灯光设置及高级的渲染技术，以呈现出与真实卧室高度相似的视觉效果，如图 10-1 所示。这种效果图不仅可以帮助设计师在虚拟环境中进行布局规划和设计调整，还能够为客户提供直观的设计展示，让他们更好地理解和想象最终的装修效果。

图 10-1 效果展示

三维卧室效果图的基本特点如下。

（1）真实感强：通过高精度的建模和逼真的材质贴图，三维卧室效果图能够呈现出与真实卧室几乎无异的视觉效果，使客户能够直观地感受到最终的设计效果。

（2）设计灵活：设计师可以在 3ds Max 2024 中自由调整卧室的布局、家具摆放、材质选择等，以满足不同客户的需求和审美偏好。

（3）沟通高效：三维效果图可以作为设计师与客户之间沟通的桥梁，使客户能够更清晰地理解设计师的意图和创意，从而提高沟通效率。

（4）可修改性强：在 3ds Max 2024 中创建的三维卧室效果图可以随时进行修改和调整，以适应设计过程中的变化和客户反馈。

10.2 卧室三维建模

本节将以卧室为蓝本，介绍如何在 3ds Max 2024 中构建出一个既真实又富有设计感的室内空间。卧室三维建模不仅仅是堆砌几何体那么简单，需要细致入微地捕捉每一个设计细节，从墙体的线条到窗帘的褶皱，从地面的材质到吊灯的光影。通过这一节的学习，用户将掌握如何在 3ds Max 2024 中运用各种工具和技术，将平面的设计草图转化为立体的三维模型，为后续的渲染和展示打下坚实的基础。

10.2.1　创建地面模型

创建地面模型

首先使用三维建模软件创建地面的基本形状，调整地面的尺寸和位置，使其与卧室设计相匹配。下面介绍创建地面模型的操作方法。

Step 01 重置场景文件，在“创建”面板的“几何体”选项卡中，在“对象类型”卷展栏中单击“长方体”按钮，如图 10-2 所示。

Step 02 在顶视图中，创建一个长方体，如图 10-3 所示。

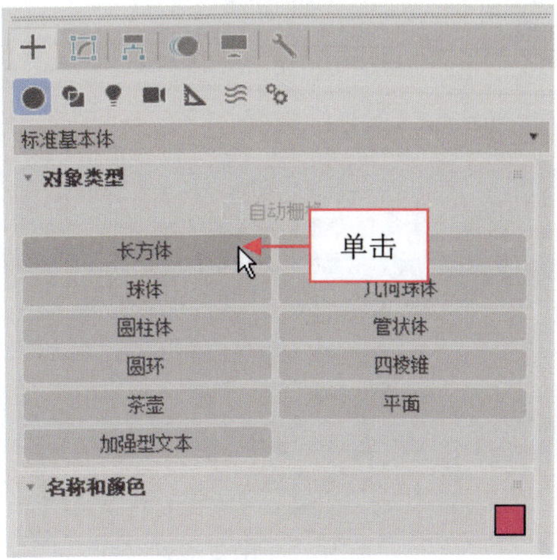

图 10-2　单击“长方体”按钮

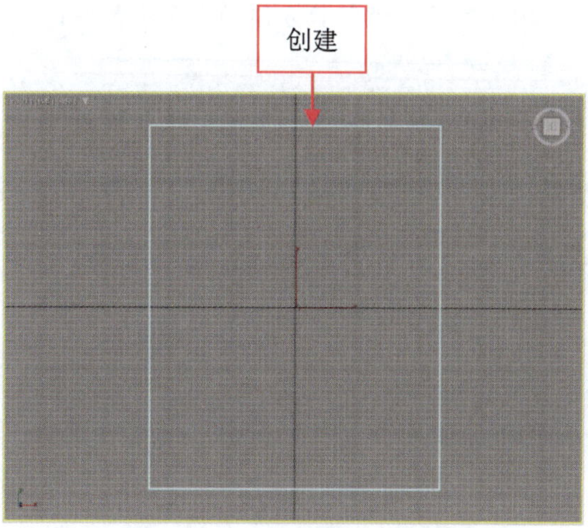

图 10-3　创建一个长方体

Step 03 在“参数”卷展栏中，设置“长度”为 5 811、“宽度”为 4 633、“高度”为 240，如图 10-4 所示，调整长方体的大小和形状。

Step 04 在“名称和颜色”卷展栏中，将长方体对象重命名为“地面”，如图 10-5 所示。

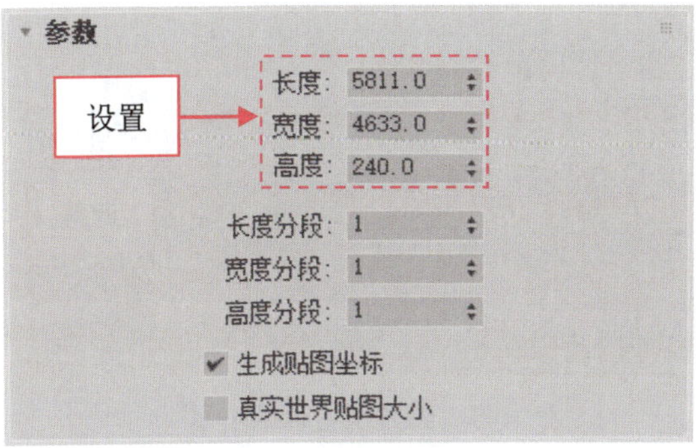

图 10-4　设置参数值

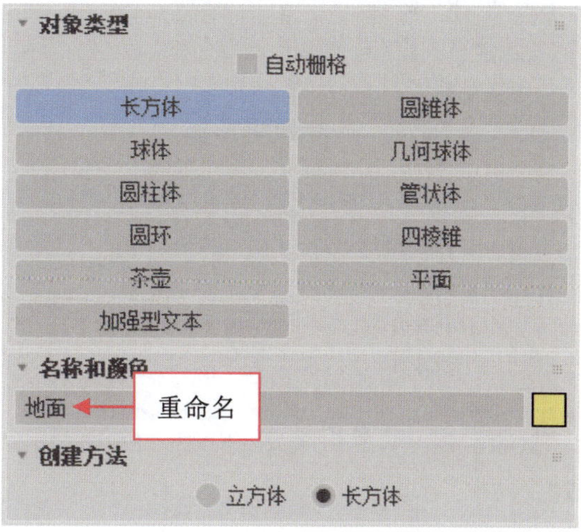

图 10-5　重命名长方体

10.2.2 创建墙体模型

接下来根据卧室设计图，创建墙体的基本形状和尺寸，并调整墙体的位置，确保与地面和其他墙体对齐。下面介绍创建墙体模型的操作方法。

创建墙体模型

Step 01 在“创建”面板的“几何体”选项卡中，在“对象类型”卷展栏中单击“长方体”按钮，在前视图中创建一个长方体，如图 10-6 所示。

Step 02 在“参数”卷展栏中，设置“长度”为 3 000、“宽度”为 4 633、“高度”为 200，如图 10-7 所示，调整长方体的大小和形状。

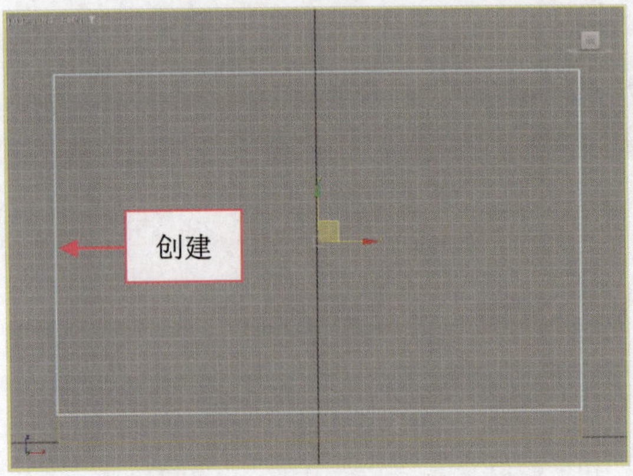

图 10-6 创建一个长方体

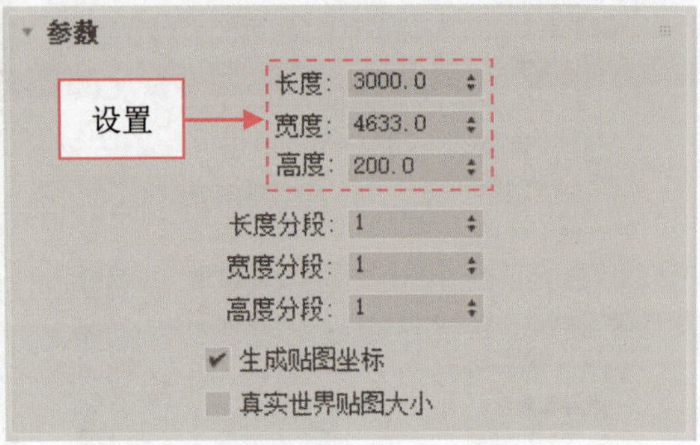

图 10-7 设置参数值

Step 03 在“名称和颜色”卷展栏中，将长方体对象重命名为“墙体 1”，如图 10-8 所示。

Step 04 在各个视图中，适当调整长方体的位置，如图 10-9 所示。

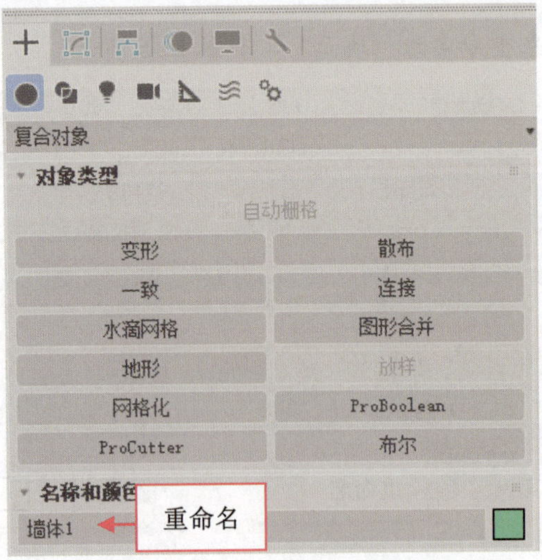

图 10-8 重命名长方体

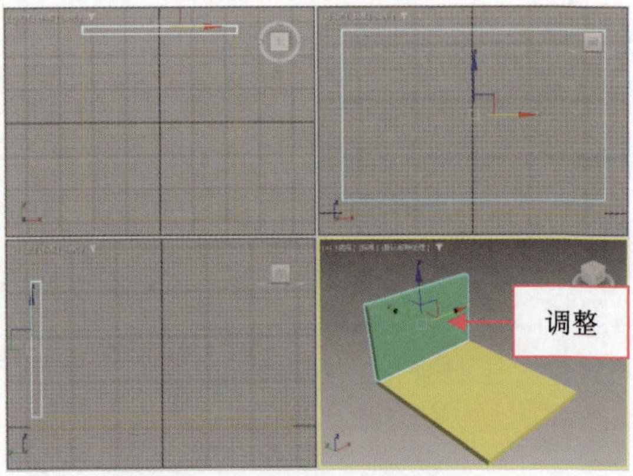

图 10-9 调整长方体的位置

Step 05 使用相同的操作方法，在前视图中创建一个长方体，在“参数”卷展栏中，设置“长度”为 2 283、“宽度”为 3 097、“高度”为 340，如图 10-10 所示，调整长方体的大小和形状。

Step 06 在各个视图中，适当调整长方体的位置，如图 10-11 所示。

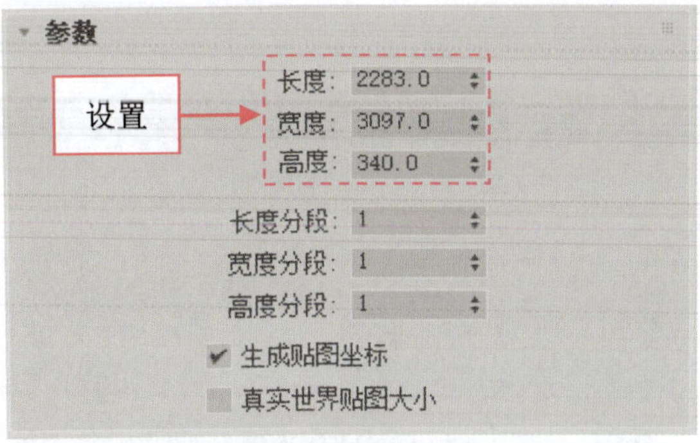

图 10-10　设置参数值

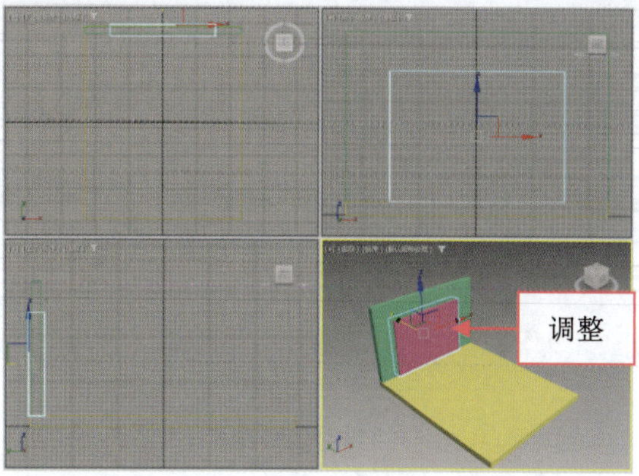

图 10-11　调整长方体的位置

Step 07 选择“墙体 1”对象，在“创建”面板的“几何体”选项卡中，❶单击“标准基本体”右侧的下拉按钮；❷在弹出的列表框中选择“复合对象”选项，如图 10-12 所示。

Step 08 执行操作后，单击“对象类型”卷展栏中的“布尔”按钮，如图 10-13 所示。

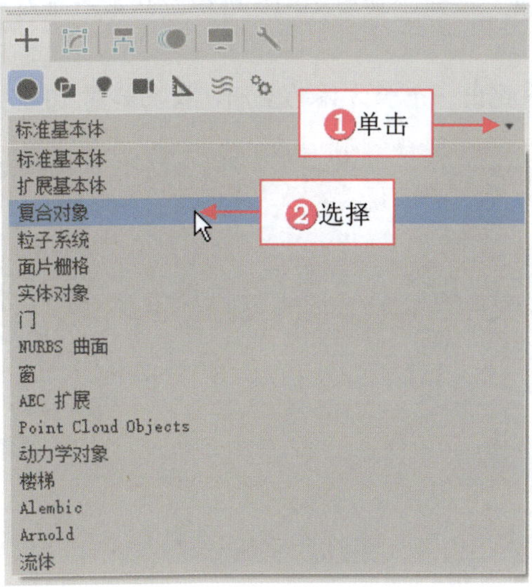

图 10-12　选择“复合对象”选项

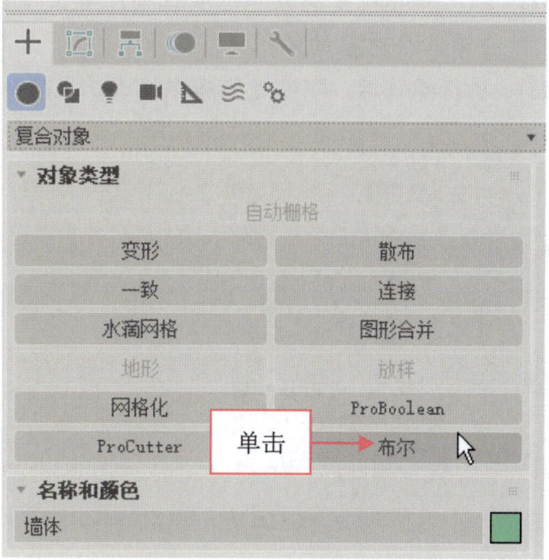

图 10-13　单击“布尔”按钮

▶ 专家指点

单击“布尔”按钮，即可进入布尔运算的编辑模式。此时，用户可以选择要进行布尔运算的对象，并设置相应的运算类型和参数。通过调整这些参数，用户可以精确地控制布尔运算的结果，从而创建出所需的几何形状。

布尔是一种特殊的功能，它主要用于对两个或多个对象进行布尔运算，从而创建出复杂的几何形状。布尔功能在三维建模中具有广泛的应用，特别是在创建复杂形状和细节时。例如，可以使用布尔功能来制作镂空效果、挖掘洞穴或创建其他具有内部结构的几何形状。因此，掌握布尔功能对于提高三维建模效率和创建复杂模型至关重要。

Step 09 执行操作后，在“布尔参数”卷展栏中，单击“添加运算对象”按钮，如图 10-14 所示。

Step 10 执行操作后，在前视图中选取刚才创建的长方体，如图 10-15 所示，即可添加运算对象。

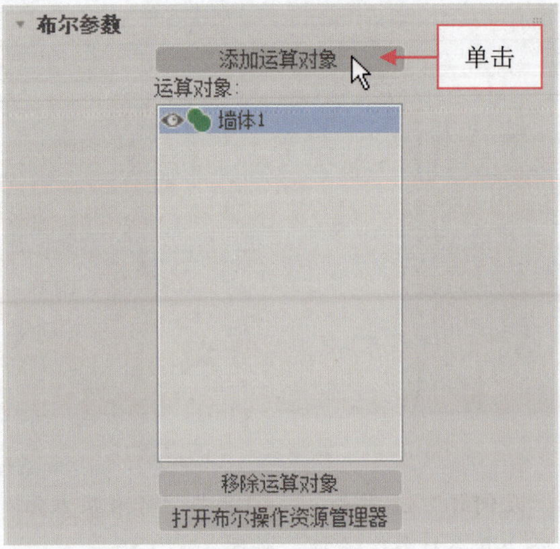

图 10-14　单击“添加运算对象”按钮

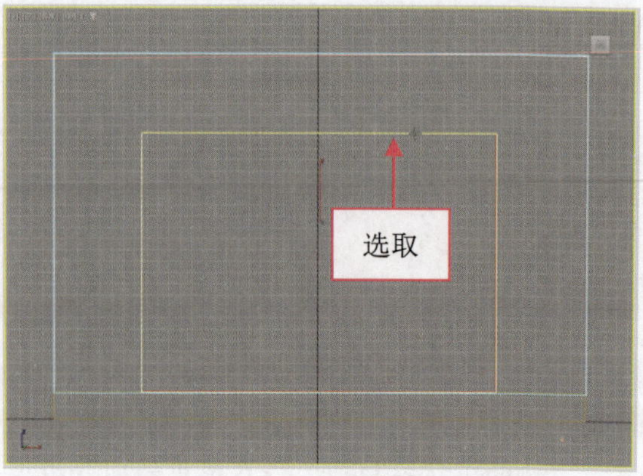

图 10-15　选取刚才创建的长方体

Step 11　在“布尔对象参数”卷展栏中，单击“差集”按钮，如图 10-16 所示，从第一个对象中减去第二个对象的体积。

Step 12　执行操作后，即可进行布尔运算，在墙体中挖出一个长方体的空洞，效果如图 10-17 所示。

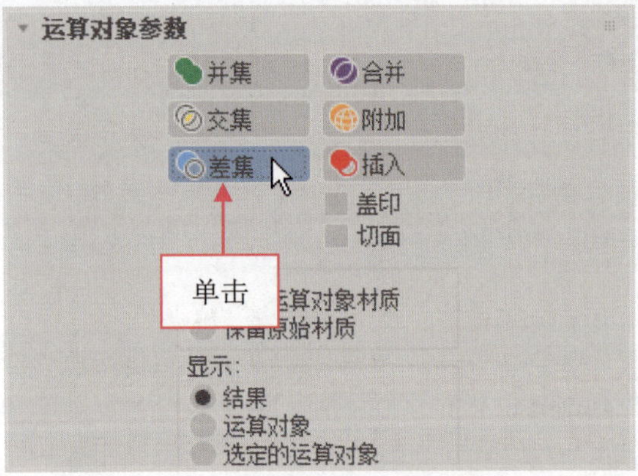

图 10-16　单击“差集”按钮

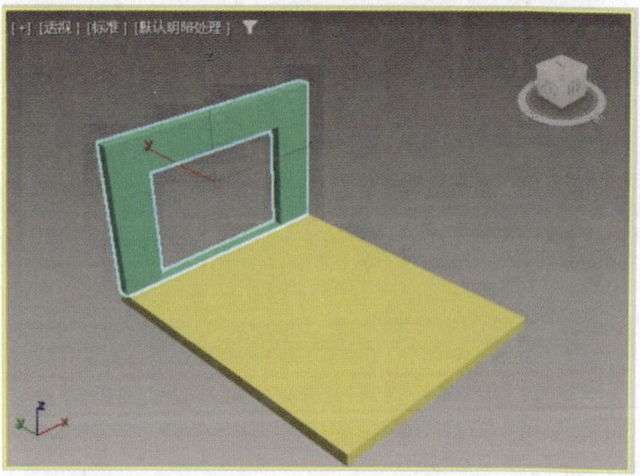

图 10-17　布尔运算效果

▶ 专家指点

布尔运算主要包括并集、交集、差集等操作，这些操作可以帮助用户合并、相交或减去对象的体积，相关介绍如下。

- **并集**：将两个或多个对象的体积合并为一个整体，对象的相交部分或重叠部分会被丢弃，常用于创建组合形状。
- **交集**：只保留两个或多个对象重叠的部分，可以创建独特的交集形状。
- **差集**：从一个对象中减去另一个对象的体积，常用于创建挖空或凹陷效果。

另外，布尔运算还包括合并、附加和插入等操作，这些操作可以对对象进行更精细的调整和组合。通过这些布尔运算，用户可以灵活地处理各种几何形状，创造出富有创意和细节丰富的 3D 模型。

Step 13　在“创建”面板的“几何体”选项卡中，在“对象类型”卷展栏中单击“长方体”按钮，❶在左视图中创建一个名称为“墙体 2”的长方体对象；❷在“参数”卷展栏中设置“长度”为 3 000、“宽度”为 1 436、“高度”为 140，如图 10-18 所示。

Step 14　在各个视图中，适当调整“墙体 2”对象的位置，如图 10-19 所示。

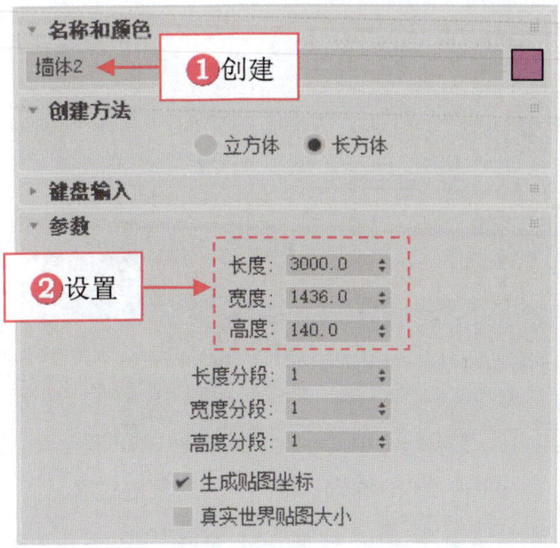

图 10-18　设置参数值

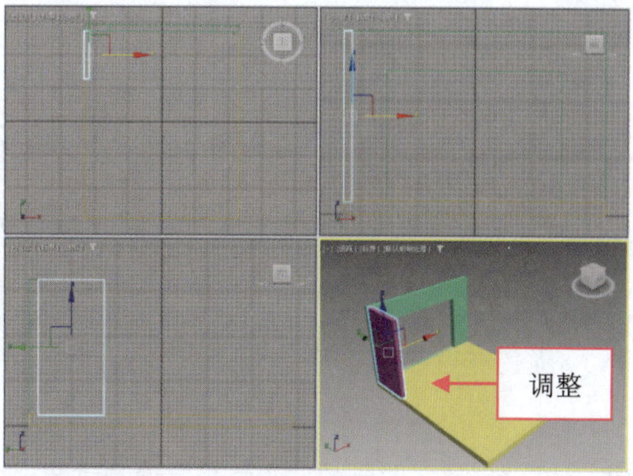

图 10-19　调整“墙体 2”对象的位置

Step 15　在“创建”面板的“几何体”选项卡中，在“对象类型”卷展栏中单击“长方体”按钮，❶在左视图中创建一个名称为“墙体 3”的长方体对象；❷在“参数”卷展栏中设置“长度”为 480、“宽度”为 2 580、“高度”为 140，如图 10-20 所示。

Step 16　在各个视图中，适当调整“墙体 3”对象的位置，如图 10-21 所示。

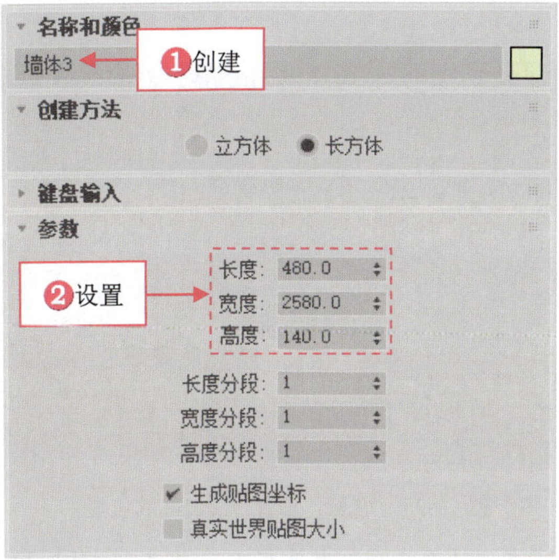

图 10-20　设置参数值

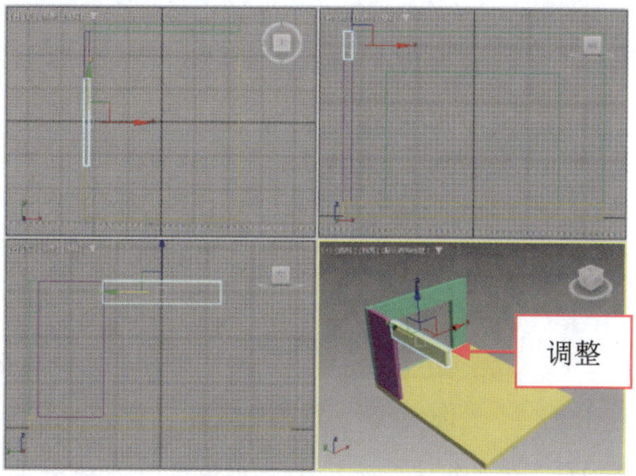

图 10-21　调整“墙体 3”对象的位置

Step 17　在“创建”面板的“几何体”选项卡中，❶在“对象类型”卷展栏中单击“长方体”按钮，在左视图中创建一个名称为“墙体 4”的长方体对象；❷在“参数”卷展栏中设置“长度”为 3 000、“宽度”为 1 595、“高度”为 140，如图 10-22 所示。

Step18 在各个视图中，适当调整“墙体 4”对象的位置，如图 10-23 所示。

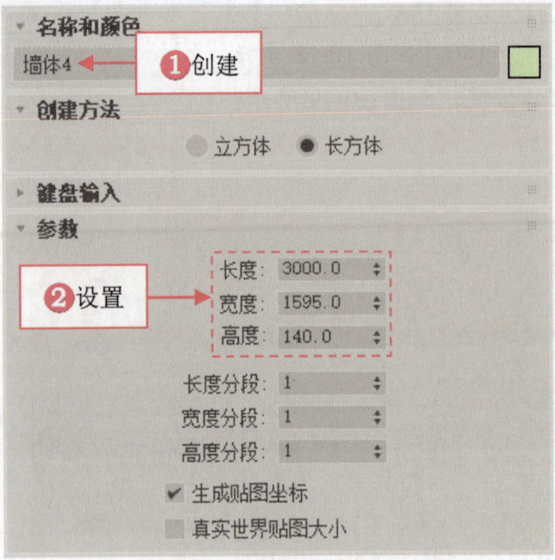

图 10-22 设置参数值

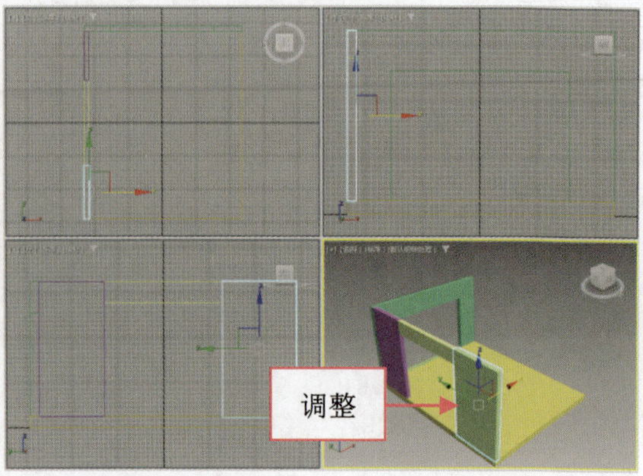

图 10-23 调整“墙体 4”对象的位置

Step19 在“创建”面板的“几何体”选项卡中，❶在“对象类型”卷展栏中单击“长方体”按钮，在左视图中创建一个名称为“墙体 5”的长方体对象；❷在“参数”卷展栏中设置“长度”为 2 520、“宽度”为 2 580、“高度”为 10，如图 10-24 所示。

Step20 在各个视图中，适当调整“墙体 5”对象的位置，如图 10-25 所示。

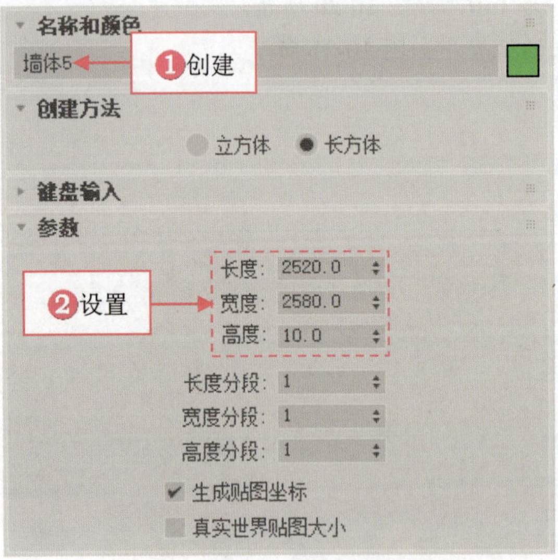

图 10-24 设置参数值

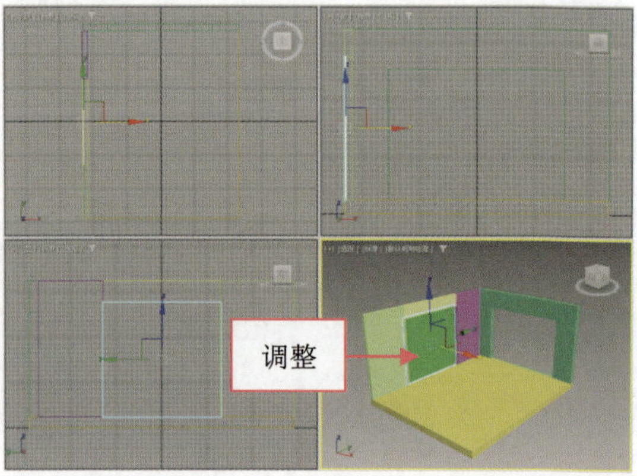

图 10-25 调整“墙体 5”对象的位置

Step21 在“创建”面板的“几何体”选项卡中，❶在“对象类型”卷展栏中单击“长方体”按钮，在前视图中创建一个名称为“墙体 6”的长方体对象；❷在“参数”卷展栏中设置“长度”为 3 000、“宽度”为 240、“高度”为 5 610，如图 10-26 所示。

Step22 在各个视图中，适当调整“墙体 6”对象的位置，如图 10-27 所示。

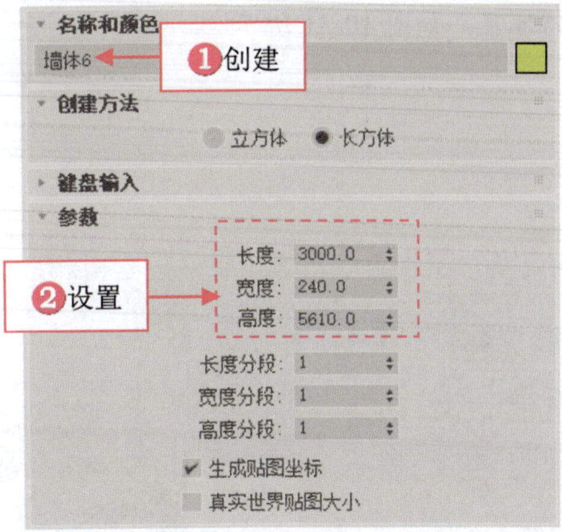

图 10-26　设置参数值

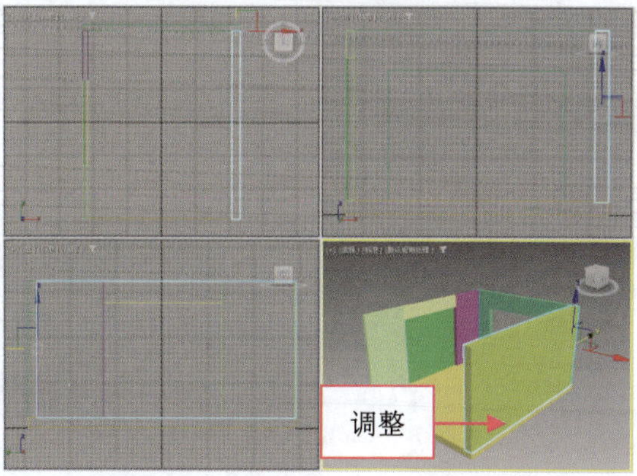

图 10-27　调整“墙体 6”对象的位置

10.2.3　创建天花板模型

接下来创建天花板的基本形状，可以是平面或带有造型的，并调整天花板的位置和尺寸，使其与墙体和地面相协调。下面介绍创建天花板模型的操作方法。

创建天花板模型

Step 01　在“创建”面板的“几何体”选项卡中，❶在“对象类型”卷展栏中单击“长方体”按钮，在顶视图中创建一个名称为“天花板 1”的长方体对象；❷在“参数”卷展栏中设置“长度”为 1 055、“宽度”为 4 255、“高度”为 150，如图 10-28 所示。

Step 02　在各个视图中，适当调整“天花板 1”对象的位置，如图 10-29 所示。

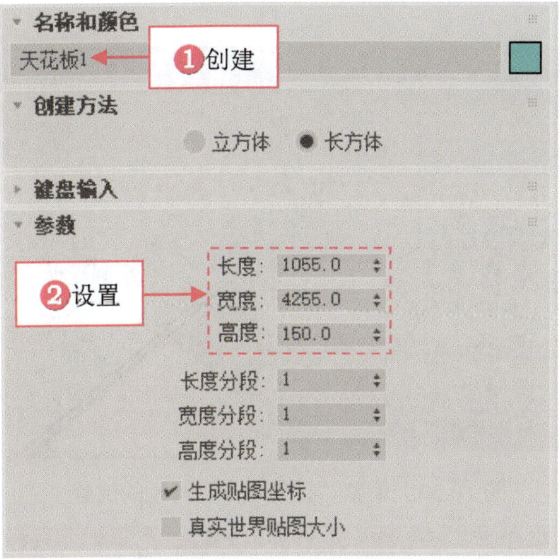

图 10-28　设置参数值

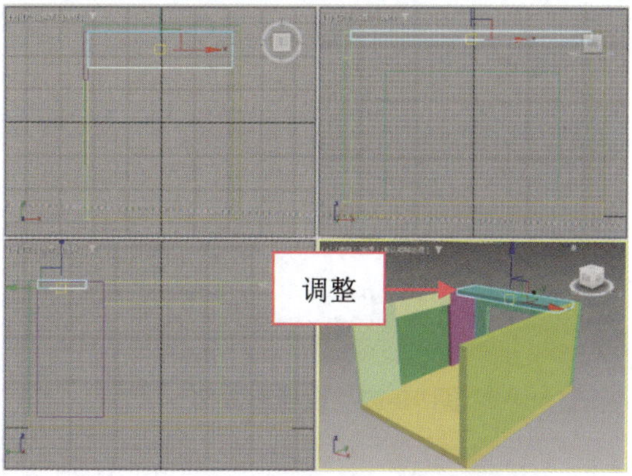

图 10-29　调整“天花板 1”对象的位置

Step 03　在“创建”面板的“几何体”选项卡中，❶在“对象类型”卷展栏中单击“长方体”按钮，在顶视图中创建一个名称为“天花板 2”的长方体对象；❷在“参数”卷展栏中设置“长度”为 1 155、“宽度”为 4 255、“高度”为 50，如图 10-30 所示。

Step 04 在各个视图中，适当调整“天花板 2”对象的位置，如图 10-31 所示。

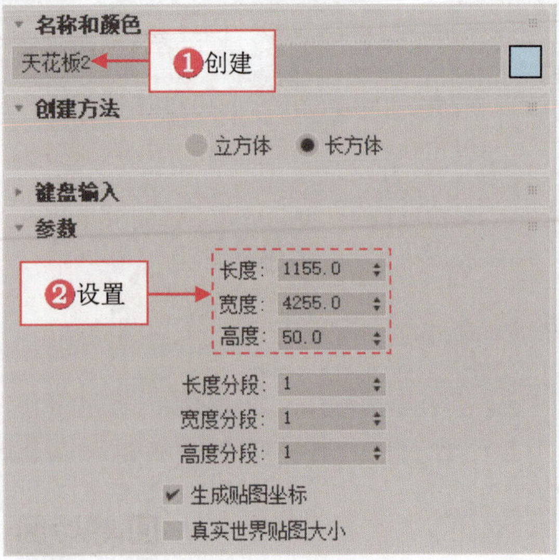

图 10-30　设置参数值

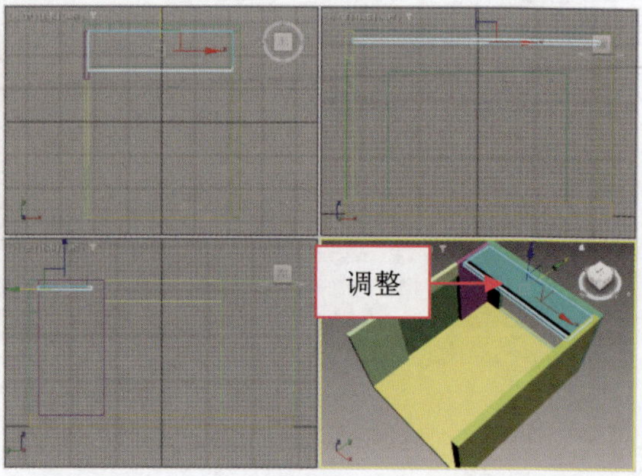

图 10-31　调整“天花板 2”对象的位置

Step 05 在“创建”面板的“几何体”选项卡中，❶在“对象类型”卷展栏中单击“长方体”按钮，在左视图中创建一个名称为“天花板 3”的长方体对象；❷在“参数”卷展栏中设置“长度”为 200、“宽度”为 1、“高度”为 4 255，如图 10-32 所示。

Step 06 在各个视图中，适当调整“天花板 3”对象的位置，如图 10-33 所示。

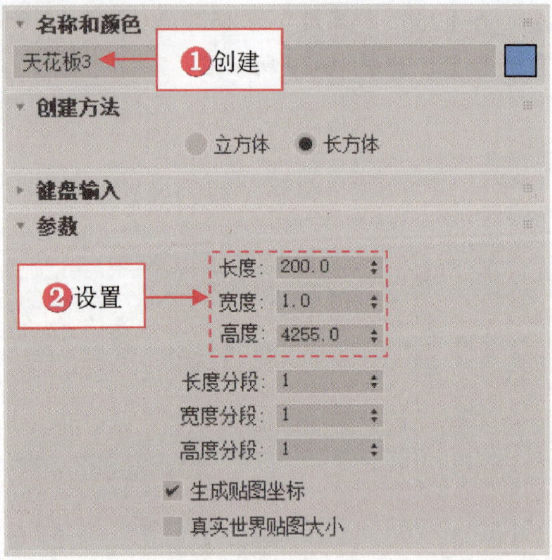

图 10-32　设置参数值

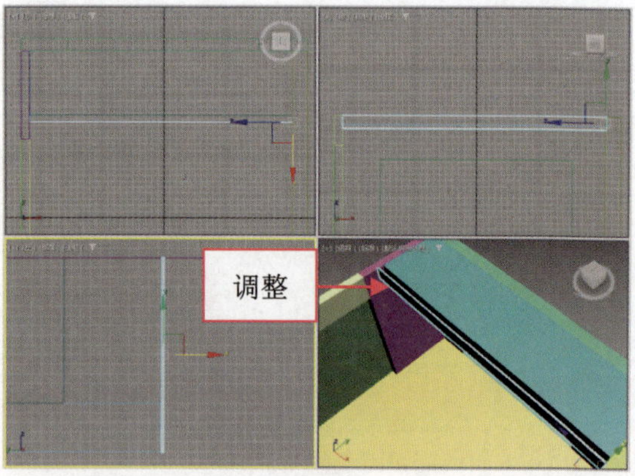

图 10-33　调整“天花板 3”对象的位置

▶ 专家指点

“键盘输入”卷展栏包含一组常用的位置字段，标签为 *X*、*Y* 和 *Z*，输入的数值为沿活动构造平面的轴的偏移。

Step 07 按【E】键，调出旋转变换控制器，在左视图中的圆线上按住鼠标左键并拖曳至合适位置，旋转长方体对象，如图 10-34 所示。

Step 08 在旋转变换控制器以外单击鼠标左键，确认旋转操作，并将长方体对象调整至合适的位置，如图 10-35 所示。

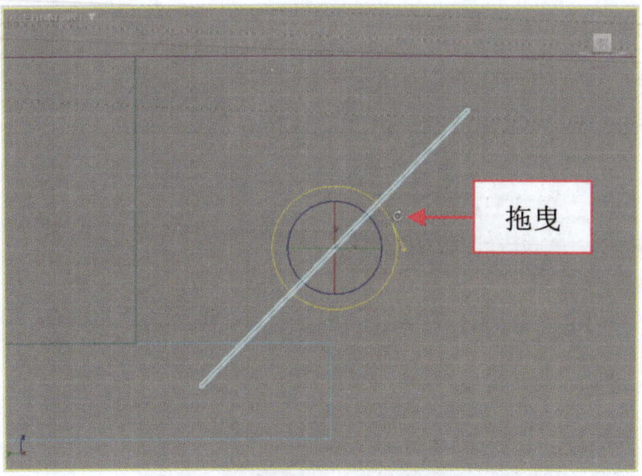

图 10-34　旋转长方体

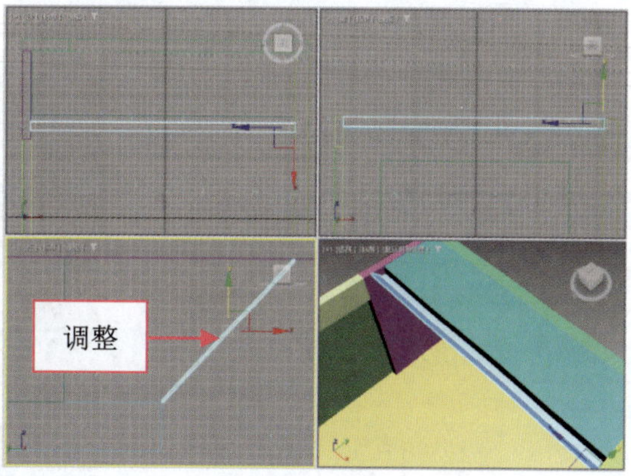

图 10-35　调整长方体的位置

Step 09 在顶视图中框选所有的天花板对象，按住【Shift】键的同时，沿着 y 轴向下拖曳鼠标至合适的位置，如图 10-36 所示。

Step 10 执行操作后，弹出“克隆选项”对话框，单击“确定”按钮，即可复制所选的天花板对象，如图 10-37 所示。

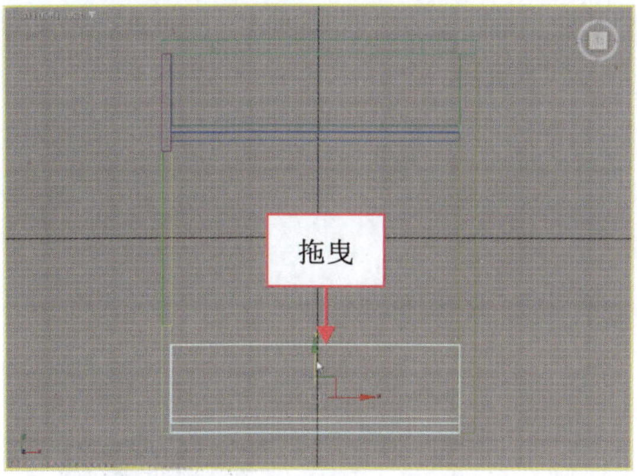

图 10-36　沿着 y 轴向下拖曳鼠标

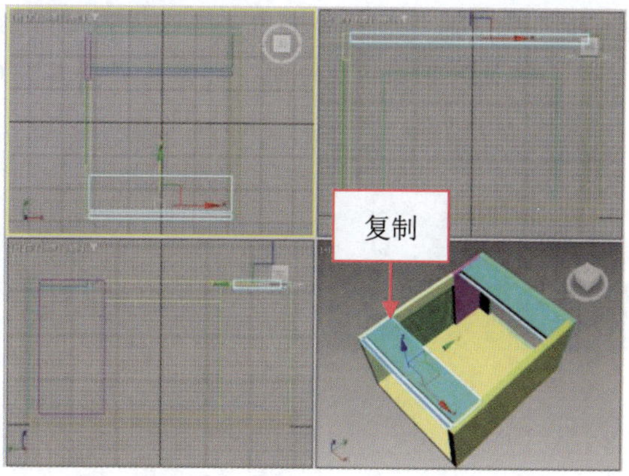

图 10-37　复制所选的天花板对象

▶ 专家指点

通过【Shift】键克隆是 3ds Max 软件中用于复制对象的一种核心方法。如果用户想要克隆一个对象或者一组已选中的对象，只需在执行以下任一标准的变换操作时，按住【Shift】键并进行拖动：这些操作包括移动、旋转及缩放。

不论你是想要通过拖动来移动对象的位置，还是想要旋转对象的角度，亦或是调整对象的大小比例（即缩放），只需在拖动的同时按住键盘上的【Shift】键，3ds Max 就会自动生成所选对象的克隆体。

Step 11 单击主工具栏中的“镜像”按钮，弹出“镜像：世界 坐标”对话框，❶在“镜像轴”选项区中选中 Y 单选按钮；❷在“克隆当前选择”选项区中选中“不克隆”单选按钮，如图 10-38 所示。

Step 12 单击“确定”按钮，即可镜像翻转复制的天花板对象，效果如图 10-39 所示。

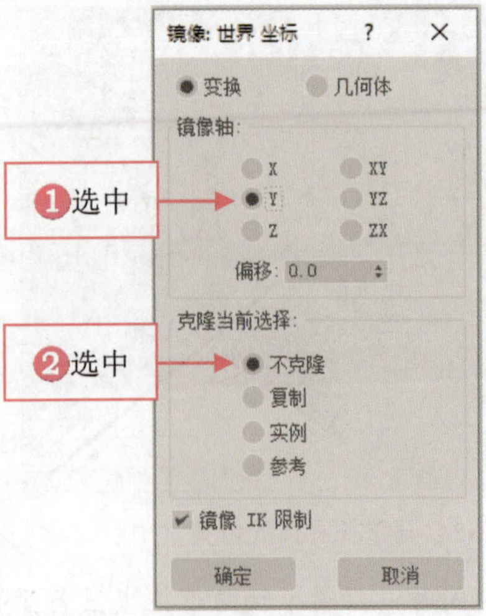

图 10-38 选中相应单选按钮

图 10-39 镜像翻转复制的天花板对象

Step 13 在左视图中选择“地面”对象，按住【Shift】键的同时，沿着 y 轴向上拖曳鼠标至合适的位置，如图 10-40 所示。

Step 14 执行操作后，弹出“克隆选项”对话框，设置“名称”为“天花板 4”，单击“确定”按钮，即可复制“地面”对象，并将其重命名为“天花板 4”，效果如图 10-41 所示。

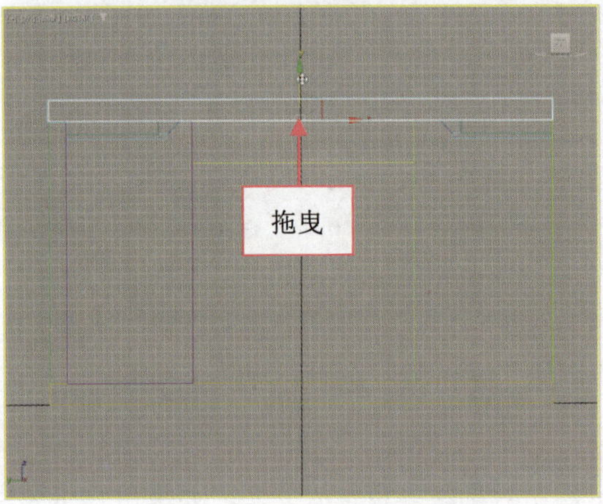

图 10-40 沿着 y 轴向上拖曳鼠标

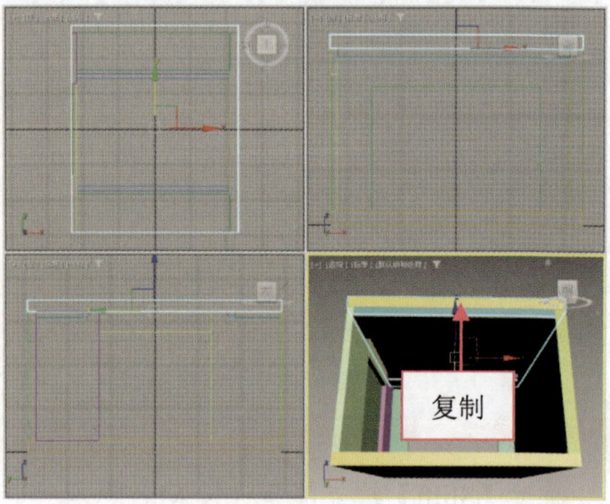

图 10-41 复制“地面”对象

10.2.4 创建推拉门框模型

推拉门是一种可以推动或拉动的门，是室内设计中重要的元素之一。它不仅能够有效地划分空间，还具有极佳的通透性和采光性，可以使室内空间看起来更加宽敞明亮。下面介绍创建推拉门框模型的操作方法。

创建推拉门模型

Step 01　在“创建”面板的“图形”选项卡中，在“对象类型”卷展栏中单击“线”按钮，如图 10-42 所示。

Step 02　在前视图中创建相应的图形，如图 10-43 所示，并将其重命名为“推拉门框”。

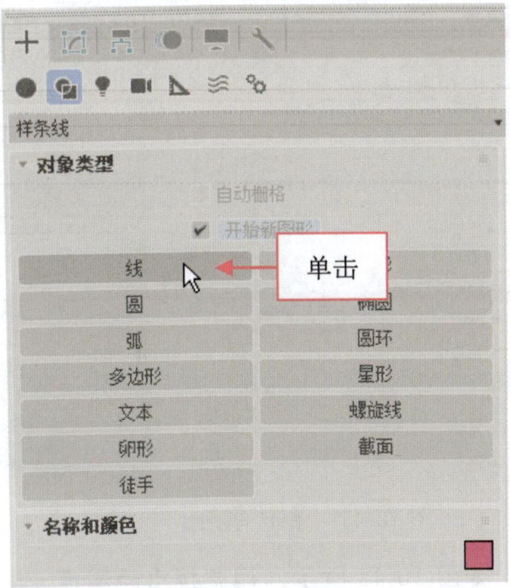

图 10-42　单击“线”按钮

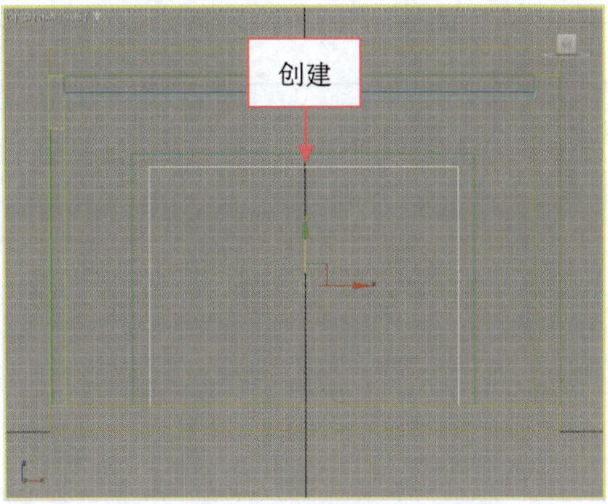

图 10-43　创建相应的图形

Step 03　选择“推拉门框”对象，单击鼠标右键，在弹出的快捷菜单中选择“转换为”|“转换为可编辑样条线”选项，如图 10-44 所示，将图形转换为可编辑样条线。

Step 04　在“修改”面板的“选择”卷展栏中，单击“样条线”按钮，如图 10-45 所示。

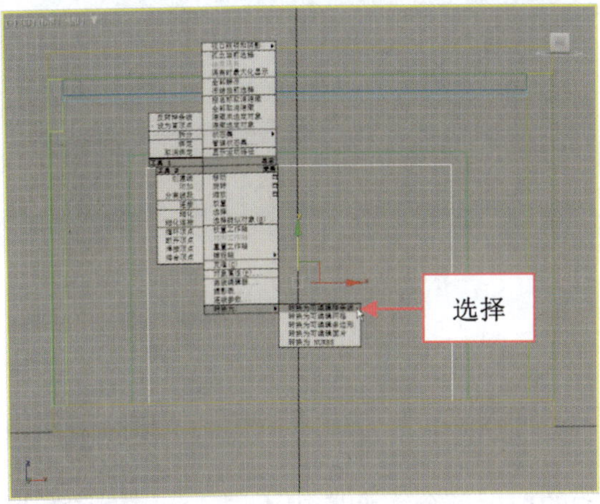

图 10-44　选择“转换为可编辑样条线”选项

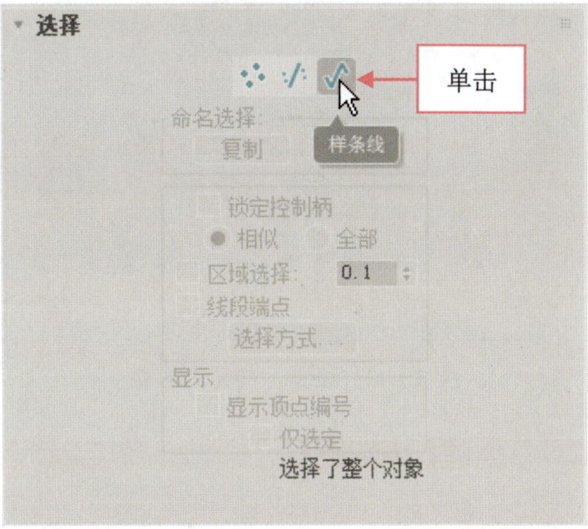

图 10-45　单击“样条线”按钮

▶ 专家指点

在 3ds Max 的“可编辑样条线（样条线）”层级中，用户可以轻松地选中一个样条线对象中的一个或多个样条线段，随后利用一系列标准的方法对其进行移动、旋转和缩放操作。例如，在选择了所需的样条线后，用户可以通过拖曳鼠标来移动它们的位置，使其符合自己的设计需求。

Step 05 在“几何体”卷展栏中，设置“轮廓”为 170，即可创建一个新的、更宽的轮廓线，其形状与原始图形相似，但尺寸更大，如图 10-46 所示。

Step 06 在菜单栏中，单击“修改器”|“网格编辑”|“挤出”命令，如图 10-47 所示。

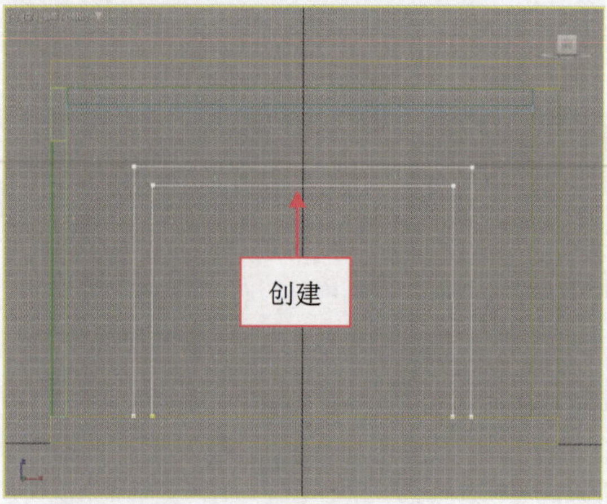

图 10-46　创建轮廓线

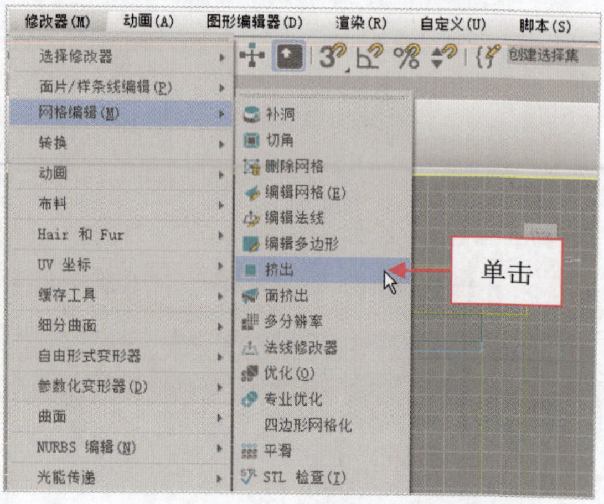

图 10-47　单击“挤出”命令

Step 07 在“参数”卷展栏中，设置“数量”为 200，如图 10-48 所示，调整挤出的深度。

Step 08 按【Enter】键确认，即可挤出模型，并适当调整其位置，如图 10-49 所示。

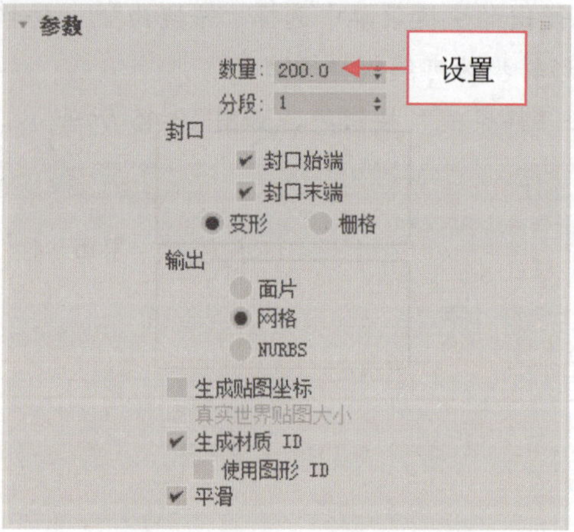

图 10-48　设置“数量”参数

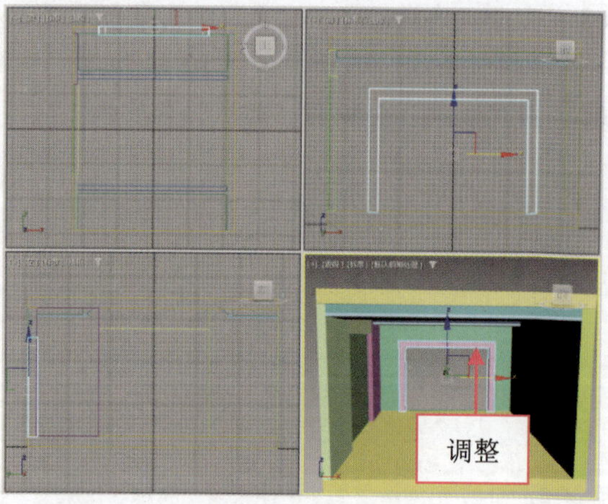

图 10-49　挤出模型并调整位置

10.2.5　创建门扇模型

创建门扇模型

推拉门的门扇是指可以沿着轨道进行推拉运动的门板部分，通常由不同材质制成，如玻璃、实木、复合材料和铝合金等，以满足不同的装饰和功能需求。推拉门门扇的设计使得其能够轻松打开和关闭，特别适合空间较小的场所。下面介绍创建门扇模型的操作方法。

Step 01 在“创建”面板的“图形”选项卡中，在“对象类型”卷展栏中单击“矩形”按钮，如图 10-50 所示。

Step 02 在前视图中创建一个“长度”为 2 100、“宽度”为 690 的矩形对象，如图 10-51 所示，并将其重命名为“门扇”。

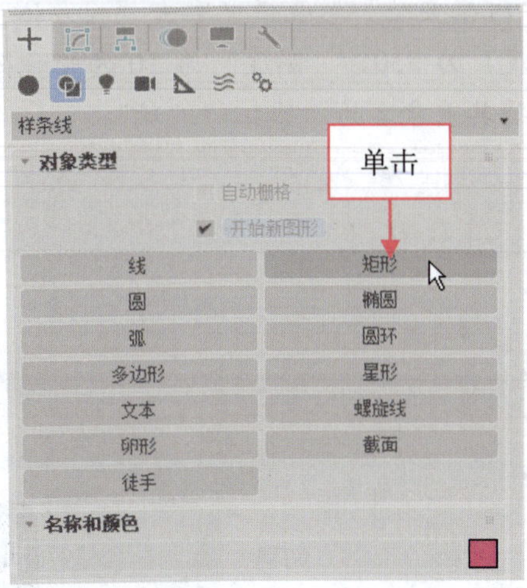

图 10-50　单击“矩形”按钮

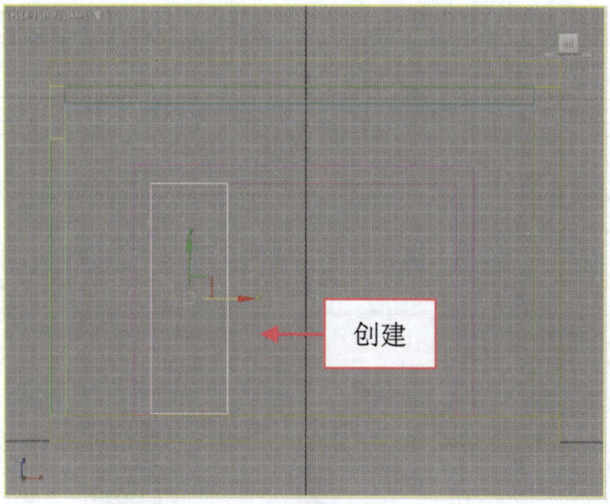

图 10-51　创建矩形

Step 03 在矩形对象上单击鼠标右键，在弹出的快捷菜单中选择“转换为”|“转换为可编辑样条线”选项，将矩形转换为可编辑样条线，在“修改”面板的“选择”卷展栏中，单击“样条线”按钮，进入样条线子对象编辑状态，如图 10-52 所示。

Step 04 在“几何体”卷展栏中，设置“轮廓”为 80，按【Enter】键确认，创建轮廓线，如图 10-53 所示。

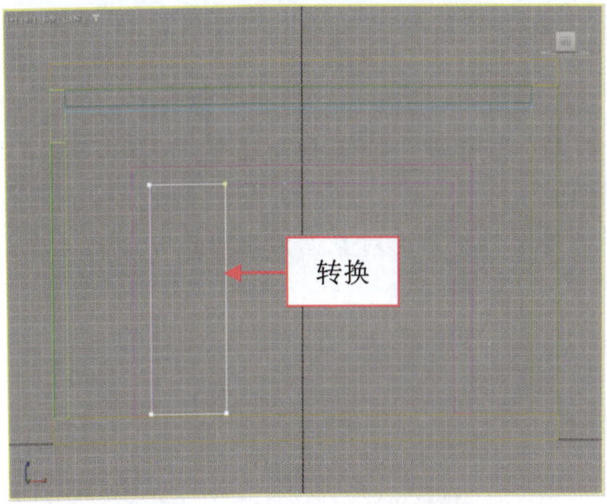

图 10-52　样条线子对象编辑状态

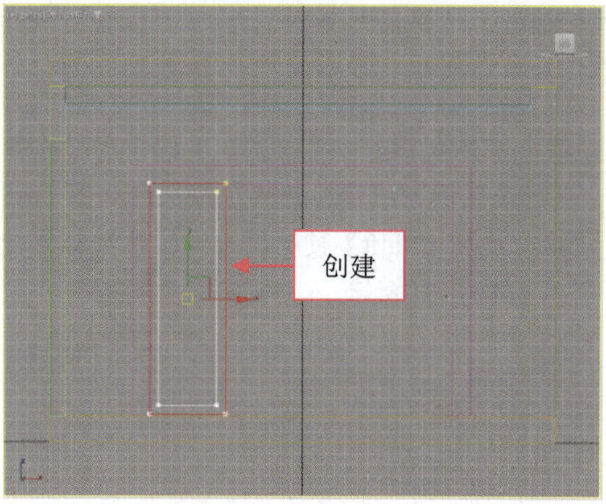

图 10-53　创建轮廓线

▶ 专家指点

创建轮廓这一功能用于生成样条线的副本，并通过“轮廓宽度”微调器（位于“轮廓”按钮右侧）来设定所有侧边上的距离偏移量。当用户选中一个或多个样条线对象后，可以通过该微调器实时调整轮廓的位置，或者单击“轮廓”按钮并直接拖曳样条线来进行调整。值得注意的是，如果原始样条线是开口的，那么生成的样条线副本及其轮廓将会自动闭合，形成一个完整的样条线形状。

Step 05 在菜单栏中，单击“修改器”|“网格编辑”|“挤出”命令，在“参数”卷展栏中，设置“数量”为 50，按【Enter】键确认，即可挤出模型，并适当调整其位置，如图 10-54 所示。

Step 06 在“创建”面板的“几何体”选项卡中，在“对象类型”卷展栏中单击“长方体”按钮，在前视图中创建一个“长度”为 1 950、“宽度”为 530、“高度”为 10 的长方体对象，将其调整至合适的位置，如图 10-55 所示，并将其重命名为“推拉门玻璃”。

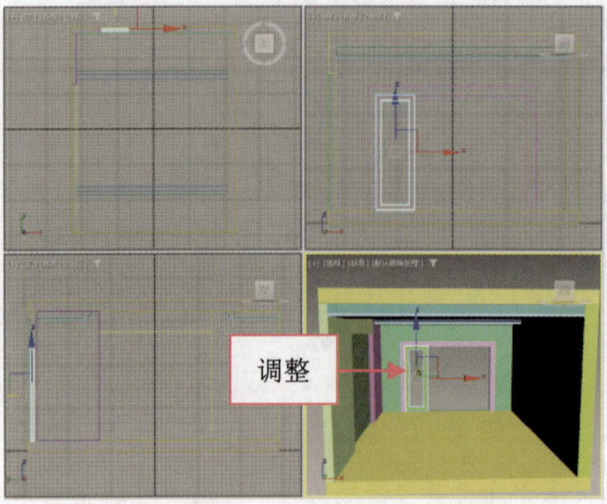

图 10-54　挤出模型并调整位置

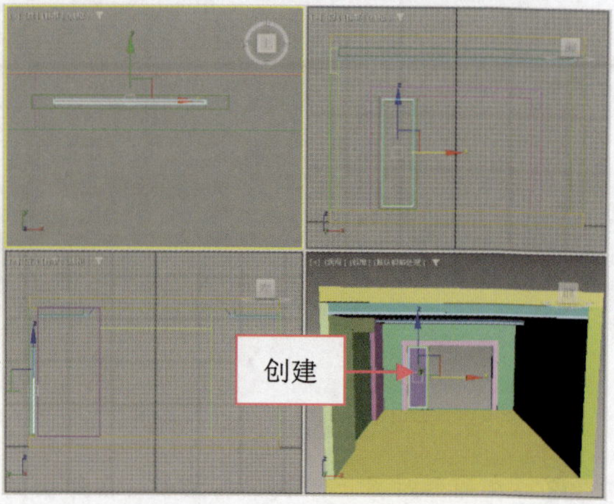

图 10-55　创建并调整长方体

▶ 专家指点

“挤出”修改器是 3ds Max 中一个非常实用的工具，能够将原本二维的图形对象赋予深度，从而使其转变为一个具有立体感和三维特性的参数对象。具体而言，当用户对一个图形对象应用了“挤出”修改器后，可以通过调整“数量”参数来设置挤出的深度，这个深度决定了图形对象在三维空间中的厚度。

Step 07 在顶视图中，单击主工具栏中的“选择并移动”按钮，按住【Ctrl】键的同时，选择“门扇”和“推拉门玻璃”对象，如图 10-56 所示。

Step 08 按住【Shift】键的同时，按住鼠标左键并沿着 x 轴将所选对象向右拖曳至合适的位置，如图 10-57 所示。

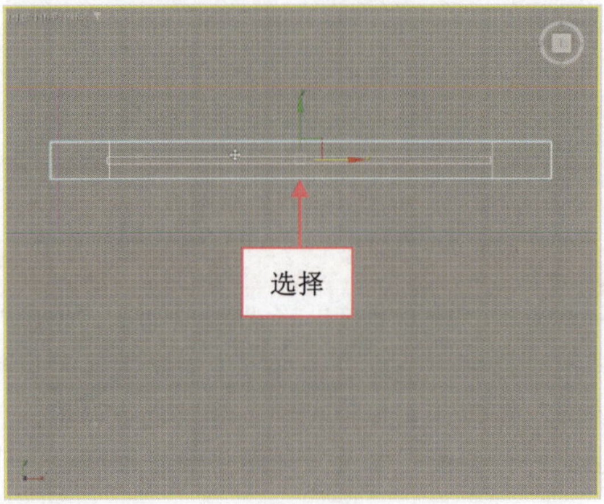

图 10-56　选择相应的对象

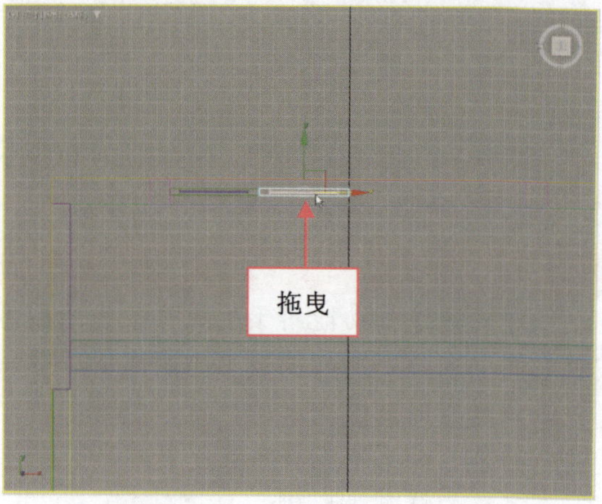

图 10-57　向右拖曳所选对象

Step 09　执行操作后，弹出“克隆选项”对话框，单击“确定”按钮，即可复制所选对象，并调整复制后的模型位置，如图 10-58 所示。

Step 10　使用相同的操作方法，移动并复制两组推拉门扇模型，效果如图 10-59 所示。

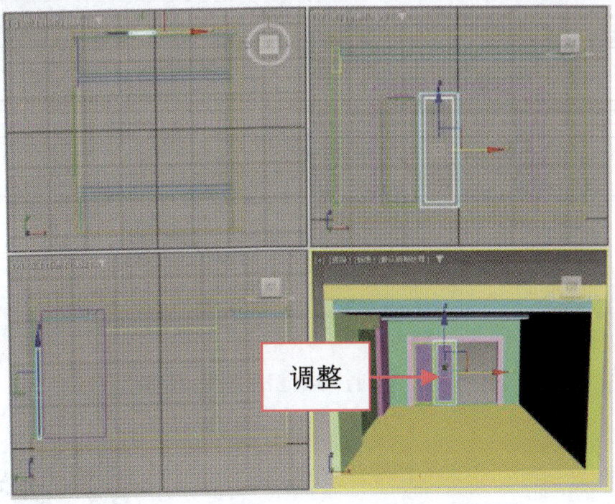

图 10-58　复制并调整模型位置

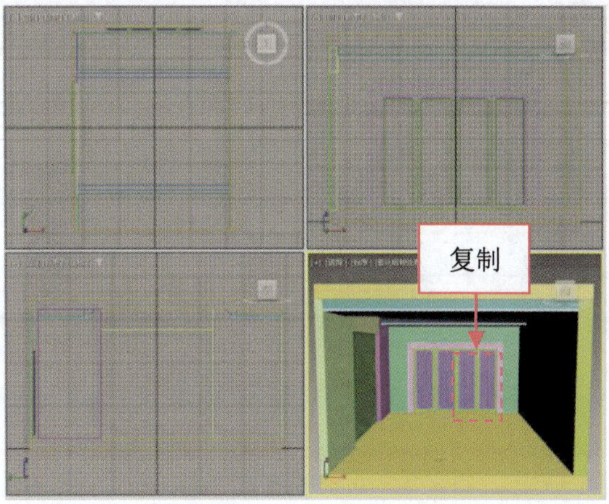

图 10-59　复制两组推拉门扇模型

10.2.6　创建墙角线模型

接下来在卧室的墙体上添加墙角线，增加卧室的立体感和细节。下面介绍创建墙角线模型的操作方法。

创建墙角线模型

Step 01　在“创建”面板的“图形”选项卡中，在“对象类型”卷展栏中单击“线”按钮，在顶视图中创建相应的图形，如图 10-60 所示，并将其重命名为“墙角线 1”。

Step 02　在菜单栏中，单击“修改器”|“网格编辑”|“挤出”命令，在“参数”卷展栏中，设置“数量”为 100，如图 10-61 所示，调整挤出的深度。

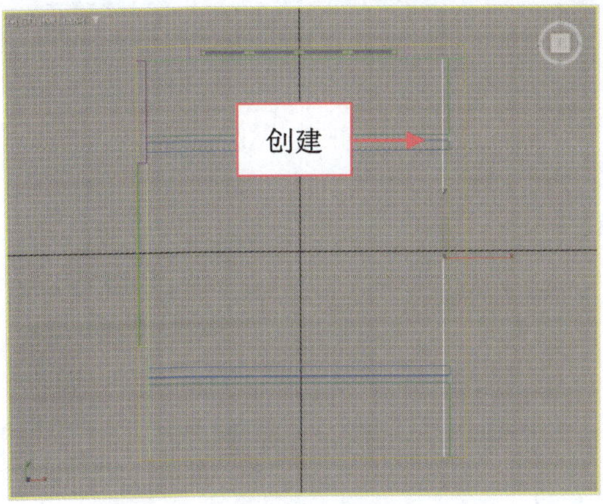

图 10-60　创建相应的图形

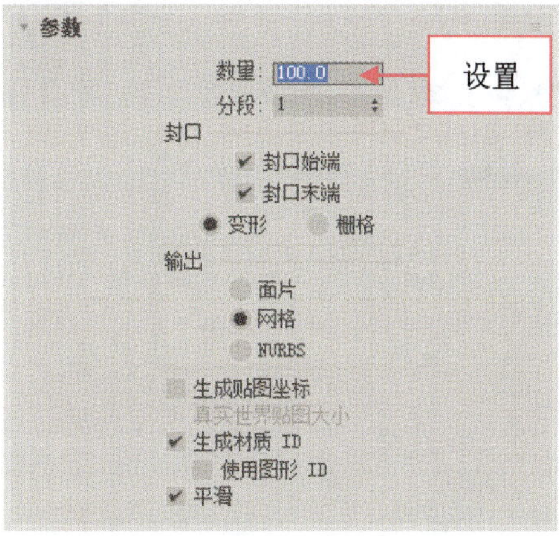

图 10-61　设置“数量”参数

Step 03　按【Enter】键确认，即可挤出模型，并适当调整其位置，如图 10-62 所示。

Step 04　使用相同的操作方法，制作“墙角线 2”图形对象，并设置相同的挤出效果，如图 10-63 所示。

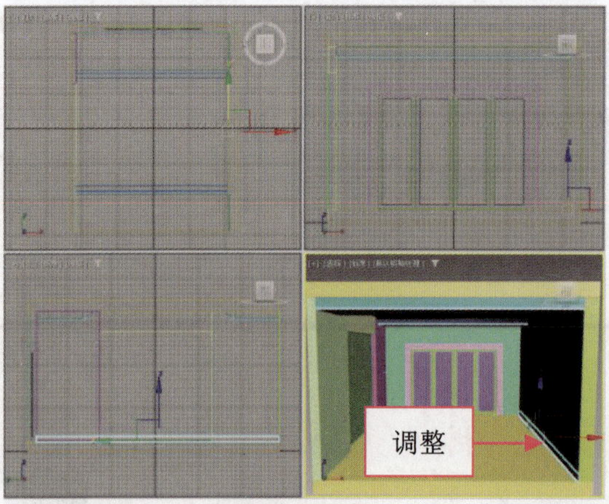

图 10-62　挤出模型并调整位置

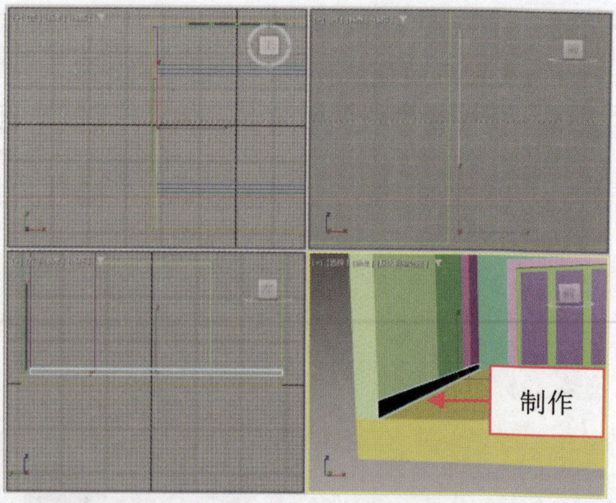

图 10-63　制作其他的墙角线模型

10.2.7　创建窗帘模型

创建窗帘模型

窗帘是安装在卧室窗户上的遮挡物，通常由布料、纱线或其他材料制成。窗帘的主要作用是调节光线，当阳光过于强烈时，可以拉上窗帘阻挡光线，使卧室内的光线变得柔和，保护人们的隐私。另外，窗帘还具有一定的隔热、保暖效果，能够在一定程度上调节卧室的温度，为人们提供一个更加舒适的休息环境。同时，窗帘也是卧室装饰的一部分，精美的窗帘可以提升卧室的整体美感，彰显主人的品味与格调。下面介绍创建窗帘模型的操作方法。

Step 01　在“创建”面板的“几何体”选项卡中，在“对象类型”卷展栏中单击“圆柱体”按钮，如图 10-64 所示。

Step 02　在左视图中创建一个“半径”为 15、“高度”为 4 400 的圆柱体对象，并适当调整其位置，如图 10-65 所示。

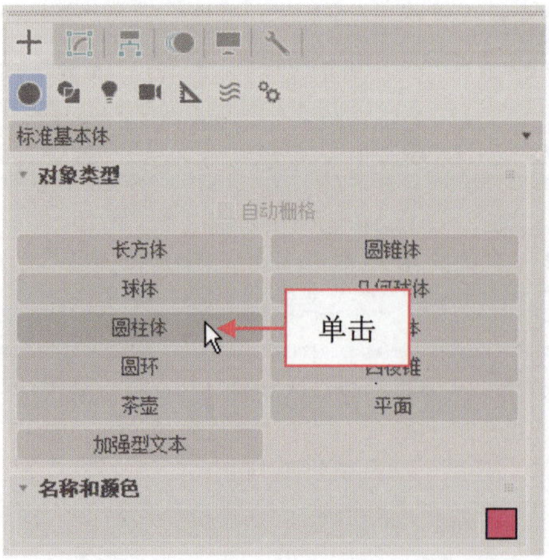

图 10-64　单击“圆柱体”按钮

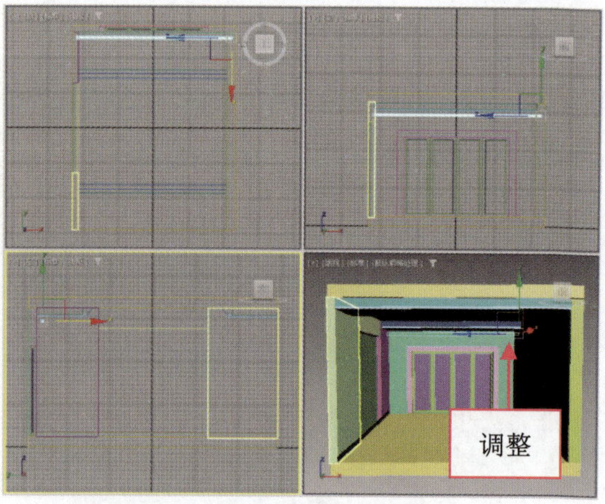

图 10-65　创建并调整圆柱体

Step 03　在“创建”面板的“图形”选项卡中，在“对象类型”卷展栏中单击“线”按钮，在顶视图中创建相应的图形，如图 10-66 所示。

Step 04 在菜单栏中，单击“修改器”|“网格编辑”|“挤出”命令，在“参数”卷展栏中，设置“数量”为 2 730，按【Enter】键确认，即可挤出模型，适当调整其位置，如图 10-67 所示，并将其重命名为“窗帘”。

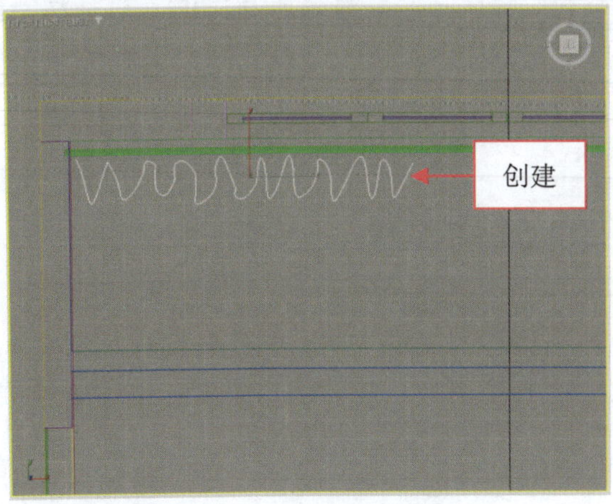

图 10-66　创建相应的图形

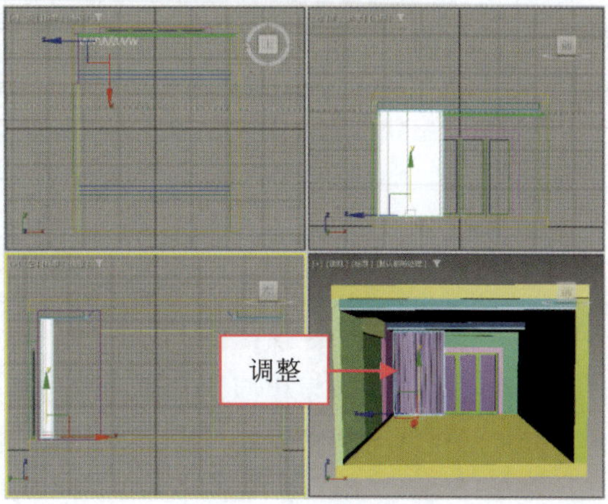

图 10-67　挤出模型并调整位置

Step 05 在主工具栏中，单击“镜像”按钮，即可弹出“镜像：屏幕 坐标”对话框，❶在“镜像轴”选项区中选中 X 单选按钮；❷在“克隆当前选择”选项区中选中“复制”单选按钮，如图 10-68 所示。

Step 06 单击“确定”按钮，即可镜像翻转与复制对象，并适当调整其位置，效果如图 10-69 所示。

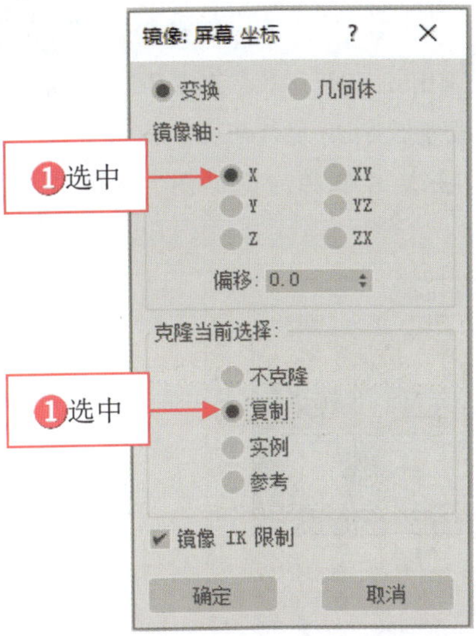

图 10-68　选中相应单选按钮

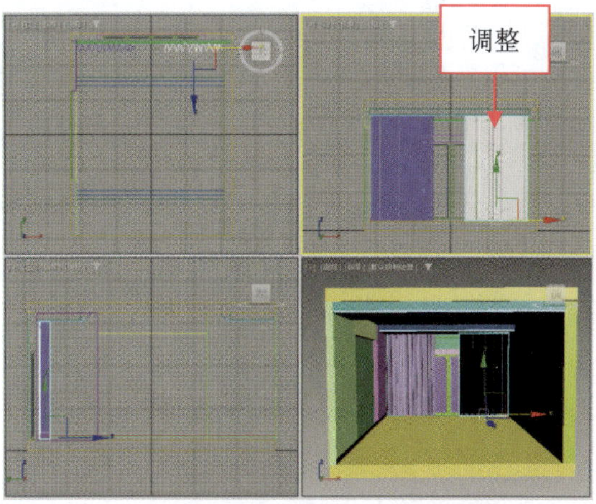

图 10-69　镜像翻转复制对象并调整位置

▶ 专家指点

镜像工具在三维建模和动画制作中扮演着至关重要的角色，不仅能够围绕当前坐标系的中心点对选中的对象进行镜像复制，还能通过“镜像”对话框轻松地创建出克隆对象，这些克隆对象与原始对象在形状上完全对称，但位置和方向却有所不同。

当使用镜像工具时，用户可以选择是否对选中的对象进行分级链接的镜像处理。如果选择了这一选项，那么在进行镜像操作时，还会同时应用反向运动（inverse kinematics，IK）限制，以确保镜像后的对象在动画中能够保持正确的运动关系和姿态。

IK 限制是一种用于控制骨骼或对象运动的机制，确保它们能够按照预定的方式移动。然而，在某些情况下，用户可能不希望 IK 约束受到镜像的影响，以保持原有的动画效果或运动关系。为了解决这个问题，可以取消选中“镜像 IK 限制”复选框。

10.3 优化卧室模型

随着生活品质与居住环境的日益提升，卧室作为休憩的私密空间，其设计优化显得尤为重要。一个精心布局的卧室模型，不仅能够最大化空间利用率，还能营造出温馨、舒适的氛围，让人在繁忙的生活节奏中找到一片宁静之地。本节主要对卧室模型进行全面优化，旨在打造一个既符合现代审美又兼顾实用性的理想休憩空间。

赋予模型材质

10.3.1 赋予模型材质

下面主要为地面、墙体、天花板、推拉门、墙角线和窗帘等模型赋予合适的材质，需要考虑材质的纹理、颜色、光泽度等属性，并适当调整材质的参数，使其与整体设计相匹配，具体操作方法如下。

Step 01 选中“地面”对象，按【M】键，打开“材质编辑器”窗口，设置为标准材质模式（后面的材质都采用该模式），❶选择第 1 个材质球；❷在“Blinn 基本参数”卷展栏中设置“高光级别”为 43、“光泽度”为 10，如图 10-70 所示，调整反射高光效果。

Step 02 在“贴图”卷展栏中，❶选中“反射”复选框；❷单击其右侧的“无贴图”按钮，如图 10-71 所示。

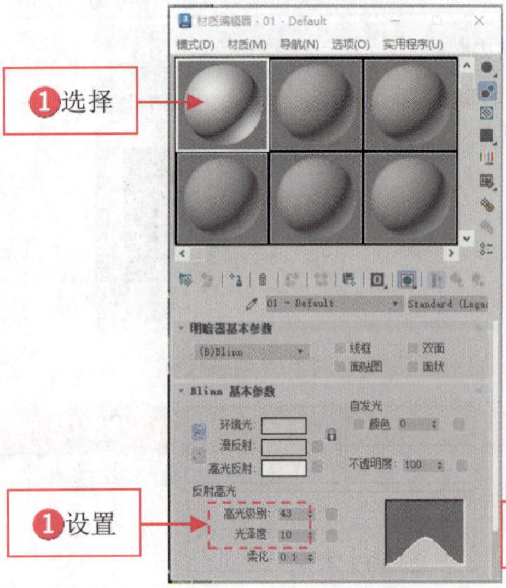

图 10-70 设置参数值

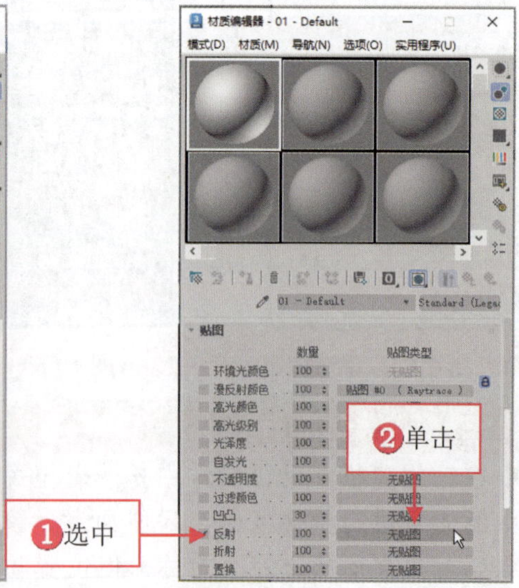

图 10-71 单击“无贴图”按钮

Step 03　执行操作后，弹出“材质/贴图浏览器”对话框，选择“光线跟踪”选项，如图 10-72 所示，用于提供光线跟踪的反射和折射效果。

Step 04　单击“确定”按钮，返回到“材质编辑器”窗口，转到父对象，在“贴图”卷展栏中，❶设置“反射”为 8；❷选中“漫反射颜色”复选框；❸单击其右侧的“无贴图”按钮，如图 10-73 所示。

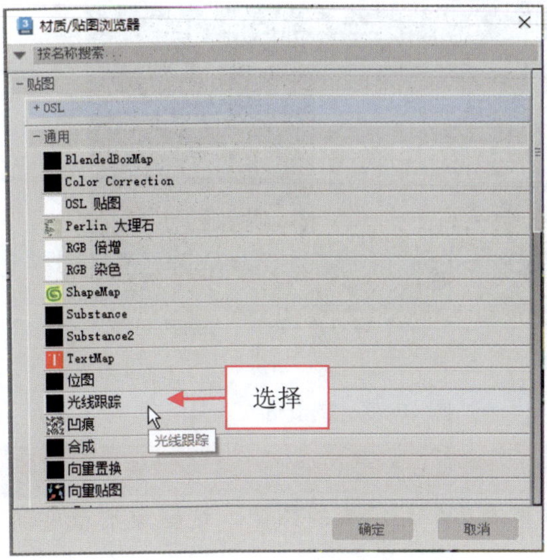

图 10-72　选择“光线跟踪”选项

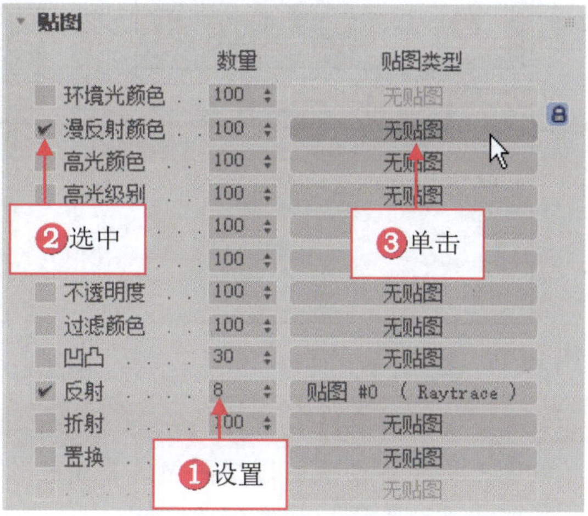

图 10-73　单击“无贴图”按钮

Step 05　执行操作后，弹出“材质/贴图浏览器”对话框，选择“位图”选项，如图 10-74 所示。

Step 06　单击“确定”按钮，弹出“选择位图图像文件”对话框，选择合适的贴图文件，如图 10-75 所示。

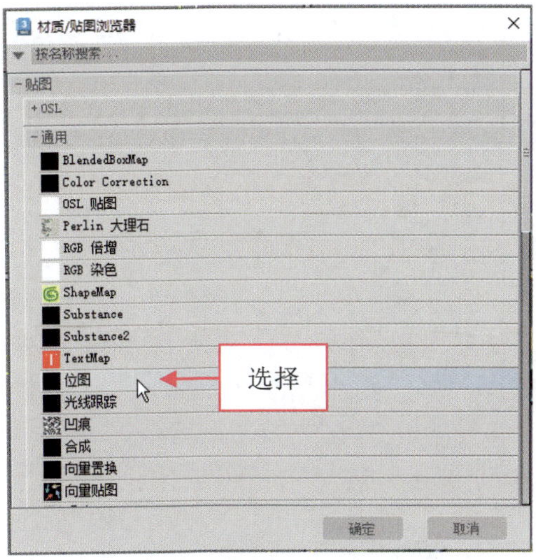

图 10-74　选择“位图”选项

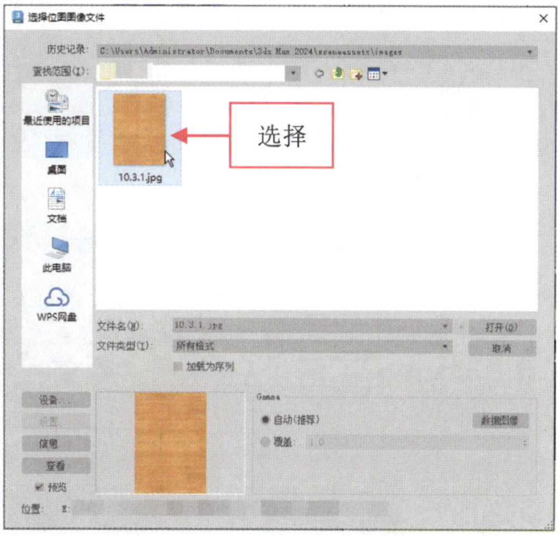

图 10-75　选择合适的贴图文件

Step 07　单击“打开”按钮，返回到“材质编辑器”窗口，❶添加相应贴图材质；❷单击“转到父对象”按钮，返回上一级；❸单击“将材质指定给选定对象”按钮，如图 10-76 所示。

Step 08 执行操作后，即可为“地面”对象赋予相应的材质，并显示材质，效果如图 10-77 所示。

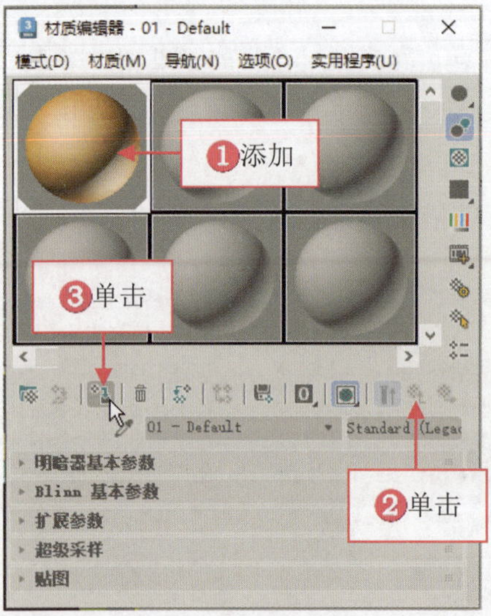

图 10-76　单击“将材质指定给选定对象”按钮

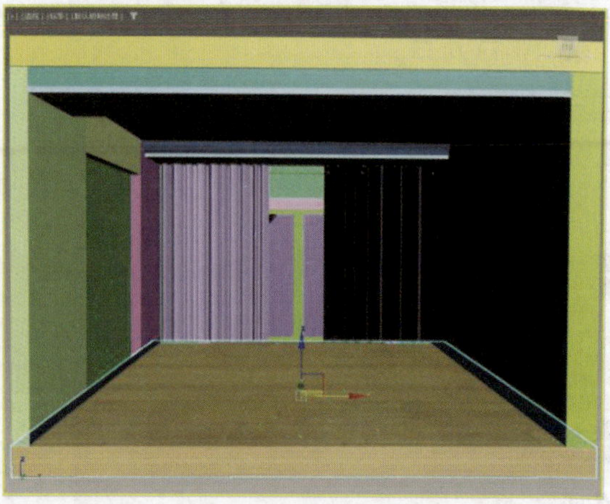

图 10-77　赋予材质效果

> **▶ 专家指点**
>
> 位图亦称点阵图像或栅格图像，是由称作像素的单个点组成的图像。这些像素点可以进行不同的排列和染色，从而构成图样。

Step 09 在“材质编辑器”窗口中，选择第 2 个材质球，在“Blinn 基本参数”卷展栏中设置“漫反射”颜色为白色（RGB 参数值均为 255），如图 10-78 所示。

Step 10 按【H】键，弹出“从场景选择”对话框，在列表框中选择相应的场景对象，如图 10-79 所示。

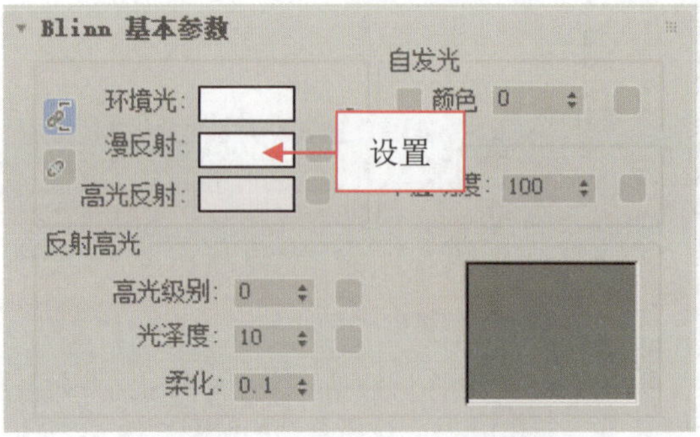

图 10-78　设置“漫反射”颜色

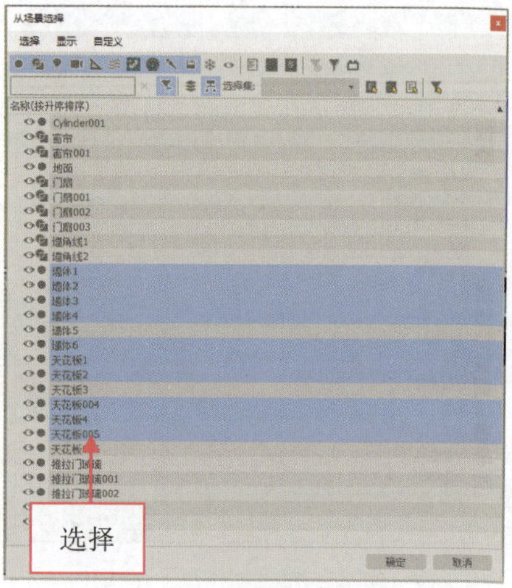

图 10-79　选择相应的场景对象

Step 11 单击“确定”按钮，即可选择相应的场景对象，单击“将材质指定给选定对象”按钮，将材质赋予场景中所选择的对象，并显示材质，效果如图 10-80 所示。

Step 12 选择“墙体 5”对象，在“材质编辑器”窗口中，选择第 3 个材质球，在“Blinn 基本参数”卷展栏中设置“漫反射”颜色为黄色（RGB 参数值分别为 255、247、175）、“高光级别”为 63、“光泽度”为 25，如图 10-81 所示，调整材质效果。

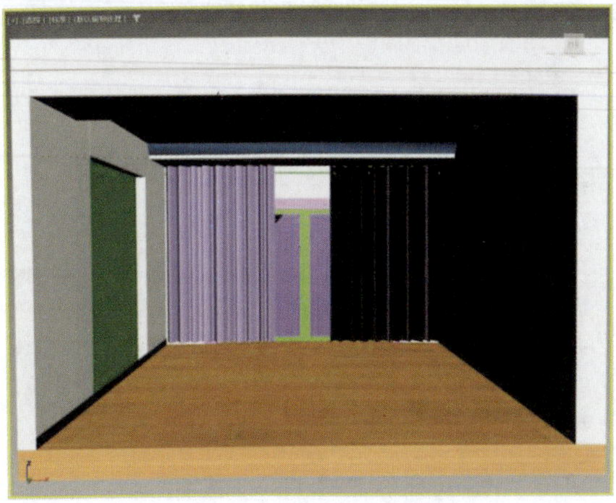

图 10-80　赋予材质效果

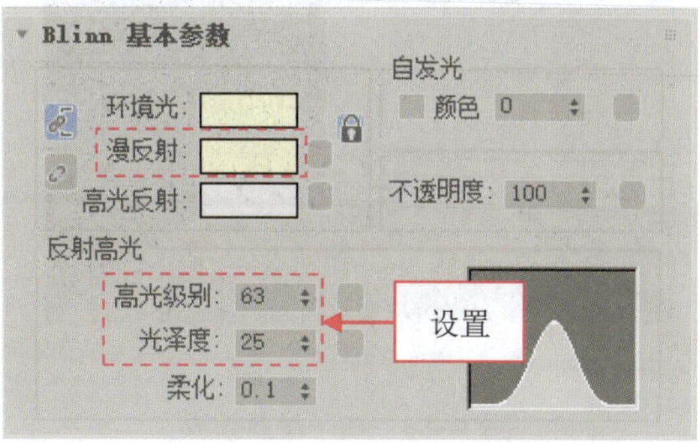

图 10-81　设置参数值

Step 13 单击“漫反射”色块右侧的“无”按钮，弹出“材质/贴图浏览器”对话框，选择“RGB 染色”选项，如图 10-82 所示，用于指定相应的颜色。

Step 14 单击“确定”按钮，返回“材质编辑器”窗口，❶在“RGB 染色参数”卷展栏中设置 R 为红色（RGB 参数值分别为 255、164、164）、G 为蓝色（RGB 参数值分别为 126、208、255）、B 为浅蓝色（RGB 参数值分别为 159、193、255）；❷添加相应的贴图；❸并在“坐标”卷展栏中设置“瓷砖”的 U 和 V 参数均为 2，如图 10-83 所示，可以实现瓷砖图案的平铺效果。

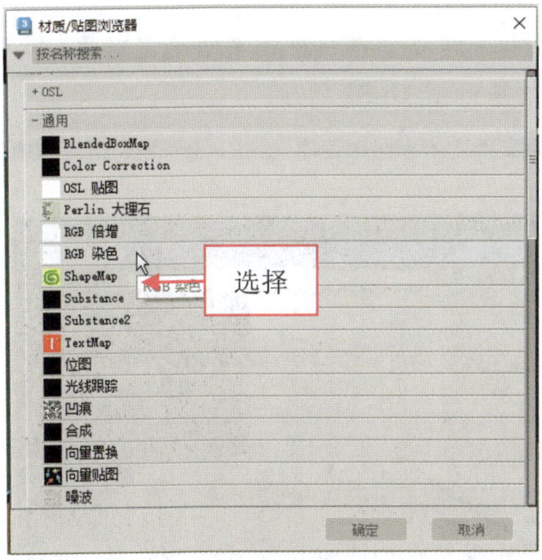

图 10-82　选择“RGB 染色”选项

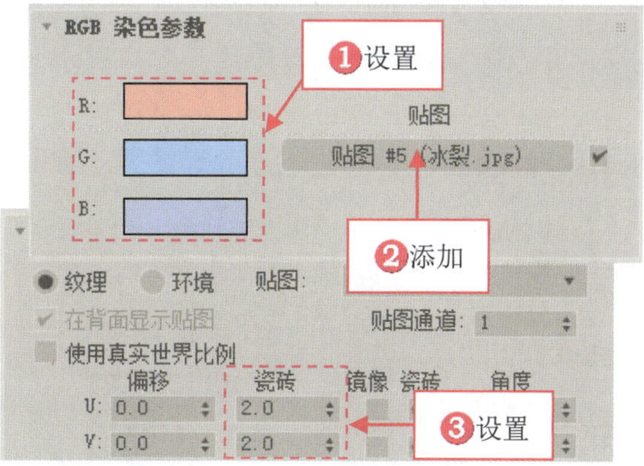

图 10-83　设置参数值

Step 15 单击“转到父对象”按钮，返回上一级，在“贴图”卷展栏中，添加相应的“凹凸”贴图，并设置参数为-200，模拟磨砂效果，单击“将材质指定给选定对象”按钮，即可为“墙体 5”对象赋予相应的材质，并显示材质，效果如图 10-84 所示。

Step 16 在“材质编辑器”窗口中，选择第 4 个材质球，在“明暗器基本参数”卷展栏的列表框中选择 Phong 选项，如图 10-85 所示。

图 10-84　赋予材质效果

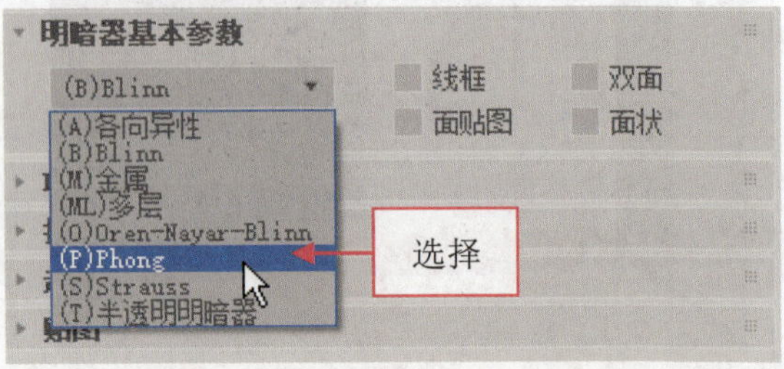

图 10-85　选择 Phong 选项

▶ 专家指点

Phong 着色技术能够柔化表面间的边缘过渡，并且能逼真地表现光泽表面和规则曲面的高光效果。Phong 着色技术依赖于相邻表面的平均法线来插值整个表面的亮度，并为该表面的每个像素计算出法线。

通常情况下，Phong 着色所产生的高光效果相较于 Blinn 方法更为自然且不规则。另外，Phong 着色还能精确地呈现表面的凹凸感、不透明度、光泽度、高光及反射贴图。

Step 17 在“Phong 基本参数”卷展栏中，设置“漫反射”为白色（RGB 参数值均为 255）、“光泽度”为 1、“颜色”为 100，如图 10-86 所示，调整材质效果。

Step 18 选择场景中的“天花板 3”对象及其复制的对象，单击“将材质指定给选定对象”按钮，即可为对象赋予相应的材质，并显示材质，效果如图 10-87 所示。

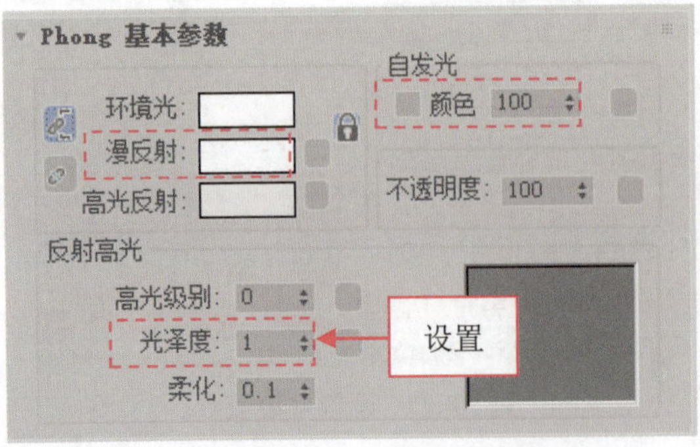

图 10-86　设置参数值

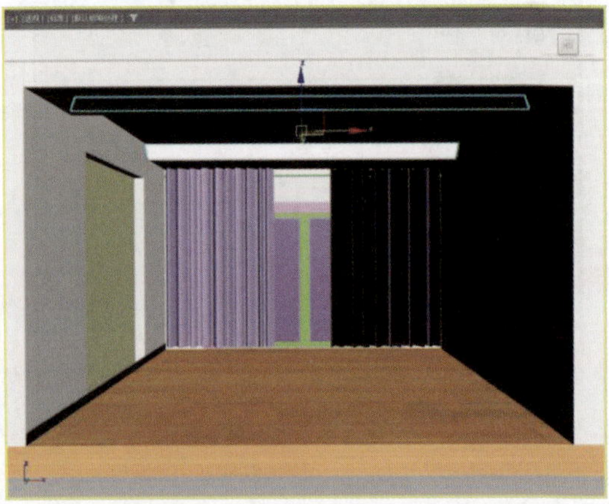

图 10-87　赋予材质效果

Step 19 选择“窗帘”对象，单击鼠标右键，在弹出的快捷菜单中选择“隐藏选定对象”选项，隐藏该对象，效果如图 10-88 所示。

Step 20 在“材质编辑器”窗口中，选择第 5 个材质球，在“Blinn 基本参数”卷展栏中设置“漫反射”颜色为白色（RGB 参数值均为 255），将其赋予场景中的“推拉门框”对象和“门扇”对象，并显示材质，效果如图 10-89 所示。

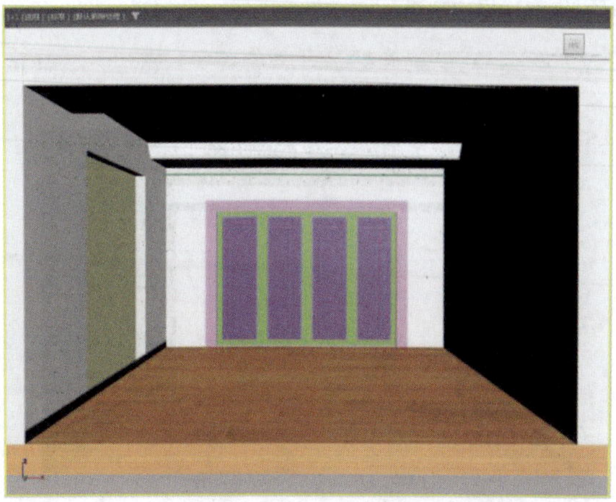

图 10-88　隐藏“窗帘”对象

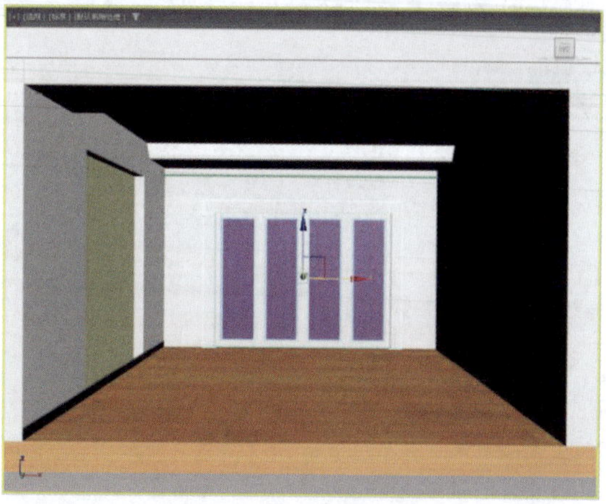

图 10-89　赋予材质效果

Step 21 在“材质编辑器”窗口中，选择第 6 个材质球，在“Blinn 基本参数”卷展栏中设置“漫反射”颜色为天蓝色（RGB 参数值分别为 210、223、224）、“高光级别”为 64、“光泽度”为 35、“颜色”为 18、“不透明度”为 20，如图 10-90 所示，调整材质效果。

Step 22 在“扩展参数”卷展栏中，设置“过滤”颜色为蓝绿色（RGB 参数值分别为 135、152、154），如图 10-91 所示。

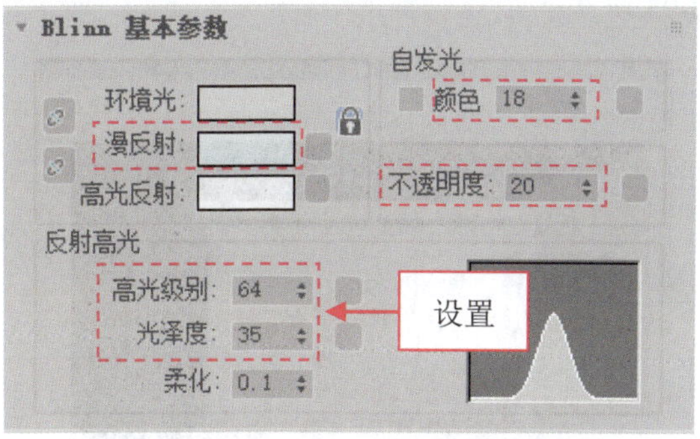

图 10-90　设置参数值

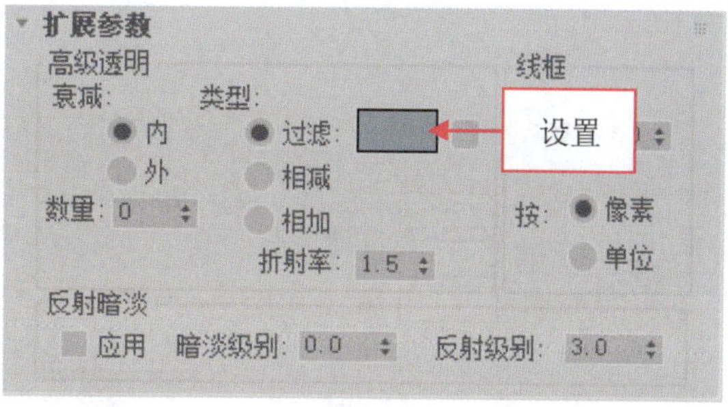

图 10-91　设置“过滤”颜色

▶ 专家指点

高光颜色指的是物体发光表面上最为明亮的部分所呈现的色彩，它源于光线在物体表面的反射。为了营造逼真的视觉效果，用户可以将高光颜色设定为与主要光源颜色相匹配，或者选择具有高亮度而低饱和度的漫反射颜色作为高光色。

调整高光颜色的色调能够有效突出模型发光表面的亮度。在 3ds Max 软件中，用户可以将高光颜色设置为与漫反射颜色一致，以此创建一种哑光效果，进而减弱材质的光泽感。通过让高光颜色与漫反射颜色相接近，可以有效降低物体表面的光泽程度。

Step23 在“贴图”卷展栏中，❶选中“反射”复选框；❷设置其参数值为15，如图10-92所示，添加反射材质效果。

Step24 选择场景中的“推拉门玻璃”对象，单击“将材质指定给选定对象”按钮，即可为该对象赋予相应的材质，并显示材质，效果如图10-93所示。

图 10-92　设置“反射”参数

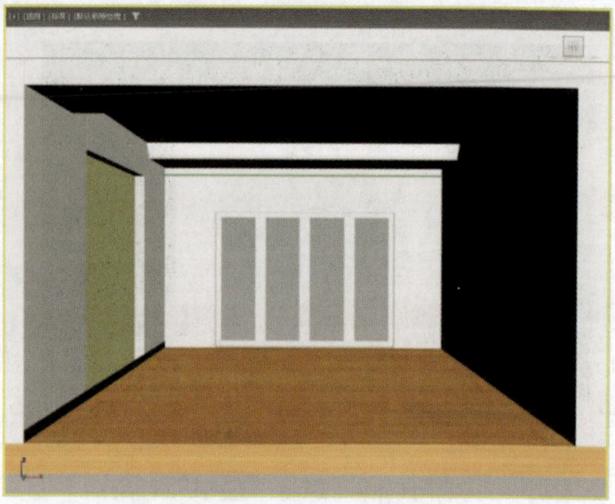

图 10-93　赋予材质效果

Step25 显示“窗帘”对象，在“材质编辑器”窗口中选择一个新的材质球，在“Blinn 基本参数”卷展栏中设置“漫反射”颜色为淡黄色（RGB参数值分别为255、249、216）、“颜色”为30、“不透明度”为40，如图10-94所示，调整材质效果。

Step26 选择场景中的“窗帘”对象，单击“将材质指定给选定对象”按钮，即可为该对象赋予相应的材质，并显示材质，效果如图10-95所示。

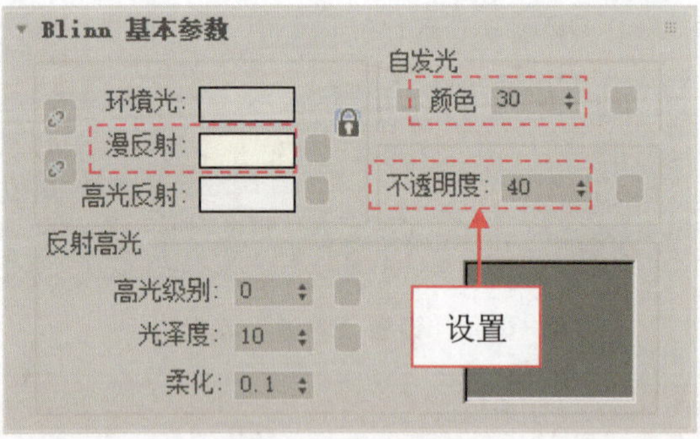

图 10-94　设置参数值

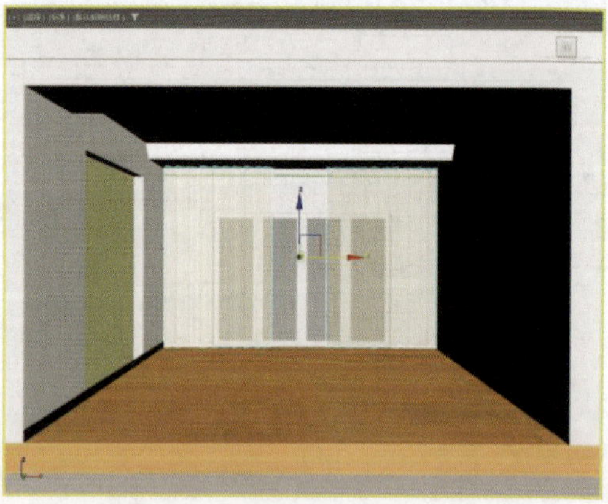

图 10-95　赋予材质效果

▶ 专家指点

漫反射颜色是指物体在“高质量照明”（即直接且充足的自然光或人造光源，使得物体清晰可见）下所展现出的颜色。环境光的配色需依据照明类型来决定：在温和的室内照明下，环境光可能会采用比漫反射颜色稍暗的色调；而在明亮的室内灯光或日光照射下，环境光则可能作为主光源的补充，呈现出相近或和谐的色彩。至于高光反射颜色，它应当与主要光源的颜色保持一致，或者选择具有高亮度而低饱和度的漫反射颜色来搭配。

Step 27 在“材质编辑器”窗口中选择一个新的材质球，在“明暗器基本参数”卷展栏的列表框中选择“金属”选项，在“金属基本参数”卷展栏中设置“漫反射”颜色为白色（RGB 参数值均为 255）、“高光级别”为 83、“光泽度”为 36、“颜色”为 40，如图 10-96 所示，调整材质效果。

Step 28 选择场景中的圆柱体对象，单击“将材质指定给选定对象”按钮，即可为该对象赋予相应的材质，并显示材质，效果如图 10-97 所示。

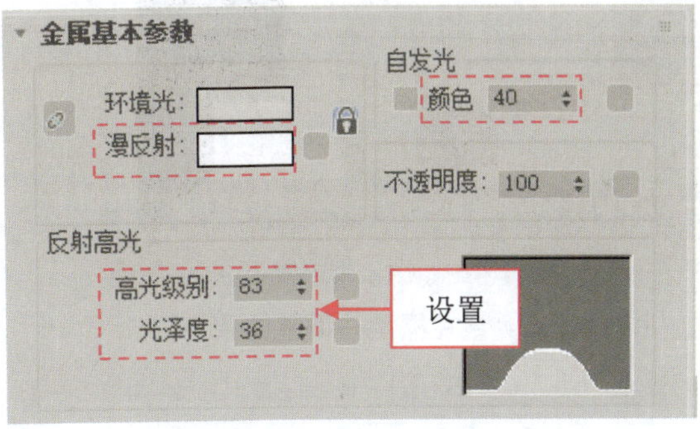

图 10-96　设置参数值

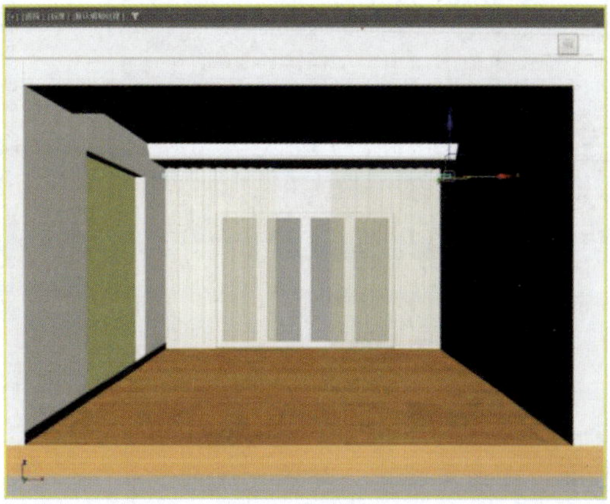

图 10-97　赋予材质效果

10.3.2　合并模型文件

接下来将各个室内模型文件合并为一个整体文件，确保合并后的模型文件无重叠、无缺失，具体操作方法如下。

合并模型文件

Step 01 在菜单栏中，单击“文件” | “导入” | “合并”命令，如图 10-98 所示。

Step 02 执行操作后，弹出“合并文件”对话框，选择相应的模型文件（资源\素材\第 10 章\组合床.max），如图 10-99 所示。

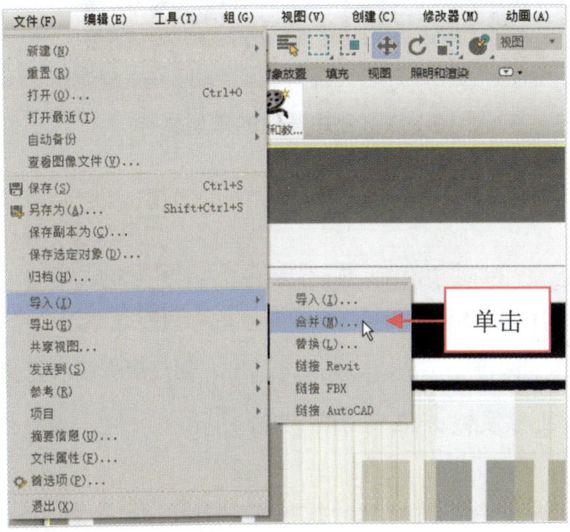

图 10-98　单击“合并”命令

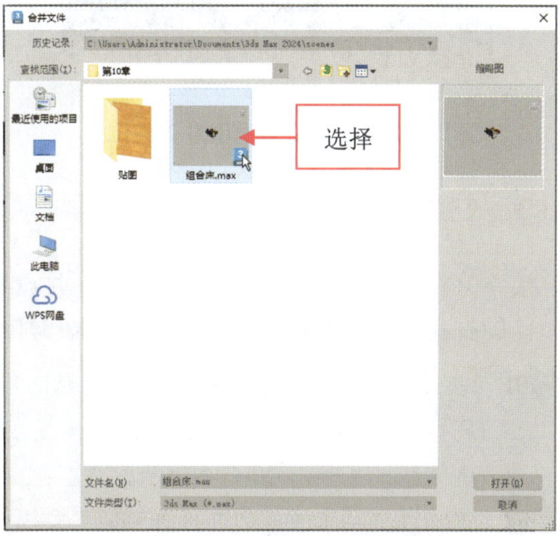

图 10-99　选择相应的模型文件

Step03 单击“打开”按钮，弹出“合并-组合床.max”对话框，单击“全部”按钮，选择所有对象，如图 10-100 所示。

Step04 单击“确定”按钮，即可合并组合床模型，在视图中适当调整其位置，如图 10-101 所示。

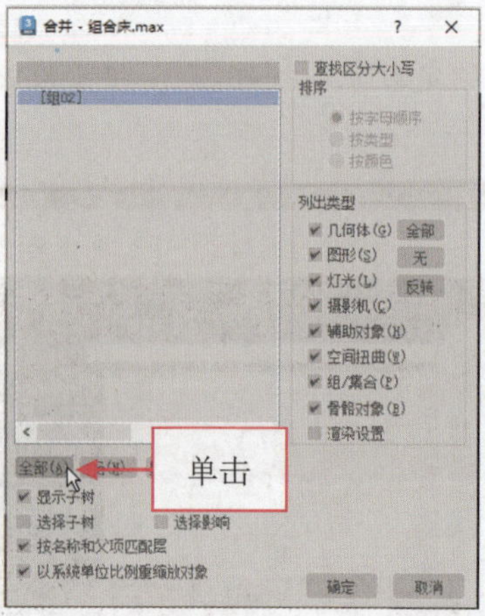

图 10-100 单击“全部”按钮

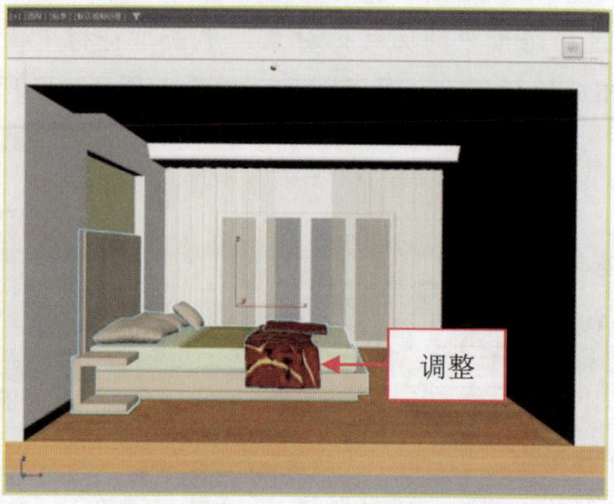

图 10-101 合并模型并调整位置

Step05 在菜单栏中，单击“文件”|“导入”|“合并”命令，合并灯具模型，在视图中适当调整其位置，如图 10-102 所示。

Step06 使用相同的操作方法，合并其他的模型文件，效果如图 10-103 所示。

图 10-102 合并灯具模型并调整位置

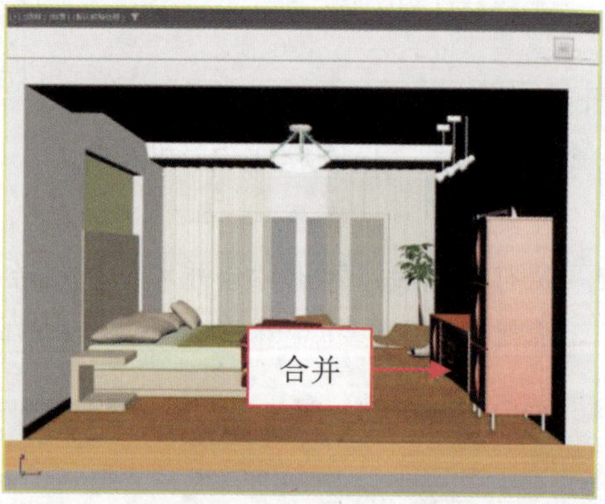

图 10-103 合并其他的模型文件

10.3.3 创建摄影机和灯光

接下来在场景中创建摄影机和灯光，并设置合适的视角和参数，以获得最佳的视觉效果。下面介绍创建摄影机和灯光的操作方法。

创建摄影机和灯光

Step01 在菜单栏中，单击“创建”|“摄影机”|“目标摄影机”命令，移动鼠标指针至顶视图中，在合适的位置按住鼠标左键并拖曳，即可创建摄影机，如图 10-104 所示。

Step02 单击主工具栏中的“选择并移动”按钮，适当调整摄影机的投射点和目标点，如图 10-105 所示。

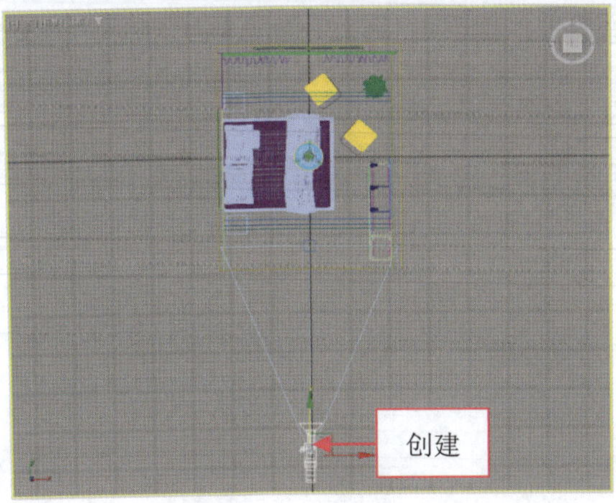

图 10-104　创建摄影机

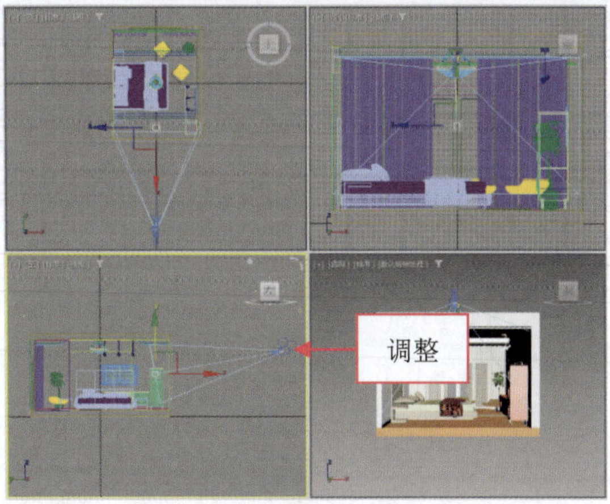

图 10-105　调整摄影机视角

Step 03　激活透视视图，按【C】键，切换为摄影机视图，效果如图 10-106 所示。

Step 04　在菜单栏中，单击“创建”|“灯光”|“标准灯光”|“泛光”命令，在顶视图中单击鼠标左键创建泛光，将其调整至合适位置，作为场景中的主光源，如图 10-107 所示。

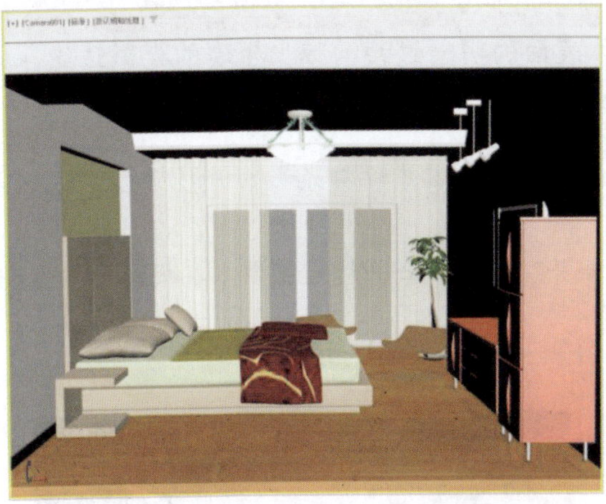

图 10-106　摄影机视图效果

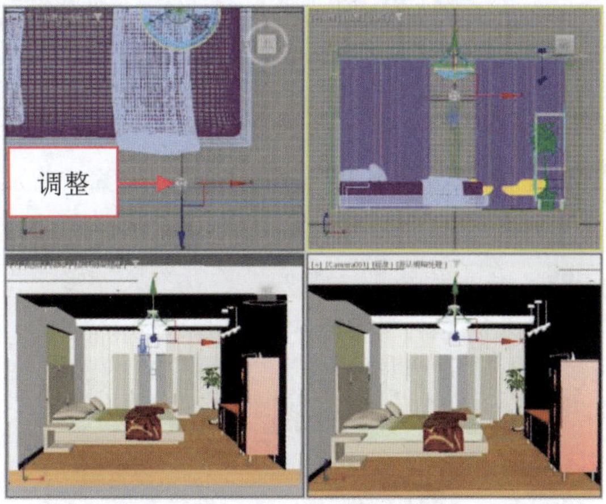

图 10-107　创建并调整泛光

▶ 专家指点

泛光也称泛光灯，是指从一个光源向四周均匀散发光线的照明设备。泛光常用于为场景增添辅助照明或模拟点光源效果，同时它还能产生阴影和投影。具体来说，一个能够投射阴影的泛光，其效果相当于 6 个从不同方向指向中心的聚光灯共同作用的阴影效果。

在配置泛光投射的贴图时（该泛光需采用“球形”“圆柱形”或“收缩包裹环境”坐标进行投射），其贴图方法与映射到环境中的方法一致。然而，若使用“屏幕环境”坐标或“显式贴图通道纹理”坐标，则会产生 6 个放射状投影的贴图副本。

值得注意的是，泛光最多能生成 6 个四元树（一种用于计算光线跟踪阴影的数据结构），这意味着它们在生成光线追踪阴影时的速度通常慢于聚光灯。因此，除非场景中有特定需求，否则建议避免将光线追踪阴影与泛光结合使用。

Step 05 在“修改”面板的“强度/颜色/衰减”卷展栏中，❶设置“倍增”为 0.8；❷在“远距衰减”选项区中选中“使用”复选框；❸设置“开始”为 2873、“结束”为 7463，如图 10-108 所示，调整灯光的亮度，使其不至于过亮而失真，更适合作为场景的主光源。

Step 06 在“高级效果”卷展栏中，设置“柔化漫反射边”为 50，如图 10-109 所示。

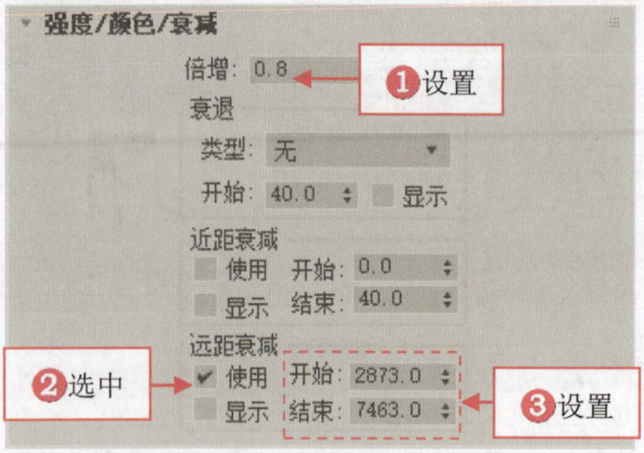

图 10-108　设置参数值

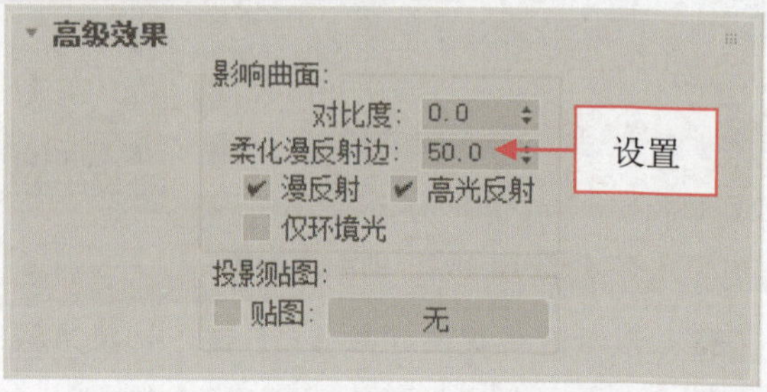

图 10-109　设置“柔化漫反射边”参数

▶ 专家指点

将“柔化漫反射边”设为 50，可以平滑物体表面的明暗过渡，减少生硬的光影边缘，使场景看起来更加细腻、柔和。

Step 07 在“阴影参数”卷展栏中，设置“密度”为 0.3，并选中“灯光影响阴影颜色”复选框，设置后的效果如图 10-110 所示。

Step 08 在菜单栏中，单击“文件”|“导入”|“合并”命令，合并灯光模型，在视图中适当调整其位置，效果如图 10-111 所示。

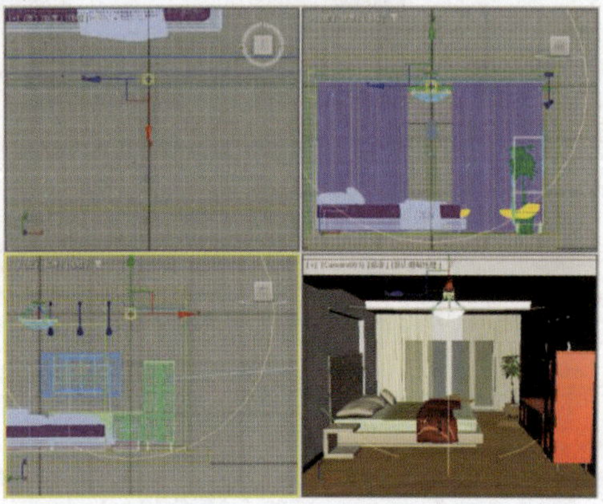

图 10-110　设置泛光效果

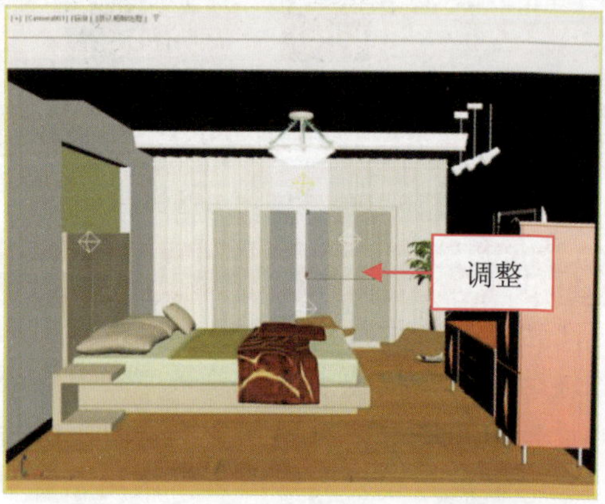

图 10-111　合并并调整灯光模型效果

10.3.4　设置室外环境效果

接下来给卧室模型设置一个城市高楼的室外环境效果，使室外环境与卧室内部形成和谐的视觉联系，具体操作方法如下。

设置室外环境效果

Step 01 在菜单栏中，单击“渲染”|“环境”命令，弹出“环境和效果”对话框，在“公用参数”卷展栏的“背景”选项区中，单击“无”按钮，如图 10-112 所示。

Step 02 执行操作后，弹出“材质/贴图浏览器”对话框，在“贴图”列表框中选择“位图”选项，如图 10-113 所示。

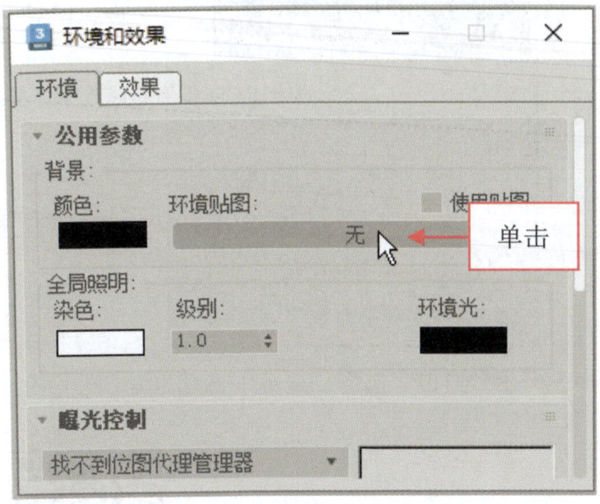

图 10-112　单击“无”按钮

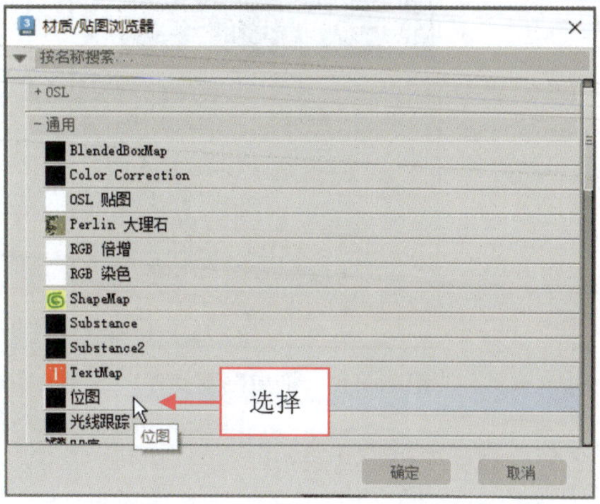

图 10-113　选择“位图”选项

Step 03 单击“确定”按钮，弹出“选择位图图像文件”对话框，选择合适的贴图文件，如图 10-114 所示。

Step 04 单击“打开”按钮，即可设置背景环境贴图，如图 10-115 所示。

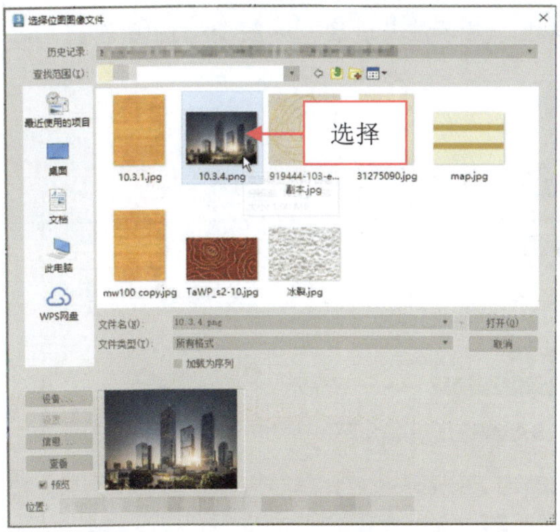

图 10-114　选择合适的贴图文件

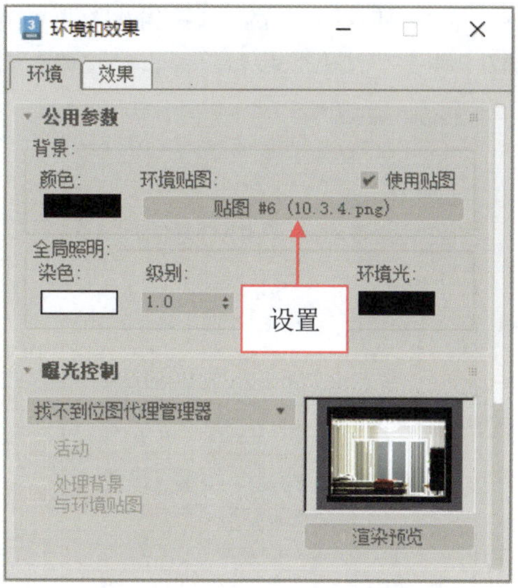

图 8-115　设置背景环境贴图

Step 05 在“材质编辑器”窗口中选择一个新的材质球，按住“环境和效果”对话框中的贴图文件，并将其拖曳至新的材质球上，在如图 10-116 所示。

Step 06 在“坐标”卷展栏的“贴图”列表框中，选择“屏幕”选项，如图 10-117 所示，修改环境贴图的坐标，使其能够完整地显示出来。

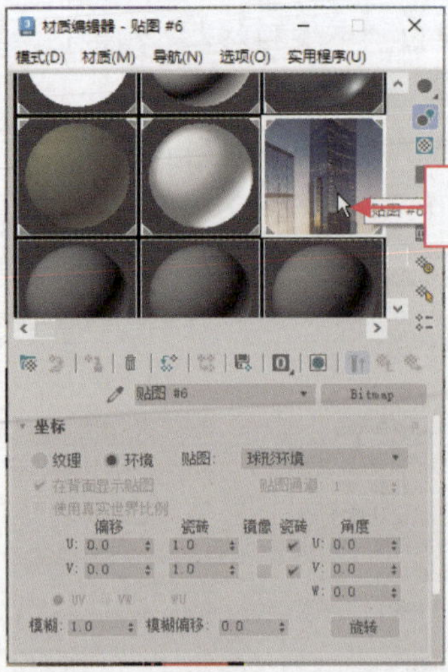

图 10-116　拖曳贴图文件

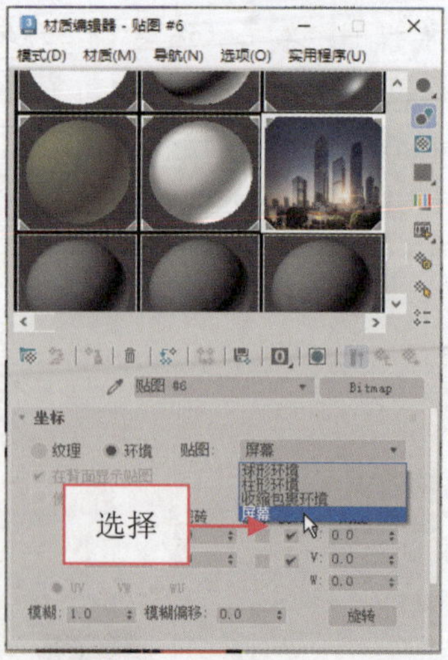

图 8-117　选择“屏幕”选项

10.3.5　渲染模型效果

渲染模型效果

卧室效果图设计完成后，接下来使用渲染引擎对卧室模型进行渲染，并导出渲染后的效果图，以便进行后续处理，具体操作方法如下。

Step 01　在菜单栏中，单击“渲染”|“渲染设置”命令，弹出相应的对话框，在“公用参数”卷展栏的“输出大小”选项区中，单击 800 × 600 按钮，如图 10-118 所示，改变输出图像的宽度和高度。

Step 02　单击“渲染”按钮，弹出“渲染”对话框，显示渲染进度，如图 10-119 所示。

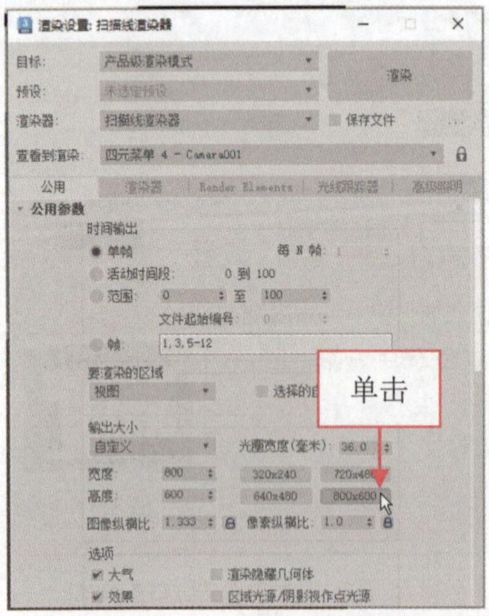

图 10-118　单击 800×600 按钮

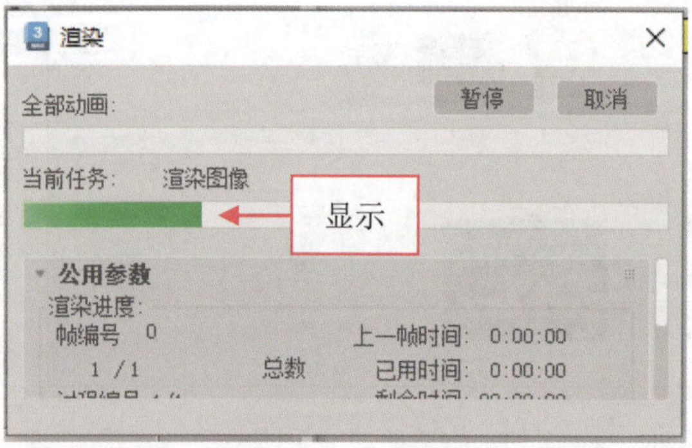

图 10-119　显示渲染进度

▶ 专家指点

单击“渲染”按钮时，会弹出“渲染”对话框，展示所应用的参数及渲染进度，这个对话框会根据所选的渲染器提供不同的功能按钮。

Step 03 稍等片刻，即可完成模型的渲染，同时会在渲染帧窗口中显示渲染结果，效果如图 10-120 所示。

Step 04 在渲染帧窗口中单击“保存图像”按钮，如图 10-121 所示，将渲染结果保存为 JPG 格式的图像文件。

图 10-120　显示渲染结果

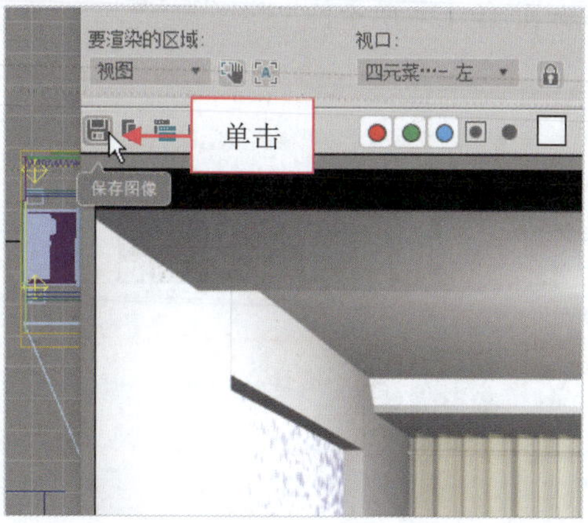

图 10-121　单击“保存图像”按钮

本 章 小 结

本章主要介绍了三维卧室效果图案例实战，包括三维卧室效果图展示、卧室三维建模、优化卧室模型。首先，介绍了如何利用 3ds Max 2024 构建出一张精致的双人床模型；其次，为后续的渲染和展示打下坚实的基础。通过本章的学习，读者能够构建出一个既真实又富有设计感的室内空间。

课 后 实 训

课后实训

【效果对比】在卧室的床头柜上添加一个台灯模型，提升卧室的整体美感。素材与效果对比如图 10-122 所示。

图 10-122　素材与效果对比

添加台灯模型的操作方法如下。

Step 01 在菜单栏中，单击“文件”|“导入”|“合并”命令，弹出“合并文件”对话框，选择相应的模型文件，如图 10-123 所示。

Step 02 单击“打开”按钮，弹出“合并-台灯.max”对话框，单击“全部”按钮，选择所有对象，如图 10-124 所示。

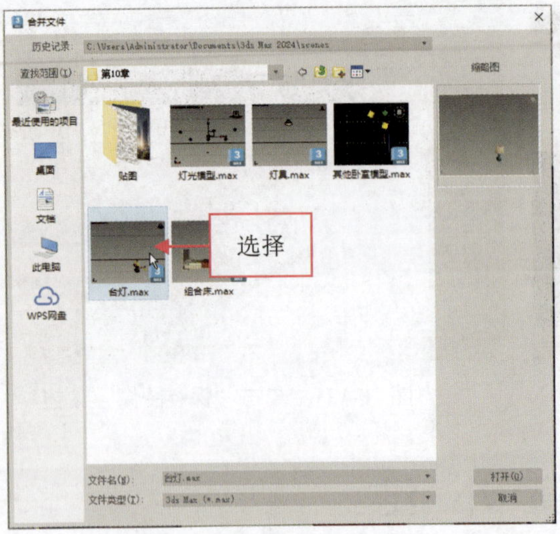

图 10-123　选择相应的模型文件

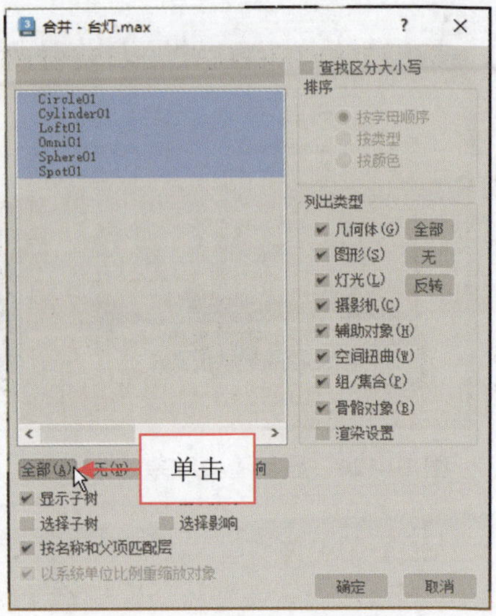

图 10-124　单击“全部”按钮

Step 03 单击“确定”按钮，弹出“重复名称”对话框，多次单击“自动重命名”按钮，如图 10-125 所示。

Step 04 执行操作后，即可合并组合台灯模型，在视图中适当调整其大小和位置，如图 10-126 所示。

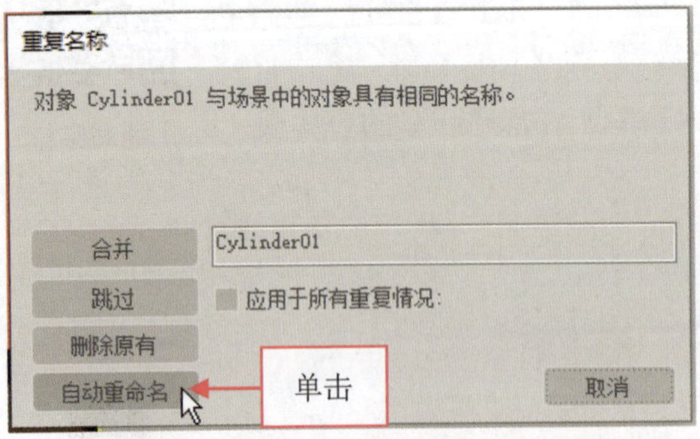

图 10-125　单击“自动重命名”按钮

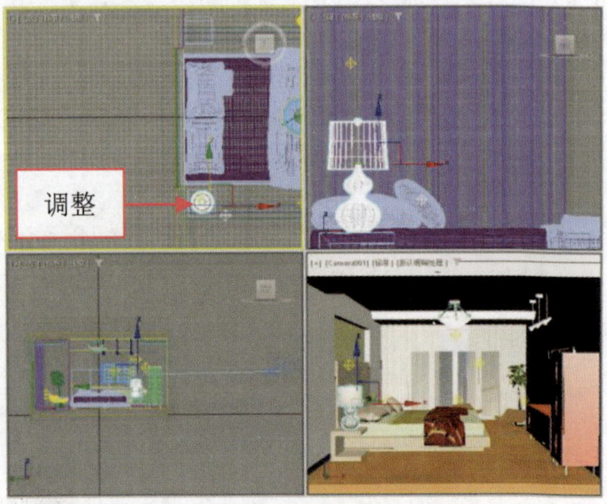

图 10-126　合并模型并调整位置